Springer-Lehrbuch

Springer
Berlin
Heidelberg
New York
Barcelona
Budapest
Hongkong
London
Mailand
Paris
Santa Clara
Singapur
Tokio

Christian Blatter

Ingenieur Analysis 2

Zweite Auflage

Mit 241 Abbildungen und 127 Aufgaben

Springer

Professor Dr. Christian Blatter
ETH Zürich
Departement Mathematik
CH-8092 Zürich
Schweiz
e-mail: blatter@math.ethz.ch

Die Deutsche Bibliothek - CIP-Einheitsaufnahme

Blatter, Christian:
Ingenieur-Analysis / Christian Blatter. - Berlin ; Heidelberg ; New York ; Barcelona ; Budapest ; Hongkong ; London ; Mailand ; Paris ; Santa Clara ; Singapur ; Tokio : Springer.
Früher im Verl. der Fachvereine, Zürich
2. - 2. Aufl. - 1996
ISBN-13: 978-3-540-60438-9

Mathematics Subject Classification (1991): 00A05, 00-01, 00A06, 26-01, 26A06, 26B15, 26B20

ISBN-13: 978-3-540-60438-9 e-ISBN-13: 978-3-642-61055-4
DOI: 10.1007/978-3-642-61055-4
1. Auflage vdf Verlag, Zürich

Satz: Reproduktionsfertige Vorlage vom Autor
SPIN 10519360 44/3143-5 4 3 2 1 0 - Gedruckt auf säurefreiem Papier

Hinweise zum Gebrauch dieses Buches

Das ganze Werk (zwei Bände) ist eingeteilt in sechs Kapitel, und jedes Kapitel ist weiter unterteilt in Abschnitte. Formeln, die später nocheinmal benötigt werden, sind abschnittweise mit mageren Ziffern numeriert. Innerhalb eines Abschnitts wird ohne Angabe der Abschnittnummer auf Formel (1) zurückverwiesen; 3.4.(2) hingegen bezeichnet die Formel (2) des Abschnitts 3.4.

Neu eingeführte Begriffe sind am Ort ihrer Definition **halbfett** gesetzt; eine weitergehende Warnung ("Achtung, jetzt kommt eine Definition") erfolgt nicht. Definitionen lassen sich vom Sachverzeichnis her jederzeit wieder auffinden.

Sätze (Theoreme) sind kapitelweise numeriert; die halbfette Signatur **(4.3)** bezeichnet den dritten Satz in Kapitel 4. Sätze werden im allgemeinen angesagt; jedenfalls sind sie erkenntlich an der vorangestellten Signatur und am durchlaufenden *Schrägdruck* des Textes. Die beiden Winkel ⌜ und ⌟ bezeichnen den Beginn und das Ende eines Beweises.

Eingekreiste Ziffern numerieren abschnittweise die erläuternden Beispiele und Anwendungen. Der Kreis ○ markiert das Ende eines Beispiels.

Jeder Abschnitt wird abgeschlossen durch eine Serie von Übungsaufgaben. Aufgaben, die zu einem wesentlichen Teil mit einem System wie Maple oder Mathematica behandelt werden können (und sollen!), sind mit dem Zeichen Ⓜ versehen.

Inhaltsverzeichnis Ingenieur-Analysis 1

Inhaltsverzeichnis Ingenieur-Analysis 2

4. Integralrechnung

4.1. Der Integralbegriff

Die "Integralrechnung" besteht eigentlich aus zwei Teilen: einem begrifflichen Teil und einem Kalkül. In diesem ersten Abschnitt geht es um eine allgemein verwendbare Auffassung des Integrals als Grenzwert von Riemannschen Summen, und im zweiten Abschnitt beweisen wir den Hauptsatz der Infinitesimalrechnung, der die Integralberechnung in eine sozusagen algebraische Aufgabe verwandelt. Daraus ergibt sich dann ein Kalkül, eben die "Technik des Integrierens". Diesen Kalkül behandeln wir in den Abschnitten 4.3–4.5, und in Abschnitt 4.6 wenden wir das bis dahin Gelernte auf Differentialgleichungen an.

Der Integralbegriff stützt sich ganz wesentlich auf die Volumenmessung im $\mathbb{R}^n$, $n \geq 1$. Wir beginnen daher mit einigen Feststellungen betreffend das "n-dimensionale Maß", von den Mathematikern **Lebesgue-Maß** genannt.

Ohne das weiter zu hinterfragen, gehen wir davon aus, daß jeder vernünftige Bereich (Menge) $B \subset \mathbb{R}^n$ ein wohlbestimmtes **(n-dimensionales) Maß** oder **Volumen** $\mu(B) \geq 0$ besitzt. Wie man dieses Volumen im Einzelfall berechnet, werden wir noch sehen; für "einfache Körper" stehen uns natürlich die Formeln der Elementargeometrie zur Verfügung.

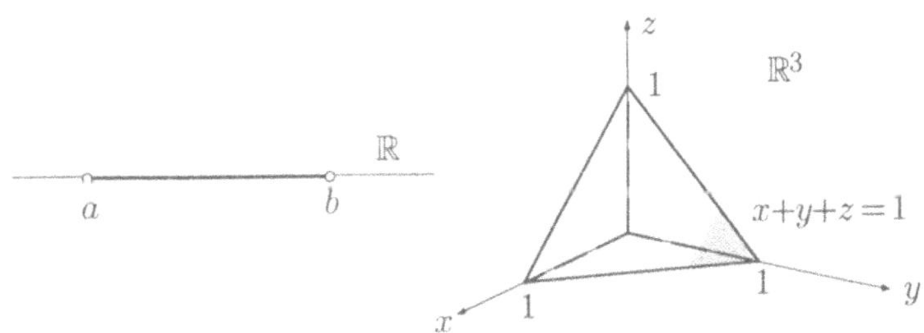

Fig. 4.1.1

Bsp: (Fig. 4.1.1–2)

$$\mu\big([a,b]\big) = \mu\big(\,]a,b[\,\big) = b - a\,,$$

$$D := \big\{\,(x,y) \in \mathbb{R}^2 \;\big|\; x^2 + y^2 < 1\,\big\} \quad \Rightarrow \quad \mu(D) = \pi\,,$$

$$B := \{(x,y,z) \in \mathbb{R}^3 \mid x_1, x_2, x_3 \geq 0\,,\ x_1 + x_2 + x_3 \leq 1\} \quad \Rightarrow \quad \mu(B) = \frac{1}{6}\,,$$

$$\mu([a_1,b_1] \times [a_2,b_2] \times [a_3,b_3]) = \prod_{i=1}^{3}(b_i - a_i)\,.$$

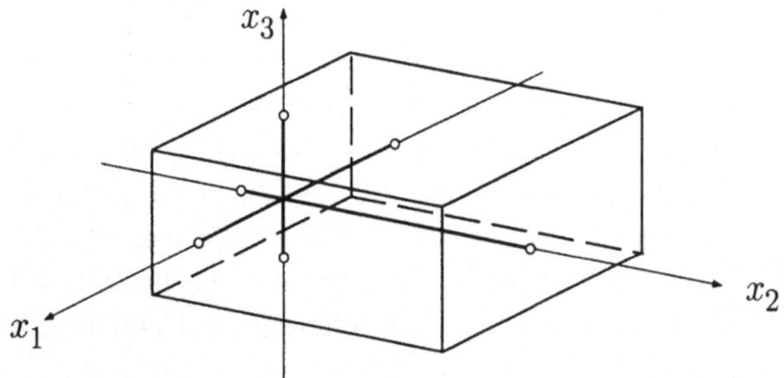

Fig. 4.1.2

Das Maß μ besitzt folgende charakteristischen Eigenschaften:

— **Monotonie**:

$$B_1 \subset B_2 \quad \Longrightarrow \quad \mu(B_1) \leq \mu(B_2)\,.$$

— **Additivität**: Für beliebige Mengen B_1, B_2 gilt

$$\mu(B_1 \cup B_2) \leq \mu(B_1) + \mu(B_2)$$

(Fig. 4.1.3). Sind B_1 und B_2 disjunkt, so hat man sogar

$$\mu(B_1 \cup B_2) = \mu(B_1) + \mu(B_2)\,.$$

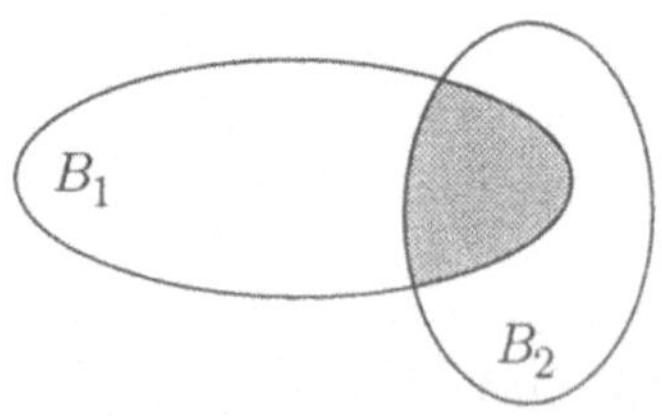

Fig. 4.1.3

— **Bewegungsinvarianz**: Wird B durch eine Bewegung des $\mathbb{R}^n$ (Translation, Drehung, ...) in eine neue Lage B' gebracht, so ist $\mu(B') = \mu(B)$.

Ist $B \subset \mathbb{R}^n$ und $\mu(B) = 0$, so nennt man B eine **(n-dimensionale) Nullmenge**. Nullmengen können bei der Integration vernachläßigt werden. Endlich viele Punkte bilden immer eine Nullmenge. Eine vernünftige ebene Kurve ist eine zweidimensionale Nullmenge. Wird diese Kurve aber als "eindimensionales Objekt" aufgefaßt, so hat sie eine durchaus interessante positive Länge. Analog ist eine vernünftige Fläche im $\mathbb{R}^3$ eine dreidimensionale Nullmenge; als "zweidimensionales Objekt" aufgefaßt hat sie aber einen positiven Flächeninhalt. Allgemein ist der Rand ∂B eines vernünftigen Bereiches $B \subset \mathbb{R}^n$ eine n-dimensionale Nullmenge, und es kommt für das Maß dieses Bereiches nicht darauf an, ob ∂B einbezogen ist oder nicht.

① Wir zeigen, daß sich der Einheitskreis $\partial D \subset \mathbb{R}^2$ durch endlich viele Rechtecke beliebig kleiner Gesamtfläche überdecken läßt. — Betrachte für ein beliebiges $n \geq 2$ das Rechteck R der Figur 4.1.4. Es gilt

$$\begin{aligned}\mu(R) &= 2\sin\frac{\pi}{n}\left(1-\cos\frac{\pi}{n}\right) = 4\sin\frac{\pi}{n}\sin^2\frac{\pi}{2n}\\ &\leq 4\cdot\frac{\pi}{n}\cdot\left(\frac{\pi}{2n}\right)^2 = \frac{\pi^3}{n^3}\,.\end{aligned}$$

Da n derartige Rechtecke den Einheitskreis ∂D überdecken, ist

$$\mu(\partial D) \leq n\frac{\pi^3}{n^3} = \frac{\pi^3}{n^2}\,,$$

und das kann nur dann für beliebige n zutreffen, wenn $\mu(\partial D) = 0$ ist. ○

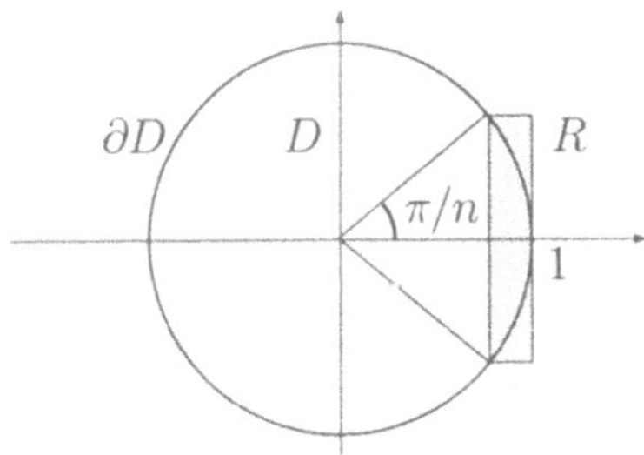

Fig. 4.1.4

Fig. 4.1.5

Weiter: Stoßen zwei im übrigen disjunkte Bereiche B_1, B_2 längs einer niedrigerdimensionalen "Seitenfläche" zusammen (Fig. 4.1.5), so sagen wir, B_1 und B_2 seien **fast disjunkt**. Es gilt dann immer noch

$$\mu(B_1 \cup B_2) = \mu(B_1) + \mu(B_2) .$$

Nun zum eigentlichen Problem! Es geht darum, gewisse analytische, geometrische oder physikalische Größen Θ als "Integral" einer Funktion $f\colon \mathbb{X} \curvearrowright \mathbb{X}'$ über einen Bereich $B \subset \operatorname{dom}(f)$ aufzufassen:

$$\Theta = \int_B f\, d\mu = \int_B f(x)\, d\mu(x) . \tag{1}$$

Die Funktion f ist als eine räumlich oder zeitlich ('t' anstelle von 'x') veränderliche "Intensität" zu interpretieren, und das Integral Θ ist die von f auf B erzielte "Gesamtwirkung". Wir geben einige Beispiele für derartige Größen Θ:

— die Fläche zwischen der t-Achse und einer Kurve $y = f(t)$ $(a \leq t \leq b)$;

— das Volumen eines Erdhaufens auf dem Areal $B \subset \mathbb{R}^2$, bei gegebener variabler Schütthöhe $z = f(x,y)$;

— die Länge einer Kurve $\gamma\colon t \mapsto \mathbf{x}(t)$ $(a \leq t \leq b)$ in der Ebene oder im Raum ("Längenintensität" ist die Absolutgeschwindigkeit $v(t) := |\dot{\mathbf{x}}(t)|$);

— das Volumen $\mu(B)$ eines n-dimensionalen Bereiches $B \subset \mathbb{R}^n$ ("Volumenintensität" ist die Funktion $\equiv 1$).

— die Gesamtmasse eines Körpers $B \subset \mathbb{R}^3$ von variabler Dichte $\rho = \rho(\mathbf{x})$, analog: die auf B sitzende Gesamtladung einer kontinuierlichen Ladungsverteilung;

— das Trägheitsmoment eines Körpers $B \subset \mathbb{R}^3$ bezüglich einer körperfesten Achse a;

— die Arbeit eines Vektorfeldes längs einer Kurve;

— der Fluß eines Vektorfeldes durch eine Fläche.

Später wird es darum gehen, derartige Integrale in endlich vielen Schritten zu berechnen, wenn die Funktion f als Ausdruck und der Bereich B etwa durch Ungleichungen gegeben sind. Dies ist die "Technik des Integrierens". Oft hilft sie allerdings nichts, und man ist auf numerische Methoden angewiesen.

Vom Ansatz her sollte das Integral (1) die folgenden Eigenschaften besitzen:

(a) **Linearität** bezüglich f:

$$\int_B (f_1 + f_2)\,d\mu = \int_B f_1\,d\mu + \int_B f_2\,d\mu\,, \qquad \int_B (\alpha\,f)\,d\mu = \alpha \int_B f\,d\mu\,,$$

(b) **Additivität** bezüglich B:

$$\mu(B_1 \cap B_2) = 0 \quad \Longrightarrow \quad \int_{B_1 \cup B_2} f\,d\mu = \int_{B_1} f\,d\mu + \int_{B_2} f\,d\mu\,,$$

(c) Bezug zur Volumenmessung: Ist $f(x) \geq 0$, so gilt

$$\int_B f\,d\mu = \mu\big(K_{B,f}\big)\,; \tag{2}$$

dabei bezeichnet

$$K_{B,f} := \big\{(\mathbf{x}, y) \bigm| \mathbf{x} \in B,\ 0 \leq y \leq f(\mathbf{x})\big\} \ \subset \mathbb{R}^{n+1}$$

(Fig. 4.1.9) den "**Kuchen**" mit "Grundfläche" $B \subset \mathbb{R}^n$ und oberem Abschluß $\mathcal{G}(f)$.

Wendet man (c) auf die Funktion $f(\mathbf{x}) \equiv 1$ an, so ergibt sich

(d) $$\int_B 1\,d\mu = \mu\big(B \times [0,1]\big) = \mu(B) \cdot 1 = \mu(B)\,,$$

und das ist nicht so banal, wie es aussieht: Von rechts nach links gelesen, stellt diese Formel das Volumen $\mu(B)$ als Integral dar und ermöglicht damit, beliebige Volumina mithilfe des Integralkalküls zu berechnen.

Vorderhand ist das Integral (1) noch eine sehr pauschale, für positive f durch (2) definierte Größe. Um nun an die "Feinstruktur" von (1) heranzukommen, betrachten wir Zerlegungen $\mathcal{Z}$ des Integrationsbereichs $B \subset \mathbb{R}^n$ in endlich viele Teilbereiche B_k $(1 \leq k \leq N)$, die untereinander höchstens "Seitenflächen" gemeinsam haben (Fig. 4.1.6). Wir schreiben dafür

$$\mathcal{Z}: \qquad B = \dot{\bigcup_{k=1}^{N}} B_k\,.$$

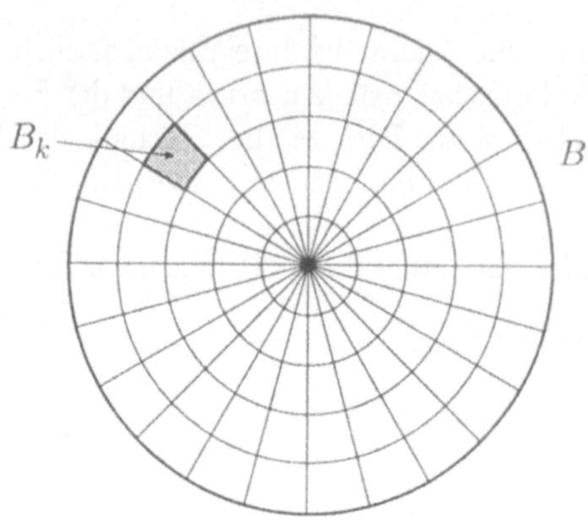

Fig. 4.1.6

Für derartige Zerlegungen gilt

$$\mu(B) = \sum_{k=1}^{N} \mu(B_k) .$$

Wir benötigen noch das folgende handliche Messinstrument: Für eine beliebige nichtleere Menge $M \subset \mathbb{R}^n$ heißt

$$\operatorname{diam}(B) := \sup\{|x - x'| \mid x, x' \in B\}$$

(Fig. 4.1.7) der **Durchmesser** von M. Der Durchmesser eines Intervalls ist dessen Länge, der Durchmesser eines Kreises ist dessen Durchmesser, und ein Würfel der Kantenlänge a besitzt den Durchmesser $\sqrt{3}\,a$.

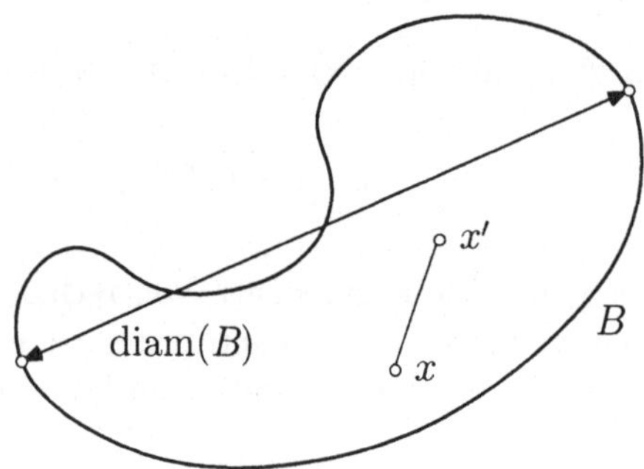

Fig. 4.1.7

Wird ein Bereich B wie angegeben in Teilbereiche B_k zerlegt, so nennen wir

$$\max_{1 \le k \le N} \operatorname{diam}(B_k) =: \delta(\mathcal{Z})$$

das **Korn** der betreffenden Zerlegung $\mathcal{Z}$ (Fig. 4.1.8).

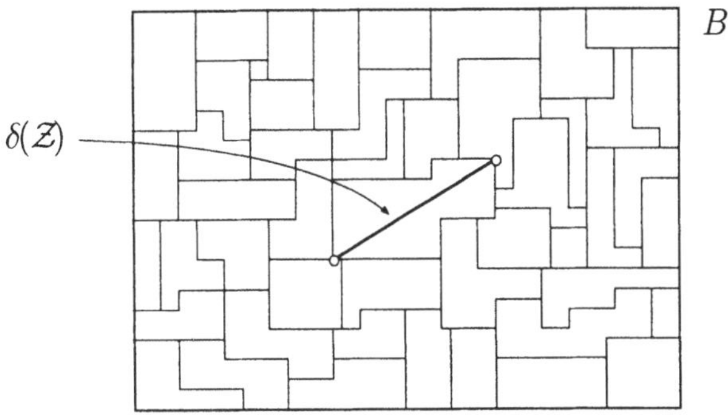

Fig. 4.1.8

Zur Veranschaulichung wählen wir im weiteren $n := 2$. Es sei also $B \subset \mathbb{R}^2$ ein beschränkter ebener Bereich und

$$f: \quad B \to \mathbb{R}_{\geq 0}\,, \qquad \mathbf{x} \mapsto y := f(\mathbf{x})$$

eine stetige Funktion, die wir der Einfachheit halber als lipstetig voraussetzen:

$$\forall \mathbf{x}, \mathbf{x}' \in B: \quad |f(\mathbf{x}) - f(\mathbf{x}')| \leq C|\mathbf{x} - \mathbf{x}'|\,. \tag{3}$$

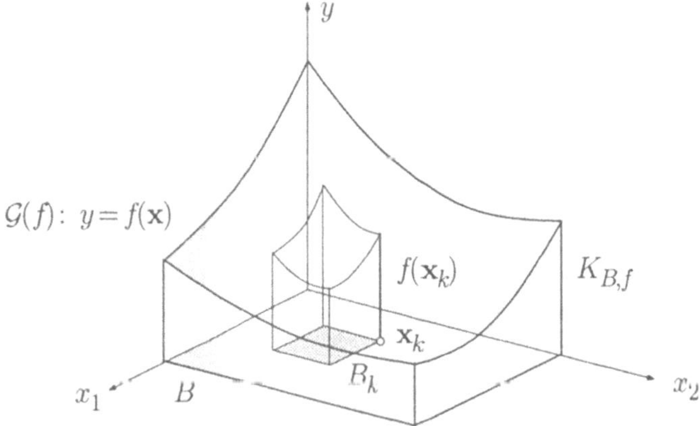

Fig. 4.1.9

Der Graph $\mathcal{G}(f) \subset \mathbb{R}^3$ ist eine schlicht über B liegende Fläche, und $\int_B f\,d\mu$ ist definitionsgemäß das Volumen (=: V) des zwischen B und $\mathcal{G}(f)$ eingeschlossenen Kuchens $K_{B,f}$. Um dieses Volumen approximativ zu berechnen, wählen wir eine ganz beliebige Zerlegung $\mathcal{Z}$ von B in kleine Teilbereiche B_k und in jedem Teilbereich einen "Meßpunkt" $\mathbf{x}_k$. Innerhalb eines einzelnen B_k ist f fast konstant, das heißt: Es gilt

$$\forall \mathbf{x} \in B_k: \qquad f(\mathbf{x}) \doteq f(\mathbf{x}_k)\,.$$

Genauer: Besitzt die gewählte Zerlegung das Korn $\delta(\mathcal{Z}) =: \delta$, so sind die Distanzen innerhalb eines B_k höchstens gleich δ (Fig. 4.1.10), und es gilt wegen (3):

$$\forall \mathbf{x} \in B_k : \qquad |f(\mathbf{x}) - f(\mathbf{x}_k)| \le C\delta$$

bzw.

$$f(\mathbf{x}_k) - C\delta \le f(\mathbf{x}) \le f(\mathbf{x}_k) + C\delta .$$

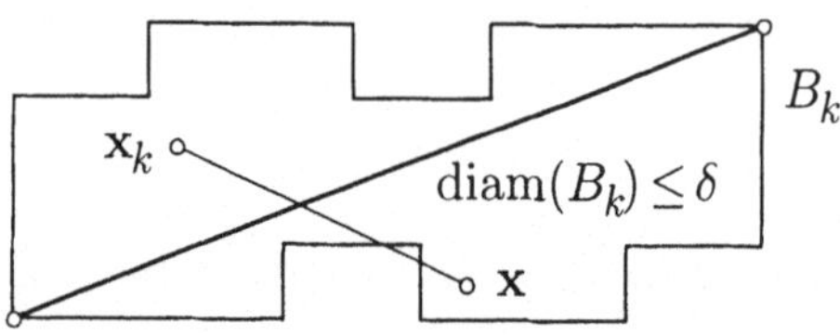

Fig. 4.1.10

Bezeichnen wir das zu B_k gehörige Teilvolumen mit V_k, so liegt daher V_k zwischen den Volumina der beiden prismatischen Körper mit der Grundfläche B_k und der Höhe $f(\mathbf{x}_k) - C\delta$ bzw. $f(\mathbf{x}_k) + C\delta$ (Fig. 4.1.11). Es gilt somit approximativ

$$V_k \doteq f(\mathbf{x}_k)\,\mu(B_k) \tag{4}$$

und genau

$$\bigl(f(\mathbf{x}_k) - C\delta\bigr)\,\mu(B_k) \le V_k \le \bigl(f(\mathbf{x}_k) + C\delta\bigr)\,\mu(B_k) .$$

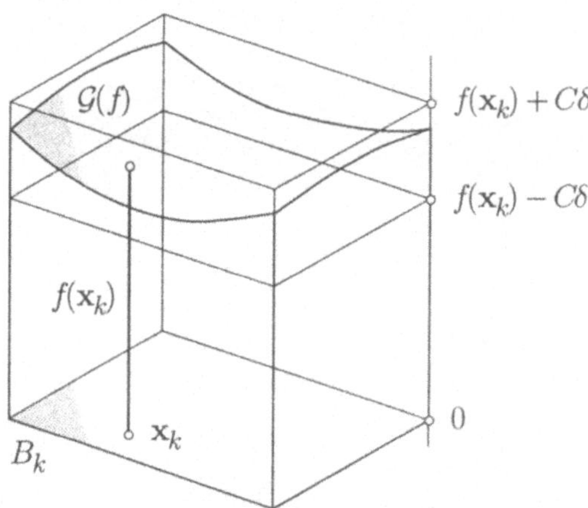

Fig. 4.1.11

Summieren wir dies über k, so ergibt sich wegen

$$\sum_{k=1}^{N} \mu(B_k) = \mu(B)\,, \qquad \sum_{k=1}^{N} V_k = V$$

die folgende Eingabelung des Gesamtvolumens V:

$$\sum_{k=1}^{N} f(\mathbf{x}_k)\mu(B_k) - C\delta\mu(B) \;\leq\; V \;\leq\; \sum_{k=1}^{N} f(\mathbf{x}_k)\mu(B_k) + C\delta\mu(B)\,,$$

was wir auch in der Form

$$\left| V - \sum_{k=1}^{N} f(\mathbf{x}_k)\,\mu(B_k) \right| \;\leq\; C\delta\mu(B)$$

schreiben können. Die letzte Beziehung läßt sich folgendermaßen interpretieren: Die **Riemannsche Summe**

$$\sum_{k=1}^{N} f(\mathbf{x}_k)\mu(B_k)$$

ist ein Näherungswert für das gesuchte Volumen V und damit für das angepeilte Integral $\int_B f\,d\mu$:

$$\int_B f\,d\mu \;\doteq\; \sum_{k=1}^{N} f(\mathbf{x}_k)\mu(B_k)\,, \tag{5}$$

und zwar ist der Fehler $\leq C\delta\mu(B)$. Ist also eine Fehlerschranke (Toleranz) $\varepsilon > 0$ vorgegeben, so müssen wir das Korn δ der verwendeten Zerlegung $\mathcal{Z}$ so klein wählen, daß $C\delta\mu(B) \leq \varepsilon$ wird, und sind dann sicher, daß der Fehler in der Approximation (5) höchstens ε beträgt.

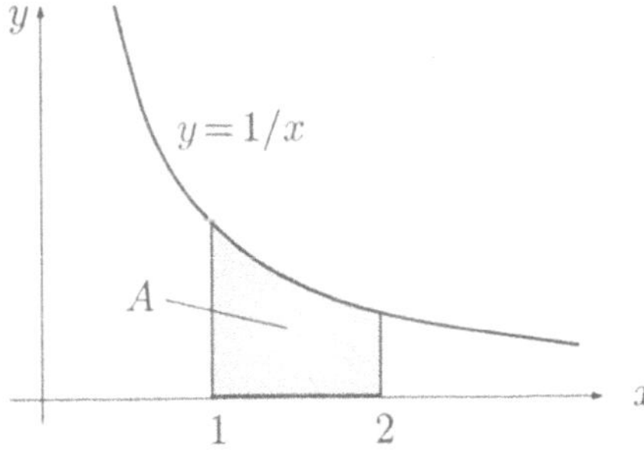

Fig. 4.1.12

② Wie wir später zeigen, hat die Fläche A zwischen dem Intervall $I := [1,2]$ der x-Achse und der Kurve $y = 1/x$ (Fig. 4.1.12) den Wert $\log 2$. Wir wollen diese Fläche mit einem Fehler $\leq 10^{-2}$ berechnen und benötigen hierzu eine (auf I gültige) Lipschitz-Konstante C der Funktion $f(x) := 1/x$. Für $x \geq 1$ ist $|f'(x)| = 1/x^2 \leq 1$; somit gilt nach dem Mittelwertsatz der Differentialrechnung, Version **(3.7)**:

$$\forall x, x' \geq 1: \qquad |f(x) - f(x')| \leq |x - x'|,$$

und $C := 1$ ist o.k. — Wir müssen nun das Korn δ so klein wählen, daß

$$C\,\delta\,\mu(I) = 1 \cdot \delta \cdot 1 \leq 10^{-2}$$

wird. Es genügt daher, das Intervall I in hundert gleiche Teile

$$I_k := \left[1 + \frac{k-1}{100}, 1 + \frac{k}{100}\right] \qquad (1 \leq k \leq 100)$$

zu teilen und als Meßpunkte zum Beispiel die rechten Endpunkte der I_k zu nehmen:

$$x_k := 1 + \frac{k}{100} \qquad (1 \leq k \leq 100)\,.$$

Wir haben dann

$$\begin{aligned} A &\doteq \sum_{k=1}^{100} f(x_k)\,\mu(I_k) = \sum_{k=1}^{100} \frac{1}{1+k/100} \cdot \frac{1}{100} \\ &= \sum_{k=1}^{100} \frac{1}{100+k} = 0.69065\,. \end{aligned}$$

(Der Tabellenwert ist $\log 2 = 0.69315\ldots$.) ○

Wir wiederholen das (vor diesem Beispiel) zuletzt Gesagte nocheinmal: Ist in der betrachteten Situation eine beliebig kleine Toleranz $\varepsilon > 0$ vorgegeben, so gilt für *jede* Zerlegung

$$\mathcal{Z}: \qquad B = \dot{\bigcup_{k=1}^{N}} B_k$$

mit einem Korn

$$\delta(\mathcal{Z}) \leq \delta_0 := \frac{\varepsilon}{C\mu(B)}$$

die Beziehung

$$\left| \int_B f\,d\mu - \sum_{k=1}^{N} f(\mathbf{x}_k)\,\mu(B_k) \right| \leq \varepsilon\,. \tag{6}$$

Das ist aber nichts anderes als die verbale Beschreibung des Faktums

$$\int_B f\,d\mu \;=\; \lim_{\delta(\mathcal{Z})\to 0} \sum_{k=1}^{N} f(\mathbf{x}_k)\,\mu(B_k)\;.$$

Die rechte Seite dieser Gleichung, also der Grenzwert der Riemannschen Summen für immer feinere Zerlegungen, heißt **Riemannsches Integral der Funktion f über den Bereich B.**

Aufgrund der vorangegangenen Überlegungen definieren wir nunmehr allgemein, das heißt: für beliebige beschränkte $B \subset \mathbb{R}^n$ und beliebige $f\colon B \to \mathbb{X}$:

$$\int_B f(\mathbf{x})\,d\mu(\mathbf{x}) \;:=\; \lim_{\delta(\mathcal{Z})\to 0} \sum_{k=1}^{N} f(\mathbf{x}_k)\,\mu(B_k)\;. \tag{7}$$

Der Übergang von den Riemannschen Summen zum Integral ist von den typographischen Metamorphosen

$$\sum_{k=1}^{N} \;\longrightarrow\; \int_B\,, \qquad f(\mathbf{x}_k) \;\longrightarrow\; f(\mathbf{x})\,, \qquad \mu(B_k) \;\longrightarrow\; d\mu(\mathbf{x})$$

begleitet. Der in der Analysis für manches herhaltende Buchstabe 'd' vor einer Variablen will hier die Idee: "ein kleines Bißchen von dem Betreffenden" vermitteln — $d\mu(\mathbf{x})$ also die Idee: "ein kleines Bißchen Volumen an der Stelle $\mathbf{x}$"; man nennt das auch ein **Volumenelement**. Die folgenden einfacheren Schreibweisen sind allgemein üblich: Für Volumenelemente auf der Zahlengeraden $\mathbb{R}^1$ schreibt man kurz dx, dt, ... anstelle von $d\mu(x)$, $d\mu(t)$, ...; "Flächenelemente" in $\mathbb{R}^2$ werden oft mit dA bezeichnet ('A' für englisch *area*; der Buchstabe F ist sonst schon überstrapaziert), und für dreidimensionale Volumenelemente schreibt man gern dV.

In dieser Weise angeregt kann man die Beziehung (4) umschreiben in

$$dV \;=\; f(\mathbf{x})\,dA$$

und erhält direkt

$$V \;=\; \int dV \;=\; \int_B f(\mathbf{x})\,dA\;. \tag{8}$$

Bei dem zuletzt vollzogenen "Kurzschluß" handelt es sich nicht um einen Beweis, sondern um eine von der Anschauung unterstützte Manipulation von Symbolen, die sich bewährt hat. Es ist eine Art Stenographie für den umständlicheren Vorgang mit den Zerlegungen $\mathcal{Z}$ und kann jederzeit in jenen zurückübersetzt werden. Wir werden im Gebrauch dieser Stenographie noch einige Übung erlangen.

Aus (7) folgt mit Satz **(2.10)**: Ist $\mathcal{Z}_.$ eine Folge von immer feineren Zerlegungen:

$$\lim_{n\to\infty} \delta(\mathcal{Z}_n) = 0\,,$$

und wird für jedes n eine zu $\mathcal{Z}_n$ gehörige Riemannsche Summe Σ_n berechnet, so gilt

$$\lim_{n\to\infty} \Sigma_n \;=\; \int_B f(\mathbf{x})\,d\mu(\mathbf{x})\,. \tag{9}$$

② (Forts.) Wir haben vorher einen Näherungswert für das Integral

$$A := \int_{[1,2]} \frac{1}{x}\,dx$$

bestimmt und wollen nun auch den exakten Wert kennenlernen. Hierzu verwenden wir eine geeignet gewählte Folge $\mathcal{Z}_.$ von Zerlegungen des Intervalls $[1,2]$, und zwar teilt die Zerlegung $\mathcal{Z}_N$ das Intervall auf einer logarithmischen Skala in N gleiche Teile (Fig. 4.1.13). Wir setzen also

$$x_k := 2^{k/N} \qquad (0 \le k \le N)$$

und erzeugen damit die ungleich langen Teilintervalle

$$I_k := [x_{k-1}, x_k] \qquad (1 \le k \le N)\,.$$

Das Teilintervall I_k besitzt die Länge

$$\operatorname{diam}(I_k) = \mu(I_k) = x_k - x_{k-1} = 2^{(k-1)/N}\bigl(2^{1/N} - 1\bigr) < 2\,\bigl(2^{1/N} - 1\bigr)\,.$$

Folglich ist das Korn $\delta(\mathcal{Z}_N) < 2\bigl(2^{1/N} - 1\bigr)$, und wegen

$$\lim_{N\to\infty}\bigl(2^{1/N} - 1\bigr) = \lim_{t\to 0}\bigl(2^t - 1\bigr) = 0$$

gilt $\lim_{N\to\infty} \delta(\mathcal{Z}_N) = 0$, so daß wir (9) anwenden dürfen.

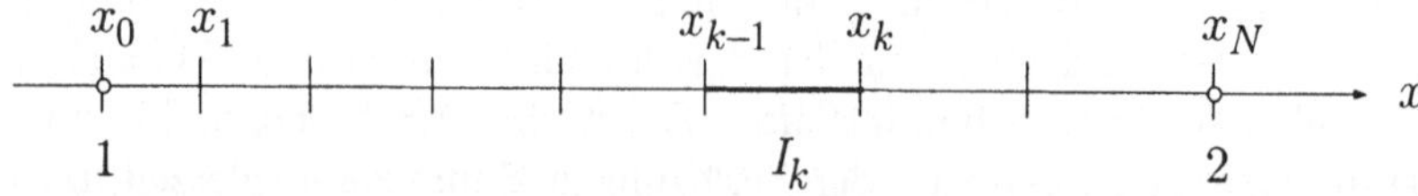

Fig. 4.1.13

Wir wählen als Meßpunkte die linken Endpunkte der I_k und berechnen die zugehörigen Riemannschen Summen Σ_N:

$$\begin{aligned}\Sigma_N &= \sum_{k=1}^{N} f(x_{k-1})\,\mu(I_k) = \sum_{k=1}^{N} \frac{1}{x_{k-1}}(x_k - x_{k-1}) = \sum_{k=1}^{N}\left(\frac{x_k}{x_{k-1}} - 1\right) \\ &= \sum_{k=1}^{N}(2^{1/N} - 1) = N\left(2^{1/N} - 1\right),\end{aligned}$$

denn alle N Summanden haben denselben Wert (das ist der Witz der gewählten Zerlegungen). Nach (9) erhalten wir daher

$$\begin{aligned}A &= \lim_{N\to\infty}\left(N\left(2^{1/N} - 1\right)\right) = \lim_{N\to\infty}\frac{e^{\log 2/N} - 1}{1/N} \\ &= \lim_{t\to 0}\frac{e^{t\log 2} - 1}{t} = \log 2,\end{aligned}$$

wie behauptet. ○

Wir haben in unseren Überlegungen vorausgesetzt, daß f stetig ist, ja sogar einer Lipschitz-Bedingung genügt. Das ist in Wirklichkeit nicht nötig. Für die Existenz des Grenzwerts (7) genügt es, wenn f beschränkt und **fast überall stetig** ist, das heißt: nur eine Nullmenge $X \subset B$ von Unstetigkeitsstellen aufweist. Ein $f\colon \mathbb{R} \curvearrowright \mathbb{R}$ darf also isolierte Sprungstellen haben, ein $f\colon \mathbb{R}^2 \curvearrowright \mathbb{R}$ längs einer Kurve sprungartig von 1 auf 0 abfallen usw.

Um das einzusehen, überlegen wir folgendermaßen, wobei wir in Fig. 4.1.14 den eindimensionalen Fall $B \subset \mathbb{R}$ darstellen: Es sei

$$\forall x \in B: \qquad |f(x)| \leq M,$$

und es sei eine Fehlerschranke $\varepsilon > 0$ vorgegeben. Wird B hinreichend fein unterteilt, so ist das Gesamtmaß derjenigen B_k, die die Nullmenge X der Unstetigkeitsstellen treffen, kleiner als $\varepsilon/(4M)$. Die Schwankung von f auf einem derartigen "schlechten" B_k ist jedenfalls $\leq 2M$. Der von den schlechten B_k herrührende Volumenfehler (in der Figur durch die schmalen hohen Rechtecke repräsentiert) beträgt daher insgesamt höchstens

$$2M \cdot \frac{\varepsilon}{4M} = \frac{\varepsilon}{2}.$$

Auf der Vereinigung der übrigen (der "guten") B_k ist f stetig. Wenn man sie eventuell weiter unterteilt, kann man erreichen, daß die Schwankung von f in jedem einzelnen von ihnen $\leq \varepsilon/\bigl(2\mu(B)\bigr)$ wird. Der von einem guten B_k herrührende Volumenfehler beträgt dann höchstens

$$\frac{\varepsilon}{2\mu(B)}\,\mu(B_k),$$

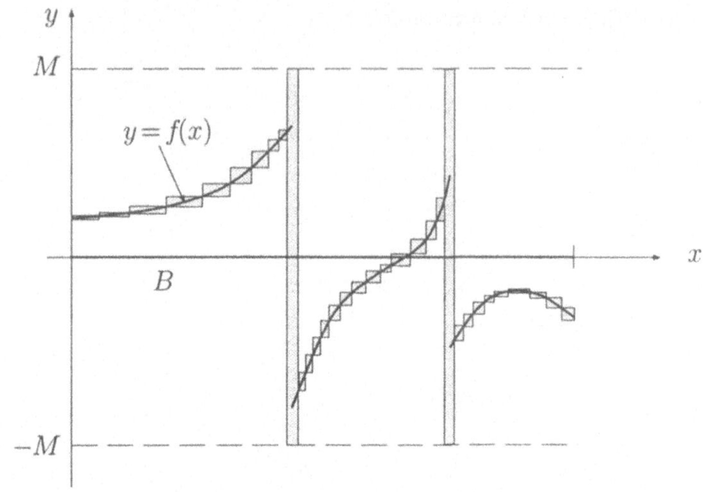

Fig. 4.1.14

so daß die guten B_k insgesamt höchstens

$$\frac{\varepsilon}{2\mu(B)} \sum_{\text{gute } B_k} \mu(B_k) \leq \frac{\varepsilon}{2\mu(B)}\,\mu(B) = \frac{\varepsilon}{2}$$

zum Gesamtfehler beitragen. (Dieser Beitrag wird in der Figur durch die Gesamtfläche der kleinen Rechtecke repräsentiert.)

Durch hinreichend feine Unterteilung können wir daher (6) garantieren, auch wenn f gewisse Unstetigkeitsstellen aufweist.

Bevor wir eine allgemeine Methode zur Berechnung von Integralen angeben, wollen wir verschiedene der zu Beginn dieses Abschnitts erwähnten geometrischen oder physikalischen Größen tatsächlich als Integrale auffahren lassen.

▶ Ohne weiteres ist klar: Der zwischen der x-Achse und dem Graphen $\mathcal{G}(f)$ einer Funktion $f\colon [a,b] \to \mathbb{R}_{\geq 0}$ eingeschlossene Flächeninhalt A ist darstellbar in der Form

$$A = \int_{[a,b]} f(x)\,dx\ .$$

Nimmt f beiderlei Vorzeichen an (Fig. 4.1.15), so werden in dem Integral

$$\int_{[a,b]} f(x)\,dx := \lim_{\delta(\mathcal{Z})\to 0} \sum_{k=1}^{N} f(x_k)\,\mu(I_k)$$

die unterhalb der x-Achse liegenden Flächenstücke automatisch negativ gerechnet.

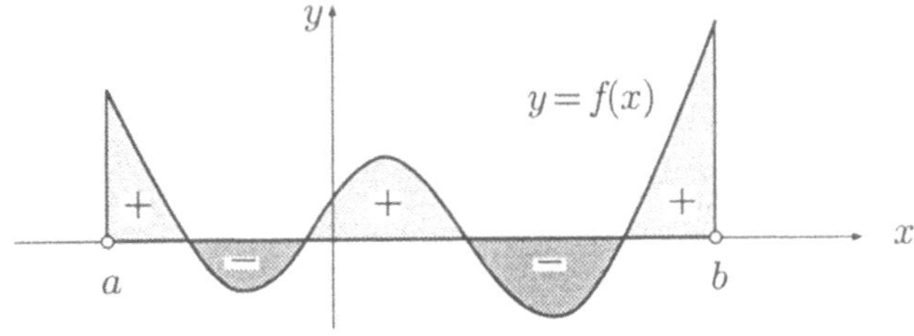

Fig. 4.1.15

Wir haben oben die approximative Beziehung (4) symbolisch umgewandelt in (8). Analog haben wir hier

$$A_k \doteq f(x_k)\,\mu(I_k)$$

(Figur 4.1.16 links) und abgekürzt

$$dA = f(x)\,dx$$

(Figur 4.1.16 rechts). Die letzte Formel ist nicht eine obskure Beziehung zwischen "unendlich kleinen Größen", sondern — wie schon gesagt — ein Stenogramm für einen ausführlicheren Gedankengang.

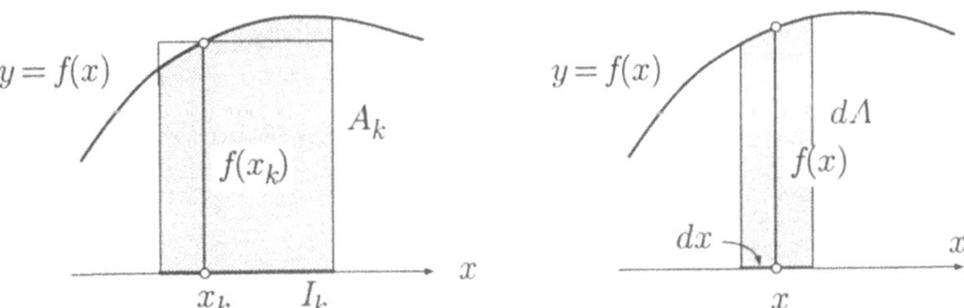

Fig. 4.1.16

▶ Wir betrachten weiter die Gesamtmasse eines dreidimensionalen Körpers B der variablen Dichte $\rho(\cdot)$. Wird B in sehr kleine Teilbereiche B_k zerlegt (Fig. 4.1.17), so ist $\rho(\cdot)$ auf jedem einzelnen B_k fast konstant. Die Masse m_k von B_k ergibt sich somit approximativ zu

$$m_k \doteq \rho(\mathbf{x}_k)\,\mu(B_k)\,, \tag{10}$$

wobei $\mathbf{x}_k \in B_k$ ein beliebig gewählter Meßpunkt ist. Die Gesamtmasse m läßt sich daher wie folgt approximieren:

$$m = \sum_{k=1}^{N} m_k \doteq \sum_{k=1}^{N} \rho(\mathbf{x}_k)\,\mu(B_k) \doteq \int_B \rho(\mathbf{x})\,d\mu(\mathbf{x})\,,$$

und zwar ist der Fehler an beiden Stellen umso kleiner, je feiner die Zerlegung $\mathcal{Z}$ ist. In anderen Worten: "Im Limes" gilt das Gleichheitszeichen, und die gesuchte Gesamtmasse erscheint tatsächlich als Integral:

$$m = \int_B \rho(\mathbf{x})\, d\mu(\mathbf{x}) . \tag{11}$$

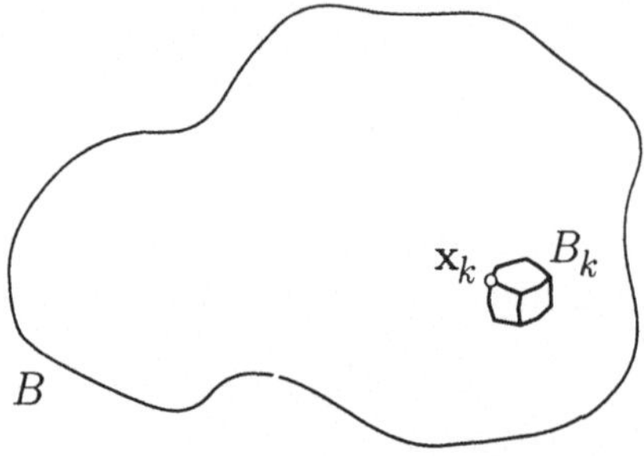

Fig. 4.1.17

Nach einiger Übung in diesen Dingen wird man ohne viel Federlesens anstelle von (10) schreiben:

$$dm = \rho(\mathbf{x})\, d\mu(\mathbf{x})$$

(oder kürzer: $dm = \rho dV$) und dann gleich zu (11) kommen.

► Eine Konfiguration von endlich vielen Punktmassen m_k $(1 \leq k \leq N)$ an den Stellen $\mathbf{x}_k \in \mathbb{R}^3$ (Fig. 4.1.18) besitzt den Schwerpunkt

$$\mathbf{s} = \frac{\sum_{k=1}^N m_k \mathbf{x}_k}{\sum_{k=1}^N m_k} .$$

Diese Formel ergibt sich aus der Momentenbedingung

$$\sum_{k=1}^N m_k(\mathbf{x}_k - \mathbf{s}) = \mathbf{0} ;$$

siehe dazu auch Beispiel 1.6.②.

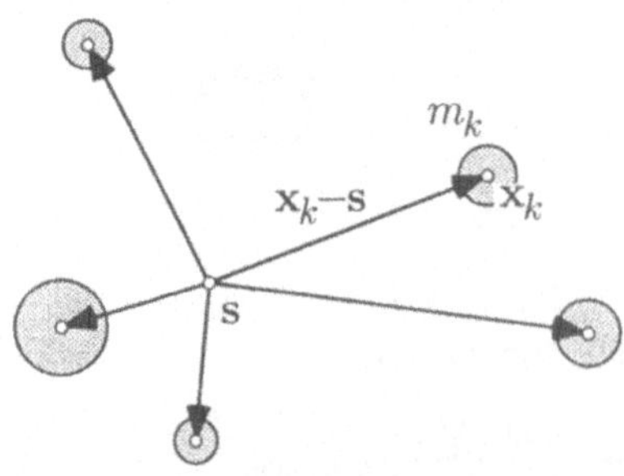

Fig. 4.1.18

Wir betrachten nun einen Bereich $B \subset \mathbb{R}^n$, den wir uns mit Masse der Dichte 1 belegt denken. Ein derartiger Bereich besitzt ebenfalls einen Schwerpunkt $\mathbf{s}$, und zwar hängt $\mathbf{s}$ nur von der “Geometrie” von B ab. Um an diesen Schwerpunkt heranzukommen, zerlegen wir B in sehr kleine Teilbereiche B_k, die wir dann als Punktmassen der Masse $\mu(B_k)$ an Stellen $\mathbf{x}_k \in B_k$ auffassen können (Fig. 4.1.19). Wir schreiben nun für dieses Massensystem die Momentenbedingung an:

$$\sum_{k=1}^{N} \mu(B_k)\,(\mathbf{x}_k - \mathbf{s}) \;=\; \mathbf{0}\,,$$

und bringen das auf die Form

$$\left(\sum_{k=1}^{N} \mu(B_k)\right)\mathbf{s} = \sum_{k=1}^{N} \mu(B_k)\,\mathbf{x}_k\,.$$

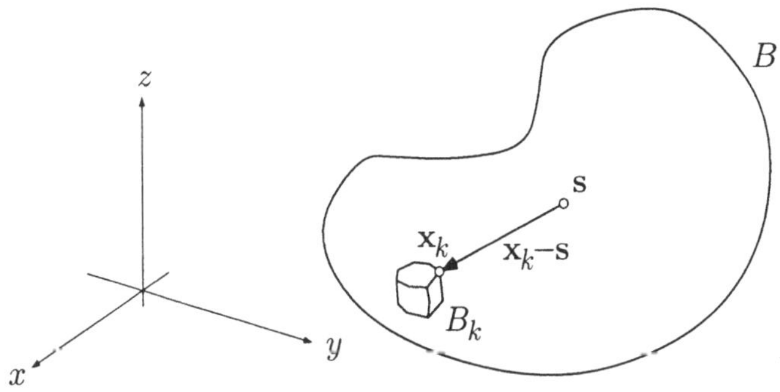

Fig. 4.1.19

Führen wir hier den Grenzübergang $\delta(\mathcal{Z}) \to 0$ durch, so ergibt sich

$$\mu(B)\,\mathbf{s} \;=\; \int_B \mathbf{x}\,d\mu(\mathbf{x})\,, \tag{12}$$

wobei hier rechter Hand die vektorwertige Funktion

$$\mathbf{f}(\mathbf{x}) \;:=\; \mathbf{x}$$

über B integriert wird. Der Anschaulichkeit halber denken wir uns das im (x, y, z)-Raum und schreiben dV anstelle von $d\mu(\mathbf{x})$. Indem wir (12) “koordinatenweise” lesen, erhalten wir dann für die Koordinaten ξ, η, ζ des Schwerpunkts $\mathbf{s}$:

$$\xi = \frac{1}{\mu(B)}\int_B x\,dV\,, \qquad \eta = \frac{1}{\mu(B)}\int_B y\,dV\,, \qquad \zeta = \frac{1}{\mu(B)}\int_B z\,dV$$

▶ Rotiert die in der (ρ, z)-Halbebene gezeichnete Kurve

$$\gamma: \quad \rho = f(z) \qquad (a \le z \le b)$$

um die z-Achse (Fig. 4.1.20), so entsteht eine Rotationsfläche S. S ist Mantelfläche eines Rotationskörpers K, dessen Volumen $V := \mu(K)$ nun berechnet werden soll.

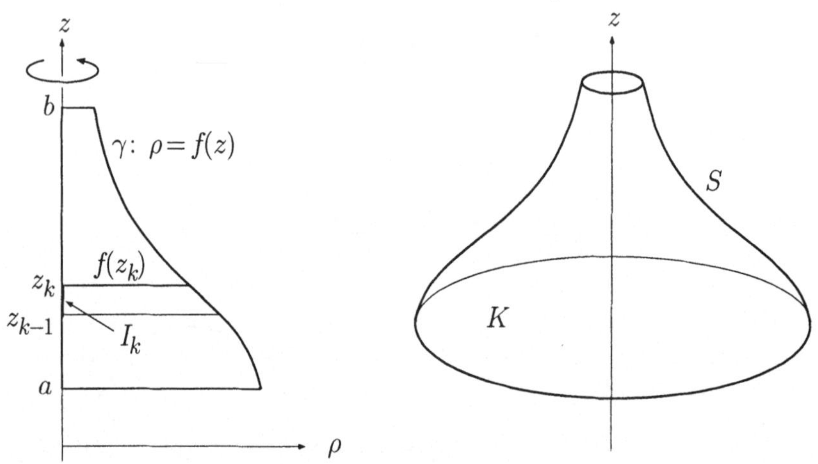

Fig. 4.1.20

Hierzu zerlegen wir das Intervall $I := [a, b]$ in kleine Teilintervalle

$$I_k := [z_{k-1}, z_k] \qquad (1 \le k \le N) .$$

Die zwei Ebenen $z = z_{k-1}$ und $z = z_k$ schneiden aus K eine kreisrunde flache Scheibe heraus, deren Volumen V_k approximativ gegeben ist durch

$$V_k \doteq \pi \left(f(z_k)\right)^2 (z_k - z_{k-1}) = \pi\left(f(z_k)\right)^2 \mu(I_k) .$$

Man könnte dies wie seinerzeit (4) durch eine Fehlerabschätzung präzisieren. Wir machen aber lieber gleich weiter und summieren über k; es ergibt sich

$$V \doteq \pi \sum_{k=1}^{N} \left(f(z_k)\right)^2 \mu(I_k) .$$

Der Grenzübergang $\delta(\mathcal{Z}) \to 0$ macht aus dem '$\doteq$' ein '$=$' und aus der rechten Seite ein Integral, und zwar erhalten wir die folgende Formel:

$$V = \pi \int_{[a,b]} \left(f(z)\right)^2 dz .$$

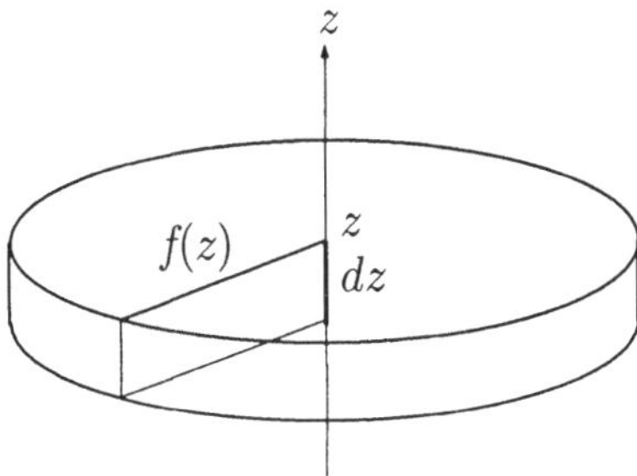

Fig. 4.1.21

Der schnellste Weg zu dieser Formel geht über

$$dV = \pi \left(f(z)\right)^2 dz\,,$$

was man direkt der Figur 4.1.21 entnimmt.

▶ Wir betrachten noch einen Rotationskörper K in folgender Disposition: Gegeben ist eine positive Funktion

$$z = f(\rho) \qquad (0 \le \rho \le R)\,,$$

und K entsteht durch Rotation des Profils

$$P := \left\{ (\rho, z) \;\middle|\; 0 \le \rho \le R\,,\ 0 \le z \le f(\rho) \right\}$$

um die z-Achse (Fig. 4.1.22).

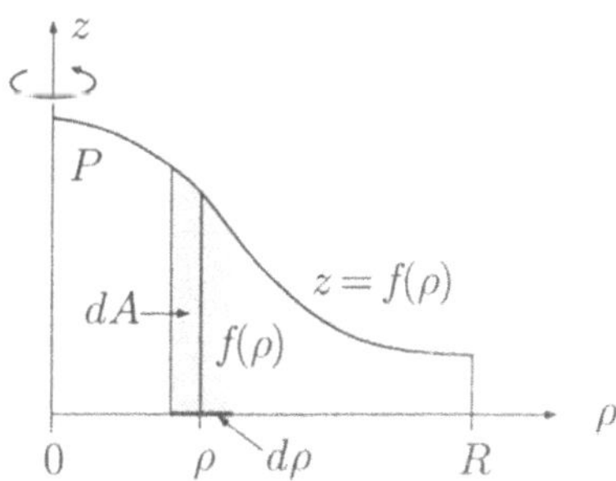

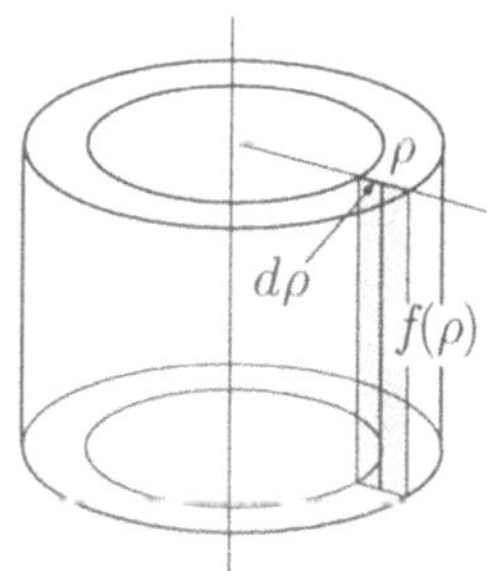

Fig. 4.1.22

Um das Volumen von K zu bestimmen, wählen wir von Anfang an den schnellen Weg. Wir betrachten also ein “infinitesimales” Teilintervall von

$I := [0, R]$ der Breite $d\rho$ im Abstand ρ von der Achse. Der auf diesem Intervall stehende infinitesimale Streifen von P hat die Fläche

$$dA = f(\rho)\, d\rho$$

und produziert bei der Rotation eine zylindrische Hülse vom Umfang $2\pi\rho$ und somit vom Volumen

$$dV = 2\pi\rho\, dA = 2\pi\rho\, f(\rho)\, d\rho\ .$$

Für das Volumen von K erhalten wir daher die Formel

$$V = 2\pi \int_{[0,R]} \rho\, f(\rho)\, d\rho\ .$$

▶ Rotiert eine Punktmasse m mit Winkelgeschwindigkeit ω um die z-Achse, so ist ihre Absolutgeschwindigkeit v gegeben durch $v = \rho\omega$, wobei ρ den Abstand von der Drehachse bezeichnet (Fig. 4.1.23), und deren kinetische Energie durch

$$T = \frac{1}{2} m v^2 = \frac{1}{2} m \rho^2 \omega^2\ . \tag{13}$$

Man nennt

$$\Theta := \rho^2 m$$

das **Trägheitsmoment** des rotierenden Massenpunktes bezüglich der z-Achse. Mit Hilfe dieses Θ können wir anstelle von (13) schreiben:

$$T = \frac{1}{2} \Theta \omega^2\ .$$

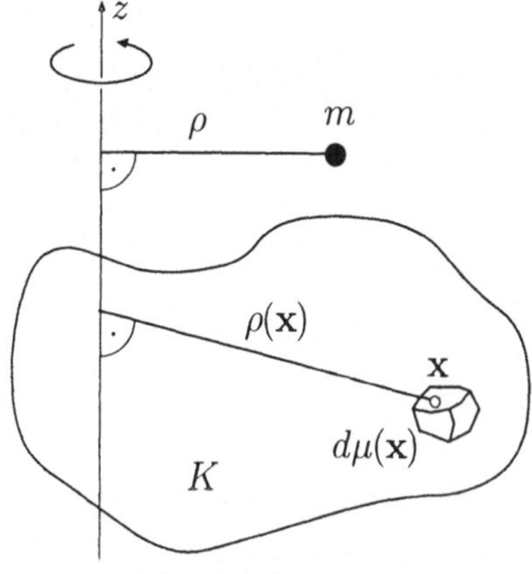

Fig. 4.1.23

Wir betrachten jetzt einen Körper $K \subset \mathbb{R}^3$, rotationssymmetrisch oder nicht, der zur Rotation mit Winkelgeschwindigkeit ω um die z-Achse vorgesehen ist. K sei homogen mit Masse der Dichte m^* belegt. Ein Volumenelement $d\mu(\mathbf{x})$ an der Stelle $\mathbf{x}$ besitzt dann die Masse $dm = m^*\, d\mu(\mathbf{x})$, das Trägheitsmoment

$$d\Theta = \rho^2\, dm = m^*\, \rho^2(\mathbf{x})\, d\mu(\mathbf{x})$$

und folglich bei der Winkelgeschwindigkeit ω die kinetische Energie

$$dT = \frac{1}{2}\omega^2\, d\Theta = \frac{1}{2}\omega^2 m^* \rho^2(\mathbf{x})\, d\mu(\mathbf{x})\,.$$

Die kinetische Gesamtenergie hat somit den Wert

$$T = \int dT = \frac{1}{2}\omega^2 m^* \int_K \rho^2(\mathbf{x})\, d\mu(\mathbf{x})\,. \tag{14}$$

Die Größe

$$\begin{aligned} \Theta &:= m^* \int_K \rho^2(\mathbf{x})\, d\mu(\mathbf{x}) \\ &= m^* \int_K (x^2 + y^2)\, dV \end{aligned}$$

(es ist ja $\rho(\mathbf{x}) = \sqrt{x^2 + y^2}$) heißt **Trägheitsmoment** des Körpers K bezüglich der z-Achse. Mit dieser Abkürzung schreibt sich (14) in der Gestalt

$$T = \frac{1}{2}\Theta\omega^2\,,$$

und der Vergleich mit (13) zeigt erstens: Das Trägheitsmoment ist das für die Drehbewegung maßgebende Analogon zur Masse, und zweitens: Die kinetische Energie ist, unabhängig von der Gestalt von K, proportional zum Quadrat der Winkelgeschwindigkeit ω.

③ Es soll das das Trägheitsmoment eines Vollzylinders bezüglich seiner Achse berechnet werden. Gemeint ist ein Kreiszylinder vom Radius R, der Höhe h und der Dichte $m^* := 1$; Achse sei die z-Achse.

Betrachte ein infinitesimales Intervall $d\rho$ im Abstand ρ von der z-Achse. Zu diesem Intervall gehört eine zylindrische Hülse (Fig. 4.1.24) vom Volumen

$$dV = 2\pi\rho \cdot h\, d\rho\,,$$

und alle Punkte dieser Hülse haben denselben Abstand ρ von der Drehachse. Die Hülse besitzt daher das Trägheitsmoment

$$d\Theta = \rho^2\, dm = \rho^2\, m^*\, dV = 2\pi h \rho^3\, d\rho\,,$$

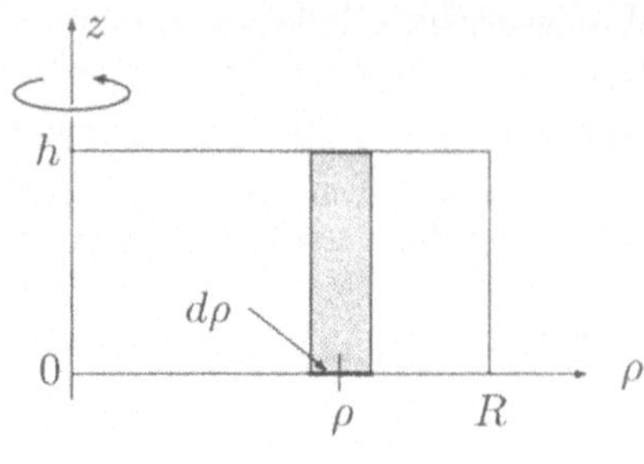

Fig. 4.1.24

und das Trägheitsmoment des ganzen Zylinders wird

$$\Theta = \int d\Theta = 2\pi h \int_{[0,R]} \rho^3 \, d\rho \, .$$

Wir wollen nun dieses Integral tatsächlich ausrechnen. Hierzu teilen wir das Intervall $I := [0, R]$ durch die Punkte

$$\rho_k := k \frac{R}{N} \qquad (0 \le k \le N)$$

in N gleiche Teile $I_k := [\rho_{k-1}, \rho_k]$ der Länge $\mu(I_k) = R/N$ (Fig. 4.1.25). Die zu dieser Zerlegung von I gehörigen Riemannschen Summen Σ_N haben die Form

$$\Sigma_N = \sum_{k=1}^{N} f(\rho_k)\, \mu(I_k) = \sum_{k=1}^{N} \rho_k^3 \cdot \frac{R}{N} = \left(\frac{R}{N}\right)^4 \sum_{k=1}^{N} k^3 \, .$$

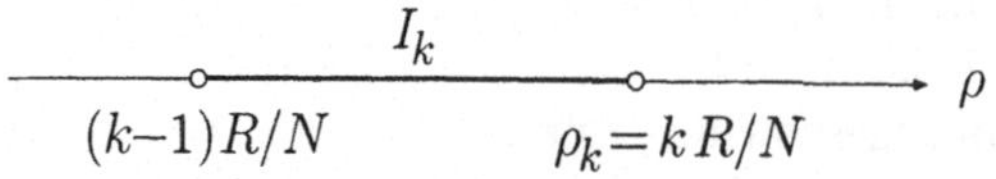

I_k

$(k-1)R/N$ $\qquad \rho_k = kR/N$ $\qquad \rho$

Fig. 4.1.25

Die Summe der ersten N Kubikzahlen ist (zufälligerweise) gleich dem Quadrat der Summe der ersten N Zahlen selber, das heißt: Es gilt

$$\sum_{k=1}^{N} k^3 = \left(\frac{N(N+1)}{2}\right)^2 = \frac{1}{4} N^4 \left(1 + \frac{1}{N}\right)^2 .$$

Damit ergibt sich

$$\Sigma_N = \frac{R^4}{4} \left(1 + \frac{1}{N}\right)^2$$

und folglich wegen (9):

$$\int_{[0,R]} \rho^3\, d\rho \;=\; \lim_{N\to\infty} \Sigma_N \;=\; \frac{R^4}{4}\,,$$

so daß wir schließlich erhalten:

$$\Theta \;=\; \frac{\pi h\, R^4}{2}\,.$$

○

► Wir betrachten eine Kurve

$$\gamma: \quad t \mapsto \mathbf{z}(t) = \bigl(x(t), y(t)\bigr) \qquad (a \le t \le b)$$

in der Ebene, wobei wir die Funktion $\mathbf{z}(\cdot)$ stetig differenzierbar voraussetzen wollen. Um an die Länge $L(\gamma)$ dieser Kurve heranzukommen, gehen wir folgendermaßen vor:

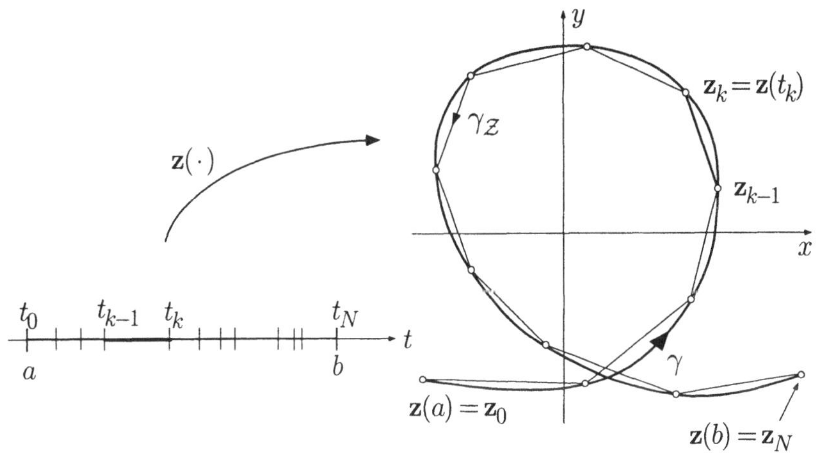

Fig. 4.1.26

Wir zerlegen das Intervall $[a, b]$ durch Teilungspunkte

$$\mathcal{Z}: \qquad a = t_0 < t_1 < \;\ldots\; < t_N = b$$

in kleine Teilintervalle

$$I_k \;:=\; [\,t_{k-1}, t_k\,] \qquad (1 \le k \le N)$$

und verbinden die zu den t_k gehörigen Kurvenpunkte $\mathbf{z}(t_k) =: \mathbf{z}_k$ der Reihe nach durch einen Streckenzug $\gamma_{\mathcal{Z}}$ (Fig. 4.1.26). Die Länge $L(\gamma_{\mathcal{Z}})$ dieses Streckenzugs ist ein Näherungswert für die gesuchte Länge $L(\gamma)$.

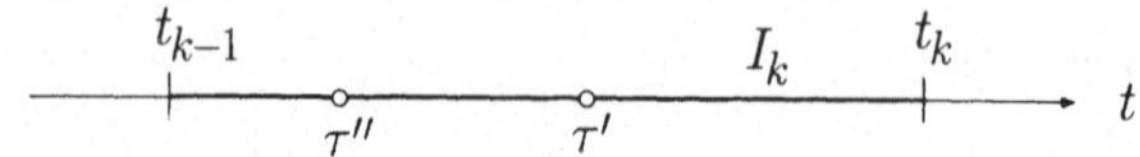

Fig. 4.1.27

Betrachten wir eine Teilstrecke

$$\mathbf{z}_k - \mathbf{z}_{k-1} = \big(x(t_k) - x(t_{k-1}),\, y(t_k) - y(t_{k-1})\big)\,,$$

so gibt es nach dem Mittelwertsatz der Differentialrechnung, Version **(3.6)**, Punkte τ', $\tau'' \in [\,t_{k-1}, t_k\,]$ (siehe die Fig. 4.1.27) mit

$$x(t_k) - x(t_{k-1}) = \dot{x}(\tau')(t_k - t_{k-1})\,, \qquad y(t_k) - y(t_{k-1}) = \dot{y}(\tau'')(t_k - t_{k-1})\,,$$

und wir erhalten für die Länge dieser Teilstrecke:

$$|\mathbf{z}_k - \mathbf{z}_{k-1}| = \sqrt{\dot{x}^2(\tau') + \dot{y}^2(\tau'')}\,(t_k - t_{k-1}) = \Big(\sqrt{\dot{x}^2(t_k) + \dot{y}^2(t_k)} + \Delta_k\Big)\,\mu(I_k)\,,$$

wobei der beim Ersatz $\tau' \to t_k$, $\tau'' \to t_k$ eingebrachte Fehler Δ_k mit $\delta(\mathcal{Z}) \to 0$ gegen 0 geht, da $\dot{x}(\cdot)$ und $\dot{y}(\cdot)$ stetig vorausgesetzt wurden. Wir erhalten daher unter Vernachläßigung der Δ_k:

$$\begin{aligned} L(\gamma_{\mathcal{Z}}) = \sum_{k=1}^{N} |\mathbf{z}_k - \mathbf{z}_{k-1}| &\doteq \sum_{k=1}^{N} \sqrt{\dot{x}^2(t_k) + \dot{y}^2(t_k)}\,\mu(I_k) \\ &\doteq \int_{[\,a,b\,]} \sqrt{\dot{x}^2(t) + \dot{y}^2(t)}\,dt\,. \end{aligned}$$

Das ist präzis folgendermaßen zu interpretieren: Ist eine Toleranz $\varepsilon > 0$ vorgegeben, so haben alle der Kurve einbeschriebenen Streckenzüge $\gamma_{\mathcal{Z}}$ mit hinreichend feinem Korn

$$\delta(\mathcal{Z}) := \max_{1 \le k \le N} (t_k - t_{k-1})$$

eine Länge $L(\gamma_{\mathcal{Z}})$, die sich von dem angeschriebenen Integral um weniger als ε unterscheidet. Wir definieren daher dieses Integral als **Länge der Kurve** γ:

$$L(\gamma) := \int_{[\,a,b\,]} \sqrt{\dot{x}^2(t) + \dot{y}^2(t)}\,dt\,. \tag{15}$$

Der von den obigen Überlegungen inspirierte formale Ausdruck

$$ds := \sqrt{\dot{x}^2(t) + \dot{y}^2(t)}\,dt$$

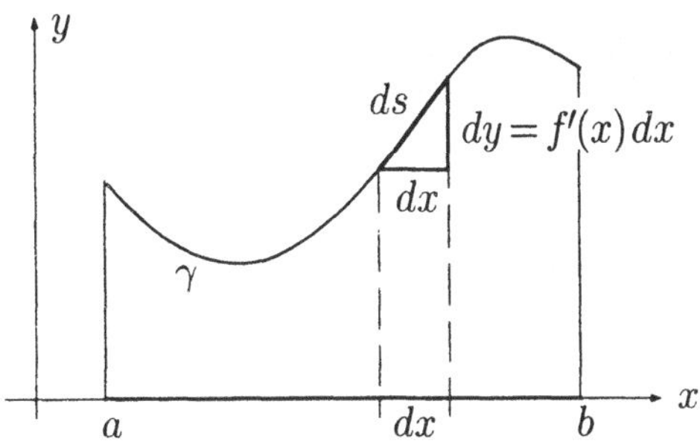

Fig. 4.1.28

wird als **Linienelement** bezeichnet.

Ist die Kurve γ als Graph einer Funktion vorgelegt:

$$\gamma: \quad y = f(x) \qquad (a \le x \le b)\,,$$

so verwandeln wir das zunächst in die Parameterdarstellung

$$\gamma: \quad x \mapsto \bigl(x, f(x)\bigr) \qquad (a \le x \le b)$$

mit der Variablen x als Parameter und wenden dann (15) an. Es ergibt sich

$$L(\gamma) = \int_{[a,b]} \sqrt{1 + f'^2(x)}\, dx\,. \tag{16}$$

Die stenographische Herleitung dieser Formel erfolgt anhand der Figur 4.1.28, die unmittelbar das hier maßgebende Linienelement

$$ds = \sqrt{1 + f'^2(x)}\, dx$$

liefert.

Aufgaben

1. Ⓜ Berechne einen Näherungswert für das Integral

$$\int_0^2 e^{-t^2/2}\, dt$$

mit Hilfe einer Zerlegung des Intervalls $[0, 2]$ in 20 gleiche Teile. Schätze den Fehler ab und vergleiche mit dem Tabellenwert.

2. Berechne die folgenden Integrale durch Betrachtung von Riemannschen Summen:

(a) $\int_0^c x\,dx\,,$ (b) $\int_a^b e^{\lambda x}\,dx\,, \qquad \lambda \in \mathbb{C}_{\neq 0}\,.$

Mit Hilfe von (b) lassen sich leicht auch die folgenden Integrale berechnen:

(c) $\int_a^b \cos x\,dx\,,$ (d) $\int_a^b \sin x\,dx\,.$

3. Berechne das Trägheitsmoment eines senkrechten Kreiskegels K (Grundkreisradius R, Höhe h, Dichte $m^* := 1$) bezüglich seiner Achse
   (a) mit Hilfe einer Zerlegung von K in flache zylindrische Scheiben,
   (b) mit Hilfe einer Zerlegung von K in dünnwandige zylindrische Hülsen.

4. Über drei Einheitskreisen werden eine Halbkugel, ein Kreiskegel der Höhe 1 und ein Zylinder der Höhe 1 errichtet. Wird der Kegel auf die Spitze gestellt, so schneidet jede waagrechte Ebene die drei Körper in drei Kreisen, deren Flächeninhalte zueinander in einer einfachen Beziehung stehen. Aus diesem Sachverhalt läßt sich die Formel für das Kugelvolumen herleiten, wenn die entsprechenden Formeln für Kegel und Zylinder als bekannt vorausgesetzt werden.

5. Die Kurve

$$\gamma: \quad \rho = f(z) \qquad (a \leq z \leq b)$$

erzeugt bei Rotation um die z-Achse eine Rotationsfläche S. Leite eine Formel her für den Flächeninhalt $\omega(S)$. (*Hinweis:* Zerlege S in "infinitesimale Lampenschirme".)

6. Besitzt der Bereich $B \subset \mathbb{R}^2$ den Durchmesser δ, so ist $\mu(B) \leq \delta^2$. Beweise dies und versuche, die Ungleichung noch zu verbessern: $\mu(B) \leq c\,\delta^2$ für ein geeignetes $c < 1$.

7. Jemand zeichnet auf die 2-Sphäre vom Radius R mit Zentrum $\mathbf{0}$ eine glatte Kurve γ der Länge L. Wird jeder Punkt von γ mit $\mathbf{0}$ durch eine Strecke verbunden, so entsteht eine Fläche M.
   (a) Beschreibe M als Menge, d.h. in der Form $M = \{\ldots \mid \ldots\}$.
   (b) Bestimme den Flächeninhalt von M oder begründe, warum die gemachten Angaben hierzu nicht ausreichen.

4.2. Hauptsätze

Das Riemannsche Integral 4.1.(7) besitzt offensichtlich die zu Beginn von Abschnitt 4.1 postulierten Eigenschaften (a)–(d). Wir dürfen daher ohne weiteren Beweis notieren:

(**4.1**)(a)
$$\int_B (f+g)\,d\mu = \int_B f\,d\mu + \int_B g\,d\mu\,,$$

$$\int_B (\lambda f)\,d\mu = \lambda \int_B f\,d\mu \qquad (\lambda \in \mathbb{R} \text{ bzw. } \in \mathbb{C})\,.$$

(b) *Sind B_1 und B_2 fast disjunkt, so gilt*

$$\int_{B_1 \cup B_2} f\,d\mu = \int_{B_1} f\,d\mu + \int_{B_2} f\,d\mu\,.$$

(c)
$$\int_B 1\,d\mu \;=\; \mu(B)\,.$$

Weiter haben wir die folgenden Abschätzungen:

(**4.2**)(a)
$$\left|\int_B f(\mathbf{x})\,d\mu(\mathbf{x})\right| \;\le\; \int_B |f(\mathbf{x})|\,d\mu(\mathbf{x})\,;$$

(b) *Gilt $|f(\mathbf{x})| \le M$ für alle $\mathbf{x} \in B$, so ist*

$$\left|\int_B f(\mathbf{x})\,d\mu(\mathbf{x})\right| \;\le\; M\,\mu(B)\,.$$

⌜ Die behaupteten Ungleichungen gelten für beliebige Riemannsche Summen:

$$\left|\sum_{k=1}^N f(\mathbf{x}_k)\mu(B_k)\right| \;\le\; \sum_{k=1}^N |f(\mathbf{x}_k)|\mu(B_k) \qquad \left(\;\le \sum_{k=1}^N M\,\mu(B_k) = M\,\mu(B)\right),$$

und folglich auch im Limes. ⌟

Für reellwertige Funktionen gibt es den **Mittelwertsatz der Integralrechnung**:

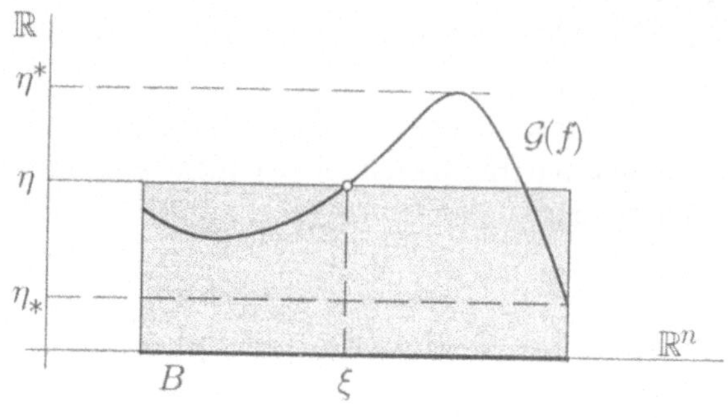

Fig. 4.2.1

(4.3) *Nimmt die Funktion $f\colon B \to \mathbb{R}$ jeden Wert zwischen $\eta_* := \inf_{\mathbf{x}\in B} f(\mathbf{x})$ und $\eta^* := \sup_{\mathbf{x}\in B} f(\mathbf{x})$ tatsächlich an, so gibt es einen Punkt $\xi \in B$ mit*

$$\int_B f\,d\mu = f(\xi)\,\mu(B)\,.$$

⌈ Für alle $\mathbf{x} \in B$ ist

$$\eta_* \le f(\mathbf{x}) \le \eta^*$$

(Fig. 4.2.1). Hieraus folgt

$$\int_B \eta_*\,d\mu(\mathbf{x}) \le \int_B f(\mathbf{x})\,d\mu(\mathbf{x}) \le \int_B \eta^*\,d\mu(\mathbf{x})$$

und somit

$$\eta_*\,\mu(B) \le \int_B f\,d\mu \le \eta^*\,\mu(B)\,.$$

Wegen $\mu(B) > 0$ ist das äquivalent mit

$$\frac{1}{\mu(B)}\int_B f\,d\mu \;=:\; \eta \in [\,\eta_*, \eta^*\,]\,.$$

Nach Voraussetzung über f gibt es jetzt einen Punkt $\xi \in B$ mit $f(\xi) = \eta$; dieses ξ genügt. ⌋

Wir benötigen eine allgemeine Methode zur Berechnung von Integralen, wenn die zu integrierende Funktion f als Ausdruck und der Integrationsbereich B durch Ungleichungen gegeben sind. Im vorliegenden Abschnitt behandeln wir den eindimensionalen Fall. Hier führt die entscheidende Idee, das Integral

$$\int_{[a,x]} f(t)\,dt$$

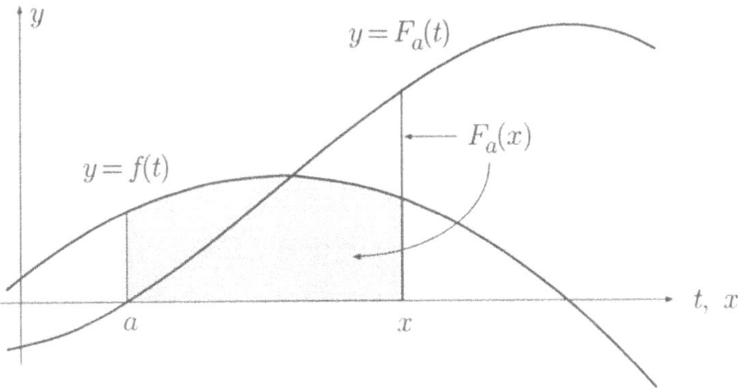

Fig. 4.2.2

als Funktion der oberen Grenze x zu betrachten, zum Hauptsatz der Infinitesimalrechnung und damit zum Kalkül mit Stammfunktionen. Später werden wir zeigen, daß sich bei Integralen über mehrdimensionale Bereiche die Dimension rekursiv erniedrigen läßt, so daß schließlich eine verschachtelte Folge von einfachen Integralen auszuwerten ist.

Es seien also $I \subset \mathbb{R}$ ein Intervall,

$$f: \quad I \to \mathbb{R}, \qquad t \mapsto y := f(t)$$

eine stetige Funktion und $a \in I$ ein fest gewählter Punkt. Betrachte die auf ganz I definierte Funktion

$$F_a(x) := \begin{cases} \int_{[a,x]} f(t)\,dt & (x \geq a) \\ -\int_{[x,a]} f(t)\,dt & (x \leq a) \end{cases}$$

(Fig. 4.2.2). Man sagt, man habe f von a aus **aufintegriert**, und nennt $F_a(\cdot)$ aus naheliegenden Gründen die zum Anfangspunkt a gehörige **Flächenfunktion** von f. Diese Funktion besitzt folgende charakteristische Eigenschaft (siehe die Fig. 4.2.3):

$$F_a(x_2) - F_a(x_1) = \int_{[x_1,x_2]} f(t)\,dt \qquad (x_1, x_2 \in I;\ x_1 < x_2)\,. \tag{1}$$

⌜ Ist zum Beispiel $a \leq x_1 < x_2$, so folgt mit **(4.1)**(b):

$$\int_{[a,x_2]} f(t)\,dt = \int_{[a,x_1]} f(t)\,dt + \int_{[x_1,x_2]} f(t)\,dt\,,$$

und das heißt

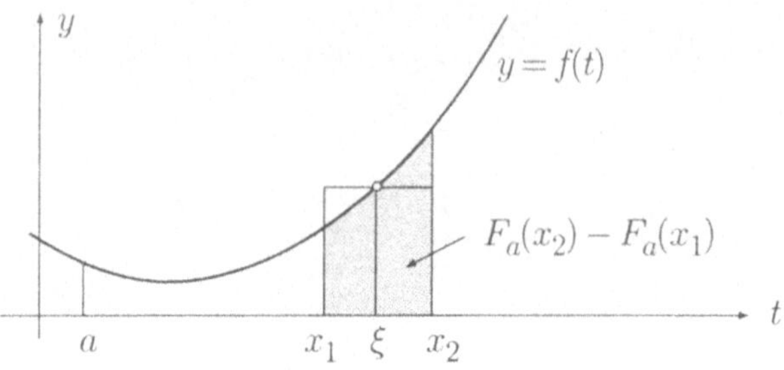

Fig. 4.2.3

$$F_a(x_2) = F_a(x_1) + \int_{[\,x_1,x_2\,]} f(t)\,dt\ .$$

Ähnlich schließt man in den Fällen $x_1 < a \leq x_2$ und $x_1 < x_2 \leq a$. ┘

Wir wenden nun auf die rechte Seite von (1) den Mittelwertsatz **(4.3)** an: Es gibt einen Punkt ξ im Intervall $[\,x_1, x_2\,]$ mit

$$F_a(x_2) - F_a(x_1) = f(\xi)(x_2 - x_1)\ ,$$

und das ist äquivalent mit

$$\frac{F_a(x_2) - F_a(x_1)}{x_2 - x_1} = f(\xi)\ , \qquad x_1 \leq \xi \leq x_2\ .$$

Lassen wir hier bei festem $x_1 \in I$ den Punkt x_2 von rechts gegen x_1 streben, so strebt auch der Punkt ξ gegen x_1, und weil f dort stetig ist, folgt

$$F_a'(x_1+) = f(x_1)\ .$$

Analog zeigt man $F_a'(x_2-) = f(x_2)$. Da x_1, $x_2 \in I$ beliebig waren, haben wir damit allgemein bewiesen:

$$\frac{d}{dx}F_a(x) = f(x) \qquad (x \in I)\ .$$

Dies ist der **Hauptsatz der Infinitesimalrechnung** (Version A):

(4.4) *Die Ableitung der Flächenfunktion $F_a(\cdot)$ ist die Ausgangsfunktion $f(\cdot)$; in Formeln:*

$$\frac{d}{dx}\int_{[\,a,x\,]} f(t)\,dt \;=\; f(x) \qquad (x \geq a)\ ,$$

$$\frac{d}{dx}\int_{[\,x,a\,]} f(t)\,dt \;=\; -f(x) \qquad (x \leq a)\ .$$

Ist eine stetige Funktion $f\colon I \to \mathbb{R}$ (bzw. $\to \mathbb{C}$) die Ableitung einer anderen Funktion $F\colon I \to \mathbb{R}$ (bzw. $\to \mathbb{C}$), so heißt F eine **Stammfunktion** von f auf I. Die Menge aller Stammfunktionen von $f\colon I \to \mathbb{R}$ heißt **unbestimmtes Integral** von f und wird mit

$$\int f(t)\,dt$$

bezeichnet. Diese Menge ist nicht leer: Man wähle einen Punkt $a \in I$ und bilde die Flächenfunktion $F_a(\cdot)$. Wie wir gleich zeigen werden, stimmen die einzelnen Mitglieder der Funktionenschar $\int f(t)\,dt$ bis auf eine additive Konstante überein. In diesem Zusammenhang hat sich folgende Schreibweise eingebürgert: Ist F_0 eine beliebige Funktion bzw. $F_0(t)$ ein Funktionsterm in der Variablen t, so bezeichnet

$$F_0 + \text{const.} \qquad \text{bzw.} \qquad F_0(t) + \text{const.}$$

die Menge aller Funktionen bzw. Ausdrücke, die sich von F_0 um eine konstante Funktion unterscheiden.

(4.5) *Gilt $F_0' = f$, so ist die Menge a l l e r Stammfunktionen von f gegeben durch $F_0 + \text{const.}$; in Formeln:*

$$F_0' = f \qquad \Longrightarrow \qquad \int f(t)\,dt = F_0 + \text{const.}\,.$$

⌈ F_0 ist nach Voraussetzung eine Stammfunktion von f. Dann sind auch alle Funktionen $F_0 + C$, $C \in \mathbb{R}$, Stammfunktionen von f. Umgekehrt: Sei F eine beliebige Stammfunktion von f. Dann ist

$$(F - F_0)' = f - f = 0\,,$$

und hieraus folgt mit Satz **(3.8)**, daß $F - F_0$ konstant ist. ⌋

Satz **(4.5)** verwandelt jede Differentiationsregel in eine Integrationsregel, wie wir noch sehen werden.

Bsp: $$\frac{d}{dt}\arctan t = \frac{1}{1+t^2} \qquad \Longrightarrow \qquad \int \frac{1}{1+t^2}\,dt = \arctan t + \text{const.}\,;$$

$$\sinh' = \cosh \qquad \Longrightarrow \qquad \int \cosh t\,dt = \sinh t + \text{const.}\,.$$

Wir kehren nunmehr zurück zum Problem der Berechnung von Riemannschen Integralen

$$\int_{[a,b]} f(t)\,dt$$

und bringen den **Hauptsatz der Infinitesimalrechnung** auf folgende anwendungsorientierte Form B:

(4.6) *Es sei $f\colon [a,b] \to \mathbb{R}$ (bzw. $\to \mathbb{C}$) eine stetige Funktion, und es sei $F\colon [a,b] \to \mathbb{R}$ (bzw. $\to \mathbb{C}$) eine beliebige Stammfunktion von f. Dann gilt*

$$\int_{[a,b]} f(t)\,dt = F(b) - F(a)\,.$$

⌜ Da sich verschiedene Stammfunktionen von f nur um eine additive Konstante unterscheiden, hat hier die Differenz rechter Hand für alle Stammfunktionen denselben Wert, und wir dürfen annehmen, F sei die in Satz **(4.5)** als Stammfunktion erwiesene Flächenfunktion

$$F_a(x) := \int_{[a,x]} f(t)\,dt \qquad (x \geq a)\,.$$

Für diese gilt aber wegen $F_a(a) = 0$ tatsächlich

$$\int_{[a,b]} f(t)\,dt = F_a(b) = F_a(b) - F_a(a)\,.$$ ⌟

Satz **(4.6)** stellt ein Riemannsches Integral, das heißt: einen Grenzwert von Riemannschen Summen, als Differenz von Funktionswerten einer Stammfunktion dar und macht damit die Berechnung derartiger Integrale einem allgemeinen und letzten Endes algebraischen Kalkül zugänglich. Das Problem ist damit auf eine andere Ebene geschoben worden: Wir müssen nicht mehr mit irgendwelchen Tricks einen Grenzwert ausrechnen (siehe die Beispiele 4.1.② und 4.1.③); dafür entsteht neu die Aufgabe, zu einem gegebenen Funktionsterm $f(t)$ eine Stammfunktion $F(t)$ zu finden.

Da im Zusammenhang mit Integralen immer wieder Differenzen $F(b) - F(a)$ berechnet werden müssen, hat sich dafür die bequeme Schreibweise

$$F(b) - F(a) =: F(t)\Big|_a^b \qquad \text{(o. ä.)}$$

eingebürgert. Will man ausdrücken, daß diese Differenz für eine (unter Umständen noch nicht bekannte) Stammfunktion von f berechnet werden soll, so schreibt man dafür

$$\int_a^b f(t)\,dt\,.$$

Dieser Ausdruck ist das **bestimmte Integral der Funktion f von a bis b.**

Wir wiederholen: Das *unbestimmte* Integral

$$\int f(t)\,dt$$

ist die Menge aller Stammfunktionen von f auf einem vereinbarten Intervall I; das *bestimmte* Integral

$$\int_a^b f(t)\,dt$$

ist die für irgendeine Stammfunktion F von f berechnete Differenz $F(b) - F(a)$, und zwar ist das auch für $b < a$ definiert.

Aufgrund dieser Vereinbarungen erhält Satz **(4.6)** die (nur scheinbar tautologische) Form

(4.6′)

$$\int_{[a,b]} f(t)\,dt = \int_a^b f(t)\,dt \qquad (a \leq b)\ .$$

Angesichts dieser Formel benutzen wir für Riemannsche Integrale über ein Intervall $[a,b]$ die Schreibweise

$$\int_{[a,b]} f(t)\,dt$$

nicht mehr, sondern wir schreiben dafür ebenfalls

$$\int_a^b f(t)\,dt\,,$$

wie das ja allgemein üblich ist.

① Wir berechnen erstens den Flächeninhalt A unter der Kurve

$$y = \frac{1}{1+x^2} \qquad (-1 \leq x \leq 1)$$

(Fig. 4.2.4). — Es ergibt sich

$$A = \int_{-1}^{1} \frac{1}{1+x^2}\,dx = \arctan x\Big|_{-1}^{1} = \frac{\pi}{4} - \left(-\frac{\pi}{4}\right) = \frac{\pi}{2}\ .$$

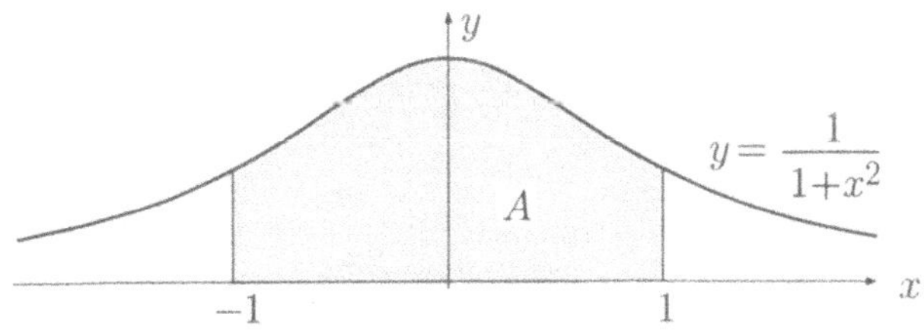

Fig. 4.2.4

Zweitens soll die Länge der sogenannten **Kettenlinie**

$$\gamma: \quad y = \cosh x \qquad (-a \le x \le a)$$

(Fig. 4.2.5) berechnet werden. — Nach 4.1.(16) ist

$$L(\gamma) = \int_{-a}^{a} \sqrt{1 + \cosh'^2 x}\, dx = \int_{-a}^{a} \sqrt{1 + \sinh^2 x}\, dx$$
$$= \int_{-a}^{a} \cosh x\, dx = \sinh x \Big|_{-a}^{a} = 2 \sinh a\,.$$

○

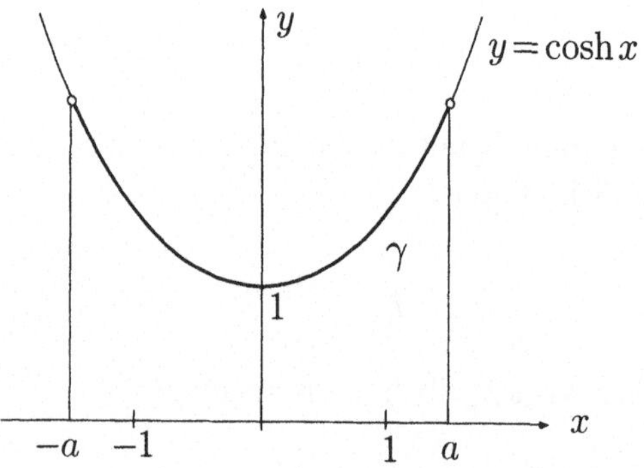

Fig. 4.2.5

Aufgaben

1. Es sei $f : \mathbb{R} \to \mathbb{R}$ eine stetige 2π-periodische Funktion. Unter welcher Bedingung sind die Stammfunktionen von f ebenfalls 2π-periodisch? Man zeige, daß die gefundene Bedingung notwendig und hinreichend ist.
2. (a) Ⓜ Zeichne den Graphen der Funktion

$$f(t) := \frac{\sin t}{t} \quad (t \ne 0)\,, \qquad f(0) := 1\,.$$

(b) Überlege: Die zugehörige Flächenfunktion

$$F(x) := \int_0^x \frac{\sin t}{t}\, dt \qquad (x \in \mathbb{R})$$

nimmt auf $\mathbb{R}$ ein globales Maximum M und ein globales Minimum $-M$ an.

(c) Finde einen Ausdruck für M und beweise $M < 2$. (*Hinweis:* Beweise und verwende die Ungleichung $\sin t < t \cos(t/2)$ $(0 < t < \pi)$.)

3. Es bezeichne L die Flächenfunktion

$$L(x) := \int_1^x \frac{1}{t}\,dt \qquad (x \geq 1)\ .$$

Zeige: L genügt der Funktionalgleichung

$$L(uv) \equiv L(u) + L(v) \qquad (u \geq 1,\ v \geq 1)\ .$$

Dabei dürfen nur allgemeine Eigenschaften des Flächeninhalts (Zerlegungsadditivität, Verhalten gegenüber Streckung in x- bzw. y-Richtung usw.), nicht aber anderweitig bekannte Eigenschaften des Logarithmus verwendet werden. Figur!

4.3. Technik des Integrierens

Wir stehen vor der Aufgabe, eine als Ausdruck gegebene Funktion, zum Beispiel

$$f(t) := \sqrt{t^2+1}\,,$$

unbestimmt zu integrieren, das heißt: einen Funktionsterm $F(t)$ anzugeben, dessen Ableitung $F'(t)$, gerechnet nach den Regeln von Abschnitt 3.1, mit $f(t)$ übereinstimmt. Diese Aufgabe ist nicht immer lösbar; es gibt nämlich elementare Funktionen,

$$Bsp: \qquad \sqrt{1-\kappa^2\sin^2 t}\,, \qquad e^{-t^2/2}\,, \qquad \frac{\sin t}{t}\,, \qquad \frac{t}{\log t}\,,$$

deren Stammfunktionen nicht elementar sind. Die angeführten Beispiele sind real: Das Integral $\int\sqrt{1-\kappa^2\sin^2 t}\,dt$ wird für die Bogenlänge der Ellipse benötigt; Integrale $\int e^{-t^2/2}\,dt$ spielen eine prominente Rolle in der Wahrscheinlichkeitstheorie, und $\sin t/t$ ist eine Standardfunktion in der Theorie der Signalverarbeitung. Bezeichnet $\pi(t)$ die Anzahl der Primzahlen $\le t$, so gilt

$$\pi(t) = \frac{t}{\log t}\bigl(1+o(1)\bigr) \qquad (t\to\infty)\,.$$

Wir stellen im folgenden einige Regeln zusammen, mit denen man in den meisten Fällen durchkommt. Es gibt aber auch umfangreiche Integraltafeln, zum Beispiel

> *I. S. Gradshteyn + I. M. Ryzhik:* Table of Integrals, Series and Products. 4th ed., 1965 (Academic Press).

Grundformeln

Die nachstehenden Formeln lassen sich ohne weiteres mit Hilfe von Satz **(4.5)**, das heißt: durch Ableiten der rechten Seite verifizieren:

▶ $$\int t^n\,dt = \frac{1}{n+1}t^{n+1} + \text{const.} \qquad (n\in\mathbb{Z},\ n\ne -1)\,.$$

▶ $$\int t^\alpha\,dt = \frac{1}{\alpha+1}t^{\alpha+1} + \text{const.} \qquad (t>0;\ \alpha\in\mathbb{R}\,,\ \alpha\ne -1)\,.$$

▶ $$\int e^{\lambda t}\,dt = \frac{1}{\lambda}e^{\lambda t} + \text{const.} \qquad (\lambda\in\mathbb{C},\ \lambda\ne 0)\,.$$

▶ $$\int \cosh t\, dt = \sinh t + \text{const.}\,, \qquad \int \sinh t\, dt = \cosh t + \text{const.}\,.$$

▶ $$\int \cos t\, dt = \sin t + \text{const.}\,, \qquad \int \sin t\, dt = -\cos t + \text{const.}\,.$$

▶ $$\int \frac{1}{1+t^2}\, dt = \arctan t + \text{const.}\,.$$

▶ $$\int \frac{1}{1-t^2} = \operatorname{artanh} t + \text{const.} = \frac{1}{2}\log\frac{1+t}{1-t} + \text{const.} \qquad (-1 < t < 1)\,.$$

▶ $$\int \frac{1}{\sqrt{1-t^2}}\, dt = \arcsin t + \text{const.}\,.$$

▶ $$\int \frac{1}{\sqrt{t^2-1}}\, dt = \operatorname{arcosh} t + \text{const.} = \log\bigl(t + \sqrt{t^2-1}\,\bigr) + \text{const.} \qquad (t > 1)\,.$$

▶ $$\int \frac{1}{\sqrt{t^2+1}}\, dt = \operatorname{arsinh} t + \text{const.} = \log\bigl(t + \sqrt{t^2+1}\,\bigr) + \text{const.}\,.$$

(4.7) *Ist $f(t) \neq 0$ auf dem Intervall I, so gilt dort*
$$\int \frac{f'(t)}{f(t)}\, dt = \log|f(t)| + \text{const.}\,.$$

⌜ Nach Voraussetzung über f gibt es ein festes $\sigma \in \{-1, 1\}$ mit $|f(t)| \equiv \sigma f(t)$. Die Ableitung der Funktion
$$F(t) := \log|f(t)| = \log\bigl(\sigma f(t)\bigr)$$
ist somit nach der Kettenregel gegeben durch
$$F'(t) = \log'\bigl(\sigma f(t)\bigr) \cdot \sigma f'(t) = \frac{1}{\sigma f(t)}\, \sigma f'(t)$$
$$= \frac{f'(t)}{f(t)}\,.$$ ⌟

① Es gilt
$$\int \frac{1}{t}\, dt = \begin{cases} \log t + \text{const.} & (\text{auf } \mathbb{R}_{>0})\,, \\ \log(-t) + \text{const.} & (\text{auf } \mathbb{R}_{<0})\,. \end{cases}$$
Die Sinusfunktion ist auf dem Intervall $]0, \pi[$ positiv; folglich gilt dort
$$\int \cot t\, dt = \int \frac{\cos t}{\sin t}\, dt = \log(\sin t) + \text{const.}\,.$$
Analog: Die Cosinusfunktion ist auf dem Intervall $\left]-\frac{\pi}{2}, \frac{\pi}{2}\right[$ positiv; folglich gilt dort
$$\int \tan t\, dt = -\int \frac{-\sin t}{\cos t}\, dt = -\log(\cos t) + \text{const.}\,.$$ ○

Wir benötigen weiter gewisse Regeln, die gestatten, kompliziertere Ausdrücke auf einfachere zurückzuführen. Folgendes ist fast selbstverständlich:

$$\int \big(f(t) + g(t)\big)\,dt = \int f(t)\,dt + \int g(t)\,dt\,,$$

$$\int \big(\lambda f(t)\big)\,dt = \lambda \int f(t)\,dt\,;$$

dabei haben wir allerdings stillschweigend benutzt, daß man Funktionenscharen $F_0 + \text{const.}$ wie einzelne Funktionen sinnvoll addieren und mit Skalaren multiplizieren kann. Im gleichen Zug notieren wir auch noch die Regeln

$$\int \operatorname{Re} f(t)\,dt = \operatorname{Re}\int f(t)\,dt\,, \qquad \int \operatorname{Im} f(t)\,dt = \operatorname{Im}\int f(t)\,dt\,.$$

Partielle Integration

Aus der Formel für die Ableitung eines Produkts ergibt sich der Satz über die **partielle Integration**:

(**4.8**)(a)
$$\int u(t)v'(t)\,dt = u(t)v(t) - \int u'(t)v(t)\,dt\,,$$

(b)
$$\int_a^b u(t)v'(t)\,dt = u(t)v(t)\Big|_a^b - \int_a^b u'(t)v(t)\,dt\,.$$

⌜ Aus $(uv)' = u'v + uv'$ folgt mit Satz (**4.5**):

$$\int \big(u'(t)v(t) + u(t)v'(t)\big)\,dt = u(t)\,v(t) + \text{const.}\,.$$

Hier darf man die linke Seite aufspalten und den einen Summanden nach rechts bringen. ⌟

Die folgenden Beispiele zeigen die praktische Anwendung der partiellen Integration. Das Ziel ist immer, rechter Hand ein Integral zu bekommen, das einfacher ist, als das Ausgangsintegral war. Dabei erweist es sich als zweckmäßig, im Ausgangsintegral den Faktor, der im Verlauf der Rechnung *differenziert* wird, mit einem nach unten weisenden Pfeil '↓' und den Faktor, der *integriert* wird, mit einem nach oben weisenden Pfeil '↑' zu bezeichnen.

② Bei Integralen vom Typus

$$\int t^n e^{\lambda t}\,dt\,, \qquad \int t^n \cos t\,dt\,, \qquad \int t^n \sin t\,dt \qquad (n \in \mathbb{N})$$

läßt sich der auftretende Exponent durch partielle Integration um eins erniedrigen und somit rekursiv auf 0 bringen:

$$\begin{aligned}\int \underset{\downarrow}{t^n}\, \underset{\uparrow}{e^{\lambda t}}\, dt &= t^n \frac{1}{\lambda} e^{\lambda t} - \int n\, t^{n-1} \frac{1}{\lambda} e^{\lambda t}\, dt \\ &= \frac{1}{\lambda} t^n e^{\lambda t} - \frac{n}{\lambda} \int t^{n-1} e^{\lambda t}\, dt\ .\end{aligned}$$

Ähnliches gilt für die beiden anderen Typen. ○

③ Um das Integral $\int \log t\, dt$ zu berechnen, führen wir formal einen Faktor 1 ein und integrieren partiell:

$$\begin{aligned}\int \log t\, dt = \int \underset{\uparrow}{1}\, \underset{\downarrow}{\log t}\, dt &= t \log t - \int t \frac{1}{t}\, dt = t \log t - t + \text{const.} \\ &= t\,(\log t - 1) + \text{const.}\ .\end{aligned}$$

○

④ Um das unbestimmte Integral

$$J := \int e^{\alpha t} \cos(\beta t)\, dt$$

zu berechnen, werden wir zweimal hintereinander partiell integrieren; wir dürfen dabei $\alpha \neq 0$ voraussetzen:

$$\begin{aligned}J = \int \underset{\uparrow}{e^{\alpha t}}\, \underset{\downarrow}{\cos(\beta t)}\, dt &= \frac{1}{\alpha} e^{\alpha t} \cos(\beta t) - \int \frac{1}{\alpha}\, \underset{\uparrow}{e^{\alpha t}}\, \underset{\downarrow}{(-\beta) \sin(\beta t)}\, dt \\ &= \frac{1}{\alpha} e^{\alpha t} \cos(\beta t) + \frac{\beta}{\alpha^2} e^{\alpha t} \sin(\beta t) - \int \frac{\beta}{\alpha^2} e^{\alpha t} \beta \cos(\beta t)\, dt \\ &= \frac{1}{\alpha^2} e^{\alpha t} \Big(\alpha \cos(\beta t) + \beta \sin(\beta t) \Big) - \frac{\beta^2}{\alpha^2} J\ .\end{aligned}$$

Der Mißerfolg ist nur scheinbar: Wir können nach J auflösen und erhalten

$$\int e^{\alpha t} \cos(\beta t)\, dt \;=\; \frac{e^{\alpha t}}{\alpha^2 + \beta^2} \big(\alpha \cos(\beta t) + \beta \sin(\beta t)\big)\ . \tag{1}$$

Das ganze nocheinmal von vorn, aber einfacher: Aus

$$\int e^{(\alpha + i\beta)t}\, dt = \frac{1}{\alpha + i\beta} e^{(\alpha + i\beta)t} = \frac{\alpha - i\beta}{\alpha^2 + \beta^2} e^{(\alpha + i\beta)t}$$

folgt durch Trennung von Real- und Imaginärteil sofort (1) sowie zusätzlich

$$\int e^{\alpha t} \sin(\beta t)\, dt \;=\; \frac{e^{\alpha t}}{\alpha^2 + \beta^2} \big(\alpha \sin(\beta t) - \beta \cos(\beta t)\big)\ .$$

○

⑤ Wir wollen die Zahlen

$$c_n := \int_0^{\pi/2} \cos^n t\, dt \qquad (n \in \mathbb{N})$$

berechnen. Zunächst ist

$$c_0 = \int_0^{\pi/2} 1\, dt = \frac{\pi}{2}, \qquad c_1 = \int_0^{\pi/2} \cos t\, dt = \sin t\Big|_0^{\pi/2} = 1\,.$$

Um eine Rekursionsformel für die c_n zu erhalten, schreiben wir

$$\begin{aligned} c_n &= \int_0^{\pi/2} \cos^{n-1} t\ \cos t\ dt \\ &\qquad\qquad\ \downarrow \qquad \uparrow \\ &= \cos^{n-1} t\ \sin t\Big|_0^{\pi/2} - \int_0^{\pi/2} (n-1)\cos^{n-2} t\,(-\sin t)\sin t\, dt \\ &= 0 + (n-1)\int_0^{\pi/2} \cos^{n-2} t\,(1-\cos^2 t)\, dt \\ &= (n-1)(c_{n-2} - c_n)\,. \end{aligned}$$

Hieraus folgt $nc_n = (n-1)c_{n-2}$, das heißt:

$$c_n = \frac{n-1}{n}\, c_{n-2} \qquad (n \geq 2)\,. \tag{2}$$

Ist n gerade, das heißt $n = 2m$, so endet der iterative Abstieg bei 0, und wir erhalten

$$c_{2m} = \frac{2m-1}{2m}\cdot\frac{2m-3}{2m-2}\cdot\ \ldots\ \cdot\frac{3}{4}\cdot\frac{1}{2}\cdot c_0$$

oder andersherum:

$$c_{2m} = \frac{\pi}{2}\cdot\frac{1}{2}\cdot\frac{3}{4}\cdot\frac{5}{6}\cdot\ \ldots\ \cdot\frac{2m-1}{2m} \qquad (m \geq 1)\,.$$

Ist jedoch n ungerade, das heißt $n = 2m+1$, so ergibt sich in analoger Weise

$$c_{2m+1} = 1\cdot\frac{2}{3}\cdot\frac{4}{5}\cdot\frac{6}{7}\cdot\ \ldots\ \cdot\frac{2m}{2m+1} \qquad (m \geq 1)\,.$$

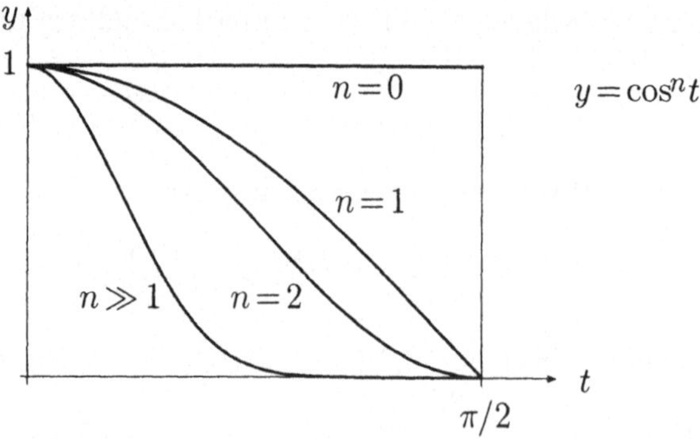

Fig. 4.3.1

Mit Hilfe der c_n können wir noch eine "klassische" Darstellung der Zahl π herleiten. Aus den Ungleichungen

$$\cos^{2m}t \geq \cos^{2m+1}t \geq \cos^{2m+2}t \qquad \left(0 \leq t \leq \frac{\pi}{2}\right)$$

(Fig. 4.3.1) und (2) folgt

$$c_{2m} \geq c_{2m+1} \geq c_{2m+2} = \frac{2m+1}{2m+2}\,c_{2m}\ .$$

Wir dividieren mit c_{2m} und erhalten

$$1 \geq \frac{c_{2m+1}}{c_{2m}} \geq \frac{2m+1}{2m+2} = 1 - \frac{1}{2m+2}\ ;$$

somit gilt

$$\lim_{m\to\infty} \frac{c_{2m+1}}{c_{2m}} = 1\ . \tag{3}$$

Nun ist aber

$$\frac{c_{2m+1}}{c_{2m}} = \frac{2}{\pi}\cdot\frac{2}{1}\cdot\frac{2}{3}\cdot\frac{4}{3}\cdot\frac{4}{5}\cdot\ \ldots\ \cdot\frac{2m}{2m-1}\cdot\frac{2m}{2m+1}\ ,$$

so daß (3) die folgende Produktdarstellung von $\pi/2$ nach sich zieht:

$$\frac{\pi}{2} = \frac{2}{1}\cdot\frac{2}{3}\cdot\frac{4}{3}\cdot\frac{4}{5}\cdot\frac{6}{5}\cdot\frac{6}{7}\cdot\frac{8}{7}\cdot\ \ldots\ .$$

Dies ist das sogenannte **Wallissche Produkt**. Für die numerische Berechnung von π taugt es natürlich nicht. Man braucht es zum Beispiel, um die Konstante $\sqrt{\pi}$ in die Stirlingsche Formel für $n!$ hineinzuzaubern. ○

Substitution

Die Kettenregel liefert fürs Integrieren zwei Varianten der sogenannten **Substitution.** Die erste Substitutionsregel ist anwendbar auf Integranden, die schon von vorneherein als Opfer der Kettenregel erkennbar sind.

Bsp: Die Funktion

$$g(t) := \left(\sin^3 t + e^{\sin t}\right)\cos t$$

ist offensichtlich die Ableitung der Funktion

$$G(t) := \frac{1}{4}\sin^4 t + e^{\sin t}\ .$$

(4.9)(a) $$\int f(\phi(t))\,\phi'(t)\,dt = \left(\int f(x)\,dx\right)_{x:=\phi(t)}\ ,$$

(b) $$\int_a^b f(\phi(t))\phi'(t)\,dt = \int_{\phi(a)}^{\phi(b)} f(x)\,dx\ .$$

Hier liefert (a) die in der Variablen t ausgedrückten Stammfunktionen des Integranden, während (b) von bestimmten Integralen handelt. Bei bestimmten Integralen entfällt die Rücktransformation auf die Ausgangsvariable, dafür sind die Integrationsgrenzen mitzutransformieren. — Um Ausdrücke der Form $f\big(\phi(t)\big)\,\phi'(t)$ zu integrieren, hat man nach Satz **(4.9)** folgendermaßen vorzugehen:

(a) *Unbestimmtes Integral*

1. Substituiere formal $\phi(t) := x\,,\quad \phi'(t)\,dt := dx$.
2. Integriere unbestimmt nach x.
3. Ersetze x wieder durch $\phi(t)$.

(b) *Bestimmtes Integral*

1. Substituiere formal $\phi(t) := x\,,\quad \phi'(t)\,dt := dx$.
2. Ersetze die t-Grenzen a, b durch die x-Grenzen $\phi(a)$, $\phi(b)$.
3. Integriere.

⌜ (Beweis von **(4.9)**) Es sei $F(x)$ eine Stammfunktion von $f(x)$. Dann ist $F\big(\phi(t)\big)$ eine Stammfunktion von $f\big(\phi(t)\big)\,\phi'(t)$. Somit sind beide Seiten von (a) gleich

$$F\big(\phi(t)\big) + \text{const.}$$

und beide Seiten von (b) gleich

$$F\big(\phi(b)\big) - F\big(\phi(a)\big)\ .$$ ⌟

⑥ Bei dem unbestimmten Integral

$$J := \int \frac{3t+2}{(3t^2+4t+2)^{5/2}}\,dt$$

erkennen wir $\phi(t) := 3t^2+4t+2$, $\phi'(t) = 6t+4$ und substituieren daher

$$3t^2+4t+2 := x\,, \qquad (6t+4)\,dt := dx\ . \tag{4}$$

Es ergibt sich

$$\begin{aligned} J &= \left(\frac{1}{2}\int \frac{dx}{x^{5/2}}\right)_{x:=3t^2+4t+2} = \left(\frac{1}{2}\,\frac{-2/3}{x^{3/2}}\right)_{x:=3t^2+4t+2} + \text{const.} \\ &= -\frac{1}{3(3t^2+4t+2)^{3/2}} + \text{const.}\ . \end{aligned}$$

Bei dem bestimmten Integral

$$\int_{-1}^{1} \frac{3t+2}{(3t^2+4t+2)^{5/2}}\,dt$$

liefert dieselbe Substitution (4) die zu den t-Grenzen -1 und 1 gehörigen x-Grenzen 1 und 9, so daß wir folgendes erhalten:

$$\int_{-1}^{1} \frac{3t+2}{(3t^2+4t+2)^{5/2}}\,dt = \frac{1}{2}\int_1^9 \frac{dx}{x^{5/2}} = \frac{1}{2}\,\frac{-2/3}{x^{3/2}}\bigg|_1^9 = -\frac{1}{3}\left(\frac{1}{27}-1\right) = \frac{26}{81}\,.$$

○

⑦ Das Integral

$$J := \int \left(\cos t + \cos^3 t\right) dt$$

hat auf den ersten Blick nicht die hier benötigte Form. Nun ist aber

$$J = \int (1+\cos^2 t)\cos t\,dt = \int (2-\sin^2 t)\cos t\,dt\,,$$

und wir sehen, daß die Substitution

$$\sin t := x\,, \qquad \cos t\,dt := dx \tag{5}$$

zum Ziel führt. Es ergibt sich

$$\begin{aligned} J &= \left(\int (2-x^2)\,dx\right)_{x:=\sin t} = \left(2x - \frac{x^3}{3}\right)_{x:=\sin t} + \text{const.} \\ &= 2\sin t - \frac{1}{3}\sin^3 t + \text{const.}\,. \end{aligned}$$

Der fortgeschrittene Rechner wird natürlich die Klammern $\left(\ldots\right)_{x:=\sin t}$ unterdrücken.

Wenden wir dieselbe Substitution (5) auf das bestimmte Integral

$$J_0 := \int_{\pi/6}^{\pi} \left(\cos t + \cos^3 t\right) dt$$

an, so ergeben sich die x-Grenzen $\sin(\pi/6) = 1/2$ und $\sin\pi = 0$, und wir erhalten

$$J_0 = \int_{1/2}^{0} (2-x^2)\,dx = \left(2x - \frac{x^3}{3}\right)\bigg|_{1/2}^{0} = -\left(1-\frac{1}{24}\right) = -\frac{23}{24}\,.$$

○

Die zweite Substitutionsregel ist wesentlich flexibler als die erste. Sie bezieht sich auf ganz beliebige Integrale

$$\int_{\cdot}^{\cdot} f(x)\,dx$$

und verwandelt sie mit Hilfe einer willkürlich gewählten Substitutionsfunktion $x := \phi(t)$ in

$$\int_{\cdot}^{\cdot} f(\phi(t))\,\phi'(t)\,dt\,.$$

Dieser Ausdruck sieht nur komplizierter aus als der vorangehende, wenn man ihn mit allgemeinen Funktionen f und ϕ aufschreibt. In Wirklichkeit ist es gerade das Ziel der ganzen Operation, durch geschickte Wahl der Substitutionsfunktion ϕ dafür zu sorgen, daß das neue Integral einfacher wird. Dabei gibt es noch eine Nebenbedingung: Die Substitutionsfunktion muß in dem erforderlichen t-Intervall invertierbar sein, so daß man die Substitutionsgleichung $x := \phi(t)$ nach t auflösen, das heißt: t durch x ausdrücken kann. — Die Regel lautet:

(4.10) *Ist die Funktion ϕ in dem erforderlichen t-Intervall invertierbar, so gilt*

(a) $$\int f(x)\,dx = \left(\int f(\phi(t))\,\phi'(t)\,dt\right)_{t\,:=\,\phi^{-1}(x)}\,,$$

(b) $$\int_a^b f(x)\,dx = \int_{\phi^{-1}(a)}^{\phi^{-1}(b)} f(\phi(t))\,\phi'(t)\,dt\,.$$

Hier bezieht sich wieder (a) auf unbestimmte und (b) auf bestimmte Integrale. Bei bestimmten Integralen entfällt wiederum die Rücktransformation auf die Ausgangsvariable, dafür sind die Integrationsgrenzen mitzutransformieren. Nach vollzogener Substitution kann man sowohl das Ausgangsintegral wie die Substitutionsfunktion vergessen und braucht nur noch das erhaltene Integral über das t-Intervall mit Endpunkten $\phi^{-1}(a)$, $\phi^{-1}(b)$ zu betrachten. — Um einen Ausdruck $f(x)$ gemäß **(4.10)** zu integrieren, hat man folgendermaßen vorzugehen:

(a) *Unbestimmtes Integral*

1. Wähle eine geeignete invertierbare Substitutionsfunktion ϕ.
2. Substituiere formal $x := \phi(t)$, $dx := \phi'(t)dt$.
3. Integriere unbestimmt nach t.
4. Drücke t wieder durch x aus.

(b) *Bestimmtes Integral*

1. Wähle eine geeignete invertierbare Substitutionsfunktion ϕ.
2. Substituiere formal $x := \phi(t)$, $dx := \phi'(t)dt$.
3. Ersetze die x-Grenzen a, b durch die t-Grenzen $\phi^{-1}(a)$, $\phi^{-1}(b)$.
4. Integriere.

⌜ (Beweis von **(4.10)**) Es sei $F(x)$ eine Stammfunktion von $f(x)$. Dann ist $F\big(\phi(t)\big)$ eine Stammfunktion von $f\big(\phi(t)\big)\,\phi'(t)$. Die linke Seite von (a) ist folglich gleich $F(x) + \text{const.}$, die rechte gleich

$$\big(F(\phi(t)) + \text{const.}\big)_{t:=\phi^{-1}(x)} = F\big(\phi\big(\phi^{-1}(x)\big)\big) + \text{const.}\,.$$

Somit stellen beide Seiten von (a) die gleichen Funktionen von x dar. Weiter hat die linke Seite von (b) den Wert $F(b) - F(a)$, die rechte Seite den Wert $F\big(\phi\big(\phi^{-1}(b)\big)\big) - F\big(\phi\big(\phi^{-1}(a)\big)\big)$, was natürlich dasselbe ist. ⌟

⑧ Als erstes berechnen wir das unbestimmte Integral

$$J_x := \int \frac{dx}{\sqrt{1+e^x}}\,.$$

Es liegt nahe, zunächst die Exponentialfunktion wegzuschaffen mit Hilfe des Ansatzes

$$e^x := t\,, \tag{6}$$

der aber, wohlgemerkt, die Rücksubstitution $t = \phi^{-1}(x)$ ausdrückt. Wir benötigen aber auch explizit die eigentliche Substitutionsfunktion $x = \phi(t)$: es ergibt sich

$$x = \log t\,, \qquad dx = \frac{1}{t}dt\,,$$

und wir erhalten

$$J_x = \left(\int \frac{1}{\sqrt{1+t}}\,\frac{1}{t}\,dt\right)_{t:=e^x}\,.$$

Damit stehen wir vor der Aufgabe, das "metamorphe" Integral

$$J_t := \int \frac{1}{\sqrt{1+t}}\,\frac{1}{t}\,dt$$

weiter zu behandeln. Hierzu "substituieren wir die Wurzel", das heißt: Wir setzen

$$\sqrt{1+t} := u\,, \tag{7}$$

wobei dies wiederum die Rücksubstitution $u = \psi^{-1}(t)$ ausdrückt. Die (nicht zu umgehende!) Auflösung nach t liefert

$$t = u^2 - 1\,, \qquad dt = 2u\,du\,,$$

und es ergibt sich

$$J_t = \left(\int \frac{1}{u}\,\frac{1}{u^2-1}\,2u\,du\right)_{u:=\sqrt{1+t}}\,.$$

Wir verbleiben mit dem Integral

$$J_u = \int \frac{2}{u^2-1}\,du = \int \left(\frac{1}{u-1} - \frac{1}{u+1}\right) du$$
$$= \log|u-1| - \log|u+1| + \text{const.} = \log\left|\frac{u-1}{u+1}\right| + \text{const.}$$

und haben nun die Rücksubstitutionen vorzunehmen. Es ergibt sich nacheinander

$$J_t = (J_u)_{u:=\sqrt{1+t}} = \log\left|\frac{\sqrt{1+t}-1}{\sqrt{1+t}+1}\right| + \text{const.}\,,$$
$$J_x = (J_t)_{t:=e^x} = \log\frac{\sqrt{1+e^x}-1}{\sqrt{1+e^x}+1} + \text{const.}\,.$$

Wäre von Anfang an nur nach dem Wert des bestimmten Integrals

$$\int_0^{\log 3} \frac{dx}{\sqrt{1+e^x}}$$

gefragt worden, so hätten dieselben Substitutionen zu dem folgenden Rechenablauf geführt:

$$\int_0^{\log 3} \frac{dx}{\sqrt{1+e^x}} = \int_1^3 \frac{1}{\sqrt{1+t}}\,\frac{1}{t}\,dt = \int_{\sqrt{2}}^2 \frac{2}{u^2-1}\,du = \log\frac{u-1}{u+1}\bigg|_{\sqrt{2}}^2$$
$$= \log\frac{2-1}{2+1} - \log\frac{\sqrt{2}-1}{\sqrt{2}+1} = \log\frac{1}{3} + \log\left(\frac{\sqrt{2}+1}{\sqrt{2}-1}\cdot\frac{\sqrt{2}+1}{\sqrt{2}+1}\right)$$
$$= \log\left(1+\frac{2}{3}\sqrt{2}\right) = 0.6641\ ;$$

dabei haben wir die t-Grenzen mit (6) erhalten:

$$e^0 = 1\,, \qquad e^{\log 3} = 3\,,$$

und die u-Grenzen mit (7):

$$\sqrt{1+1} = \sqrt{2}\,, \qquad \sqrt{1+3} = 2\,.$$

○

⑨ Es sei $a < b$. Zur Berechnung des bestimmten Integrals

$$\int_a^b \frac{1}{\sqrt{(b-x)(x-a))}}\,dx$$

verwenden wir die lineare Substitution

$$x := \frac{a+b}{2} + t\,\frac{b-a}{2}\,, \qquad dx := \frac{b-a}{2}\,dt\,;$$

dem x-Intervall $[a,b]$ entspricht dabei das t-Intervall $[-1,1]$ (Fig. 4.3.2). Damit wird

$$(b-x)(x-a) = \left(\frac{b-a}{2} - t\frac{b-a}{2}\right)\left(\frac{b-a}{2} + t\frac{b-a}{2}\right) = \left(\frac{b-a}{2}\right)^2 (1-t^2)\,.$$

Das vorgelegte Integral geht damit über in

$$\int_{-1}^{1} \frac{1}{\sqrt{\left(\frac{b-a}{2}\right)^2 (1-t^2)}}\,\frac{b-a}{2}\,dt = \int_{-1}^{1} \frac{dt}{\sqrt{1-t^2}} = \arcsin t\Big|_{-1}^{1} = \pi$$

und hat überraschenderweise einen von a und b unabhängigen Wert. (Strenggenommen handelt es sich um ein “uneigentliches Integral” (s.u.), da der Integrand unbeschränkt ist.) ○

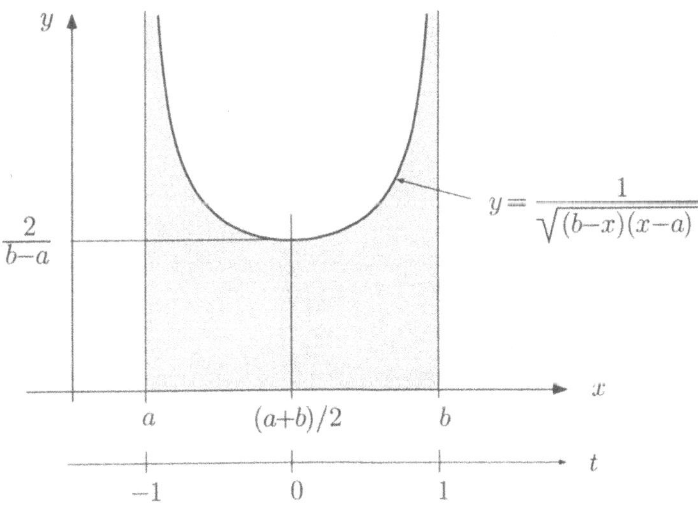

Fig. 4.3.2

Integration der rationalen Funktionen

Im Sinne einer Einführung behandeln wir Integrale der Form

$$J := \int \frac{Bx+C}{x^2+bx+c}\,dx\,, \qquad B,\, C,\, b,\, c \in \mathbb{R}\,.$$

Zunächst prüfen wir, ob der Nenner

$$Q(x) := x^2 + bx + c$$

reelle Nullstellen $\alpha_{1,2} := \left(-b \pm \sqrt{b^2-4c}\right)/2$ besitzt. Wenn ja, so gilt

$$Q(x) \equiv (x-\alpha_1)(x-\alpha_2)\,.$$

Sind α_1 und α_2 verschieden, so können wir den folgenden Ansatz zur **Partialbruchzerlegung** des Integranden machen:

$$\frac{Bx+C}{(x-\alpha_1)(x-\alpha_2)} \equiv \frac{A_1}{x-\alpha_1} + \frac{A_2}{x-\alpha_2}\,. \tag{8}$$

Hier sind B und C gegeben, A_1 und A_2 noch zu bestimmen. Wir bringen die rechte Seite von (8) ebenfalls auf den Generalnenner $(x-\alpha_1)(x-\alpha_2)$ und erhalten den Zähler

$$A_1(x-\alpha_2) + A_2(x-\alpha_1) = (A_1+A_2)x - A_1\alpha_2 - A_2\alpha_1\,.$$

Die Konstanten A_1 und A_2 sind nun so festzulegen, daß dieser Zähler identisch in x mit dem Zähler links in (8) übereinstimmt. Koeffizientenvergleich liefert das Gleichungssystem

$$\left.\begin{array}{rcrcl} A_1 & + & A_2 & = & B \\ -\alpha_2 A_1 & - & \alpha_1 A_2 & = & C \end{array}\right\}\,,$$

aus dem A_1 und A_2 berechnet werden können. (Hier wird benutzt, daß $\alpha_1 \neq \alpha_2$ ist.) Ist das geschehen, so hat man

$$J = \int \left(\frac{A_1}{x-\alpha_1} + \frac{A_2}{x-\alpha_2}\right) dx = A_1 \log|x-\alpha_1| + A_2 \log|x-\alpha_2| + \text{const.}\,.$$

Besitzt $Q(x)$ eine zweifache reelle Nullstelle α, so lautet der Ansatz zur Partialbruchzerlegung folgendermaßen:

$$\frac{Bx+C}{(x-\alpha)^2} \equiv \frac{A_2}{(x-\alpha)^2} + \frac{A_1}{x-\alpha}\,,$$

und er führt auf das Gleichungssystem

$$\left.\begin{array}{rcrcl} A_1 & & & = & B \\ -\alpha A_1 & + & A_2 & = & C \end{array}\right\},$$

das offensichtlich lösbar ist. Man erhält in diesem Fall

$$J = -\frac{A_2}{x-\alpha} + A_1 \log|x-\alpha| + \text{const.}\,.$$

Besitzt jedoch das Nennerpolynom $Q(x)$ zwei konjugiert komplexe Nullstellen

$$\zeta := \beta + i\gamma\,, \quad \bar{\zeta} := \beta - i\gamma, \qquad \gamma \neq 0\,,$$

so sieht die Sache wesentlich anders aus. Es gilt dann

$$Q(x) = (x-\zeta)(x-\bar{\zeta}) = (x-\beta-i\gamma)\,(x-\beta+i\gamma) = (x-\beta)^2+\gamma^2\,. \tag{9}$$

Der Integrand läßt sich daher folgendermaßen umformen:

$$\begin{aligned} \frac{Bx+C}{Q(x)} &= \frac{B}{2}\,\frac{2(x-\beta)}{(x-\beta)^2+\gamma^2} + \frac{B\beta+C}{(x-\beta)^2+\gamma^2} \\ &= \frac{B}{2}\,\frac{Q'(x)}{Q(x)} + \frac{B\beta+C}{(x-\beta)^2+\gamma^2}\,. \end{aligned} \tag{10}$$

Den ersten Summanden rechts integrieren wir nun nach (**1.1**) und erhalten einen Logarithmus:

$$\int \frac{Q'(x)}{Q(x)}\,dx = \log Q(x) + \text{const.}$$

($Q(x)$ ist nach Voraussetzung positiv definit). Der zweite Summand in (10) liefert hingegen einen Arcustangens: Mit Hilfe der Substitution

$$\frac{x-\beta}{\gamma} := t\,, \qquad x = \gamma t + \beta\,, \quad dx = \gamma\,dt$$

erhält man

$$\begin{aligned} \int \frac{1}{(x-\beta)^2+\gamma^2}\,dx &= \frac{1}{\gamma^2}\int \frac{dx}{\left(\dfrac{x-\beta}{\gamma}\right)^2+1} = \frac{1}{\gamma^2}\left(\int \frac{\gamma\,dt}{1+t^2}\right)_{t:=(x-\beta)/\gamma} \\ &= \frac{1}{\gamma}\arctan\frac{x-\beta}{\gamma} + \text{const.}\,. \end{aligned} \tag{11}$$

⑩ Es soll das Integral

$$J := \int_{-1}^{11} \frac{x+5}{x^2-6x+25}\,dx$$

berechnet werden. Der Nenner

$$Q(x) := x^2 - 6x + 25 = (x-3)^2 + 16$$

besitzt keine reellen Nullstellen. Wir zerlegen daher das Integral nach (10) folgendermaßen:

$$J = \frac{1}{2}\int_{-1}^{11} \frac{2x-6}{x^2-6x+25}\,dx + \int_{-1}^{11} \frac{8}{(x-3)^2+16}\,dx\,.$$

Gehen wir weiter vor, wie abgemacht, so ergibt sich

$$J = \frac{1}{2}\log(x^2-6x+25)\Big|_{-1}^{11} + \int_{-1}^{11} \frac{1/2}{\left(\frac{x-3}{4}\right)^2+1}\,dx\,.$$

Hier hat der ausintegrierte Teil den Wert $\frac{1}{2}\log\frac{80}{32}$. Im letzten Integral substituieren wir $(x-3)/4 := t$, was auf

$$x = 4t + 3\,, \qquad dx = 4\,dt$$

führt und die t-Grenzen -1 und 2 liefert. Dieses Integral hat folglich den Wert

$$\int_{-1}^{2} \frac{2dt}{t^2+1} = 2\arctan t\Big|_{-1}^{2} = 2(\arctan 2 + \arctan 1)\,,$$

und es ergibt sich definitiv

$$J = \frac{1}{2}\log\frac{5}{2} + 2(\arctan 2 + \arctan 1) = 4.2432\,.$$

○

Grundsätzlich läßt sich *jede* rationale Funktion

$$R(x) := \frac{p(x)}{q(x)} := \frac{a_m x^m + a_{m-1}x^{m-1} + \ldots + a_0}{x^n + b_{n-1}x^{n-1} + \ldots + b_0}$$

mit reellen Koeffizienten a_i, b_i elementar integrieren, und zwar geschieht das mit Hilfe einer additiven Zerlegung von $R(x)$ in einfachere rationale Funktionen, die sich leicht einzeln integrieren lassen. Die Existenz dieser sogenannten **Partialbruchzerlegung** ist eine rein algebraische Tatsache, die wir hier nicht

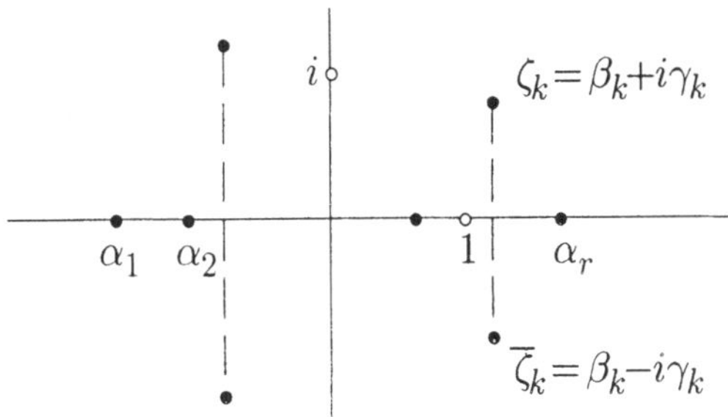

Fig. 4.3.3

beweisen. Wir erläutern hingegen das Vorgehen zur praktischen Herstellung dieser Zerlegung im konkreten Fall.

Schritt 1: Ist $m \geq n$, so führe man die Polynomdivision

$$p(x) \,:\, q(x) \;=\; \ldots$$

aus, bis ein Rest $r(x)$ vom Grad $< n$ bleibt. Ist $p_*(x)$ das bei der Division rechter Hand aufgebaute Polynom, so gilt

$$R(x) \;=\; p_*(x) + \frac{r(x)}{q(x)} \,.$$

Was folgt, bezieht sich auf den "echt gebrochenen" Teil $r(x)/q(x)$.

Schritt 2: Das Nennerpolynom $q(x)$ besitzt nach dem Fundamentalsatz der Algebra r verschiedene reelle Nullstellen α_1, α_2, …, α_r mit zugehörigen Vielfachheiten l_1, …, l_r, ferner s verschiedene Paare

$$\zeta_k = \beta_k + i\gamma_k \,, \quad \bar\zeta_k = \beta_k - i\gamma_k \qquad (1 \leq k \leq s)$$

von nichtreellen Nullstellen mit zugehörigen Vielfachheiten m_k (Fig. 4.3.3); dabei ist natürlich

$$l_1 + \ldots + l_r \;+\; 2m_1 + \ldots + 2m_s = n \,.$$

(Damit ist der schlimmstmögliche Fall einkalkuliert. Im täglichen Leben sind die meisten Vielfachheiten $= 1$.) Infolgedessen läßt sich $q(x)$ wie folgt als Produkt von Linearfaktoren und reell-irreduziblen quadratischen Faktoren darstellen:

$$q(x) \;=\; (x-\alpha_1)^{l_1}\cdots(x-\alpha_r)^{l_r}\,\bigl(Q_1(x)\bigr)^{m_1}\cdots\bigl(Q_s(x)\bigr)^{m_s} \,.$$

Je zwei Linearfaktoren $(x-\zeta_k)$, $(x-\bar\zeta_k)$ lassen sich nämlich gemäß (9) zu einem reellen quadratischen Faktor

$$Q_k(x) := (x-\zeta_k)(x-\bar\zeta_k) = (x-\beta_k)^2 + \gamma_k^2 = x^2 + b_k x + c_k$$

zusammenfassen.

Schritt 3: Jeder Faktor der Form $(x-\alpha)^l$ gibt Anlaß zu einem zugehörigen **Hauptteil**

$$\frac{A_l}{(x-\alpha)^l}+\frac{A_{l-1}}{(x-\alpha)^{l-1}}+\ldots+\frac{A_1}{x-\alpha}$$

in der Partialbruchzerlegung von $R(x)$, und jeder einfache quadratische Faktor

$$Q(x)=(x-\beta)^2+\gamma^2=x^2+bx+c$$

gibt Anlaß zu einem zughörigen Hauptteil

$$\frac{Bx+C}{x^2+bx+c}\ .$$

(Der Fall mehrfacher komplexer Nullstellen wird hier nicht weiterverfolgt.)

Schritt 4: Man schreibe alle aufgrund der Produktdarstellung des Nennerpolynoms $q(x)$ erforderlichen Hauptteile bzw. Partialbrüche mit unbestimmten Koeffizienten $A.$, $B.$, $C.$ an und bringe die Summe aller dieser Partialbrüche auf den Generalnenner $q(x)$. Man erhält einen "großen" Bruch $\tilde{r}(x)/q(x)$, und zwar erscheinen die eingeführten Koeffizienten $A.$, $B.$, $C.$ in den Koeffizienten des Zählerpolynoms $\tilde{r}(x)$.

Nun sollte ja

$$\frac{\tilde{r}(x)}{q(x)}\equiv\frac{r(x)}{q(x)}$$

sein, und dies ist nur möglich, wenn die Zählerpolynome identisch in x übereinstimmen. Der hierfür angestrengte Koeffizientenvergleich liefert die zur Festlegung der Koeffizienten $A.$, $B.$, $C.$ notwendigen Gleichungen. Wenn man alles richtig gemacht hat, besitzt dieses Gleichungssystem genau eine Lösung, denn die Partialbruchzerlegung ist eindeutig bestimmt.

⑪ Es soll das unbestimmte Integral

$$J:=\int\frac{x^2+1}{x^3-1}\,dx$$

berechnet werden. Der Integrand ist bereits echt gebrochen, und

$$x^3-1=(x-1)(x^2+x+1)$$

ist die reelle Zerlegung des Nenners. Wir haben daher anzusetzen:

$$\frac{x^2+1}{x^3-1}=\frac{A}{x-1}+\frac{Bx+C}{x^2+x+1}\ .$$

Bringen wir hier die rechte Seite auf den Generalnenner x^3-1, so erhalten wir für die Zählerpolynome folgende Relation:

$$x^2+1\overset{!}{\equiv}A(x^2+x+1)+(Bx+C)(x-1)\,,$$

und durch Koeffizientenvergleich ergibt sich für die Konstanten A, B, C das Gleichungssystem

$$\left.\begin{array}{rcrcrcr} 1 & = & A & + & B & & \\ 0 & = & A & - & B & + & C \\ 1 & = & A & & & - & C \end{array}\right\}$$

mit der Lösung $A = 2/3$, $B = 1/3$, $C = -1/3$. Die gesuchte Partialbruchzerlegung lautet daher:

$$\frac{x^2+1}{x^3-1} = \frac{1}{3}\left(\frac{2}{x-1} + \frac{x-1}{x^2+x+1}\right) .$$

Für die Integration ist der zweite Partialbruch nach (10) weiter aufzuteilen; es ergibt sich

$$J = \frac{1}{3}\int\left(\frac{2}{x-1} + \frac{1}{2}\frac{2x+1}{x^2+x+1} - \frac{3}{2}\frac{1}{x^2+x+1}\right) dx . \tag{12}$$

Wir berechnen vorweg mit Hilfe von (11) das Integral

$$J_3 := \int \frac{1}{x^2+x+1}\, dx = \int \frac{1}{(x+\frac{1}{2})^2+\frac{3}{4}}\, dx$$

und erhalten

$$J_3 = \frac{2}{\sqrt{3}} \arctan \frac{2x+1}{\sqrt{3}} + \text{const.} .$$

Aus (12) ergibt sich daher im ganzen

$$J = \frac{1}{3}\log\bigl((x-1)^2\sqrt{x^2+x+1}\bigr) - \frac{1}{\sqrt{3}} \arctan \frac{2x+1}{\sqrt{3}} + \text{const.} ,$$

wobei die große Klammer mit Hilfe der Funktionalgleichung des Logarithmus zustandegekommen ist. ○

⑫ Wir betrachten weiter das unbestimmte Integral

$$J := \int \frac{4x^5}{x^4-2x^2+1}\, dx .$$

Da der Integrand nicht echt gebrochen ist, führen wir erst die Polynomdivision

$$\begin{array}{l} (4x^5 \qquad\qquad\quad) : (x^4-2x^2+1) = 4x \\ \hline \qquad 8x^3 - 4x \end{array}$$

aus und erhalten

$$R(x) = 4x + \frac{8x^3-4x}{x^4-2x^2+1} .$$

Weiter gilt
$$x^4 - 2x^2 + 1 = (x^2 - 1)^2 = (x-1)^2(x+1)^2 \,; \tag{13}$$
somit lautet der Ansatz zur Partialbruchzerlegung des echt gebrochenen Teils von $R(x)$:
$$\frac{8x^3 - 4x}{x^4 - 2x^2 + 1} = \frac{A}{(x-1)^2} + \frac{B}{x-1} + \frac{C}{(x+1)^2} + \frac{D}{x+1} \,.$$
Wir bringen wiederum die rechte Seite auf den Generalnenner (13) und setzen das resultierende Zählerpolynom gleich dem Zählerpolynom links:
$$8x^3 - 4x \overset{!}{\equiv} A(x+1)^2 + B(x-1)(x+1)^2 + C(x-1)^2 + D(x+1)(x-1)^2 \,.$$
Nach Aufbereitung der rechten Seite liefert der Koeffizientenvergleich das Gleichungssystem
$$\left.\begin{array}{rcrcrcrcr} 8 &=& & & B & & & + & D \\ 0 &=& A &+& B &+& C &-& D \\ -4 &=& 2A &-& B &-& 2C &-& D \\ 0 &=& A &-& B &+& C &+& D \end{array}\right\}$$
mit der Lösung $A = 1$, $B = 4$, $C = -1$, $D = 4$. Damit wird
$$R(x) = 4x + \frac{1}{(x-1)^2} + \frac{4}{x-1} - \frac{1}{(x+1)^2} + \frac{4}{x+1} \,,$$
und wir erhalten
$$\begin{aligned} J = \int R(x)\,dx &= 2x^2 - \frac{1}{x-1} + 4\log|x-1| + \frac{1}{x+1} + 4\log|x+1| + \text{const.} \\ &= 2x^2 - \frac{2}{x^2-1} + 4\log|x^2-1| + \text{const.}\,. \end{aligned}$$
○

Ist α eine *einfache* reelle Nullstelle des Nennerpolynoms $q(\cdot)$:
$$R(x) = \frac{r(x)}{(x-\alpha)\,\hat{q}(x)} \,, \qquad \hat{q}(\alpha) \neq 0 \,,$$
so läßt sich der Koeffizient A des zugehörigen Hauptteils
$$\frac{A}{x-\alpha}$$
ohne Auflösung eines Gleichungssystems bestimmen. Zum Beweis fassen wir alle andern Partialbrüche von $R(x)$ wieder zusammen und erhalten die Identität
$$\frac{r(x)}{(x-\alpha)\,\hat{q}(x)} \equiv \frac{A}{x-\alpha} + \frac{\hat{r}(x)}{\hat{q}(x)} \,.$$

Dies ist äquivalent mit

$$r(x) \equiv A\hat{q}(x) + \hat{r}(x)(x-\alpha) .$$

Setzt man hier $x := \alpha$, so folgt

$$r(\alpha) = A\hat{q}(\alpha)$$

und somit

$$A = \frac{r(\alpha)}{\hat{q}(\alpha)} .$$

In Worten: Um den Koeffizienten über $x - \alpha$ zu erhalten, blende man den Faktor $x - \alpha$ aus dem Nenner von $R(x)$ aus und evaluiere das Übrige an der Stelle $x := \alpha$.

⑬ Für die Funktion

$$R(x) := \frac{x^2-2}{(x+1)x(x-1)} = \frac{A_{-1}}{x+1} + \frac{A_0}{x} + \frac{A_1}{x-1}$$

erhalten wir

$$A_{-1} = \left.\frac{x^2-2}{x(x-1)}\right|_{x:=-1} = -\frac{1}{2} ,$$
$$A_0 = \left.\frac{x^2-2}{(x+1)(x-1)}\right|_{x:=0} = 2 ,$$
$$A_1 = \left.\frac{x^2-2}{(x+1)x}\right|_{x:=1} = -\frac{1}{2} .$$

Damit wird

$$\begin{aligned}\int R(x)\,dx &= \frac{1}{2}\int\Bigl(\frac{4}{x} - \frac{1}{x+1} - \frac{1}{x-1}\Bigr)\,dx \\ &= \frac{1}{2}\bigl(4\log|x| - \log|x+1| - \log|x-1|\bigr) + \text{const.} \\ &= \log\bigl(x^2/\sqrt{|x^2-1|}\,\bigr) + \text{const.}\,.\end{aligned}$$

○

Weitere Ausdrücke, die sich elementar integrieren lassen

Wir behandeln zum Schluß einige Typen von unbestimmten Integralen, die sich durch geeignete Substitutionen in Integrale von rationalen Funktionen verwandeln und damit elementar auswerten lassen. Die zugelassenen Integranden sind Ausdrücke der folgenden Art, wobei jeweils $R(u)$ eine rationale Funktion von einer und $R(u, v)$ eine rationale Funktion von zwei Variablen bezeichnet:

(a) $R(e^t)$ und $R(\cosh t, \sinh t)$,
(b) $R(\cos t, \sin t)$,
(c) $R\bigl(x, \sqrt{Q(x)}\,\bigr)$, $Q(x) := ax^2 + bx + c$,
(d) $R\bigl(\sqrt{ax+b}\bigr)$.

Zu (a): Integrale

$$\int R(e^t)\,dt$$

werden mit der naheliegenden Substitution

$$e^t := u \qquad \left(\Rightarrow \quad t = \log u\,, \quad dt = \frac{1}{u}\,du\right) \tag{14}$$

in Integrale von rationalen Funktionen übergeführt:

$$\int R(e^t)\,dt = \left(\int R(u)\frac{1}{u}\,du\right)_{u:=e^t}.$$

Ein Integral $\int R(\cosh t, \sinh t)\,dt$ läßt sich nach Definition von cosh und sinh in ein Integral $\int R_1(e^t)\,dt$ verwandeln.

⑭ Bei dem "uneigentlichen Integral" (s.u.)

$$J := \int_{-\infty}^{\infty} \frac{dt}{\cosh t} = \int_{-\infty}^{\infty} \frac{2}{e^{2t}+1}\,e^t\,dt$$

(Fig. 4.3.4) verwenden wir die erste Substitutionsregel **(4.9)**:

$$e^t := u\,, \qquad e^t\,dt := du\,.$$

Die u-Grenzen sind 0 und ∞, und es ergibt sich

$$J = \int_0^{\infty} \frac{2}{u^2+1}\,du = 2\arctan u\Big|_0^{\infty} = 2\left(\frac{\pi}{2} - 0\right) = \pi\,.$$

○

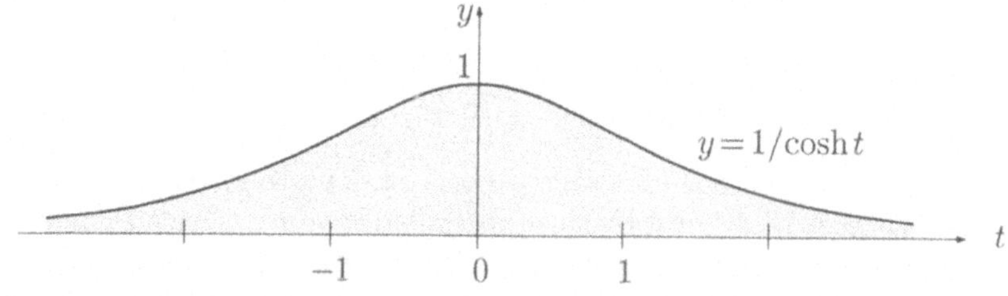

Fig. 4.3.4

Zu (b): Bei Integralen vom Typ

$$\int R(\cos t, \sin t)\, dt$$

würde an sich die Substitution $e^{it} := z$ (vgl. (14)) naheliegen. Um Schwierigkeiten mit dem "Logarithmus im Komplexen" zu vermeiden, verwendet man stattdessen die reelle Substitution

$$\tan\frac{t}{2} := \tau \qquad (\Rightarrow \quad t = 2\arctan\tau)\ .$$

Wegen

$$\cos t = \frac{1-\tau^2}{1+\tau^2}\,, \qquad \sin t = \frac{2\tau}{1+\tau^2}\,, \qquad dt = \frac{2}{1+\tau^2}\,d\tau$$

wird dadurch das gegebene Integral in ein "rationales Integral" $\int R_1(\tau)\,d\tau$ verwandelt. Es ist aber ratsam, erst nach irgendwelchen Hintertürchen auszuspähen und diesen letzten Ausweg wenn immer möglich zu vermeiden, da sich die auftretenden Grade dabei gerne verdoppeln.

⑮ Es soll das unbestimmte Integral

$$J := \int \frac{dt}{\cos t}$$

berechnet werden. Die angegebene Methode liefert

$$J = \left(\int \frac{1+\tau^2}{1-\tau^2}\,\frac{2}{1+\tau^2}\,d\tau\right)_{\tau:=\tan(t/2)} = \left(\log\frac{1+\tau}{1-\tau}\right)_{\tau:=\tan(t/2)} + \text{const.}\,,$$

wobei wir zuletzt eine "Grundformel" benutzt haben. Mit Hilfe des Additionstheorems des Tangens erhalten wir hieraus

$$\int \frac{dt}{\cos t} = \log\tan\left(\frac{t}{2}+\frac{\pi}{4}\right) + \text{const.}\ .$$

○

Sehr oft geht es um bestimmte Integrale über eine Vollperiode $[\,0, 2\pi\,]$:

$$\int_0^{2\pi} R(\cos t, \sin t)\, dt\ .$$

Hierfür stellt die komplexe Analysis eine besonders elegante Methode zur Verfügung (Stichwort: *Residuensatz*), und zwar bildet gerade die oben verworfene Substitution $e^{it} := z$ dazu den Schlüssel.

Zu (c): Um ein Integral der Form

$$\int R(x, \sqrt{ax^2 + bx + c}\,)\, dx$$

zu berechnen, müssen wir erst den auftretenden Radikanden

$$Q(x) := ax^2 + bx + c\,, \qquad a \neq 0,$$

auf eine Normalform bringen — gemeint ist vor allem: auf eine Form *ohne linearen Term.* Dies leistet die sogenannte **quadratische Ergänzung**:

$$Q(x) = a\left(x^2 + \frac{b}{a}x + \frac{c}{a}\right) = a\left(\left(x + \frac{b}{2a}\right)^2 + \frac{4ac - b^2}{4a^2}\right).$$

Die lineare Substitution $x + \dfrac{b}{2a} := y$ macht aus $Q(x)$ die neue quadratische Funktion

$$Q_*(y) = |a|\left(\pm y^2 \pm \rho^2\right), \tag{15}$$

wobei wir noch zur Abkürzung

$$\left|\frac{4ac - b^2}{4a^2}\right| =: \rho^2$$

gesetzt haben und im weiteren $\rho > 0$ annehmen wollen. Welche Vorzeichen jeweils in (15) erscheinen, hängt von den Vorzeichen von a und von $4ac - b^2$ ab. Wenn nötig, läßt sich $Q_*(y)$ noch mit der weiteren Substitution $y := \rho\, u$ auf die allereinfachste Form

$$Q_{**}(u) = A\,(\pm u^2 \pm 1)\,, \qquad A > 0\,,$$

bringen.

Aufgrund dieser Vorbemerkungen, müssen wir uns nur mit den folgenden drei Arten von Integralen befassen:

(ca) $\int R(y, \sqrt{y^2 + \rho^2}\,)\, dy$,

(cb) $\int R(y, \sqrt{y^2 - \rho^2}\,)\, dy$,

(cc) $\int R(y, \sqrt{\rho^2 - y^2}\,)\, dy$;

dabei ist $\rho > 0$. Das nächste Ziel ist, die Variable y so zu substituieren, daß sowohl y (und dy) wie der Wurzelausdruck nützliche Funktionen der neuen Variablen t werden. Dies leistet im Fall (ca) die Substitution

$$y := \rho \sinh t\,;$$

man hat dann nämlich

$$dy = \rho \cosh t\, dt$$

und vor allem

$$\sqrt{y^2 + \rho^2} = \sqrt{\rho^2(\sinh^2 t + 1)} = \rho \cosh t\ .$$

Im Fall (cb) führt die Substitution

$$y := \rho \cosh t$$

in analoger Weise auf

$$dy = \rho \sinh t\, dt\,, \qquad \sqrt{y^2 - \rho^2} = \rho \sinh t\ .$$

In beiden Fällen erhält man als neuen Integranden einen rationalen Ausdruck in $\cosh t$ und $\sinh t$, der vielleicht ohne weiteres unbestimmt integriert, schlimmstenfalls aber immer noch in einen rationalen Ausdruck in e^t umgeformt und nach (a) weiterbehandelt werden kann.

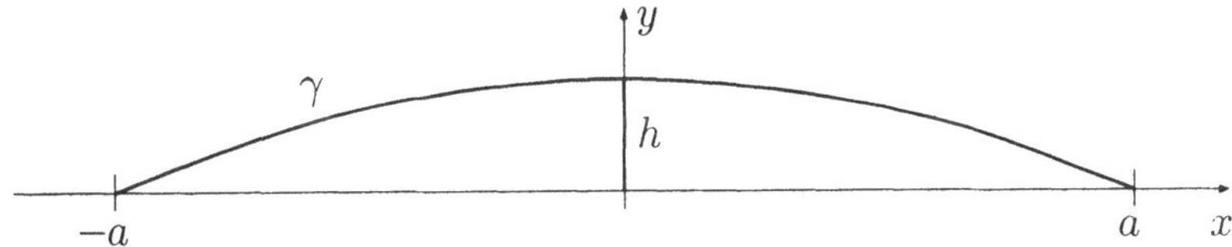

Fig. 4.3.5

⑯ Es soll die Länge eines Parabelbogens γ der Spannweite $2a$ und der lichten Höhe h (Fig. 4.3.5) berechnet werden. — Die Gleichung der Parabel lautet offenbar

$$y = h\left(1 - \frac{x^2}{a^2}\right) \qquad (=: f(x))\,,$$

und wir erhalten nach 4.1.(16):

$$L(\gamma) = \int_{-a}^{a} \sqrt{1 + f'^2(x)}\, dx = \int_{-a}^{a} \sqrt{1 + \frac{4h^2}{a^4} x^2}\, dx\ .$$

Die Substitution

$$\frac{2h}{a^2}\, x \;:=\; \sinh t\,, \qquad dx := \frac{a^2}{2h}\,\cosh t\, dt$$

führt auf

$$L(\gamma) = \frac{a^2}{2h}\int_{-\tau}^{\tau} \cosh t\, \cosh t\, dt\,;$$

dabei ist $\tau := \operatorname{arsinh}(2h/a)$. Wie man leicht verifiziert, gilt

$$\int \cosh^2 t\, dt \;=\; \frac{1}{2}(\cosh t \sinh t + t) + \text{const.}\,; \tag{16}$$

folglich ergibt sich weiter

$$\begin{aligned} L(\gamma) &= \frac{a^2}{4h}(\cosh t \sinh t + t)\Big|_{-\tau}^{\tau} = \frac{a^2}{2h}(\cosh\tau \sinh\tau + \tau) \\ &= \frac{a^2}{2h}\left(\sqrt{1+\frac{4h^2}{a^2}}\,\frac{2h}{a} + \operatorname{arsinh}\frac{2h}{a}\right) = \sqrt{a^2+4h^2} + \frac{a^2}{2h}\operatorname{arsinh}\frac{2h}{a}\,. \end{aligned}$$

○

Im Fall (cc) lautet die treffende Substitution natürlich

$$y \;:=\; \rho\, \sin t\,;$$

sie liefert

$$dy \;=\; \rho\, \cos t\, dt\,, \qquad \sqrt{\rho^2 - y^2} = \rho\, \cos t\,.$$

Der neue Integrand ist folglich ein rationaler Ausdruck in $\cos t$ und $\sin t$, der vielleicht ohne weiteres integriert und jedenfalls nach (b) weiterbehandelt werden kann.

⑰ Es sei

$$B \;:=\; \left\{\, (w,x,y,z) \in \mathbb{R}^4 \;\middle|\; w^2 + x^2 + y^2 + z^2 \le a^2 \,\right\}$$

die vierdimensionale Vollkugel vom Radius a im (w,x,y,z)-Raum. Wir wollen das (vierdimensionale) Volumen $\mu(B)$ berechnen. Hierzu fassen wir B als Rotationskörper bezüglich der z-Achse auf und zerlegen das Intervall $[-a,a]$ der z-Achse in kleine Teilintervalle

$$I_k \;:=\; [\,z_{k-1}, z_k\,] \qquad (1 \le k \le N)\,.$$

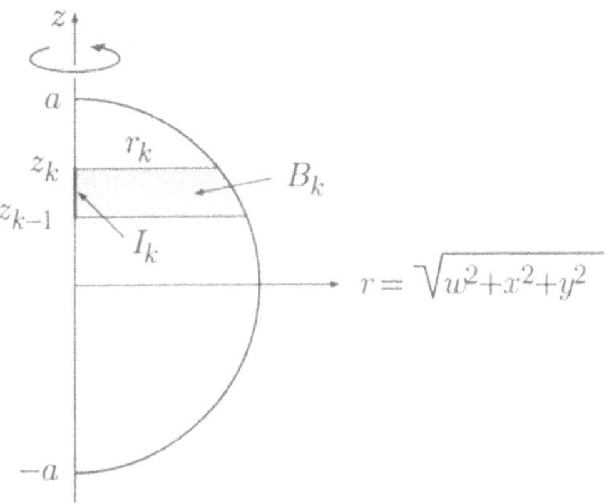

Fig. 4.3.6

Die zwei Ebenen $z = z_{k-1}$ und $z = z_k$ schneiden aus B eine kugelrunde flache Scheibe B_k vom Radius $r_k = \sqrt{a^2 - z_k^2}$ und der Höhe $z_k - z_{k-1}$ heraus (Fig. 4.3.6). Das vierdimensionale Volumen von B_k ist daher approximativ gegeben durch

$$\mu(B_k) \doteq \frac{4\pi}{3} r_k^3 (z_k - z_{k-1}) = \frac{4\pi}{3} (a^2 - z_k^2)^{3/2} \mu(I_k) ,$$

und wir erhalten durch Summation über k:

$$\mu(B) \doteq \frac{4\pi}{3} \sum_{k=1}^{N} (a^2 - z_k^2)^{3/2} \mu(I_k) .$$

Hier steht rechter Hand eine zu dem z-Intervall $[-a, a]$ gehörige Riemannsche Summe. Der Grenzübergang $\delta(\mathcal{Z}) \to 0$ liefert somit die Formel

$$\mu(B) = \frac{4\pi}{3} \int_{-a}^{a} (a^2 - z^2)^{3/2} \, dz .$$

Substituieren wir, wie abgemacht,

$$z := a \sin t , \qquad dz = a \cos t \, dt ,$$

so sind die neuen Grenzen gerade $-\frac{\pi}{2}$ und $\frac{\pi}{2}$, und wir erhalten

$$\mu(B) = \frac{4\pi}{3} \int_{-\pi/2}^{\pi/2} (a \cos t)^3 \, a \cos t \, dt = \frac{8\pi}{3} a^4 \int_0^{\pi/2} \cos^4 t \, dt .$$

Das letzte Integral ist die Zahl c_4 aus Beispiel ⑤; wir haben sie dort berechnet zu $c_4 = 3\pi/16$. Damit ergibt sich schließlich

$$\mu(B) = \frac{\pi^2}{2} a^4 .$$

○

Zu (d): Bei Integralen der Form

$$\int R(x, \sqrt{ax+b})\, dx$$

"substituiere man die Wurzel", das heißt: Man setze

$$\sqrt{ax+b} := u\,,$$

wobei diese Relation letzten Endes die Rücksubstitution $u = \phi^{-1}(x)$ ausdrückt. Damit wird

$$x = \frac{1}{a}(u^2 - b)\,, \qquad dx = \frac{2}{a}\, u\, du\,,$$

und man erhält einen rationalen Integranden in der Variablen u.

⑱ Um das Integral

$$J := \int_1^4 \frac{dx}{x\sqrt{5-x}}$$

zu berechnen, setzen wir

$$\sqrt{5-x} := u\,.$$

Dies führt auf

$$x = 5 - u^2\,, \qquad dx = -2u\, du$$

sowie auf die u-Grenzen $\sqrt{5-1} = 2$, $\sqrt{5-4} = 1$, und es ergibt sich nacheinander

$$\begin{aligned} J &= \int_2^1 \frac{-2u\, du}{(5-u^2)u} = \int_1^2 \frac{2}{5-u^2}\, du = \frac{1}{\sqrt{5}} \int_1^2 \Big(\frac{1}{\sqrt{5}+u} + \frac{1}{\sqrt{5}-u}\Big)\, du \\ &= \frac{1}{\sqrt{5}} \big(\log(\sqrt{5}+u) - \log(\sqrt{5}-u)\big)\Big|_1^2 = \frac{1}{\sqrt{5}} \log \frac{(\sqrt{5}+2)(\sqrt{5}-1)}{(\sqrt{5}+1)(\sqrt{5}-2)} \\ &= \frac{1}{\sqrt{5}} \log \frac{3+\sqrt{5}}{3-\sqrt{5}} = \frac{1}{\sqrt{5}} \log \frac{(3+\sqrt{5})^2}{9-5} = \frac{2}{\sqrt{5}} \log \frac{3+\sqrt{5}}{2} = 0.8608\,. \end{aligned}$$

○

Eine Anwendung

Wir beschließen diesen Abschnitt mit einer Anwendung des bisher Gelernten, die über den Rahmen eines instruktiven Beispiels hinausgeht. Es handelt sich vielmehr um ein klassisches Stück Mathematik, genaugenommen: um eine bahnbrechende Leistung des zweiundzwanzigjährigen Gauß.

Es seien zwei Zahlen a und b, $a \geq b > 0$, gegeben. Beginnend mit

$$a_0 := a\,, \qquad b_0 := b$$

bildet man sukzessiv arithmetische Mittel a_n und geometrische Mittel b_n nach der folgenden Rekursionsvorschrift:

$$a_{n+1} := \frac{a_n + b_n}{2}, \qquad b_{n+1} := \sqrt{a_n\, b_n} \,. \tag{17}$$

Bsp:

a_n	b_n
2	1
1.5	1.414
1.4571	1.4564
1.456791048	1.456791014

Experimente mit verschiedenen Anfangswerten a und b zeigen, daß die beiden Folgen $a_.$ und $b_.$ jeweils äußerst schnell gegen einen gemeinsamen Grenzwert konvergieren. In der Tat gilt allgemein

$$a_{n+1} - b_{n+1} = \frac{a_n - 2\sqrt{a_n b_n} + b_n}{2} = \frac{\left(\sqrt{a_n} - \sqrt{b_n}\right)^2}{2} = \frac{(a_n - b_n)^2}{2\left(\sqrt{a_n} + \sqrt{b_n}\right)^2},$$

das heißt: Es liegt quadratische Konvergenz vor.

Bei vielen Iterationsprozessen hängt der Grenzwert nicht von den Anfangswerten ab, hier aber schon. Wir stehen damit vor der Aufgabe, den Grenzwert $M(a,b)$, genannt das **arithmetisch-geometrische Mittel** (abgekürzt: **AGM**) von a und b, als Funktion der Variablen a und b darzustellen.

Wie Gauß 1799 als erster gezeigt hat, läßt sich das AGM von zwei Zahlen a und b durch ein Integral ausdrücken. Es gilt nämlich

$$M(a,b) = \frac{1}{T(a,b)}, \tag{18}$$

und zwar ist $T(a,b)$ das folgende (elliptische, also nicht elementare) Integral:

$$T(a,b) := \frac{2}{\pi}\int_0^\infty \frac{dt}{\sqrt{(a^2+t^2)(b^2+t^2)}} = \frac{2}{\pi}\int_0^{\pi/2} \frac{d\theta}{\sqrt{a^2\cos^2\theta + b^2\sin^2\theta}}\,.$$

Die beiden Darstellungen von $T(a,b)$ gehen durch die Substitution $t = b\tan\theta$ auseinander hervor; wir überlassen die Details dem Leser. — Den Schlüssel zu der behaupteten Formel (18) bildet die folgende Invarianzeigenschaft des Integrals $T(a,b)$:

$$T(a,b) = T\left(\frac{a+b}{2}, \sqrt{ab}\right) \qquad (a \geq b > 0)\,. \tag{19}$$

Wir nehmen für den Moment an, (19) sei bewiesen. Aufgrund der Rekursionsvorschrift (17) gilt dann

$$T(a,b) = T(a_n, b_n) \qquad \forall n\,,$$

so daß wir die folgende Kette von Gleichungen erhalten:

$$\begin{aligned}T(a,b) &= \lim_{n\to\infty} T(a_n,b_n) = \lim_{n\to\infty} \frac{2}{\pi}\int_0^{\pi/2} \frac{d\theta}{\sqrt{a_n^2\cos^2\theta + b_n^2\sin^2\theta}} \\ &= \frac{2}{\pi}\int_0^{\pi/2} \frac{d\theta}{\sqrt{M^2\cos^2\theta + M^2\sin^2\theta}} = \frac{2}{\pi}\int_0^{\pi/2} \frac{d\theta}{M} = \frac{1}{M}\,;\end{aligned}$$

dabei haben wir zur Abkürzung $M(a,b) =: M$ gesetzt. Aus (19) folgt also (18), so daß wir nur noch (19) beweisen müssen.

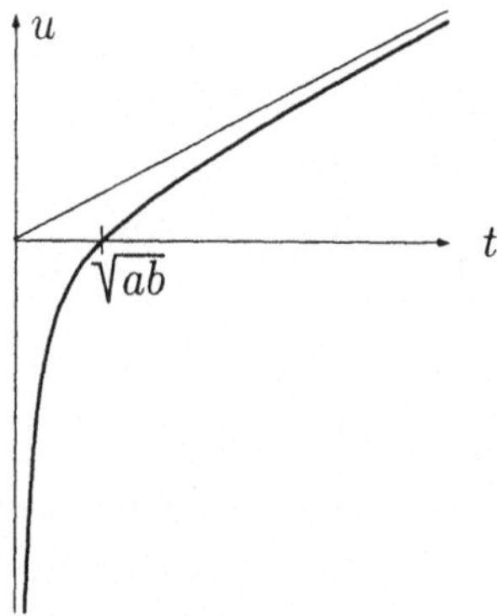

Fig. 4.3.7

⌈ Die Substitutionsgleichung

$$\frac{1}{2}\Big(t - \frac{ab}{t}\Big) =: u \qquad (0 < t < \infty)$$

(Fig. 4.3.7) liefert die Formeln

$$\begin{aligned}t &= u + \sqrt{ab + u^2} \qquad (-\infty < u < \infty)\,, \\ dt &= \left(1 + \frac{u}{\sqrt{ab+u^2}}\right) du = \frac{t}{\sqrt{ab+u^2}}\, du\,;\end{aligned}$$

dabei steht das letzte 't' als Abkürzung für den Ausdruck $u + \sqrt{ab+u^2}$. Wir merken uns noch die folgende Beziehung zwischen den beiden Variablen t und u:

$$t^2 = ab + 2ut\,. \tag{20}$$

Führen wir diese Substitution in $T(a,b)$ tatsächlich durch, so ergibt sich

$$\begin{aligned}T(a,b) &= \frac{2}{\pi}\int_{-\infty}^{\infty} \frac{t}{\sqrt{(a^2+ab+2ut)(b^2+ab+2ut)}}\,\frac{du}{\sqrt{u^2+ab}} \\ &= \frac{2}{\pi}\int_{-\infty}^{\infty} \frac{1}{\sqrt{R}}\,\frac{du}{\sqrt{u^2+ab}}\,.\end{aligned} \tag{21}$$

Hier wurde das t im Zähler in den Radikanden R hineingezogen; es ist also

$$\begin{aligned}R &:= \left(\frac{a(a+b)}{t} + 2u\right)\left(\frac{b(a+b)}{t} + 2u\right)\\ &= \frac{ab}{t^2}(a+b)^2 + \frac{2u}{t}(a+b)^2 + 4u^2 = \frac{ab+2ut}{t^2}(a+b)^2 + 4u^2\\ &= 4\left(\left(\frac{a+b}{2}\right)^2 + u^2\right) ;\end{aligned}$$

dabei haben wir zuletzt wieder (20) benützt. Tragen wir den erhaltenen Wert von R in (21) ein, so folgt

$$\begin{aligned}T(a,b) &= \frac{2}{\pi}\int_{-\infty}^{\infty} \frac{du}{\sqrt{4\left(\left(\frac{a+b}{2}\right)^2 + u^2\right)(ab+u^2)}}\\ &= \frac{2}{\pi}\int_0^{\infty} \frac{du}{\sqrt{\left(\left(\frac{a+b}{2}\right)^2 + u^2\right)(ab+u^2)}} = T\left(\frac{a+b}{2}, \sqrt{ab}\right) . \qquad \lrcorner\end{aligned}$$

Aufgaben

1. Leite ein verkoppeltes Paar von Rekursionsformeln her für die Größen

$$c_n := \int_0^{\pi/2} t^n \cos t\, dt\,, \qquad \int_0^{\pi/2} t^n \sin t\, dt$$

und berechne die numerischen Werte $c_0, \ldots, c_4, s_0, \ldots, s_4$. Oder einfacher: Bestimme eine Rekursionsformel für die komplexen Größen

$$e_n := \int_0^{\pi/2} t^n e^{it}\, dt\,.$$

2. Es sei

$$C_n := \int_0^{\log 2} \cosh^n t\, dt \qquad (n \geq 0)\,.$$

Bestimme C_0, C_1 sowie eine Rekursionsformel für die C_n. (*Hinweis:* ‘cosh’, nicht ‘cos’!)

3. Ⓜ Berechne die folgenden unbestimmten Integrale:

(a) $\int \sin^2 t e^{-t}\,dt$, (b) $\int \frac{t^3}{\sqrt{t^2+1}}\,dt \quad (t^2+1 =: u)$,

(c) $\int \sinh t \cos t\,dt$, (d) $\int \frac{dt}{1+\cos t}\,dt \quad \left(\tan\frac{t}{2} =: u\right)$,

(e) $\int \frac{\sqrt{1-t}}{\sqrt{t}-t}\,dt \quad (t := \sin^2 u)$, (f) $\int t^3 \arctan t\,dt$

und bringe das Resultat, wenn nötig, auf eine typographisch akzeptable Form.

4. Ⓜ Es sei γ der Graph der Funktion

$$f(x) := \frac{x^2}{8} - \log x \qquad (1 \le x \le 2)\,.$$

Berechne die Länge $L(\gamma)$.

5. Ⓜ Berechne die folgenden bestimmten Integrale

(a) $\int_{11}^{13} \frac{3t-5}{7t+9}\,dt$, (b) $\int_{-1}^{1} \frac{1}{x^4+1}\,dt$

(c) $\int_0^1 x \arcsin x\,dx \quad (x := \sin t)$, (d) $\int_0^{\pi^2} \sin(\sqrt{t})\,dt$,

(e) $\int_0^1 (\arcsin y)^2\,dy$, (f) $\int_{-1}^{1} \frac{dx}{6-x-x^2}$

und bringe das Resultat, wenn nötig, auf eine typographisch akzeptable Form.

6. Bestimme den Schwerpunkt einer Halbkugel.

7. Berechne mit Hilfe der in Aufgabe 4.1.5 gefundenen Formel die Oberfläche des Rotationsellipsoids mit den Halbachsen a, a, b.

8. Aus einem Stück Draht läßt sich gemäß Fig. 4.3.8 ein Kreisel herstellen. Wie groß muß der Winkel zwischen den beiden Speichen gewählt werden, damit das Ding möglichst rund läuft? (*Hinweis:* Man muß dafür sorgen, daß der Schwerpunkt auf der Achse liegt. Hierzu benötigt man 1 kleine Figur, 1 Zeile Rechnung, 1 Wert aus dem Taschenrechner.)

9. Ⓜ Bestimme die Partialbruchzerlegung der folgenden Funktionen:

(a) $\frac{x^3}{(x-a)^2}$, (b) $\frac{1}{x^6-1}$,

(c) $\frac{36}{x^5-2x^4-2x^3+4x^2+x-2}$ (d) $\frac{t}{t^3+t^2-t-1}$

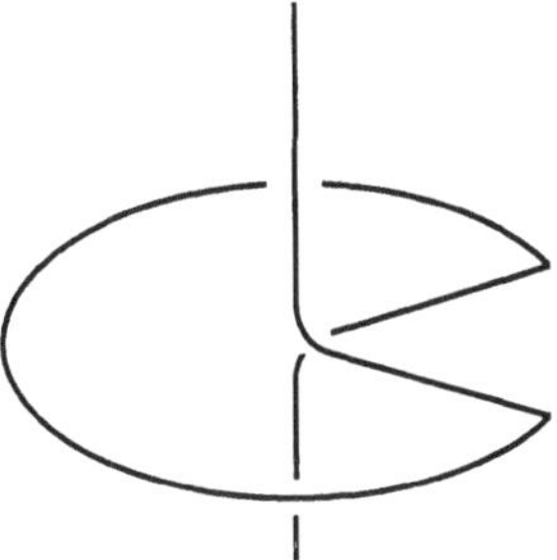

Fig. 4.3.8

und bringe das Resultat, wenn nötig, auf eine typographisch akzeptable Form.

10. Wieviele unbestimmte Koeffizienten sind für die Partialbruchzerlegung der rationalen Funktion

$$R(x) := \frac{(2x^2-1)^2(3x^3+1)^3}{(x^2-x+17)(x-2)^3(x-1)(x+4)}$$

insgesamt vorzusehen (inklusive die Koeffizienten eines allfälligen polynomialen Anteils)?

11. Ⓜ Die Funktionen $u \mapsto \frac{e^u}{u}$ und $x \mapsto \sqrt{1+x^4}$ besitzen keine elementaren Stammfunktionen. Berechne die folgenden Integrale, so weit sie elementar sind:

(a) $\displaystyle\int \frac{\log x}{x}\,dx$, (b) $\displaystyle\int \frac{x}{\log x}\,dx$,

(c) $\displaystyle\int \frac{1}{x\log x}\,dx$, (d) $\displaystyle\int x\sqrt{1+x^4}\,dx$,

(e) $\displaystyle\int \sqrt{1+e^{4t}}\,dt$.

12. Steckt man im Punkt $(1,0,0)$ der Zylinderfläche

$$Z := \{(x,y,z) \in \mathbb{R}^3 \mid x^2+y^2=1\}$$

eine Zirkelspitze ein und schlägt dann auf Z einen “Kreis” vom Radius 2, so geht die entstehende Kurve durch alle Punkte $P \in Z$, die von $(1,0,0)$ den räumlichen Abstand 2 haben. Beschreibe und zeichne diese Kurve in der Abwicklung von Z, d.h. in der Form

$$z = f(\phi) \qquad (-\pi \leq \phi \leq \pi)\,,$$

und stelle ihre Länge durch ein möglichst einfaches Integral dar. (Das Integral läßt sich nicht elementar auswerten.)

4.4. Uneigentliche Integrale

Sind der Bereich $B \subset \mathbb{R}^n$ oder die Funktion $f\colon B \to \mathbb{R}$ unbeschränkt, so erstreckt sich der Kuchen $K_{B,f} \subset \mathbb{R}^{n+1}$ (Fig. 4.1.9) ins Unendliche, und sein Volumen wird jedenfalls problematisch. Auch die Riemannschen Summen

$$\sum_{k=1}^{N} f(\mathbf{x}_k)\,\mu(B_k)$$

machen Mühe, von deren Grenzwert für $\delta(\mathcal{Z}) \to 0$ gar nicht zu reden. Trotzdem ist es in vielen derartigen Fällen möglich, dem Integral

$$\int_B f(\mathbf{x})\,d\mu(\mathbf{x})$$

einen einleuchtenden Sinn und Wert zuzuweisen. Wir haben im vorangehenden Abschnitt schon einige derartige "uneigentliche Integrale" angetroffen. Ihr Wert ist oft eine interessante universelle Konstante, weil hier die betreffende Funktion bis an die natürlichen Grenzen ihres Definitionsbereichs integriert wird.

Bsp: $$\int_{-1}^{1} \frac{dt}{\sqrt{1-t^2}} = \pi\,, \qquad \int_{-\infty}^{\infty} e^{-t^2/2}dt = \sqrt{2\pi}\,.$$

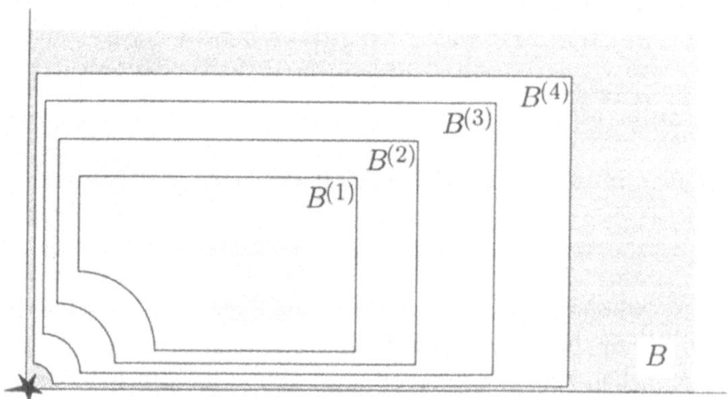

Fig. 4.4.1

Das folgende Vorgehen liegt nahe: Man betrachtet eine **Ausschöpfung** von B durch eine wachsende Folge von (beschränkten) Teilbereichen $B^{(n)}$ (siehe die

Fig. 4.4.1) — in der Praxis wählt man allerdings eine kontinuierliche Schar derartiger Teilbereiche — mit

$$\lim_{n\to\infty} B^{(n)} := \bigcup_{n=1}^{\infty} B^{(n)} = B\,,$$

und zwar soll für jedes n das Integral

$$\int_{B^{(n)}} f(\mathbf{x})\,d\mu(\mathbf{x})$$

als Grenzwert von Riemannschen Summen definiert sein und sich mit den Methoden der Abschnitte 4.3 und 4.5 berechnen lassen.

In einem zweiten Schritt betrachtet man den Grenzwert

$$\lim_{n\to\infty} \int_{B^{(n)}} f(\mathbf{x})\,d\mu(\mathbf{x}) =: \int_B f(\mathbf{x})\,d\mu(\mathbf{x})$$

dieser Integrale und spricht dann vom **uneigentlichen Integral** von f über B. Ist dieser Grenzwert vorhanden und endlich, so heißt das uneigentliche Integral **konvergent**, in allen anderen Fällen **divergent**. Infolgedessen gibt es für uneigentliche Integrale wie für unendliche Reihen Konvergenzkriterien. Wir beschränken uns auf zwei Vergleichskriterien; sie beziehen sich auf die folgenden beiden Arten von Integralen:

$$\int_a^{\infty} f(t)\,dt := \lim_{b\to\infty} \int_a^b f(t)\,dt\,, \qquad \int_0^b g(t)\,dt := \lim_{\varepsilon\to 0+} \int_\varepsilon^b g(t)\,dt$$

(Fig. 4.4.2); dabei soll g für $t \to 0+$ gegen ∞ streben.

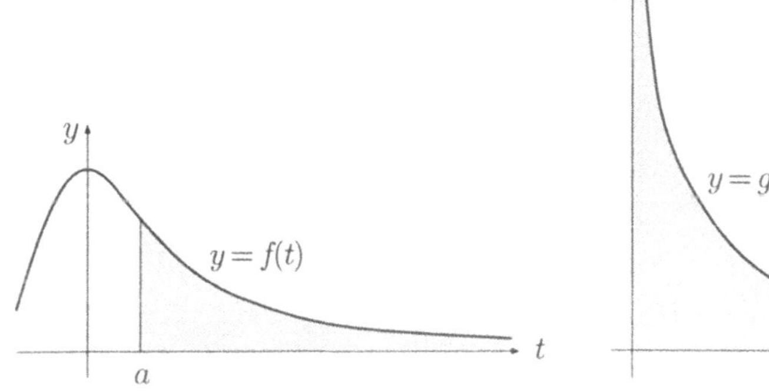

Fig. 4.4.2

(4.11) (a) *Nimmt $|f(t)|$ für $t \to \infty$ mindestens so rasch ab wie $1/t^\alpha$ mit einem geeigneten $\alpha > 1$, das heißt: Gilt für ein C und ein $\alpha > 1$ die Abschätzung*

$$|f(t)| \leq \frac{C}{t^\alpha} \qquad (t > t_0)\,,$$

so ist das uneigentliche Integral $\int_a^\infty f(t)\,dt$ (absolut) konvergent.

(b) *Ist jedoch für ein geeignetes $C > 0$ durchwegs*

$$f(t) \geq \frac{C}{t} \qquad (t > t_0)\,,$$

so ist das Integral $\int_a^\infty f(t)\,dt$ divergent.

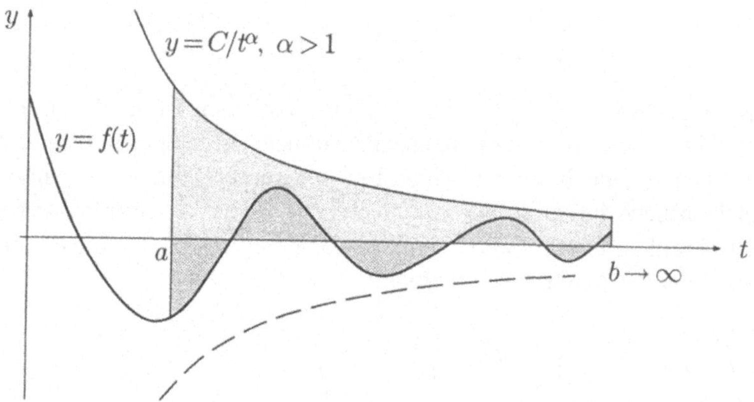

Fig. 4.4.3

⌜ Ist $\alpha > 1$, so gilt

$$\int_1^b \frac{C}{t^\alpha}\,dt = \frac{-C}{\alpha - 1}\,\frac{1}{t^{\alpha-1}}\bigg|_1^b = \frac{C}{\alpha-1}\left(1 - \frac{1}{b^{\alpha-1}}\right)$$

und somit

$$\int_1^\infty \frac{C}{t^\alpha}\,dt := \lim_{b\to\infty} \int_1^b \frac{C}{t^\alpha}\,dt = \frac{C}{\alpha-1}\,.$$

Anderseits ist

$$\int_1^b \frac{C}{t}\,dt = C\log t\bigg|_1^b = C\log b$$

und somit

$$\int_1^\infty \frac{C}{t}\,dt := \lim_{b\to\infty} \int_1^b \frac{C}{t}\,dt = \infty\,.$$

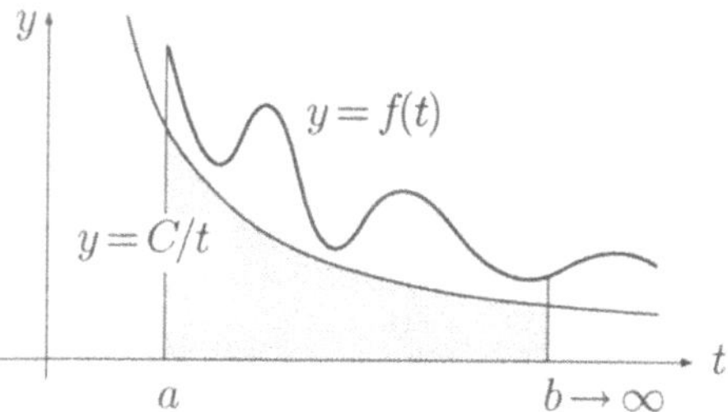

Fig. 4.4.4

Der auf ein beliebiges f bezügliche Teil der Behauptung wird durch die Figuren 4.4.3 und 4.4.4 plausibel. ┘

① Das Integral

$$\int_{-\infty}^{\infty} \frac{dt}{1+t^2} \qquad (= \pi)$$

haben wir in Beispiel 4.3.⑭ berechnet; das Integral

$$\int_{-\infty}^{\infty} e^{-t^2/2}\, dt$$

werden wir noch berechnen, und für das Integral

$$\int_{1}^{\infty} t^{\lambda}\, e^{-t}\, dt\,, \tag{1}$$

$\lambda \in \mathbb{R}$ eine gegebene Zahl, schließen wir folgendermaßen: Auch wenn λ noch so groß ist, immer gibt es ein t_0 mit

$$e^t > t^{\lambda+2} \qquad (t > t_0)\,,$$

und das heißt

$$f(t) := t^{\lambda}\, e^{-t} < \frac{1}{t^2} \qquad (t > t_0)\,.$$

Die Integrale (1) sind daher für beliebiges (festes) λ konvergent. Das Integral

$$\int_{0}^{\infty} \frac{t^2+4}{(1+4t^2)^{3/2}}\, dt$$

hingegen ist divergent: Schreiben wir

$$f(t) := \frac{t^2+4}{(1+4t^2)^{3/2}} = \frac{1}{t}\, \frac{1+4/t^2}{(4+1/t^2)^{3/2}}\,,$$

so strebt der zweite Faktor rechter Hand mit $t \to \infty$ gegen $1/8$. Somit gilt für alle hinreichend großen t:

$$f(t) \geq \frac{1}{9} \cdot \frac{1}{t}\,.$$

○

Bei den uneigentlichen Integralen der folgenden Art sind jedoch die für Konvergenz benötigten Exponenten β ausdrücklich < 1:

(4.12) (a) *Geht $g(t)$ für $t \to 0+$ höchstens so rasch gegen ∞ wie $1/t^\beta$ mit einem geeigneten $\beta < 1$, das heißt: Gilt für ein C und ein $\beta < 1$ die Abschätzung*

$$0 \le g(t) \le \frac{C}{t^\beta} \qquad (0 < t < t_0)\,,$$

so ist das uneigentliche Integral $\int_0^b g(t)\,dt$ konvergent.

(b) *Ist jedoch für ein geeignetes $C > 0$ durchwegs*

$$g(t) \ge \frac{C}{t} \qquad (0 < t < t_0)\,,$$

so ist das Integral $\int_0^b g(t)\,dt$ divergent.

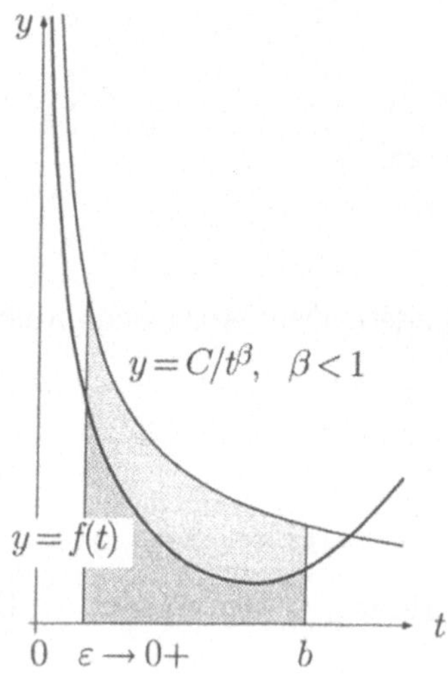

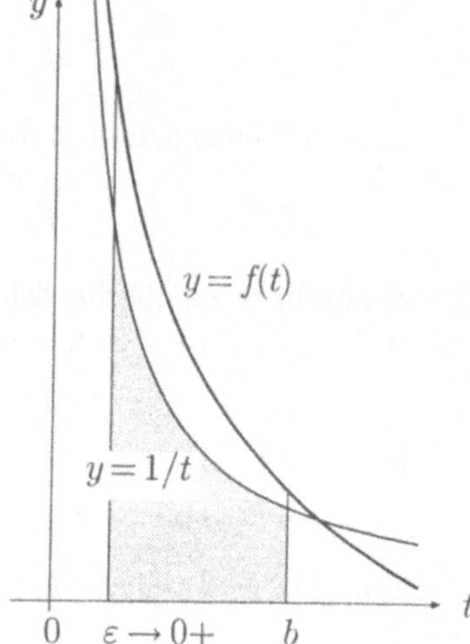

Fig. 4.4.5

⌈ Ist $\beta < 1$, so gilt

$$\int_\varepsilon^1 \frac{C}{t^\beta} = \frac{-C}{\beta - 1}\,\frac{1}{t^{\beta-1}}\bigg|_\varepsilon^1 = \frac{C}{1-\beta}(1 - \varepsilon^{1-\beta})$$

und somit

$$\int_0^1 \frac{C}{t^\beta}\,dt := \lim_{\varepsilon\to 0+} \int_\varepsilon^1 \frac{C}{t^\beta}\,dt = \frac{C}{1-\beta}\,.$$

Andererseits ist

$$\int_\varepsilon^1 \frac{C}{t}\,dt = C\log t\Big|_\varepsilon^1 = -C\log\varepsilon$$

und somit

$$\int_0^1 \frac{C}{t}\,dt := \lim_{\varepsilon\to 0+}\int_\varepsilon^1 \frac{C}{t}\,dt = \infty\ .$$

Der auf ein beliebiges g bezügliche Teil der Behauptung wird durch die Figur 4.4.5 plausibel. ┘

② In Beispiel 4.3.⑨ wurde das uneigentliche Integral

$$\int_a^b \frac{dx}{\sqrt{(b-x)(x-a)}}$$

berechnet und damit automatisch als konvergent erwiesen. Hier noch ein a priori Konvergenzbeweis mit Hilfe von **(4.12)**:

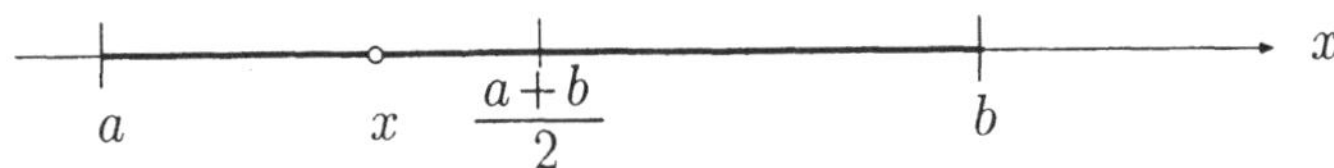

Fig. 4.4.6

Ist $x \le \frac{a+b}{2}$ (Fig. 4.4.6), so gilt $b - x \ge \frac{b-a}{2} =: C$. Damit haben wir

$$\frac{1}{\sqrt{(b-x)(x-a)}} \le \frac{1}{\sqrt{C\,(x-a)}} = \frac{1}{\sqrt{C}}\cdot\frac{1}{(x-a)^{1/2}} \qquad \left(a < x \le \tfrac{a+b}{2}\right),$$

und das ist für die Konvergenz des Integrals an der unteren Grenze hinreichend. Analog schließt man bei b. ○

③ Die Fakultätfunktion (Fig. 4.4.7) ist für natürliche Zahlen n rekursiv definiert durch

$$0! := 1\,, \qquad n! := n\cdot(n-1)! \quad (n \ge 1)\ .$$

Es liegt nahe, nach einer “natürlichen” Fortsetzung dieser Funktion auf nichtganze Werte der unabhängigen Variablen zu fragen. Lineare Interpolation ist nicht sehr inspiriert. Jedenfalls wird man auf der Funktionalgleichung

$$x! = x\cdot(x-1)! \qquad (x > 0)$$

bestehen. Diese Bedingung reicht aber zur Festlegung der gesuchten Funktion nicht aus; denn im x-Intervall $]-1,0[$ können wir noch beliebige “Anfangswerte” wählen.

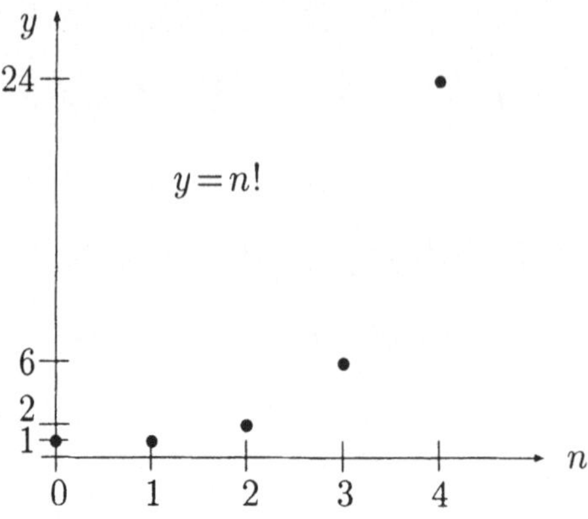

Fig. 4.4.7

Die "richtige" Fortsetzung der Fakultätfunktion ist vor allen noch möglichen durch eine gewisse Konvexitätsbedingung ausgezeichnet (ihr Logarithmus ist konvex). In erster Linie besitzt sie aber eine einfache Integraldarstellung, der wir noch kurz nachgehen. Seit Euler definiert man die **Gammafunktion** durch

$$\Gamma(\alpha) := \int_0^\infty t^{\alpha-1}\, e^{-t}\, dt \qquad (\alpha > 0)\,. \tag{2}$$

Die rechte Seite dieser Gleichung ist ein **Integral mit einem Parameter**: Integriert wird nach t, der Wert des Integrals hängt aber vom Wert des während der Integration festgehaltenen Parameters α ab. Wir haben in Beispiel ① gezeigt, daß das Integral jedenfalls an der oberen Grenze konvergiert. Ist $0 < \alpha < 1$, so ist das Integral auch an der unteren Grenze als uneigentliches Integral anzusehen, konvergiert aber nach **(4.12)**(a), denn es gilt

$$t^{\alpha-1}\, e^{-t} \leq \frac{1}{t^{1-\alpha}} \qquad (t > 0)\,,$$

und der Exponent $1 - \alpha$ ist < 1.

Die Gammafunktion ist eine der wichtigsten nichtelementaren Funktionen (das Integral (2) läßt sich für unbestimmtes α nicht elementar auswerten) und tritt in den verschiedensten Zusammenhängen auf. Wir beweisen darüber:

(4.13)(a) $$\Gamma(\alpha + 1) = \alpha \cdot \Gamma(\alpha) \qquad (\alpha > 0)\,,$$

(b) $$\Gamma(n + 1) = n! \qquad (n \in \mathbb{N})\,.$$

Die Gammafunktion ist also in der Tat die Lösung des angezogenen Fortsetzungsproblems, abgesehen von dem lästigen Shift $n \rightsquigarrow n + 1$.

⌈ In der nachfolgenden Rechnung müßten strenggenommen Integrale von ε bis b betrachtet werden; anschließend wäre der Grenzübergang $\varepsilon \to 0+$, $b \to \infty$ durchzuführen. — Es gilt

$$\Gamma(\alpha+1) = \int_0^\infty \underset{\downarrow}{t^\alpha} \, \underset{\uparrow}{e^{-t}} \, dt = -t^\alpha e^{-t}\Big|_0^\infty + \int_0^\infty \alpha t^{\alpha-1} e^{-t} \, dt = \alpha \, \Gamma(\alpha) \, .$$

Wegen $\alpha > 0$ ist nämlich

$$\lim_{t\to 0+} t^\alpha e^{-t} = 0 \, , \qquad \lim_{t\to\infty} t^\alpha e^{-t} = 0 \, ,$$

das heißt: Der "ausintegrierte Teil" liefert keinen Beitrag.

Weiter ist

$$\Gamma(1) = \int_0^\infty e^{-t} \, dt = -e^{-t}\Big|_0^\infty = 1 = 0! \, .$$

Für den Induktionsbeweis von (b) nehmen wir an, (b) sei richtig für n. Dann folgt mit (a):

$$\Gamma(n+2) = (n+1)\Gamma(n+1) = (n+1) \cdot n! = (n+1)! \, ,$$

und (b) ist damit auch für $n+1$ als richtig erwiesen. ⌋

Wie wir noch zeigen werden, ist $\Gamma(\frac{1}{2}) = \sqrt{\pi}$. Der Graph der Gammafunktion sieht somit aus, wie in der Figur 4.4.8 dargestellt. ○

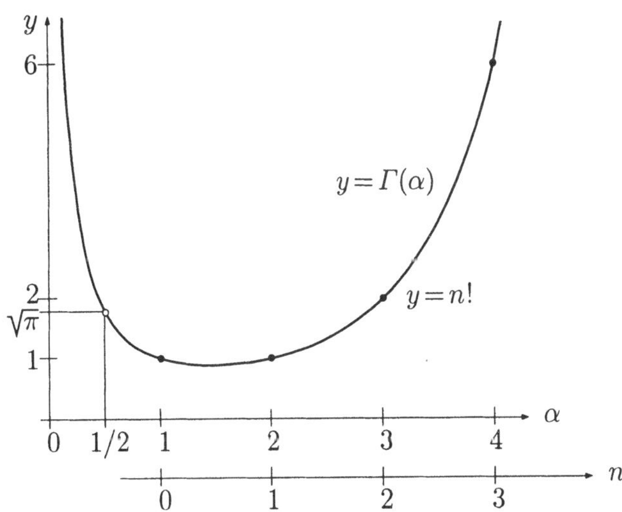

Fig. 4.4.8

Aufgaben

1. Ⓜ Konvergieren oder divergieren die folgenden uneigentlichen Integrale? Die Antwort ist zu begründen. Im Fall der Konvergenz bestimme man den Wert des Integrals.

   (a) $\displaystyle\int_0^1 \frac{dx}{x+x^3}$, (b) $\displaystyle\int_1^\infty \frac{dx}{x+x^3}$.

2. Berechne die Länge der logarithmischen Spirale $r(\phi) := ae^{q\phi}$ vom Ursprung bis zum Punkt $(a, 0)$.

3. Berechne die folgenden uneigentlichen Integrale von Hand und, so weit möglich, mit Hilfe von Ⓜ :

   (a) $\displaystyle\int_{-\infty}^\infty \exp(3t - e^t)\,dt \quad (e^t := u)$, (b) $\displaystyle\int_{-\infty}^\infty \frac{dx}{3x^2 + 4x + 5}$,

   (c) $\displaystyle\int_0^{5/4} \frac{dx}{|1 - x^2|^{1/2}}$, (d) $\displaystyle\int_0^1 \frac{dt}{t^{2/3} + t^{3/4}}$.

4. Auf der Grundrißebene steht eine unendlich lange kreiszylindrische Blechröhre, deren Achse mit der z-Achse zusammenfällt und die die konstante Flächendichte σ aufweist. Man berechne die Gravitationswirkung dieser Röhre im Ursprung, in anderen Worten: die Beschleunigung, mit der ein dort befindlicher Probekörper nach oben gesogen wird. (Gravitationskonstante $:= \gamma$)

4.5. Mehrfache Integrale

Es sei $B \subset \mathbb{R}^n$ ein kompakter, insbesondere beschränkter, mehrdimensionaler Bereich und $f\colon B \to \mathbb{R}$ eine stetige Funktion. Dann ist das Integral

$$\int_B f(\mathbf{x})\, d\mu(\mathbf{x})$$

erklärt als Grenzwert von Riemannschen Summen

$$\sum_{k=1}^{N} f(\mathbf{x}_k)\, \mu(B_k)\ .$$

Wir benötigen eine allgemeine Methode, um derartige Integrale zu berechnen, wenn f durch einen Ausdruck in den Variablen $x_1, \ldots, x_n$ und B durch Ungleichungen gegeben sind.

Bsp:

$$\int_B (xy + yz + zx)\, dV\ , \quad B := \bigl\{ (x,y,z) \bigm| x^2 + y^2 \le 1\ ,\ |x+y+z| \le 1 \bigr\}$$

(B ist ein durch zwei parallele Schnitte schief abgeschnittener Rotationszylinder.)

Es sei zunächst

$$Q := [a,b] \times [c,d]$$

ein Rechteck in der (x,y)-Ebene und $f\colon Q \to \mathbb{R}_{\ge 0}$ (fast überall) stetig. Wir interpretieren das Integral $\int_Q f\, d\mu$ als Volumen des Kuchens

$$K_{Q,f} := \bigl\{ (x,y,z) \bigm| (x,y) \in Q\ ,\ 0 \le z \le f(x,y) \bigr\}\ .$$

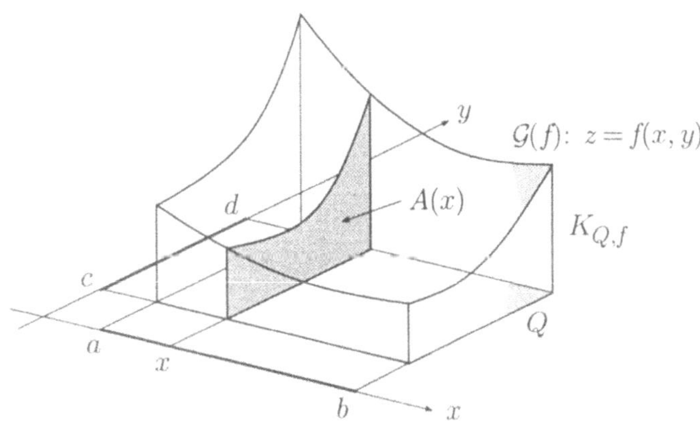

Fig. 4.5.1

Jede Ebene $x = \text{const.}$ schneidet $K_{Q,f}$ in einem Flächenstück, dessen Form und Inhalt natürlich von der gewählten Schnittstelle $x \in [a,b]$ abhängen. Der Fig. 4.5.1 entnimmt man, daß sich der Inhalt $A(x)$ dieses Flächenstücks als Integral bezüglich der Variablen y auffassen läßt:

$$A(x) = \int_c^d f(x,y)\,dy\ . \tag{1}$$

Die Variable x ist hier während der Integration *als Konstante zu behandeln.*

Wir zerlegen nun das x-Intervall $[a,b]$ durch Teilungspunkte

$$\mathcal{Z}: \qquad a = x_0 < x_1 < \ \ldots\ < x_N = b$$

in kleine Teilintervalle $I_k := [x_{k-1}, x_k]$. Die Ebenen $x = x_k$ $(0 \le k \le N)$ zerlegen dann den Kuchen $K_{Q,f}$ in flache Teilkörper (Fig. 4.5.2), die angenähert prismatisch sind mit Grundfläche $A(x_k)$ und Höhe $x_k - x_{k-1} = \mu(I_k)$. Das Volumen V_k eines derartigen Teilkörpers ist folglich näherungsweise gegeben durch

$$V_k \doteq A(x_k)\,\mu(I_k)\ .$$

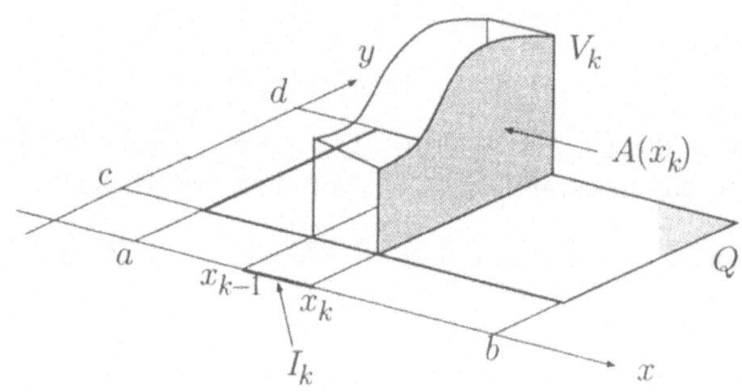

Fig. 4.5.2

Für das gesuchte Gesamtvolumen des Kuchens $K_{Q,f}$ erhalten wir damit die Näherungsformel

$$\int_Q f\,d\mu = \sum_{k=1}^N V_k \doteq \sum_{k=1}^N A(x_k)\,\mu(I_k)\ . \tag{2}$$

Die letzte Summe ist eine Riemannsche Summe für das Integral

$$\int_a^b A(x)\,dx\ .$$

Ersetzen wir sie also durch dieses Integral, so geht (2) über in

$$\int_Q f\,d\mu \doteq \int_a^b A(x)\,dx\,,$$

und mit (1) erhalten wir schließlich

$$\int_Q f\,d\mu \doteq \int_a^b \left(\int_c^d f(x,y)\,dy\right) dx\,.$$

Da die betrachteten Approximationen durch Verfeinerung der Zerlegung $\mathcal{Z}$ beliebig genau gemacht werden können, trifft hier in Wirklichkeit das Gleichheitszeichen zu. Damit haben wir gezeigt:

(4.14) *Ist* $Q := [\,a,b\,] \times [\,c,d\,]$ *ein Rechteck in der* (x,y)*-Ebene, so gilt*

$$\int_Q f(x,y)\,d\mu(x,y) \;=\; \int_a^b \left(\int_c^d f(x,y)\,dy\right) dx\,.$$

Aus Symmetriegründen gilt dann natürlich auch

$$\int_Q f(x,y)\,d\mu(x,y) \;=\; \int_c^d \left(\int_a^b f(x,y)\,dx\right) dy\,.$$

Die Aufgabe, eine Funktion von zwei Variablen über ein Rechteck zu integrieren, ist damit zurückgeführt auf zwei hintereinandergeschaltete Integrationen, bei denen nur je *eine* Variable betroffen ist. Für diese beiden einfachen Integrale stehen die Methoden des Abschnitts 4.3 zur Verfügung.

Es ist üblich, bei mehrfachen Integralen die Klammern um innere Integrale wegzulassen. Wir verabreden also für das folgende die Abkürzung

$$\left(\int \ldots\, dx\right) =: \int \ldots\, dx\,.$$

① Es soll das Volumen $\mu(K)$ des Körpers

$$K \;:=\; \bigl\{\,(x,y,z) \;\big|\; 1 \le x \le 2\,,\; 1 \le y \le 3\,,\; 0 \le z(x+y) \le 1\,\bigr\}$$

berechnet werden. — K ist offensichtlich der Kuchen $K_{Q,f}$ zu

$$Q := \;[\,1,2\,] \times [\,1,3\,]\,, \qquad f(x,y) := \frac{1}{x+y}\,;$$

somit läßt sich das Volumen $\mu(K)$ in folgender Weise als Integral darstellen:

$$\mu(K) = \int_Q \frac{1}{x+y}\,d\mu(x,y) = \int_1^2 \int_1^3 \frac{1}{x+y}\,dy\,dx\;.$$

Während der Evaluation des inneren Integrals ist x als Konstante zu behandeln. Man erhält

$$\int_1^3 \frac{1}{x+y}\,dy = \log(x+y)\Big|_{y:=1}^{y:=3} = \log(x+3) - \log(x+1)$$

und somit weiter

$$\mu(K) = \int_1^2 \bigl(\log(x+3) - \log(x+1)\bigr)\,dx\;.$$

Substituieren wir hier einmal $x+3 := t$ und einmal $x+1 := t$, so kommt (siehe Beispiel 4.3.③):

$$\begin{aligned}\mu(K) &= \int_4^5 \log t\,dt - \int_2^3 \log t\,dt = t(\log t - 1)\Big|_4^5 - t(\log t - 1)\Big|_2^3 \\ &= 5(\log 5 - 1) - 4(\log 4 - 1) - 3(\log 3 - 1) + 2(\log 2 - 1) \\ &= \log \frac{5^5}{2^6 \cdot 3^3} = 0.5925\;.\end{aligned}$$

○

② Wir berechnen das Integral

$$J := \int_W \cos(x+y+z)\,dV$$

über den Würfel $W := \bigl[-\frac{\pi}{2}, \frac{\pi}{2}\bigr]^3$ im (x,y,z)-Raum. Satz **(4.14)** läßt sich natürlich sinngemäß auf die dreidimensionale Situation übertragen: Es gilt

$$J = \int_{-\pi/2}^{\pi/2} \int_{-\pi/2}^{\pi/2} \int_{-\pi/2}^{\pi/2} \cos(x+y+z)\,dz\,dy\,dx\;.$$

Für das innerste Integral erhalten wir

$$\begin{aligned}\int_{-\pi/2}^{\pi/2} \cos(x+y+z)\,dz &= \sin(x+y+z)\Big|_{z:=-\pi/2}^{z:=\pi/2} \\ &= \sin\bigl(x+y+\tfrac{\pi}{2}\bigr) - \sin\bigl(x+y-\tfrac{\pi}{2}\bigr) \\ &= 2\cos(x+y)\;;\end{aligned}$$

dabei haben wir die Identität

$$\sin(\alpha + \tfrac{\pi}{2}) - \sin(\alpha - \tfrac{\pi}{2}) = 2\cos\alpha \tag{3}$$

benutzt. Wir berechnen nun das nächstäußere Integral, wobei wir den eben erhaltenen (von x und y abhängigen) Wert des innersten Integrals einsetzen:

$$\begin{aligned}\int_{-\pi/2}^{\pi/2} 2\cos(x+y)\,dy &= 2\sin(x+y)\Big|_{y:=-\pi/2}^{y:=\pi/2} \\ &= 2\Big(\sin(x+\tfrac{\pi}{2}) - \sin(x-\tfrac{\pi}{2})\Big) = 4\cos x\,,\end{aligned}$$

zuletzt wieder nach (3). Damit ergibt sich schließlich

$$J = \int_{-\pi/2}^{\pi/2} 4\cos x\,dx = 4\sin x\Big|_{-\pi/2}^{\pi/2} = 8\,.$$

○

Ist der Integrationsbereich B kein achsenparalleles Rechteck bzw. kein Quader, so wird die Berechnung des Integrals

$$\int_B f(\mathbf{x})\,d\mu(\mathbf{x})$$

wesentlich aufwendiger, da die Information über die genaue geometrische Gestalt von B an geeigneter Stelle in die Rechnung einzubringen ist.

Wir wollen einen beschränkten Bereich B der (x,y)-Ebene **y-einfach** nennen, wenn er sich mit Hilfe von zwei stetigen Funktionen $\phi(\cdot)$ und $\psi(\cdot)$ in der Form

$$B = \{\,(x,y)\mid a\le x\le b\,,\ \phi(x)\le y\le\psi(x)\,\} \tag{4}$$

darstellen läßt (Fig. 4.5.3). Analog ist

$$B = \{\,(x,y)\mid c\le y\le d,\ \phi(y)\le x\le\psi(y)\,\} \tag{5}$$

ein **x-einfacher Bereich.**

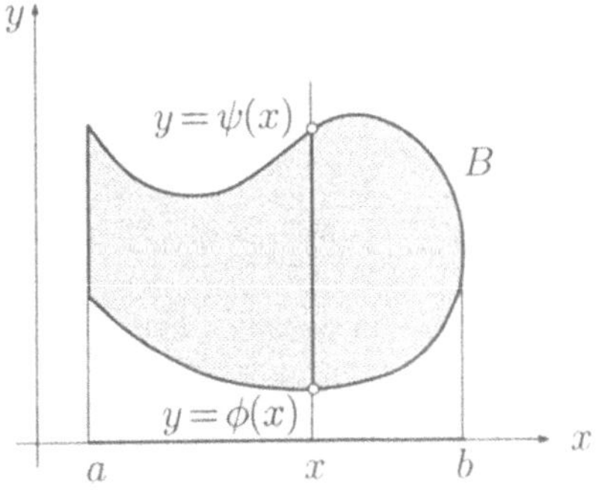

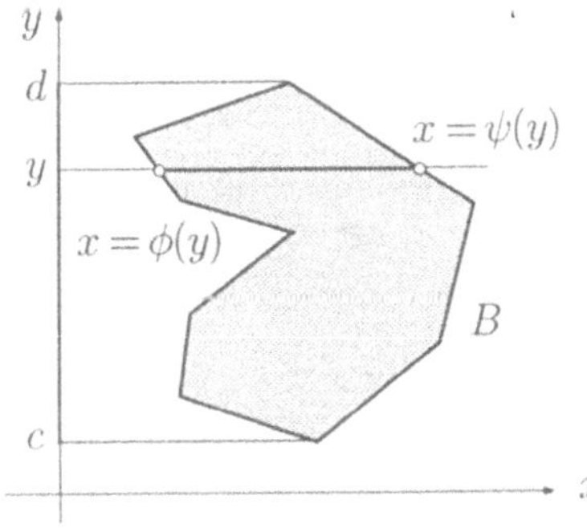

Fig. 4.5.3

Komplizierte Bereiche zerlege man in einfache. Über einfache Bereiche integriert man wie folgt:

(4.15) *Ist der Bereich B gegeben durch (4) bzw. durch (5), so gilt*

$$\int_B f(x,y)\,d\mu(x,y) = \int_a^b \left(\int_{\phi(x)}^{\psi(x)} f(x,y)\,dy \right) dx \tag{6}$$

bzw.

$$\int_B f(x,y)\,d\mu(x,y) = \int_c^d \left(\int_{\phi(y)}^{\psi(y)} f(x,y)\,dx \right) dy\,.$$

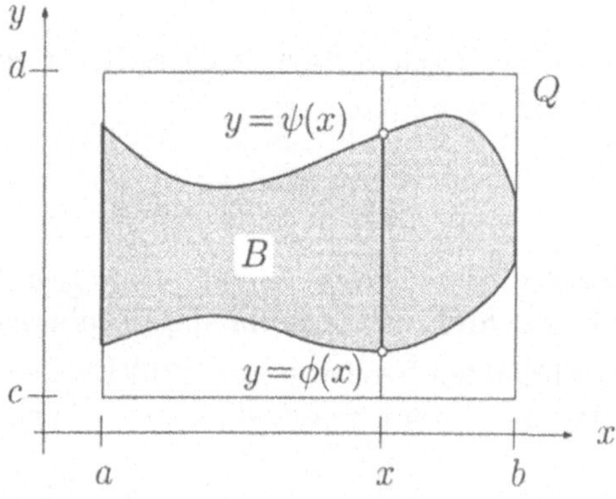

Fig. 4.5.4

⌐ Aus Symmetriegründen genügt es, (6) zu beweisen. Hierzu legen wir B in ein Rechteck

$$Q := [a,b] \times [c,d]$$

(Fig. 4.5.4) und erweitern f zu einer Funktion $\tilde{f}\colon Q \to \mathbb{R}$, indem wir f außerhalb B gleich 0 setzen. Die erweiterte Funktion ist auf der unteren und der oberen Begrenzung von B unstetig. Da diese Linien eine zweidimensionale Nullmenge bilden, können wir das in Kauf nehmen. Es gilt

$$\int_B f\,d\mu = \int_Q \tilde{f}\,d\mu$$

und für jedes feste x:

$$\int_c^d \tilde{f}(x,y)\,dy = \int_{\phi(x)}^{\psi(x)} f(x,y)\,dy\,.$$

Aufgrund von Satz **(4.14)** läßt sich somit folgende Kette von Gleichungen bilden:

$$\begin{aligned}\int_B f\,d\mu &= \int_Q \tilde{f}(x,y)\,d\mu(x,y) = \int_a^b \int_c^d \tilde{f}(x,y)\,dy\,dx \\ &= \int_a^b \left(\int_{\phi(x)}^{\psi(x)} f(x,y)\,dy \right) dx\,.\end{aligned}$$

┘

③ Der Bereich

$$B := \{ (x,y) \mid 0 \le x \le 4\,,\ y^2 \le x \}$$

(Fig. 4.5.5) ist sowohl y-einfach wie x-einfach; das Integral

$$J := \int_B xy^2\,d\mu(x,y)$$

läßt sich daher auf zwei Arten berechnen.

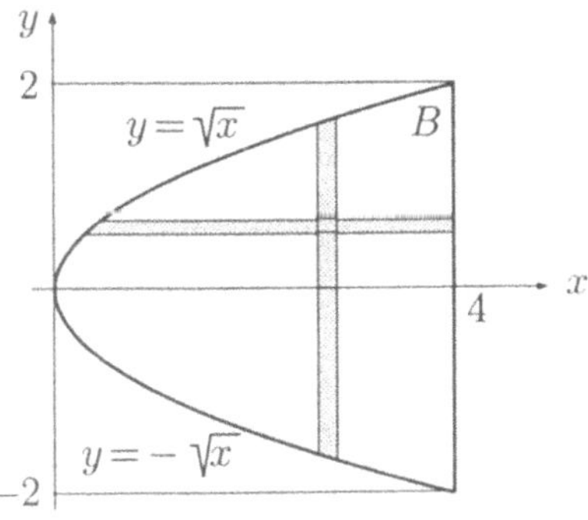

Fig. 4.5.5

(a)
$$J = \int_0^4 \int_{-\sqrt{x}}^{\sqrt{x}} xy^2\,dy\,dx\,.$$

Das innere Integral hat den Wert

$$x\,\frac{y^3}{3}\bigg|_{y:=-\sqrt{x}}^{y:=\sqrt{x}} = \frac{2}{3}x^{5/2}\,;$$

damit ergibt sich

$$J = \int_0^4 \frac{2}{3} x^{5/2}\, dx = \frac{2}{3} \cdot \frac{2}{7} x^{7/2} \Big|_0^4 = \frac{512}{21} .$$

(b)
$$J = \int_{-2}^{2} \int_{y^2}^{4} xy^2 \, dx \, dy .$$

Hier hat das innere Integral den Wert

$$\frac{x^2}{2} y^2 \Big|_{x:=y^2}^{x:=4} = 8y^2 - \frac{y^6}{2} ,$$

und wir erhalten

$$J = \int_{-2}^{2} \left(8y^2 - \frac{y^6}{2} \right) dy = \left(\frac{8}{3} y^3 - \frac{1}{14} y^7 \right) \Big|_{-2}^{2} = 2 \left(\frac{8}{3} 2^3 - \frac{1}{14} 2^7 \right) = \frac{512}{21} .$$ ○

④ Ein sechskantiger Bleistift der Dicke 2 wird mit Fräswinkel 45° kegelförmig angespitzt. Wie groß ist das weggefräste Volumen V? — Es genügt, ein Sechstel

$$B := \left\{ (x, y) \mid 0 \le x \le 1 \, , \, -\frac{x}{\sqrt{3}} \le y \le \frac{x}{\sqrt{3}} \right\}$$

der Stirnfläche zu betrachten (Fig. 4.5.6). Bei einem Fräswinkel von 45° wird von der Faser durch den Punkt $(x, y) \in B$ ein Stück der Länge $\sqrt{x^2 + y^2}$ weggefräst. Das gesuchte Volumen ist daher gegeben durch

$$V = 6 \int_B \sqrt{x^2 + y^2} \, d\mu(x, y) = 6 \int_0^1 \int_{-x/\sqrt{3}}^{x/\sqrt{3}} \sqrt{x^2 + y^2} \, dy \, dx . \tag{7}$$

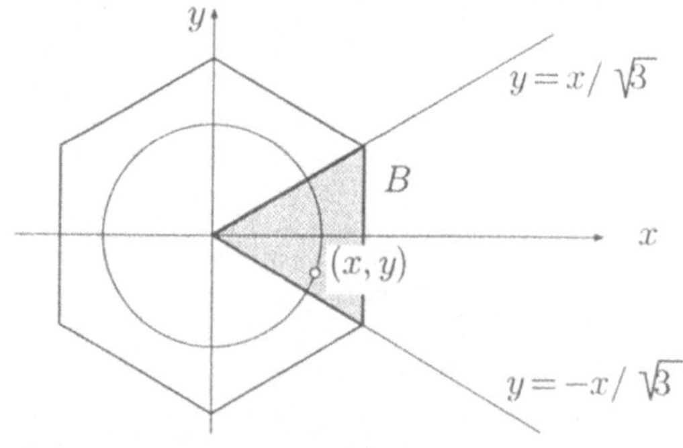

Fig. 4.5.6

Während der Berechnung des inneren Integrals $\bigl(=: J(x)\bigr)$ ist x als Konstante zu behandeln. Wir substituieren

$$y = x \sinh t \qquad (-\alpha \le t \le \alpha)\,,$$

wobei α so festzulegen ist, daß $x \sinh\alpha = x/\sqrt{3}$ wird; mithin ist

$$\sinh\alpha = \frac{1}{\sqrt{3}}\,,$$

unabhängig von x. Weiter gilt

$$dy = x\cosh t\,dt\,, \qquad \sqrt{x^2+y^2} = x\cosh t\,,$$

und wir erhalten

$$J(x) = \int_{-\alpha}^{\alpha} x\cosh t \cdot x\cosh t\,dt = x^2 \int_{-\alpha}^{\alpha} \cosh^2 t\,dt\,.$$

Nun ist nach 4.3.(16)

$$\begin{aligned}\int_{-\alpha}^{\alpha} \cosh^2 t\,dt &= \frac{1}{2}(\cosh t\sinh t + t)\Big|_{-\alpha}^{\alpha} = \cosh\alpha\sinh\alpha + \alpha \\ &= \sqrt{\frac{1}{3}+1}\cdot\frac{1}{\sqrt{3}} + \operatorname{arsinh}\frac{1}{\sqrt{3}} = \frac{2}{3} + \log\Bigl(\frac{1}{\sqrt{3}} + \sqrt{\frac{1}{3}+1}\Bigr)\end{aligned}$$

und somit

$$J(x) = x^2\left(\frac{2}{3} + \frac{1}{2}\log 3\right).$$

Setzen wir das in (7) ein, so ergibt sich schließlich

$$V = 6\int_0^1 \left(\frac{2}{3} + \frac{1}{2}\log 3\right) x^2\,dx = 6\Bigl(\frac{2}{3} + \frac{1}{2}\log 3\Bigr)\cdot\frac{1}{3} = \frac{4}{3} + \log 3 = 2.4319\,.$$

Es scheint, daß man einen Bleistiftspitzer auch zur Berechnung von Logarithmen verwenden kann. ○

Wir können uns nun auch an Integrale über beliebige *räumliche* Bereiche heranwagen. Es sei $B \subset \mathbb{R}^3$ ein derartiger Bereich und B' die Projektion von B auf die (x,y)-Ebene; B' ist ein ebener Bereich. Wir nennen B **z-einfach**, wenn sich B mit Hilfe von zwei stetigen Funktionen

$$\phi(\cdot,\cdot)\,,\quad \psi(\cdot,\cdot):\quad B' \to \mathbb{R}$$

in der Form

$$B = \bigl\{\,(x,y,z)\;\big|\;(x,y)\in B'\,,\ \phi(x,y)\le z\le\psi(x,y)\,\bigr\} \tag{8}$$

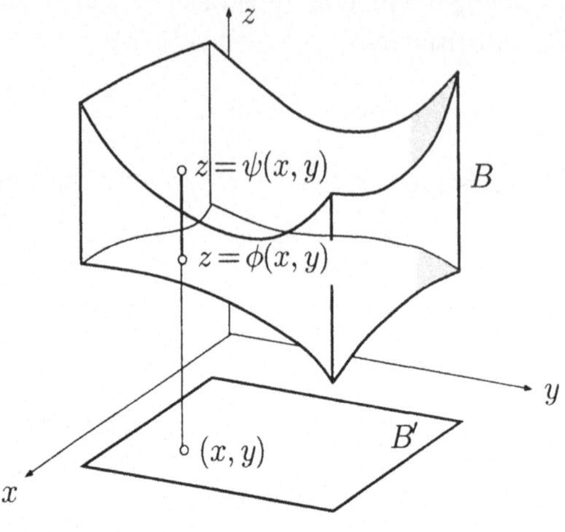

Fig. 4.5.7

schreiben läßt (Fig. 4.5.7). Ist zum Beispiel

$$B := \{ (x,y,z) \mid x^2+y^2+z^2 \le a^2 \}$$

die Vollkugel vom Radius a, so ist

$$B' = \{ (x,y) \mid x^2+y^2 \le a^2 \}$$

eine Kreisscheibe, und man hat

$$B = \{(x,y,z) \mid (x,y) \in B' \,,\ -\sqrt{a^2-x^2-y^2} \le z \le \sqrt{a^2-x^2-y^2} \} \,.$$

Die folgende Formel reduziert ein Integral über den räumlichen Bereich B in der erwarteten Weise. Das äußere Integral über den ebenen Bereich B' ist nach Satz **(4.15)** weiterzubehandeln; im ganzen sind also drei Integrationen erforderlich.

(4.16) *Ist der z-einfache Bereich B gegeben durch (8), so gilt*

$$\int_B f(x,y,z)\,d\mu(x,y,z) = \int_{B'} \left(\int_{\phi(x,y)}^{\psi(x,y)} f(x,y,z)\,dz \right) d\mu(x,y) \,.$$

⑤ Es soll das Trägheitsmoment Θ des mit Masse der Dichte 1 belegten Oktaeders

$$P := \{ (x,y,z) \mid |x|+|y|+|z| \le 1 \}$$

bezüglich der z-Achse bestimmt werden, also das Integral

$$\Theta := \int_P (x^2+y^2)\,d\mu(x,y,z) \,.$$

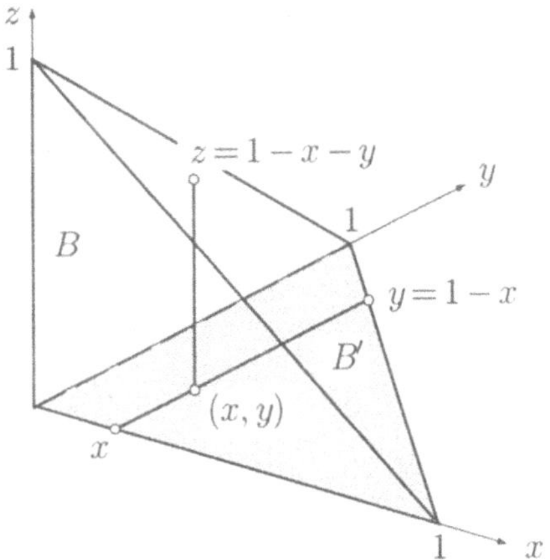

Fig. 4.5.8

Aus verschiedenen Symmetriegründen ist

$$\Theta = 8\int_B (x^2+y^2)\,d\mu(x,y,z) = 16\int_B x^2\,d\mu(x,y,z)\,,$$

wobei B den im ersten Oktanten gelegenen Teil von P bezeichnet (Fig. 4.5.8). Der Figur entnimmt man folgende Beschreibungen von B und von B':

$$\begin{aligned} B &= \bigl\{\,(x,y,z)\;\big|\;(x,y)\in B'\,,\ 0\le z\le 1-x-y\,\bigr\}\,,\\ B' &= \bigl\{\,(x,y)\;\big|\;0\le x\le 1\,,\ 0\le y\le 1-x\,\bigr\}\,. \end{aligned}$$

Damit erhalten wir

$$\Theta = 16\int_{B'}\left(\int_0^{1-x-y} x^2\,dz\right)d\mu(x,y)\,.$$

Das innere Integral $\bigl(=: J(x,y)\bigr)$ berechnet sich zu

$$J(x,y) = x^2 z\Big|_{z:=0}^{z:=1-x-y} = x^2(1-x-y)\,,$$

und es folgt weiter nach **(4.15)**:

$$\Theta = 16\int_{B'} x^2(1-x-y)\,d\mu(x,y) = 16\int_0^1\int_0^{1-x} x^2(1-x-y)\,dy\,dx\,.$$

Wir berechnen auch hier zuerst das innere Integral $\bigl(=: \bar J(x)\bigr)$:

$$\bar J(x) = -\frac{x^2}{2}(1-x-y)^2\Big|_{y:=0}^{y:=1-x} = \frac{1}{2}x^2(1-x)^2\,;$$

damit ergibt sich schließlich

$$\Theta = 8\int_0^1 x^2(1-x)^2\,dx = 8\left(\frac{x^3}{3}-\frac{2x^4}{4}+\frac{x^5}{5}\right)\Big|_0^1 = \ldots = \frac{4}{15}\,. \qquad \bigcirc$$

⑥ Es soll der Schwerpunkt des Körpers

$$K := \{(x,y,z) \mid x,\, y,\, z \in [0,2]\,,\; xyz \le 1\}$$

(Fig. 4.5.9) bestimmt werden. — Wir fassen K auf als Restkörper

$$K = W \setminus B \tag{9}$$

mit

$$W := [0,2]^3\,, \qquad B := \{(x,y,z) \in W \mid xyz > 1\}\,.$$

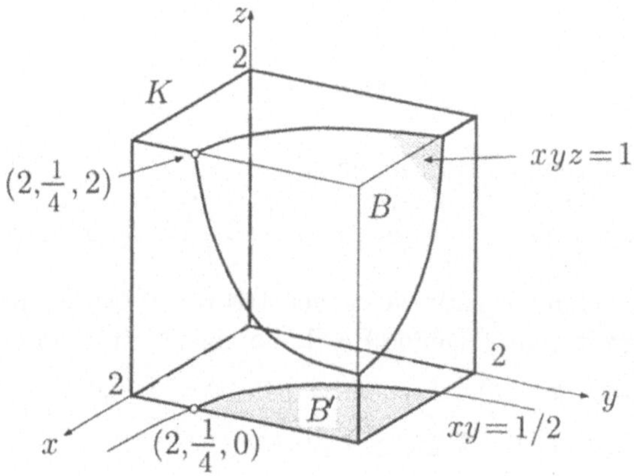

Fig. 4.5.9

Es genügt, die x-Koordinate ξ des Schwerpunkts zu bestimmen. Die Momentengleichung 4.1.(12) lautet:

$$\xi \int_K 1\, d\mu(x,y,z) \;=\; \int_K x\, d\mu(x,y,z)\,,$$

oder wegen (9):

$$\xi\Bigl(\int_W d\mu - \int_B d\mu\Bigr) = \int_W x\, d\mu - \int_B x\, d\mu\,.$$

Die Integrale über W können "im Kopf" evaluiert werden; beide haben den Wert 8. Damit ergibt sich

$$\xi \;=\; \frac{8 - \int_B x\, d\mu}{8 - \int_B d\mu}\,. \tag{10}$$

Die Reduktion des Bereichs B ist einfacher als diejenige von K. Der Figur entnimmt man

$$B = \left\{(x,y,z) \mid (x,y) \in B' \,,\ \frac{1}{xy} \le z \le 2\right\}$$

mit

$$B' = \left\{(x,y) \mid \frac{1}{4} \le x \le 2 \,,\ \frac{1}{2x} \le y \le 2\right\} .$$

Im Hinblick auf (10) betrachten wir jetzt für $\sigma := 0$ und $\sigma := 1$ das Integral

$$\begin{aligned} J_\sigma &= \int_B x^\sigma \, d\mu(x,y,z) = \int_{B'} \left(\int_{1/(xy)}^2 x^\sigma \, dz \right) d\mu(x,y) \\ &= \int_{B'} x^\sigma \left(2 - \frac{1}{xy}\right) d\mu(x,y) = \int_{1/4}^2 x^\sigma \left(\int_{1/(2x)}^2 \left(2 - \frac{1}{xy}\right) dy \right) dx \,. \end{aligned}$$

Für das innere Integral $\left(=: \bar{J}(x)\right)$ erhalten wir

$$\begin{aligned} \bar{J}(x) &= \left(2y - \frac{1}{x}\log y\right)\Bigg|_{y:=1/(2x)}^{y:=2} = 4 - \frac{1}{x}\log 2 - \frac{1}{x} - \frac{1}{x}\log(2x) \\ &= 4 - \frac{1}{x}(1 + 2\log 2) - \frac{1}{x}\log x \,. \end{aligned}$$

Damit ergibt sich

$$J_\sigma = \int_{1/4}^2 x^\sigma \left(4 - \frac{1}{x}(1+2\beta) - \frac{1}{x}\log x\right) dx \,, \tag{11}$$

wobei wir noch die Abkürzung

$$\log 2 =: \beta$$

eingeführt haben. Wir setzen zunächst $\sigma := 0$ und haben dann

$$\begin{aligned} \int_B d\mu = J_0 &= \int_{1/4}^2 \left(4 - \frac{1}{x}(1+2\beta) - \frac{1}{x}\log x\right) dx \\ &= \left(4x - (1+2\beta)\log x - \frac{1}{2}(\log x)^2\right)\Bigg|_{1/4}^2 \\ &= 7 - (1+2\beta)\big(\beta - (-2\beta)\big) - \frac{1}{2}\big(\beta^2 - (-2\beta)^2\big) = 7 - 3\beta - \frac{9}{2}\beta^2 \,. \end{aligned}$$

Setzen wir in (11) $\sigma := 1$, so ergibt sich

$$\begin{aligned} \int_B x \, d\mu = J_1 &= \int_{1/4}^2 \Big(4x - (1+2\beta) - \log x\Big) dx \\ &= \Big(2x^2 - 2\beta x - x\log x\Big)\Big|_{1/4}^2 \\ &= 8 - \frac{1}{8} - 2\beta \cdot \frac{7}{4} - 2\beta + \frac{1}{4}(-2\beta) = 8 - \frac{1}{8} - 6\beta \,. \end{aligned}$$

Damit sind die beiden in (10) auftretenden Integrale berechnet, und wir erhalten

$$\xi = \frac{\frac{1}{8} + 6\beta}{1 + 3\beta + \frac{9}{2}\beta^2} = 0.8173 \,. \qquad \bigcirc$$

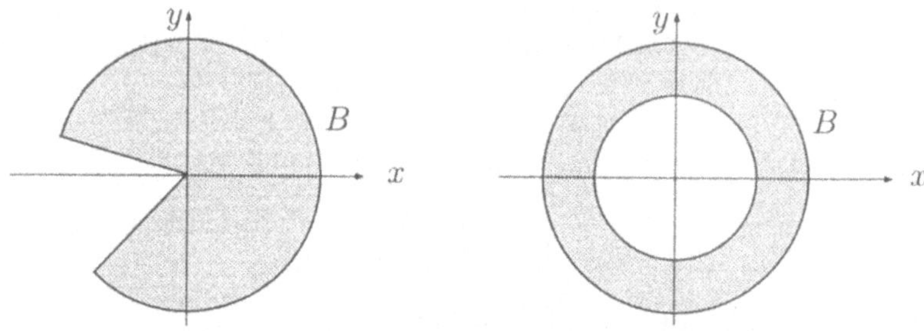

Fig. 4.5.10

Oft treten Kreissektoren, Kreisringe und ähnliche Gebilde (Fig. 4.5.10) als Integrationsbereiche auf. Die Beschreibung und vor allem die Reduktion derartiger Bereiche in kartesischen Koordinaten ist aufwendig und schleppt im allgemeinen Wurzelausdrücke in die Rechnung ein. Noch schlimmer ist es, wenn eine Funktion über eine Kugel zu integrieren ist. In kartesischen Koordinaten sieht das folgendermaßen aus:

$$\int_{-a}^{a} \left(\int_{-\sqrt{a^2-x^2}}^{\sqrt{a^2-x^2}} \int_{-\sqrt{a^2-x^2-y^2}}^{\sqrt{a^2-x^2-y^2}} f(x,y,z)\,dz \right) dy \Bigg)\,dx \,.$$

Die Rechnung wird wesentlich vereinfacht, wenn man die richtigen Koordinaten verwendet, in den angeführten Beispielen also Polarkoordinaten bzw. Kugelkoordinaten. Der Integrationsbereich ist dann ein Rechteck in der (r, ϕ)-Hilfsebene bzw. ein Quader im (r, ϕ, θ)-Hilfsraum.

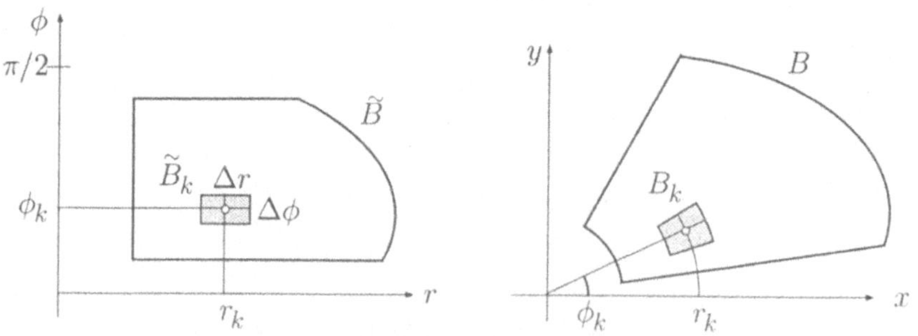

Fig. 4.5.11

Es sei also B ein Bereich in der (x, y)-Ebene und $\tilde{B}$ die Beschreibung von B in Polarkoordinaten (Fig. 4.5.11). Man kann $\tilde{B}$ als "Phantombereich" in der (r, ϕ)-Hilfsebene auffassen. Weiter ist eine Funktion

$$f: \quad B \to \mathbb{R}, \qquad (x, y) \mapsto f(x, y)$$

gegeben; auf Polarkoordinaten umgerechnet erscheint diese Funktion in der Form

$$\tilde{f}: \quad \tilde{B} \to \mathbb{R}, \qquad (r, \phi) \mapsto \tilde{f}(r, \phi) := f(r\cos\phi, r\sin\phi) .$$

Die Funktion $\tilde{f}$ wird gelegentlich als **Pullback** von f auf den Phantombereich $\tilde{B}$ bezeichnet. Gefragt wird nach wie vor nach dem Integral

$$\int_B f(x, y)\, d\mu(x, y) .$$

Wir approximieren dieses Integral durch Riemannsche Summen, wobei wir als Teilbereiche B_k kleine Kreisring-Sektoren wählen. Ist r_k der mittlere Radius von B_k und ϕ_k der zur Symmetrieachse von B_k gehörige Polarwinkel (Fig. 4.5.12), so gilt

$$\mu(B_k) = r_k \Delta\phi \cdot \Delta r = r_k\, \mu(\tilde{B}_k) ,$$

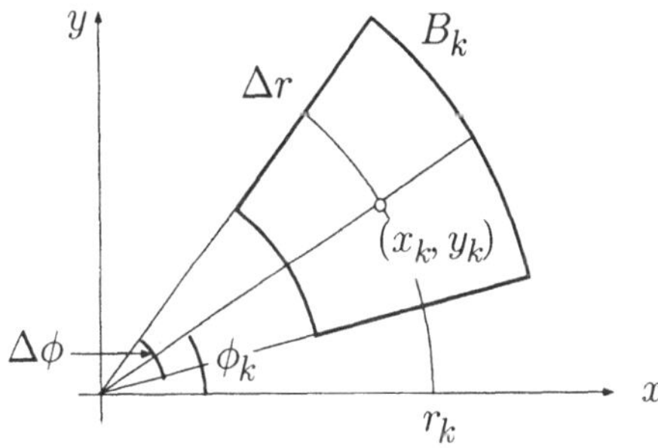

Fig. 4.5.12

wobei $\tilde{B}_k$ das zu B_k gehörige "Phantomrechteck" in der (r, ϕ)-Hilfsebene darstellt. Als Meßpunkt $(x_k, y_k) \in B_k$ wählen wir den Punkt mit Polarkoordinaten r_k, ϕ_k und erhalten dann nacheinander

$$\begin{aligned} \int_B f(x, y)\, d\mu(x, y) &\doteq \sum_{k=1}^{N} f(x_k, y_k)\, \mu(B_k) = \sum_{k=1}^{N} \tilde{f}(r_k, \phi_k)\, r_k\, \mu(\tilde{B}_k) \\ &\doteq \int_{\tilde{B}} \tilde{f}(r, \phi)\, r\, d\mu(r, \phi) , \end{aligned}$$

denn die letzte Summe läßt sich als Riemannsche Summe für die Funktion

$$g(r,\phi) := \tilde{f}(r,\phi)\cdot r$$

und den Bereich $\tilde{B}$ auffassen. Durch Verfeinerung der Einteilung kann die Genauigkeit dieser Kette von Approximationen beliebig gesteigert werden. Hieraus folgt: Die endständigen Integrale haben in Wirklichkeit denselben Wert. Wir haben bewiesen:

(4.17) *Es sei B ein Bereich in der (x,y)-Ebene und $\tilde{B}$ seine Beschreibung in Polarkoordinaten; weiter sei $f\colon B \to \mathbb{R}$ eine Funktion und $\tilde{f}$ ihr Ausdruck in Polarkoordinaten. Dann gilt*

$$\int_B f(x,y)\,d\mu(x,y) \;=\; \int_{\tilde{B}} \tilde{f}(r,\phi)\,r\,d\mu(r,\phi)\;.$$

Ist insbesondere B ein r-einfacher Sektor, das heißt:

$$\tilde{B} \;=\; \bigl\{(r,\phi)\bigm|\alpha\le\phi\le\beta,\;\; p(\phi)\le r\le q(\phi)\bigr\}$$

(Fig. 4.5.13), *so gilt*

$$\int_B f(x,y)\,d\mu(x,y) \;=\; \int_\alpha^\beta \int_{p(\phi)}^{q(\phi)} \tilde{f}(r,\phi)\,r\,dr\,d\phi\;.$$

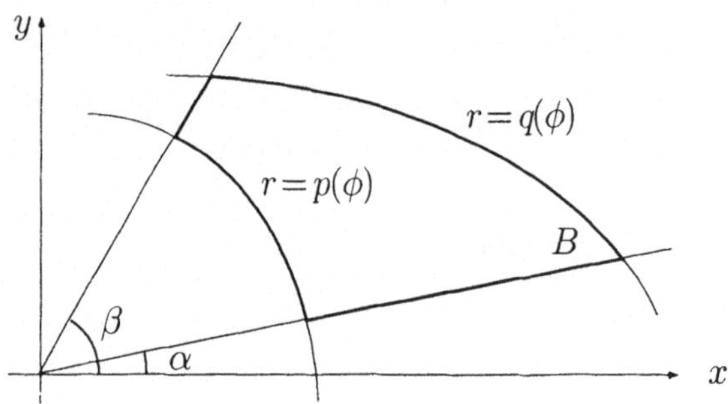

Fig. 4.5.13

⑦ Wir betrachten die Funktion

$$f(x,y) \;:=\; e^{-x^2-y^2}$$

auf den Bereichen

$$B_R \;:=\; \bigl\{(x,y)\bigm| x\,,y\ge 0\,;\; x^2+y^2\le R^2\bigr\}\,, \qquad Q_R \;:=\; [0,R]^2$$

(Fig. 4.5.14). Gemäß **(4.17)** ist

$$\int_{B_R} f(x,y)\,d\mu(x,y) = \int_{\tilde{B}_R} \tilde{f}(r,\phi)\,r\,d\mu(r,\phi) = \int_0^{\pi/2}\int_0^R e^{-r^2}\,r\,dr\,d\phi\,.$$

Das innere Integral hat den Wert

$$-\frac{1}{2}e^{-r^2}\Big|_0^R = \frac{1}{2}\left(1-e^{-R^2}\right),$$

unabhängig von ϕ. Damit ergibt sich

$$\int_{B_R} f\,d\mu = \frac{\pi}{4}\left(1-e^{-R^2}\right).$$

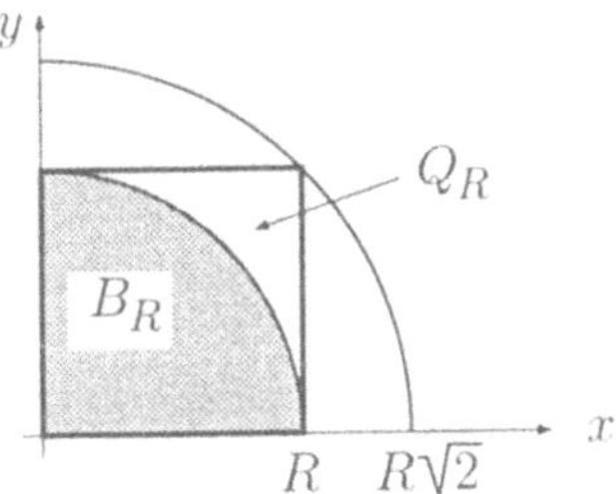

Fig. 4.5.14

Andererseits ist

$$\int_{Q_R} f\,d\mu = \int_0^R\int_0^R e^{-x^2-y^2}\,dy\,dx = \int_0^R e^{-x^2}\left(\int_0^R e^{-y^2}\,dy\right)dx$$
$$= \left(\int_0^R e^{-x^2}\,dx\right)^2,$$

denn das innere Integral hängt nicht von x ab.

Da f durchwegs positiv ist, gilt

$$\int_{B_R} f\,d\mu \le \int_{Q_R} f\,d\mu \le \int_{B_{\sqrt{2}R}} f\,d\mu\,.$$

Wir erhalten daher

$$\frac{\pi}{4}\left(1-e^{-R^2}\right) \le \left(\int_0^R e^{-x^2}\,dx\right)^2 \le \frac{\pi}{4}\left(1-e^{-2R^2}\right),$$

und der Grenzübergang $R \to \infty$ liefert

$$\int_0^\infty e^{-x^2}\,dx = \frac{\sqrt{\pi}}{2}\,.$$

Wir haben also dieses uneigentliche Integral ausrechnen können, obwohl uns die Stammfunktionen von e^{-x^2} nicht zur Verfügung stehen. Zum Schluß verwandeln wir dieses Integral durch die Substitution

$$x := t^{1/2} \qquad (0 \le t < \infty)\,, \qquad dx := \frac{1}{2}t^{-1/2}\,dt$$

in das Integral

$$\frac{1}{2}\int_0^\infty e^{-t}\,t^{-1/2}\,dt = \frac{1}{2}\Gamma\left(\frac{1}{2}\right)$$

und erhalten den früher versprochenen Gammawert

$$\Gamma\left(\frac{1}{2}\right) = \sqrt{\pi}\,.$$

○

⑧ Der in Fig. 4.5.15 dargestellte Exzenter B besitzt folgende Beschreibung in Polarkoordinaten:

$$\tilde{B} = \left\{(r,\phi) \,\middle|\, -\pi \le \phi \le \pi\,,\ 0 \le r \le ae^{q\phi}\right\}. \tag{12}$$

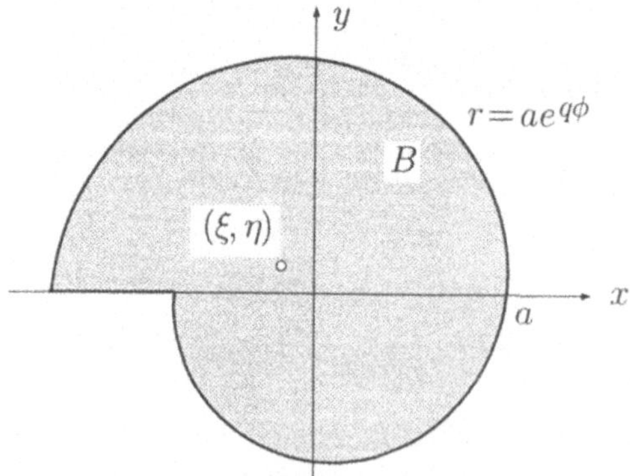

Fig. 4.5.15

Es soll der Schwerpunkt (ξ, η) von B bestimmt werden. — Zur Vereinfachung der Rechnung schreiben wir

$$x + iy =: z\,, \qquad \xi + i\eta =: \zeta$$

und erhalten folgende komplexe Version der Momentengleichung:

$$\zeta \int_B d\mu(x,y) = \int_B z\, d\mu(x,y)\,.$$

Somit ist

$$\zeta = \frac{J_1}{J_0} \tag{13}$$

mit

$$J_0 := \int_B d\mu(x,y) = \int_{\tilde{B}} r\, d\mu(r,\phi)\,,$$

$$J_1 := \int_B z\, d\mu(x,y) = \int_{\tilde{B}} re^{i\phi}\, r\, d\mu(r,\phi)\,,$$

wobei wir die beiden Integrale gemäß **(4.17)** auf Polarkoordinaten umgeschrieben haben.

Aufgrund von (12) ist

$$J_0 = \int_{-\pi}^{\pi} \int_0^{ae^{q\phi}} r\, dr\, d\phi\,.$$

Das innere Integral hat den Wert

$$\left.\frac{r^2}{2}\right|_{r:=0}^{r:=ae^{q\phi}} = \frac{a^2}{2} e^{2q\phi}\,;$$

somit ergibt sich

$$J_0 = \frac{a^2}{2} \int_{-\pi}^{\pi} e^{2q\phi}\, d\phi - \left.\frac{a^2}{4q} e^{2q\phi}\right|_{-\pi}^{\pi} = \frac{a^2}{2q} \sinh(2q\pi)\,.$$

Zweitens hat man

$$J_1 = \int_{-\pi}^{\pi} e^{i\phi} \left(\int_0^{ae^{q\phi}} r^2\, dr \right) d\phi\,.$$

Das innere Integral hat hier den Wert

$$\left.\frac{r^3}{3}\right|_0^{ae^{q\phi}} = \frac{a^3}{3} e^{3q\phi}\,,$$

und es ergibt sich weiter

$$\begin{aligned} J_1 &= \frac{a^3}{3}\int_{-\pi}^{\pi} e^{(3q+i)\phi}\,d\phi = \frac{a^3}{3(3q+i)}e^{(3q+i)\phi}\Big|_{-\pi}^{\pi} \\ &= \frac{a^3(3q-i)}{3(9q^2+1)}\left(-e^{3q\pi}+e^{-3q\pi}\right) = \frac{2a^3\sinh(3q\pi)}{3(9q^2+1)}\,(-3q+i)\,. \end{aligned}$$

Setzen wir die für J_0 und J_1 erhaltenen Werte in (13) ein, so folgt

$$\zeta = \frac{4aq}{3(9q^2+1)}\,\frac{\sinh(3q\pi)}{\sinh(2q\pi)}\,(-3q+i)\,.$$

Die reellen Koordinaten ξ, η des Schwerpunkts lassen sich hier unmittelbar ablesen.

○

Zum Schluß zeigen wir noch, wie räumliche Integrale auf Kugelkoordinaten umzurechnen sind. In den folgenden Formeln hat der Äquator die geographische Breite $\theta = 0$.

(4.18) *Es sei B ein Bereich im (x, y, z)-Raum und $\tilde{B}$ seine Beschreibung in Kugelkoordinaten. Weiter sei $f\colon B \to \mathbb{R}$ eine Funktion und $\tilde{f}$ ihr Ausdruck in Kugelkoordinaten. Dann gilt*

$$\int_B f(x,y,z)\,d\mu(x,y,z) = \int_{\tilde{B}} \tilde{f}(r,\phi,\theta)\,r^2\cos\theta\,d\mu(r,\phi,\theta)\,.$$

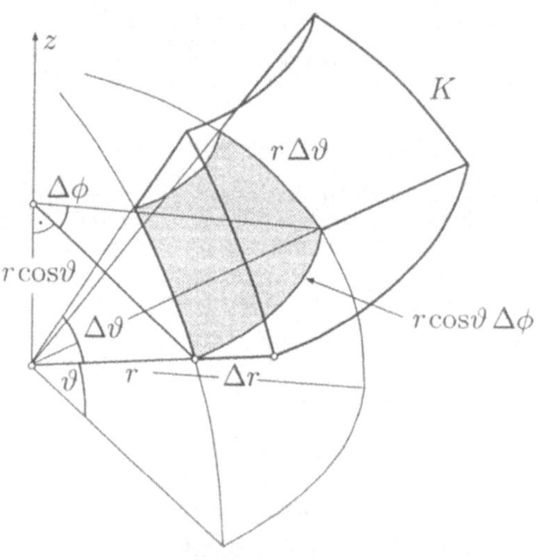

Fig. 4.5.16

⌜ Wir begnügen uns mit der "stenographischen" Herleitung dieser Formel und betrachten dazu ein Klötzchen K im (x, y, z)-Raum, das im (r, ϕ, θ)-Raum als achsenparalleler Quader erscheint (Fig. 4.5.16). Dieses Klötzchen ist näherungsweise ein Quader mit Seitenlängen Δr, $r\cos\theta\Delta\phi$ und $r\Delta\theta$; es besitzt daher das Volumen

$$d\mu(x, y, z) = \Delta r \cdot r\cos\theta\Delta\phi \cdot r\Delta\theta = r^2 \cos\theta \, d\mu(r, \phi, \theta) .$$ ⌟

⑨ Die Kugelrinde B mit dem "Phantombereich"

$$\tilde{B} := \left\{ (r, \phi, \theta) \;\middle|\; r_i \le r \le r_a \, , \; 0 \le \phi \le 2\pi \, , \; -\frac{\pi}{2} \le \theta \le \frac{\pi}{2} \right\}$$

sei mit Masse der Dichte ρ belegt. An der Stelle $(0, 0, -R)$, $R \ge 0$, befinde sich ein Massenpunkt m, der von der Rinde mit der Gravitationskraft

$$\mathbf{K} = (0, 0, K)$$

angezogen wird (Fig. 4.5.17). Dieses K soll nun berechnet werden.

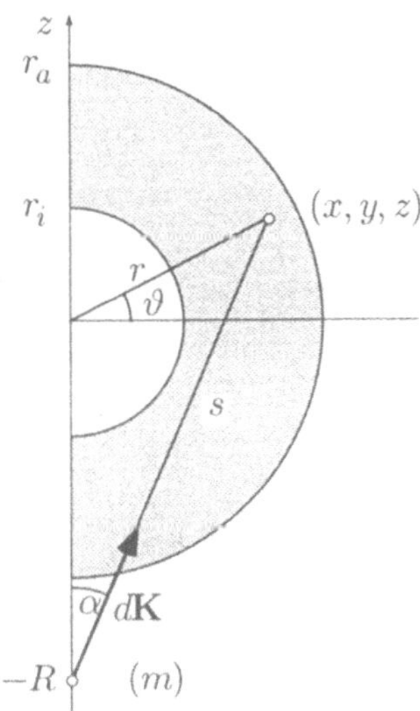

Fig. 4.5.17

Bezeichnet s den Abstand des Massenpunktes von dem variablen Punkt $(x, y, z) \in B$, so gilt nach dem Cosinussatz:

$$s^2 = R^2 + r^2 - 2Rr\cos\left(\theta + \frac{\pi}{2}\right) = R^2 + r^2 + 2Rr\sin\theta \, .$$

Nach dem Gravitationsgesetz wirkt ein an der Stelle $(x,y,z) \in B$ befindliches Volumenteilchen $d\mu(x,y,z)$ auf den Massenpunkt m mit einer Kraft $d\mathbf{K}$ vom Betrag

$$|d\mathbf{K}| = \frac{\gamma\, m\,(\rho\, d\mu)}{s^2}\,,$$

dabei bezeichnet γ die Gravitationskonstante. Die z-Komponente dieser Kraft ist gegeben durch

$$dK = |d\mathbf{K}|\, \cos\alpha = \gamma m\rho\,\frac{1}{s^2}\,\frac{z+R}{s}\,d\mu\,,$$

unabhängig davon, ob sich der Massenpunkt innerhalb oder außerhalb der Rinde befindet. Damit erhalten wir unter Verwendung von Satz **(4.18)**:

$$\begin{aligned} K = \int dK &= \gamma m\rho \int_B \frac{z+R}{s^3}\,d\mu(x,y,z) \\ &= \gamma m\rho \int_{\tilde B} \frac{R + r\sin\theta}{(R^2+r^2+2Rr\sin\theta)^{3/2}}\, r^2\cos\theta\, d\mu(r,\phi,\theta)\,. \end{aligned}$$

Da der Integrand von ϕ nicht abhängt, liefert die Integration nach ϕ einfach den Faktor 2π, und es bleibt

$$K = 2\pi\gamma m\rho \int_{r_i}^{r_a} r^2 \left(\int_{-\frac{\pi}{2}}^{\frac{\pi}{2}} \underset{\downarrow}{(R + r\sin\theta)}\; \underset{\uparrow}{\frac{\cos\theta}{(R^2+r^2+\,2\,Rr\sin\theta)^{3/2}}}\, d\theta \right) dr\,. \tag{14}$$

Integrieren wir das innere Integral $\big(=: J(r)\big)$ in der angegebenen Weise partiell, so ergibt sich

$$\begin{aligned} J(r) &= (R + r\sin\theta)(R^2+r^2+2Rr\sin\theta)^{-1/2}\Big(-\frac{1}{Rr}\Big)\Bigg|_{\theta:=-\pi/2}^{\theta:=\pi/2} \\ &\quad + \frac{1}{R}\int_{-\pi/2}^{\pi/2} \frac{\cos\theta}{(R^2+r^2+2Rr\sin\theta)^{1/2}}\, d\theta\,. \end{aligned}$$

Der zweite Summand liefert

$$\frac{1}{R}(R^2+r^2+2Rr\sin\theta)^{1/2}\,\frac{1}{Rr}\Bigg|_{\theta:=-\pi/2}^{\theta:=\pi/2}\,,$$

so daß wir insgesamt folgendes erhalten:

$$J(r) = -\frac{1}{Rr} + \frac{R-r}{|R-r|}\,\frac{1}{Rr} + \frac{1}{R^2 r}\big((R+r) - |R-r|\big)\,.$$

Liegt der Massenpunkt m *innerhalb* der Rinde, so ist $R < r_i \le r$, und es folgt

$$J(r) = -\frac{1}{Rr} - \frac{1}{Rr} + \frac{1}{R^2 r}\big((R+r) - (r-R)\big) = 0 \qquad (r_i \le r \le r_a)\,.$$

Damit ist natürlich auch $K = 0$. Hieraus folgt: Eine im Erdinnern befindliche Probemasse m wird nur von dem weiter innen gelegenen Teil der Erdmasse angezogen.

Liegt jedoch der Massenpunkt m *außerhalb* der Rinde, so ist $R > r_a \ge r$, und es folgt

$$J(r) = -\frac{1}{Rr} + \frac{1}{Rr} + \frac{1}{R^2 r}\big((R+r) - (R-r)\big) = \frac{2}{R^2}\,.$$

Setzen wir dies in (14) ein, so ergibt sich

$$\begin{aligned} K &= 2\pi\gamma m\rho\,\frac{2}{R^2}\int_{r_i}^{r_a} r^2\,dr = \frac{\gamma m}{R^2}\,\rho\,\frac{4\pi}{3}\left(r_a^3 - r_i^3\right) \\ &= \frac{\gamma\, m\,\big(\rho\,\mu(B)\big)}{R^2}\,. \end{aligned}$$

In Worten: Liegt der Massenpunkt m außerhalb der Rinde, so wird er von ihr genau so angezogen, wie wenn die Gesamtmasse der Rinde in ihrem Mittelpunkt konzentriert wäre. ○

Aufgaben

1. Bei den folgenden Integralen ist die Reihenfolge der Integrationen umzukehren: Die innere Variable soll zur äußeren werden. Wie lautet jeweils das neue Integral? Figuren!

   (a) $\displaystyle\int_{-1}^{2}\int_{-x}^{2-x^2} f(x,y)\,dy\,dx\,,$ (b) $\displaystyle\int_{0}^{2}\int_{y^3}^{4\sqrt{2y}} f(x,y)\,dx\,dy\,.$

2. Es geht hier um dreifache Integrale

   $$\int_B f(x,y,z)\,d\mu(x,y,z) = \int_{\dots}^{\dots}\Big(\int_{\dots}^{\dots}\Big(\int_{\dots}^{\dots} f(x,y,z)\,dz\Big)\,dy\Big)\,dx\,.$$

   Bestimme die mit '...' angedeuteten Integrationsgrenzen für die folgenden Bereiche B:

   (a) der durch die Flächen $x^2+y^2=a^2$, $z=0$, $z=h$ begrenzte Zylinder,

   (b) der durch die Flächen $x^2+y^2=a^2$, $x+y+z=0$, $x+y+z=1$ begrenzte schief abgeschnittene Zylinder,

   (c) der durch $\dfrac{x}{2} \le z \le 1-\sqrt{x^2+y^2}$ begrenzte schief abgeschnittene Kreiskegel.

3. In der nachstehenden Formel bezeichnen r, ϕ Polarkoordinaten. Was hat man an den offengelassenen Stellen einzusetzen?

$$\int_0^2 \int_0^x f\big(\sqrt{x^2+y^2}\big)\,dy\,dx = \int_?^? \int_?^? ?\,dr\,d\phi\,.$$

4. Berechne die folgenden Integrale:

(a) $\displaystyle\int_B \cos y\,d\mu(x,y)\,, \qquad B := \{\,(x,y)\mid 0 \le x \le \pi^2 - y^2\}\,,$

(b) $\displaystyle\int_Q \frac{y}{\sqrt{4-x^2y^2}}\,d\mu(x,y)\,, \qquad Q := [\,0,1\,]^2\,,$

(c) $\displaystyle\int_B \frac{x^2y^2}{x^2+y^2}\,d\mu(x,y)\,, \qquad B := \{(x,y)\mid a^2 \le x^2+y^2 \le b^2\}\,.$

5. Berechne das Integral $\displaystyle\int_B e^{y^2}\,d\mu(x,y)$ für den in Figur 4.5.18 skizzierten Bereich B. (*Hinweis:* Integrationsreihenfolge geeignet wählen.)

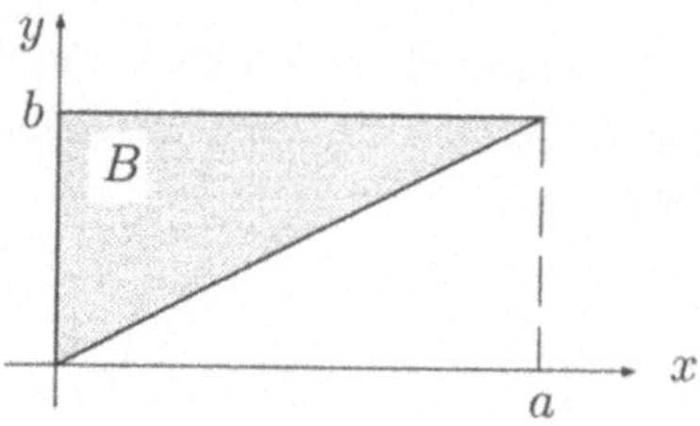

Fig. 4.5.18

6. Berechne das Trägheitsmoment der in Figur 4.5.19 skizzierten Torusfläche (Flächendichte :=1) bezüglich der z-Achse.

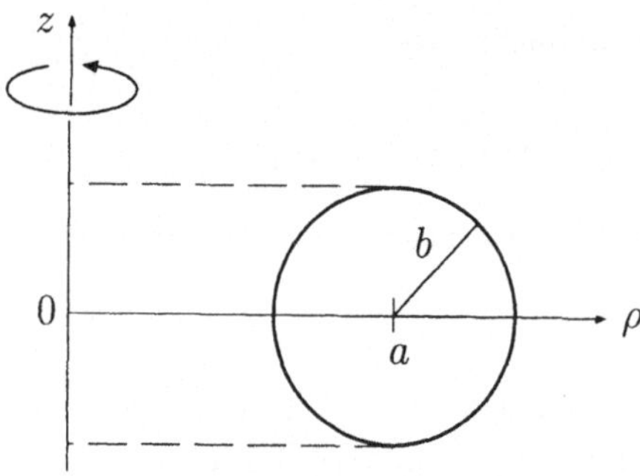

Fig. 4.5.19

7. Durch das Zentrum einer Kugel wurde ein zylindrisches Loch der Länge a gebohrt. Berechne das Volumen des Restkörpers.

8. Es bezeichne $B_{2,R} \subset \mathbb{R}^2$ die Kreisscheibe, $B_{3,R} \subset \mathbb{R}^3$ die Vollkugel vom Radius R mit Zentrum $\mathbf{0}$. Verifiziere, was folgt: Hängt die Funktion $f\colon B_{n,R} \to \mathbb{R}$ in Wirklichkeit nur von r ab, so gilt

$$\int_{B_{2,R}} f\, d\mu = 2\pi \int_0^R \tilde{f}(r)\, r\, dr \quad \text{bzw.} \quad \int_{B_{3,R}} f\, d\mu = 4\pi \int_0^R \tilde{f}(r)\, r^2\, dr\ .$$

9. Ein Kreiszylinder vom Querschnittdurchmesser a und ein Prisma mit quadratischem Querschnitt der Stärke a durchdringen sich in der Weise, daß die Achse des Zylinders zwei Gegenkanten des Prismas senkrecht schneidet. Berechne das Volumen des Durchdringungskörpers. (*Hinweis:* Wähle die Disposition der Figur 4.5.20.)

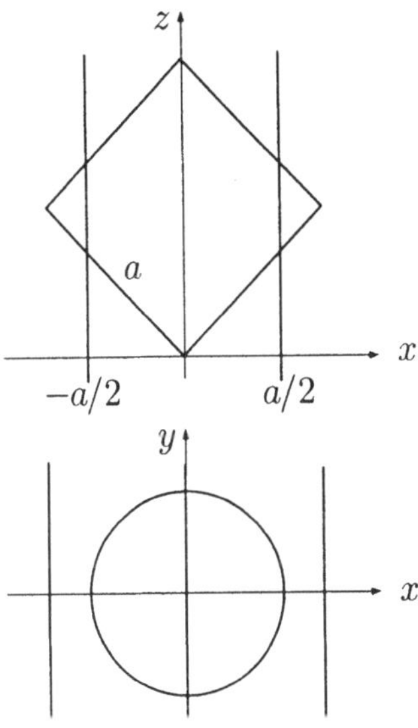

Fig. 4.5.20

10. (a) Verifiziere die folgende Formel für den Abstand d $\bigl(= d(x,y,z)\bigr)$ des Punktes (x,y,z) von der Geraden durch $(0,0,0)$ und $(1,1,1)$:

$$d^2 = \frac{2}{3}(x^2 + y^2 + z^2 - xy - yz - zx)\ .$$

(b) Berechne das Trägheitsmoment des Einheitswürfels (Dichte $:= 1$) bezüglich einer Raumdiagonalen.

4.6. Differentialgleichungen III

Wir haben in Abschnitt 3.5 den Begriff der Differentialgleichung eingeführt und erklärt, daß die sogenannten konstituierenden Gleichungen eines realen physikalischen (biologischen, ökonomischen, ...) Systems von endlich vielen Freiheitsgraden in aller Regel Differentialgleichungen oder Systeme von Differentialgleichungen sind. Wir haben den geometrischen Gehalt einer Differentialgleichung

$$y' = f(x, y) \tag{1}$$

interpretiert als Vorgabe eines Richtungsfeldes in (einem Gebiet) der (x, y)-Ebene. Gesucht sind diejenigen Kurven

$$\gamma: \quad x \mapsto \bigl(x, y(x)\bigr)\,,$$

die in allen ihren Punkten die dort vorgeschriebene Steigung aufweisen:

$$\forall x: \quad y'(x) = f\bigl(x, y(x)\bigr)\,,$$

das heißt: sich kontinuierlich dem Richtungsfeld anschmiegen. Schließlich haben wir in Abschnitt 3.6 eine wichtige Klasse von Differentialgleichungen (lineare Differentialgleichungen mit konstanten Koeffizienten) ausführlich diskutiert und dafür Lösungsverfahren angegeben.

Die Auflösung einer Differentialgleichung wird auch deren **Integration** genannt. Im allgemeinen werden nämlich elementar lösbare Differentialgleichungen in der Weise geknackt, daß sie durch geeignete Substitutionen usw. auf die Form

$$\frac{du}{dt} = \phi(t) \tag{1'}$$

gebracht werden, wobei die neuen Variablen t und u "umkehrbar" mit x und y verknüpft sind. Die besonders einfache Differentialgleichung (1′) hat natürlich die Lösungen

$$u = \int \phi(t)\,dt = \Phi(t) + \text{const.}\,, \tag{2}$$

$\Phi(\cdot)$ eine Stammfunktion von $\phi(\cdot)$. Am Schluß sind diese Lösungen wieder auf x und y umzurechnen. Man sagt dann, man habe die gegebene Differentialgleichung (1) auf die **Quadratur** (1′) $\longrightarrow$ (2) zurückgeführt.

Die Theorie der vorweg behandelten linearen Differentialgleichungen mit konstanten Koeffizienten ist gerade dadurch gekennzeichnet, daß sie ohne Verwendung des Integralbegriffs auskommt: Es genügt, den richtigen Ansatz für die Lösungsfunktionen hinzuschreiben. Inzwischen haben wir aber integrieren gelernt, so daß weitere Typen von Differentialgleichungen der Behandlung zugänglich werden. Bevor wir daran gehen, weisen wir noch auf einen Sachverhalt von mehr grundsätzlich-theoretischem Interesse hin:

(4.19) (a) *Das Anfangswertproblem*

$$y' = f(x, y), \qquad y(0) = 0 \tag{3}$$

ist äquivalent mit der Integralgleichung

$$y(x) \equiv \int_0^x f(t, y(t))\, dt \tag{4}$$

für die unbekannte Funktion $y(\cdot)$.

Dies ist folgendermaßen zu interpretieren: Wird die Lösung $y(\cdot)$ des Anfangswertproblems (3) rechter Hand in (4) eingesetzt und der entstehende Ausdruck nach t integriert von 0 bis zur variablen oberen Grenze x, so wird gerade wieder die Funktion $y(\cdot)$ (als Funktion von x) ausgeworfen. Umgekehrt: Eine Funktion $y(\cdot)$, die derart durch das Integral (4) reproduziert wird, ist automatisch Lösung von (3).

⌜ Ist $y(\cdot)$ Lösung von (3), so gilt

$$\forall t: \quad y'(t) = f(t, y(t)),$$

und es folgt durch Integration von 0 bis x:

$$y(x) - y(0) = \int_0^x f(t, y(t))\, dt,$$

wegen $y(0) = 0$ also (4). — Gilt umgekehrt (4), so ist jedenfalls $y(0) = 0$, und durch Ableitung des Integrals nach der oberen Grenze folgt

$$y'(x) = f(x, y(x)).$$

Da dies für alle x zutrifft, ist $y(\cdot)$ tatsächlich die Lösung des Anfangswertproblems (3). ⌟

(4.19) (b) *Die durch*

$$\phi_0(x) :\equiv 0,$$

$$\phi_{n+1}(x) := \int_0^x f(t, \phi_n(t))\, dt \qquad (n \geq 0)$$

rekursiv definierte Funktionenfolge $(\phi_n(\cdot))_{n\in\mathbb{N}}$ *konvergiert in einem geeigneten Intervall* $]-h, h[$ *gegen die Lösung von (3).*

(Ohne Beweis) — Das Geheimnis von **(4.19)**(b) ist folgendes (Fig. 4.6.1): Wird eine "falsche" Funktion $y(t)$ ins Integral (4) eingelesen, so kommt zwar

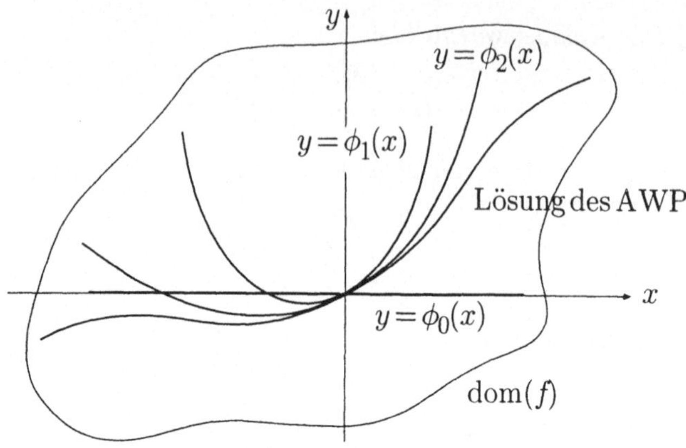

Fig. 4.6.1

nicht die richtige Lösung von (3) heraus, aber immerhin eine bessere Approximation, als es der Input war. In der allgemeinen Theorie der Differentialgleichungen wird mit Hilfe des Iterationsverfahrens **(4.19)**(b) bewiesen, daß jedes "gute" Anfangswertproblem (3) genau eine Lösung besitzt.

① Für das Anfangswertproblem

$$y' = 1 + y^2 \qquad \bigl(:= f(x,y)\bigr), \qquad y(0) = 0$$

erhalten wir folgende Iterationsvorschrift:

$$\begin{aligned} \phi_0(x) &:\equiv 0\,, \\ \phi_{n+1}(x) &:= \int_0^x \bigl(1 + \phi_n^2(t)\bigr)\,dt\,. \end{aligned}$$

Es ergibt sich nacheinander

$$\begin{aligned} \phi_1(x) &= \int_0^x \bigl(1 + \phi_0^2(t)\bigr)\,dt = \int_0^x 1\,dt = x\,, \\ \phi_2(x) &= \int_0^x \bigl(1 + \phi_1^2(t)\bigr)\,dt = \int_0^x (1 + t^2)\,dt = x + \frac{x^3}{3}\,, \\ \phi_3(x) &= \int_0^x \bigl(1 + (t + t^3/3)^2\bigr)\,dt = \int_0^x (1 + t^2 + 2t^4/3 + t^6/9)\,dt \\ &= x + \frac{x^3}{3} + \frac{2x^5}{15} + ?x^7\,, \\ \phi_4(x) &= \int_0^x \bigl(1 + (t + t^3/3 + 2t^5/15 + ?t^7)^2\bigr)\,dt \\ &= \int_0^x \left(1 + t^2 + \frac{2t^4}{3} + \Bigl(\frac{4}{15} + \frac{1}{9}\Bigr)t^6 + ?t^8\right)dt \\ &= x + \frac{x^3}{3} + \frac{2x^5}{15} + \frac{17x^7}{7\cdot 45} + ?x^9\,. \end{aligned}$$

Da die Polynome $\phi_n(\cdot)$ in erster Linie für kleine x betrachtet werden, haben wir ihre hintersten Koeffizienten zum Teil nicht mehr berechnet.

Wie man leicht verifiziert, ist

$$y(x) = \tan x$$

die exakte Lösung des gestellten Anfangswertproblems. Der Tangens besitzt an der Stelle 0 die Taylor-Entwicklung

$$\tan x = x + \frac{x^3}{3} + \frac{2x^5}{15} + \frac{17x^7}{315} + ?x^9 ;$$

die berechneten Iterierten $\phi_0, \ldots, \phi_4$ stellen also für kleine x in der Tat von Mal zu Mal bessere Approximationen an die exakte Lösung dar. ○

Wir behandeln nun die allgemeine **lineare Differentialgleichung erster Ordnung**:

$$y' = p(x)\,y + q(x) \qquad (=: f(x,y))\,; \tag{5}$$

dabei sind $p(\cdot)$ und $q(\cdot)$ gegebene stetige Funktionen von x. Sind $p(\cdot)$ und $q(\cdot)$ auf dem Intervall $]a,b[$ definiert, $-\infty \le a < b \le \infty$, so ist $\operatorname{dom}(f)$ der vertikale Streifen $]a,b[\,\times\mathbb{R}$. Durch jeden Punkt dieses Streifens geht genau eine Lösungskurve. Aus den folgenden Formeln geht überdies hervor, daß jede einzelne Lösung auf dem ganzen Intervall $]a,b[$ definiert ist und nicht in einem inneren Punkt "explodieren" kann (Fig. 4.6.2). Dieser Sachverhalt trifft auch bei linearen Differentialgleichungen höherer Ordnung zu.

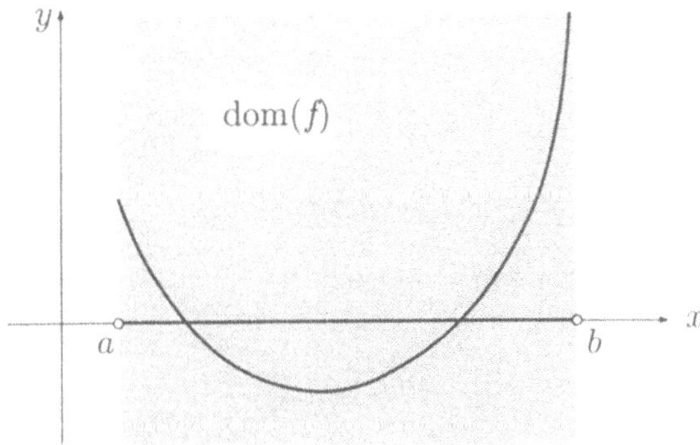

Fig. 4.6.2

② Bei der *nichtlinearen* Differentialgleichung

$$y' = y^2 \qquad (=: f(t,y))$$

ist $\operatorname{dom}(f) = \mathbb{R}^2$. Die durch den Anfangspunkt $(0,1)$ gehende Lösung ist gegeben durch

$$y(t) = \frac{1}{1-t}$$

(Fig. 4.6.3), "explodiert" also schon nach einer Sekunde. ○

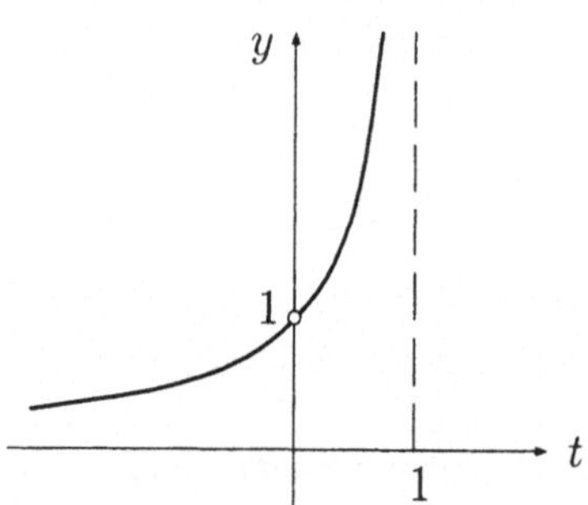

Fig. 4.6.3

Wir betrachten zunächst die **homogene lineare Differentialgleichung**

$$y' = p(x)\,y \qquad (a < x < b)\,. \tag{6}$$

Die spezielle Gleichung

$$y' = \lambda y$$

mit konstantem Koeffizienten $\lambda \in \mathbb{R}$ ist von dieser Art. Sie besitzt bekanntlich als Lösungen die Exponentialfunktionen

$$y(x) = C\,e^{\lambda x}\,, \qquad C \in \mathbb{R}\,.$$

Wir machen daher für eine Lösung $Y(\cdot)$ der Gleichung (6) den Ansatz

$$Y(x) := e^{P(x)}$$

mit einer neuen unbekannten Funktion $P(\cdot)$. Tragen wir dies in (6) ein, so muß identisch in x gelten:

$$P'(x)\,e^{P(x)} = p(x)\,e^{P(x)}\,,$$

und das ist erfüllt, wenn für $P(\cdot)$ eine Stammfunktion von $p(\cdot)$ gewählt wird. Übrigens ist dann $Y(x) \neq 0$ für alle $x \in \,]a,b[$.

Nun ist (6) eine homogene lineare Differentialgleichung. Mit $Y(\cdot)$ sind daher auch alle Vielfachen $C\,Y(\cdot)$, $C \in \mathbb{R}$ fest, Lösungen von (6), und zwar sind das schon alle Lösungen, da durch jeden Punkt von $]a,b[\,\times\mathbb{R}$ genau eine Kurve dieser Schar geht (Fig. 4.6.4). Wir haben bewiesen:

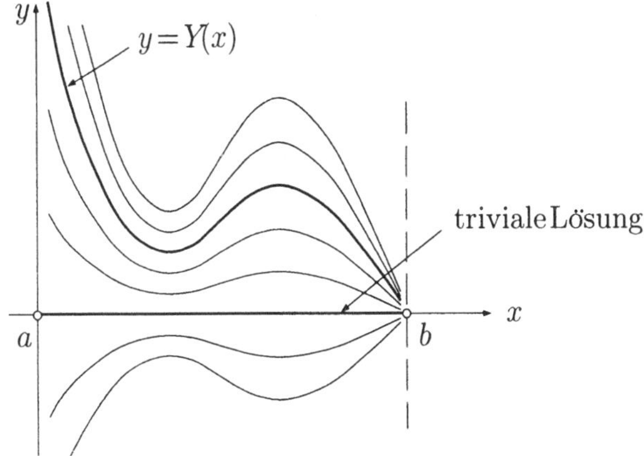

Fig. 4.6.4

(4.20) *Die allgemeine Lösung von (6) ist gegeben durch*

$$y(x) = C\,e^{P(x)}, \qquad C \in \mathbb{R};$$

dabei bezeichnet $P(\cdot)$ irgendeine Stammfunktion von $p(\cdot)$.

③ Man bestimme die durch den Punkt $\left(\frac{5}{4}, 1\right)$ gehende Lösung der Differentialgleichung

$$y' = \frac{y}{\sqrt{x^2 - 1}} \qquad (x > 1). \tag{7}$$

Die Funktion $p(x) := 1/\sqrt{x^2 - 1}$ besitzt die Stammfunktionen

$$\int \frac{dx}{\sqrt{x^2 - 1}} = \log(x + \sqrt{x^2 - 1}) + \text{const.};$$

die allgemeine Lösung von (7) lautet daher

$$y(x) = C\,e^{\log(x + \sqrt{x^2 - 1})} = C\left(x + \sqrt{x^2 - 1}\right).$$

Die Anfangsbedingung liefert für C die Gleichung

$$1 = C\left(\frac{5}{4} + \sqrt{\frac{25}{16} - 1}\right) = 2C,$$

und damit erhalten wir als Lösung des gestellten Anfangswertproblems:

$$y(x) = \frac{1}{2}\left(x + \sqrt{x^2 - 1}\right).$$

Dies ist, wie erwartet, für alle $x > 1$ definiert. ○

Wir wenden uns nun der inhomogenen Gleichung (5) zu und weisen zunächst darauf hin, daß Satz **(3.18)** auch hier gilt:

(4.21) *Es seien $y_s(\cdot)$ eine irgendwie gefundene ("partikuläre") Lösung der inhomogenen Gleichung (5) und $Y(\cdot)$ eine nichttriviale Lösung der zugehörigen homogenen Gleichung (6). Dann ist die allgemeine Lösung $y(\cdot)$ der Gleichung (5) gegeben durch*

$$y(x) = C\,Y(x) + y_s(x)\,, \qquad C \in \mathbb{R} \tag{8}$$

(= "allgemeine Lösung der homogenen Gleichung plus partikuläre Lösung der inhomogenen Gleichung").

⌜ Ist $y(\cdot)$ gegeben durch (8), so gilt

$$y' = CY' + y_s' = CpY + py_s + q = p(CY + y_s) + q = py + q\,,$$

das heißt: $y(\cdot)$ ist eine Lösung von (5). Umgekehrt: Ist $y(\cdot)$ eine Lösung von (5), so genügt die Funktion $u := y - y_s$ der homogenen Gleichung (6):

$$u' = y' - y_s' = (py + q) - (py_s + q) = p(y - y_s) = pu\,.$$

Nach Satz **(4.20)** ist folglich $u = CY$ für ein geeignetes $C \in \mathbb{R}$ und somit $y = CY + y_s$, wie behauptet. ⌟

Gelegentlich kann man tatsächlich eine partikuläre Lösung $y_s(\cdot)$ von (5) erraten. Es gibt aber auch ein systematisches Verfahren zur Bestimmung der allgemeinen Lösung von (5), die sogenannte Methode der **Variation der Konstanten**:

Zunächst soll man die zugehörige homogene Gleichung (6) lösen. Man erhält eine Funktionenschar

$$y(x) = C\,Y(x)\,, \qquad C \in \mathbb{R}\,,$$

mit einer gewissen "Basisfunktion" $Y(\cdot) \neq 0$. Für die allgemeine Lösung von (5) macht man nun den Ansatz

$$y(x) := C(x)\,Y(x) \tag{9}$$

mit einer neuen unbekannten Funktion $C(\cdot)$. Trägt man diesen Ansatz in (5) ein, so ergibt sich

$$C'Y + \underbrace{CY'} = \underbrace{pCY} + q\,.$$

Da Y das homogene Problem (6) löst, fallen hier zwei Terme heraus, und es bleibt für $C(\cdot)$ die einfache Differentialgleichung

$$C'\,Y(x) = q(x) \qquad \text{bzw.} \qquad C' = \frac{q(x)}{Y(x)}$$

übrig, die sofort integriert werden kann. Bei dieser Integration wird auch noch eine neue Integrationskonstante C_0 abgesondert. Damit ist gezeigt:

(4.22) *Die allgemeine Lösung von (5) hat die Form*

$$y(x) \;=\; \bigl(C(x) + C_0\bigr)\, Y(x)\,;$$

dabei ist $Y(\cdot) \neq 0$ *eine Lösung der homogenen Gleichung (6) und* $C(\cdot)$ *eine Stammfunktion von* $q(\cdot)/Y(\cdot)$.

(Die in **(4.22)** erscheinenden Formeln braucht man sich nicht zu merken, wohl aber den Ansatz (9). Der Rest ergibt sich dann im Anwendungsfall von selbst.)

④ Es soll die durch den Ursprung gehende Lösung der Differentialgleichung

$$y' \;=\; x^3 - xy \tag{10}$$

bestimmt werden. — Die zugehörige homogene Gleichung $y' = -xy$ besitzt die Lösungen

$$y(x) \;=\; C\, e^{-x^2/2}\,, \qquad C \in \mathbb{R}\,.$$

Wir machen also für die Lösungen von (10) den Ansatz

$$y(x) \;:=\; C(x)\, e^{-x^2/2}$$

und erhalten für $C(\cdot)$ die Bedingung

$$C' e^{-x^2/2} + \underbrace{C\, e^{-x^2/2}(-x)} \;=\; x^3 \; \underbrace{-x\, C\, e^{-x^2/2}}\,,$$

das heißt:

$$C' \;=\; x^3\, e^{x^2/2}\,.$$

Dies ist nun unbestimmt zu integrieren:

$$C(x) = \int x^3\, e^{x^2/2}\, dx = 2\Bigl(\int \underset{\downarrow}{u}\ \underset{\uparrow}{e^u}\ du\Bigr)_{u:=x^2/2} = 2\bigl(ue^u - \int e^u\, du\bigr)$$

$$= 2(u-1)e^u + \text{const.} = (x^2-2)e^{x^2/2} + C_0\,.$$

Die allgemeine Lösung von (10) ergibt sich damit zu

$$y(x) \;=\; (x^2 - 2) + C_0 e^{-x^2/2}$$

(Fig. 4.6.5). Die durch den Ursprung gehende Lösung

$$y_0(x) \;=\; x^2 - 2 + 2e^{-x^2/2}$$

besitzt dort übrigens einen Flachpunkt, denn es ist

$$y_0(x) = x^2 - 2 + 2\Bigl(1 - \frac{x^2}{2} + \frac{x^4}{8} + ?x^6\Bigr) = \frac{x^4}{4} + ?x^6\,.$$

Alle Lösungen nähern sich für $|x| \to \infty$ asymptotisch der Parabel $y = x^2 - 2$.

○

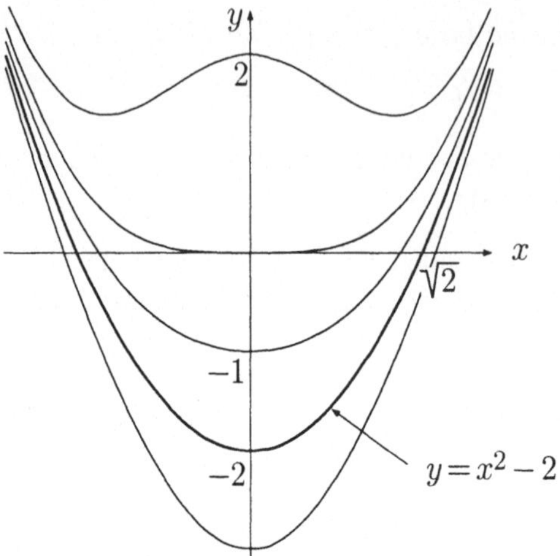

Fig. 4.6.5

Die allgemeine **homogene lineare Differentialgleichung zweiter Ordnung**,

$$y'' + p(x)\,y' + q(x)\,y \;=\; 0 \qquad (a < x < b) \tag{11}$$

läßt sich nicht auf Quadraturen zurückführen. Da derartige Gleichungen in den verschiedensten Zusammenhängen (Schwingungsprobleme, Differentialgeometrie u.a.) auftreten, gehört ihre Theorie zu den am intensivsten erforschten Gebieten der Analysis. Dabei geht es einerseits um die speziellen Funktionen, die durch gewisse spezielle Gleichungen (11) definiert werden (zum Beispiel die trigonometrischen Funktionen, die sogenannten Besselfunktionen u.a.), und andererseits um die qualitativen Eigenschaften (Abstände und Anzahl der Nullstellen u.a.) der Lösungen in Abhängigkeit von Eigenschaften der Koeffizientenfunktionen $p(\cdot)$ und $q(\cdot)$.

Die Gesamtheit $\mathcal{L}$ der Lösungen von (11) ist ein zweidimensionaler Vektorraum. Das bedeutet folgendes (siehe auch Satz **(3.17)**): Kann man sich irgendwie zwei linear unabhängige Lösungen $Y_1(\cdot)$ und $Y_2(\cdot)$ verschaffen, so ist die allgemeine Lösung von (11) gegeben durch

$$y(x) \;=\; C_1 Y_1(x) + C_2 Y_2(x)\,; \qquad C_1\,, C_2 \in \mathbb{R}\,.$$

Ein korrekter Satz von Anfangsbedingungen, nämlich

$$y(x_0) = y_0\,, \qquad y'(x_0) = v_0$$

mit gegebenen Zahlen (x_0,) y_0 und v_0 legt die Werte C_1 und C_2 fest und zieht damit eine wohlbestimmte Funktion aus der Lösungsgesamtheit $\mathcal{L}$ heraus.

Anstelle von Anfangsbedingungen, die an *einem* Punkt x_0 angreifen, kann man auch sogenannte **Randbedingungen** formulieren, die an den *zwei* weit voneinander entfernten Punkten a und b der x-Achse gleichzeitig angreifen (Fig. 4.6.6):

$$y(a) = y_a\,, \qquad y(b) = y_b$$

mit gegebenen Randdaten y_a, y_b.

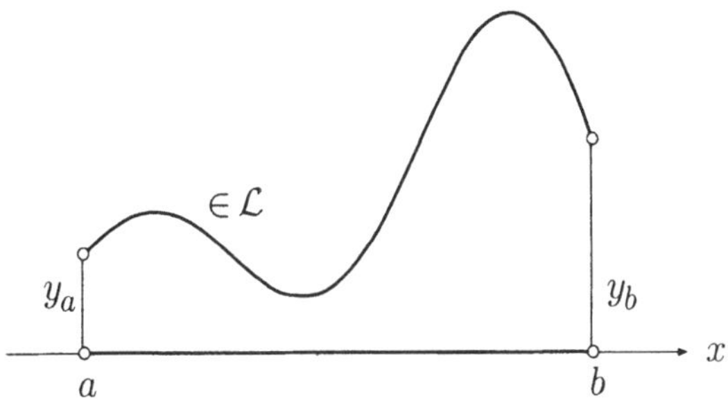

Fig. 4.6.6

Diese Aufgabe ist wesentlich heikler als die erste, und es braucht nicht immer eine Lösung zu geben. Derartige **Randwertprobleme** (oft mit "homogenen" Randdaten $y_a = y_b = 0$) spielen in den Anwendungen eine ungeheure Rolle, und ihre Behandlung bildet wohl den interessantesten Teil der ganzen Theorie. Um zu zeigen, welche neuen Phänomene da auftauchen, behandeln wir ein ganz simples Beispiel, wo wir alles explizit ausrechnen können.

⑤ Wir betrachten die Differentialgleichung

$$y'' + \omega^2 y = 0 \tag{12}$$

auf dem x-Intervall $[0,1]$. Es tritt hier ein Parameter $\omega > 0$ auf, der noch eine überraschende Rolle spielen wird. Gegeben sind ferner die Randbedingungen

$$y(0) = y_0\,, \qquad y(1) = y_1\,. \tag{13}$$

Die allgemeine Lösung von (12) lautet bekanntlich

$$y(x) = A\cos(\omega x) + B\sin(\omega x)\,; \qquad A\,, B \in \mathbb{R}\,.$$

Die Randbedingungen führen auf das lineare Gleichungssystem

$$\left.\begin{array}{rcrcl} A\cos 0 & + & B\sin 0 & = & y_0 \\ A\cos\omega & + & B\sin\omega & = & y_1 \end{array}\right\} \tag{14}$$

für die Integrationskonstanten A und B. Der ersten Gleichung entnimmt man sofort $A = y_0$, so daß wir mit der Bedingung

$$B\sin\omega = y_1 - y_0\cos\omega \tag{15}$$

verbleiben. Ist $\sin\omega \neq 0$, so wird dadurch B bestimmt zu

$$B = \frac{y_1 - y_0 \cos\omega}{\sin\omega},$$

und unser Randwertproblem (12)∧(13) besitzt dann für beliebige Randdaten y_0, y_1 genau eine Lösung, nämlich die Funktion

$$y(x) \;=\; y_0 \cos(\omega x) + \frac{y_1 - y_0 \cos\omega}{\sin\omega} \sin(\omega x) \,.$$

Ist aber

$$\sin\omega \;=\; 0\,, \tag{16}$$

so ist (15) und damit das Gleichungssystem (14) nur lösbar, wenn zufälligerweise $y_1 - y_0 \cos\omega = 0$ ist. In anderen Worten: Für gewisse spezielle Werte des Parameters ω besitzt das Randwertproblem (12)∧(13) für die allermeisten Randdaten *keine* Lösung.

Die durch (16) charakterisierten speziellen ω-Werte heißen die **Eigenwerte** dieses Beispiels; es handelt sich um die Zahlen

$$\omega_k \;:=\; k\,\pi \qquad (k = 1, 2, 3, \ldots)\,.$$

"Homogene" Randdaten $y_0 = y_1 = 0$ lassen immer (das heißt: für beliebige Werte des Parameters ω) die triviale Lösung $y(x) :\equiv 0$ zu. Ist aber $\omega := \omega_k$ ein Eigenwert, so gibt es auch noch *nichttriviale Lösungen* der homogenen Randwertaufgabe: Man hat dann immer noch $A = y_0 = 0$, aber die Gleichung (15) lautet jetzt einfach $B \sin\omega_k = 0$ und ist wegen $\sin\omega_k = 0$ für jedes $B \in \mathbb{R}$ erfüllt. In anderen Worten: Die Funktionen

$$y(x) = B\,\sin(\omega_k x)\,, \qquad B \in \mathbb{R}\,,$$

(Fig. 4.6.7) sind nichttriviale Lösungen des homogenen Randwertproblems

$$y'' + \omega_k^2\, y \;=\; 0\,, \qquad y(0) = y(1) = 0\,. \tag{17}$$

Man nennt sie die zum Eigenwert ω_k gehörigen **Eigenfunktionen**.

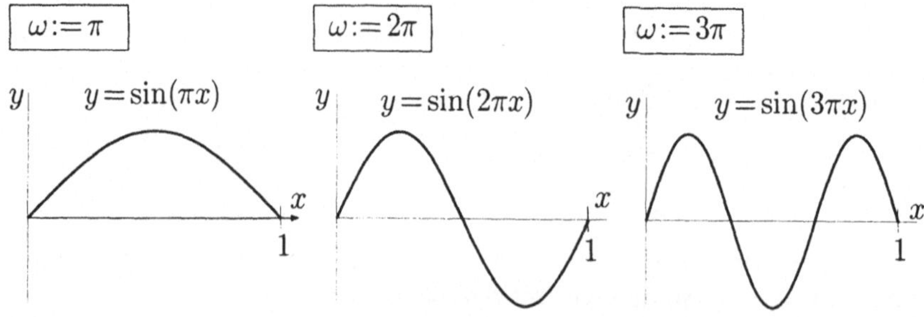

Fig. 4.6.7

Wir haben also die folgende Alternative: Ist ω kein Eigenwert, so besitzt das Randwertproblem (12)∧(13) für beliebige Randdaten genau eine Lösung. Ist aber $\omega := \omega_k$ ein Eigenwert, so besitzt das inhomogene Randwertproblem (12)∧(13) im allgemeinen keine Lösung, dafür besitzt dann das homogene Randwertproblem (17) nichttriviale Lösungen. ○

Nach diesem Exkurs kehren wir zurück zu den Differentialgleichungen erster Ordnung, $y' = f(x, y)$, und behandeln einen Typ, der sich bei jedermann größter Beliebtheit erfreut: die sogenannten separierbaren Differentialgleichungen. Die rechte Seite $f(\cdot, \cdot)$ hat hier folgende spezielle Form: Sie ist ein Produkt von zwei stetigen Funktionen, die nur von je einer der beiden Variablen abhängen. Eine **separierbare Differentialgleichung** hat demnach die Gestalt

$$y' = g(x) \cdot k(y) . \tag{18}$$

Definitionsbereich ist ein Rechteck $R :=]a, b[\times]c, d[$ der (x, y)-Ebene, das sich auch ins Unendliche erstrecken darf.

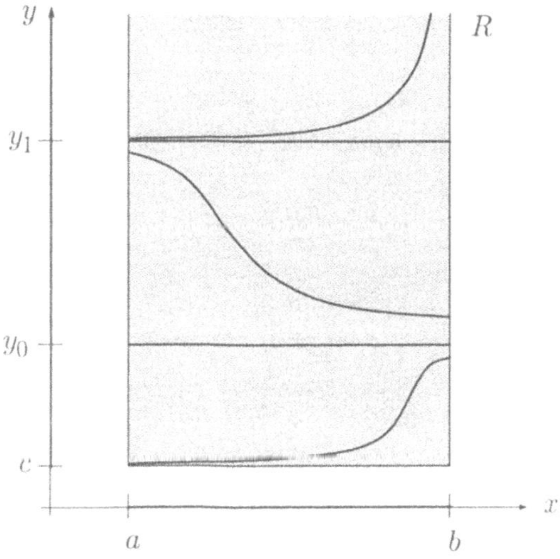

Fig. 4.6.8

Nullstellen von $k(\cdot)$ bedürfen besonderer Betrachtung: Ist $k(y_0) = 0$, so ist die konstante Funktion $y(x) :\equiv y_0$ eine Lösung von (18). Konstante Lösungen zerlegen das Rechteck R in horizontale Streifen (Fig. 4.6.8). Nach dem Eindeutigkeitssatz **(3.16)**(b) kann keine nichtkonstante Lösung eine Streifengrenze überqueren. Wir dürfen uns daher im weiteren auf das Innere eines derartigen Streifens beschränken, in anderen Worten: $k(y) \neq 0$ annehmen.

Mit $h(y) := 1/k(y)$ bringen wir (18) auf die für das weitere vorteilhaftere Gestalt

$$h(y)\,y' = g(x)\ . \tag{18'}$$

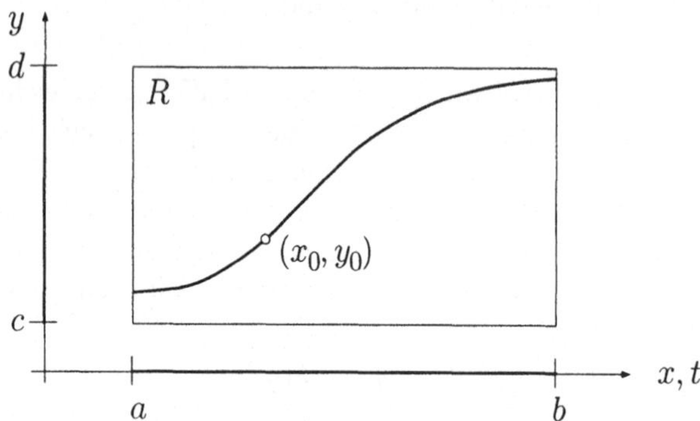

Fig. 4.6.9

Es sei nun ein Anfangspunkt (x_0, y_0) vorgegeben (Fig. 4.6.9), und es sei

$$x \mapsto y := y(x)$$

die durch (x_0, y_0) gehende Lösung von (18′). Dann gilt für alle $t \in \,]a, b[$ oder jedenfalls für alle t in der Nähe von x_0:

$$h\big(y(t)\big)\,y'(t) = g(t)$$

(auf den Namen der unabhängigen Variablen kommt es nicht an). Integrieren wir das nach t von x_0 bis zur frei gewählten oberen Grenze x, so ergibt sich

$$\int_{x_0}^{x} h\big(y(t)\,y'(t)\,dt = \int_{x_0}^{x} g(t)\,dt\ .$$

Auf der linken Seite substitutieren wir

$$y(t) := y\ , \qquad y'(t) := dy\ .$$

Damit geht die letzte Gleichung über in

$$\int_{y(x_0)}^{y(x)} h(y)\,dy = \int_{x_0}^{x} g(t)\,dt\ . \tag{19}$$

Die (gegebenen) Funktionen g und h besitzen Stammfunktionen G und H. Mit ihrer Hilfe läßt sich (19) folgendermaßen schreiben:

$$H\big(y(x)\big) - H(y_0) = G(x) - G(x_0)\ . \tag{20}$$

Wegen $h(y) \neq 0$ ist $H(\cdot)$ streng monoton und besitzt damit eine Umkehrfunktion H^{-1}. Rein formal ergibt sich daher aus (20) die folgende Formel für $y(x)$:

$$y(x) = H^{-1}\bigl(G(x) - G(x_0) + H(y_0)\bigr) .$$

In anderen Worten: Wenn es gelingt, die Gleichung

$$H(y) - H(y_0) = G(x) - G(x_0) \tag{21}$$

nach y aufzulösen, so erhält man die Lösung des Anfangswertproblems

$$y' = g(x)\,k(y) , \qquad y(x_0) = y_0$$

in expliziter Form. Die formelmäßige Auflösung von (20) nach y ist allerdings nicht immer möglich. Man kann dann versuchen, die Gleichung (21) nach x aufzulösen, um wenigstens eine explizite Darstellung der Umkehrfunktion zu erhalten, oder man muß sich mit der impliziten Präsentation (21) der Lösung zufriedengeben.

Die vorangehenden Überlegungen liefern mit der Formelkette (18) $\longrightarrow$ (18′) $\longrightarrow$ (19) $\longrightarrow$ (20) bzw. (21) das folgende Rezept für die Behandlung von separierbaren Differentialgleichungen (18):

1. Schreibe die Differentialgleichung in der Form
$$\frac{dy}{dx} = g(x)\,k(y) .$$

2. Trenne ("separiere") formal die Variablen:
$$\frac{1}{k(y)}\,dy = g(x)\,dx .$$

3. Integriere links nach y, rechts nach x, und zwar
   - unbestimmt, falls nach der allgemeinen Lösung gefragt ist. Dabei erscheint eine Integrationskonstante;
   - links von y_0 bis y, rechts von x_0 bis x, falls die durch (x_0, y_0) gehende Lösung verlangt ist.

4. Löse nach y auf, wenn Du kannst.

⑥ Wir betrachten die Differentialgleichung

$$y' = \sqrt{\frac{1-y^2}{1-x^2}}$$

im Quadrat $Q := \,]-1,1[^{\,2}$ der (x,y)-Ebene. Gesucht sind

(a) die allgemeine Lösung und, unabhängig davon,

(b) die durch den Punkt $\left(-1/2, \sqrt{3}/2\right)$ gehende Lösung.

Separation der Variablen liefert

$$\frac{dy}{\sqrt{1-y^2}} = \frac{dx}{\sqrt{1-x^2}} . \tag{22}$$

Für (a) haben wir das unbestimmt zu integrieren:

$$\int \frac{dy}{\sqrt{1-y^2}} = \int \frac{dx}{\sqrt{1-x^2}} ;$$

es ergibt sich

$$\arcsin y = \arcsin x + \alpha , \tag{23}$$

wobei $\alpha \in \mathbb{R}$ die Integrationskonstante bezeichnet. Hieraus erhalten wir nacheinander

$$y = \sin(\arcsin x + \alpha) = x \cos\alpha + \sqrt{1-x^2}\sin\alpha ,$$
$$(y - x\cos\alpha)^2 = (1-x^2)\sin^2\alpha ,$$

$$x^2 - 2xy\cos\alpha + y^2 = \sin^2\alpha . \tag{24}$$

Aus der letzten Gleichung geht hervor, daß die Lösungskurven auf Kegelschnitten liegen. Die weitere Analyse würde zeigen, daß es sich dabei um Ellipsen handelt, die dem Quadrat Q einbeschrieben sind (Fig. 4.6.10).

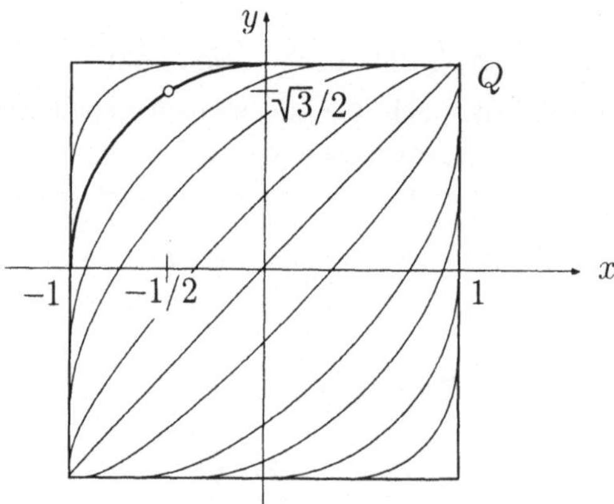

Fig. 4.6.10

Für die Aufgabe (b) haben wir (22) wie folgt bestimmt zu integrieren:

$$\int_{\sqrt{3}/2}^{y} \frac{dy}{\sqrt{1-y^2}} = \int_{-1/2}^{x} \frac{dx}{\sqrt{1-x^2}} .$$

Es ergibt sich

$$\arcsin y - \arcsin \frac{\sqrt{3}}{2} = \arcsin x - \arcsin\left(-\frac{1}{2}\right)$$

und damit

$$\arcsin y - \arcsin x = \frac{\pi}{3} - \left(-\frac{\pi}{6}\right) = \frac{\pi}{2} ,$$

also (23) mit $\alpha := \frac{\pi}{2}$. Aus (24) folgt daher: Die Lösung des Anfangswertproblems (b) ist der Kreisbogen

$$y(x) = \sqrt{1-x^2} \qquad (-1 < x < 0) .$$

○

⑦ Die Wachstumsrate einer biologischen Population sei im wesentlichen proportional zur Zahl der vorhandenen Individuen, wobei aber der Proportionalitätsfaktor (im folgenden Wachstumskonstante genannt) mit zunehmender Population abnimmt, da sich die Individuen gegenseitig behindern. Diese Vorstellungen lassen sich wie folgt in ein mathematisches Modell übersetzen:

Wir bezeichnen mit $y(t)$ die Größe der Population zur Zeit t, wobei wir y als kontinuierliche Variable betrachten. Weiter sei $\alpha > 0$ die Wachstumskonstante unter Vernachläßigung der gegenseitigen Behinderung; endlich messe der Parameter $\beta > 0$ den Einfluß der Zusammenstöße zwischen den Individuen auf die Wachstumsrate. Man überlegt sich, daß die Anzahl der (zufälligen) Zweierstöße im Zeitintervall $[t, t+\Delta t]$ proportional ist zum Quadrat der Anzahl Individuen zur Zeit t, und wird damit auf die folgende Differentialgleichung für die Funktion $y(\cdot)$ geführt:

$$\dot{y} = \alpha y - \beta y^2 . \tag{25}$$

Dies ist eine sogenannte t- bzw. x-**freie Differentialgleichung** und ist folglich separierbar. Das Richtungsfeld einer x-freien Differentialgleichung ist invariant bezüglich horizontaler Translation, und dasselbe gilt für die Schar der Lösungskurven. Mit anderen Worten: Die einzelnen Lösungskurven gehen durch horizontale Parallelverschiebung auseinander hervor (Fig. 4.6.11).

Die rechte Seite unserer Differentialgleichung,

$$k(y) := \alpha y - \beta y^2 = -\beta y\left(y - \frac{\alpha}{\beta}\right),$$

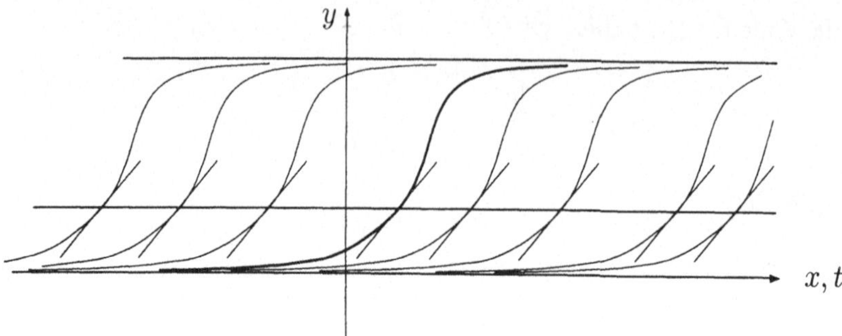

Fig. 4.6.11

besitzt die Nullstellen 0 und α/β, die zu den zwei speziellen Lösungen

$$y(t) :\equiv 0\,, \qquad y(t) :\equiv \frac{\alpha}{\beta} \tag{26}$$

Anlaß geben. Im weiteren müssen wir die Differentialgleichung auf den y-Intervallen $]0, \alpha/\beta[$ und $]\alpha/\beta, \infty[$ je für sich untersuchen; negative y-Werte brauchen wir wohl nicht zu betrachten. Keine Lösung kann die speziellen Lösungen (26) überkreuzen; insbesondere bleibt jede Lösung für alle Zeiten auf derselben Seite der Linie $y = \alpha/\beta$.

Nach diesen Vorbemerkungen schreiben wir nun (25) in der separierten Form

$$\frac{dy}{-\beta y(y-\alpha/\beta)} = dt\,.$$

Die durch den Anfangspunkt $(0, y_0)$ gehende Lösung $t \mapsto y(t)$ genügt dann der folgenden Gleichung:

$$\int_{y_0}^{y} \frac{dy}{-\beta y(y-\alpha/\beta)} = \int_0^t dt = t\,. \tag{27}$$

Für das Integral linker Hand $(=: J)$ stellen wir die Partialbruchzerlegung her. Es ergibt sich

$$\begin{aligned} J = \frac{1}{\alpha}\int_{y_0}^{y}\left(\frac{1}{y} - \frac{1}{y-\alpha/\beta}\right)dy &= \frac{1}{\alpha}\Bigl(\log y - \log|y-\alpha/\beta|\Bigr)\Big|_{y_0}^{y} \\ &= \frac{1}{\alpha}\left(\log\frac{y}{y_0} - \log\left|\frac{y-\alpha/\beta}{y_0-\alpha/\beta}\right|\right). \end{aligned}$$

Aufgrund der letzten Vorbemerkung können wir hier die Betragstriche im weiteren weglassen: Der fragliche Quotient ist jedenfalls positiv. Wir setzen nun den für J erhaltenen Wert in (27) ein und entlogarithmieren. Es folgt

$$\frac{y}{y_0}\Big/\frac{y-\alpha/\beta}{y_0-\alpha/\beta} = e^{\alpha t}\,.$$

Dies läßt sich nach y auflösen; wir erhalten damit als Lösung unseres Anfangswertproblems die Funktion

$$y(t) = \frac{\alpha}{\beta} \frac{y_0}{y_0 - \left(y_0 - \frac{\alpha}{\beta}\right)e^{-\alpha t}} .$$

Was können wir hieran ablesen?

- Ist $0 < y_0 < \alpha/\beta$, so strebt $y(\cdot)$ mit $t \to \infty$ monoton wachsend gegen den Grenzwert α/β.
- Ist jedoch $y_0 > \alpha/\beta$, so fällt $y(\cdot)$ monoton gegen denselben Grenzwert.

In anderen Worten: Das durch den Parameter α charakterisierte natürliche Wachstum und die durch β erfaßten gegenseitigen Behinderungen führen zusammen zu der stabilen Populationsgröße α/β, gegen die die Population $y(t)$ mit $t \to \infty$ in jedem Fall (außer, wenn $y_0 = 0$) konvergiert (Fig. 4.6.12), und zwar nimmt die Abweichung $|y(t) - \alpha/\beta|$ im wesentlichen ab wie $e^{-\alpha t}$. "Stabil" bedeutet hier, daß die Population auch nach einer geringfügigen Störung wieder zur Idealgröße α/β zurückkehrt. Die Lösung $y(t) :\equiv 0$ ist hingegen unstabil. ○

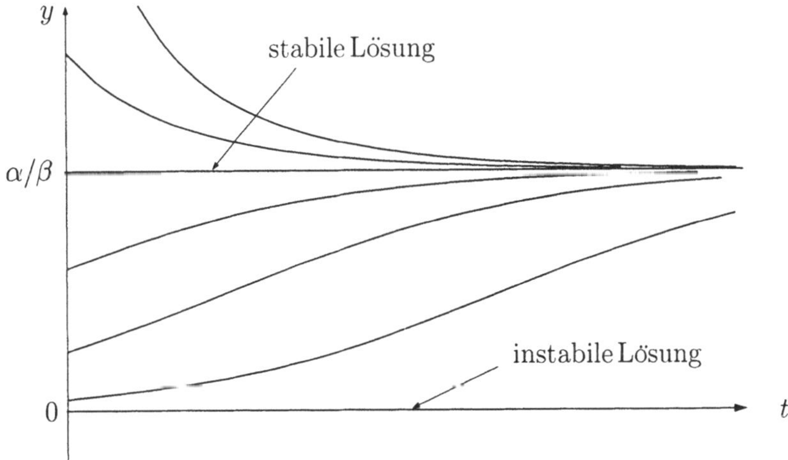

Fig. 4.6.12

Gelegentlich läßt sich eine Differentialgleichung

$$y' = f(x, y) \tag{28}$$

durch geeignete Substitutionen in eine separierbare Differentialgleichung in neuen Variablen überführen. Dies ist insbesondere der Fall bei den sogenannten homogenen Differentialgleichungen (kein Zusammenhang mit *homogenen linearen* Differentialgleichungen). Bei einer **homogenen Differentialgleichung** ist die rechte Seite $f(\cdot,\cdot)$ in einem Sektor

$$\alpha < \arg(x,y) < \beta$$

der (x,y)-Ebene definiert und auf jedem von O ausgehenden Strahl konstant, das heißt: Es gilt

$$\forall (x,y) \in \operatorname{dom}(f)\,,\ \forall \lambda > 0: \qquad f(\lambda x, \lambda y) = f(x,y)\ . \tag{29}$$

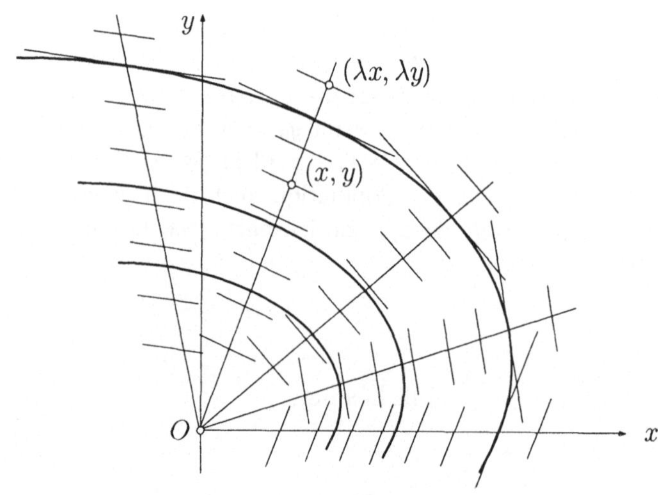

Fig. 4.6.13

Hiernach wird in allen Punkten eines solchen Strahls dieselbe Richtung festgelegt (Fig. 4.6.13), und das Richtungsfeld ist invariant gegenüber Streckung von O aus. Dasselbe gilt dann von der Schar der Lösungskurven; in anderen Worten: Die einzelnen Lösungskurven einer homogenen Differentialgleichung sind zueinander ähnlich und durch Streckung von O aus aufeinander bezogen. Typisches Beispiel ist die Differentialgleichung

$$y' = -\frac{x}{y} \qquad (y > 0)\ .$$

Ihre Lösungen sind konzentrische Kreisbögen um O, siehe das Beispiel 3.5.③.

Für die formale Behandlung einer homogenen Differentialgleichung (28) nehmen wir an, daß $\operatorname{dom}(f)$ ganz in der rechten Halbebene liegt. Wir können dann die neue unbekannte Funktion

$$u(x) := \frac{y(x)}{x}$$

einführen. Damit wird

$$y(x) = u(x) \cdot x\,, \qquad \text{d.h.} \qquad y = u \cdot x \tag{30}$$

und folglich

$$y' = u' \cdot x + u\,,$$

so daß wir die Variablen y und y' aus (28) eliminieren können. Zunächst ergibt sich für u die Differentialgleichung

$$u'x + u = f(x, ux)\,. \tag{31}$$

Aufgrund der Homogenitätseigenschaft (29) ist aber

$$f(x, ux) = f(1, u) \qquad \forall x > 0\,.$$

Wir dürfen daher die rechte Seite von (31) durch $f(1, u)$ ersetzen, so daß für $u(\cdot)$ die separierbare Differentialgleichung

$$u' = \frac{f(1, u) - u}{x}$$

resultiert. Wir können diese Differentialgleichung integrieren und erhalten schließlich die Lösungen $y(\cdot)$ der ursprünglichen Gleichung (28) mit Hilfe von (30).

Merke: Das Wesentliche ist, eine gegebene homogene Gleichung als solche zu erkennen. Der Rest ist einfach.

⑧ Wir betrachten die Differentialgleichung

$$y' = \frac{y + \sqrt{x^2 + y^2}}{x} \qquad (x > 0)\,.$$

Setzen wir $y := u\,x$, so folgt

$$u'x + u = \frac{ux + \sqrt{x^2 + u^2x^2}}{x} = u + \sqrt{1 + u^2} \qquad (= f(1, u)\,!)\,,$$

so daß wir für u die separierbare Differentialgleichung

$$u'\,x = \sqrt{1 + u^2}$$

erhalten. Wir schreiben $\frac{du}{dx}$ anstelle von u' und separieren; es ergibt sich

$$\frac{du}{\sqrt{1 + u^2}} = \frac{dx}{x}$$

Unbestimmte Integration liefert

$$\log\bigl(u + \sqrt{1+u^2}\,\bigr) \;=\; \log x + C\ .$$

Wir setzen zur Abkürzung $e^C =: p\ (> 0)$ und erhalten weiter

$$u + \sqrt{1+u^2} \;=\; px\ .$$

Hieraus folgt nacheinander

$$(px-u)^2 = 1+u^2\ , \qquad 2pxu = p^2x^2 - 1$$

und somit wegen $u\,x = y$:

$$y(x) \;=\; \frac{1}{2p}(p^2x^2-1) \qquad (x>0)\ .$$

Die Lösungskurven sind also Parabelbögen (Fig. 4.6.14). Man rechnet nach, daß die betreffenden Parabeln konfokal sind mit gemeinsamem Brennpunkt im Ursprung. Dieser geometrische Sachverhalt belegt, daß die Lösungskurven durch Streckung am Ursprung auseinander hervorgehen, wie oben allgemein ausgeführt. ○

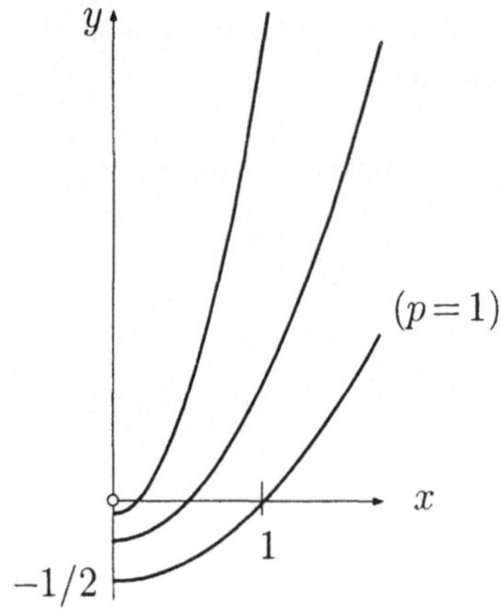

Fig. 4.6.14

⑨ Die Differentialgleichung

$$y' \;=\; \frac{x+qy}{qx-y}\ , \qquad q\in\mathbb{R}\ \text{fest,} \tag{32}$$

ist an sich homogen und kann nach der angegebenen Methode behandelt werden. Dies führt auf die Differentialgleichung

$$u'x + u = \frac{1 + qu}{q - u}$$

für die neue unbekannte Funktion $u(x) := y(x)/x$.

Um das Umrechnen einer Differentialgleichung auf neue Variablen zu üben, wollen wir hier jedoch anders vorgehen und Polarkoordinaten einführen (was aufgrund der Invarianzeigenschaften einer homogenen Differentialgleichung ohnehin naheliegt). Dabei soll der Polarwinkel ϕ die neue unabhängige Variable darstellen, und die Lösungskurven werden in der Form

$$\gamma : \quad \phi \mapsto (\phi, r(\phi))$$

gesucht; dabei ist $r(\phi)$ die neue unbekannte Funktion.

Wir müssen also in der Differentialgleichung (32) die Variablen x, y und y' durch ϕ, r und $\dot{r}$ ausdrücken, wobei der Punkt die Ableitung nach ϕ bezeichnet. Die Buchstaben x, y und y' dürfen in der resultierenden Gleichung nicht mehr vorkommen!

Natürlich ist

$$x(\phi) = r(\phi)\cos\phi\,, \qquad y(\phi) = r(\phi)\sin\phi$$

und somit $\dot{x} = \dot{r}\cos\phi - r\sin\phi$, ähnlich für $\dot{y}$. Der Figur 4.6.15 entnimmt man jetzt

$$y' = \frac{\dot{y}}{\dot{x}} = \frac{\dot{r}\sin\phi + r\cos\phi}{\dot{r}\cos\phi - r\sin\phi}\ .$$

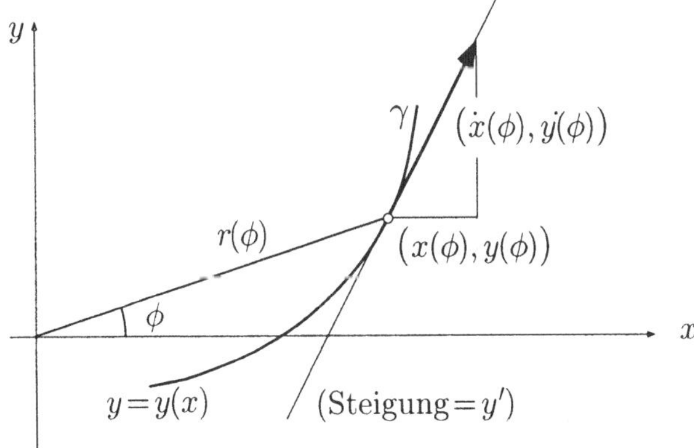

Fig. 4.6.15

Die für x, y und y' erhaltenen Ausdrücke sind nun in die Differentialgleichung (32) einzusetzen. Es ergibt sich

$$\frac{\dot{r}\sin\phi + r\cos\phi}{\dot{r}\cos\phi - r\sin\phi} = \frac{q\,r\sin\phi + r\cos\phi}{q\,r\cos\phi - r\sin\phi}$$

und somit nach Vereinfachung

$$\dot{r} = q\,r\;.$$

Dies ist eine homogene lineare Differentialgleichung für die unbekannte Funktion $\phi \mapsto r(\phi)$; sie besitzt die Lösungen

$$r(\phi) = C\,e^{q\phi}\;.$$

Die gesuchten Lösungskurven sind also logarithmische Spiralen bzw. im Fall $q = 0$ Kreise. ○

Aufgaben

1. Ⓜ Bestimme die durch den Punkt $(0, -1)$ gehende Lösung der Differentialgleichung
$$y' = y\tan x + 4\sin x\;.$$

2. Eine gewisse biologische Population würde mit der Zerfallskonstanten $\gamma > 0$ aussterben, wenn nicht infolge zufälliger Zusammenstöße der Individuen auf geheimnisvolle Weise neue Individuen entstünden. Man übersetze diese Vorstellung in eine Differentialgleichung für die Populationsgröße y; dabei ist noch ein Parameter δ einzuführen, der den Erfolg der Zusammenstöße mißt. Man diskutiere die Lösungen dieser Differentialgleichung für verschiedene Anfangswerte $y(0) =: y_0$. Nach welcher Zeit T kommt es allenfalls zur Katastrophe?

3. Die komplexwertige Funktion $z(\cdot)$ der reellen Variablen t ("Zeit") ist Lösung des Anfangswertproblems
$$\dot{z} = iz^2\,, \qquad z(0) = 1\;.$$
   (a) Bestimme $z(\cdot)$.
   (b) Ⓜ Zeichne die Kurve γ: $t \mapsto z(t)$ $(-\infty < t < \infty)$ in der komplexen Ebene und beschreibe sie in Worten.

4. Ein Punkt bewegt sich auf dem Einheitskreis der (x, y)-Ebene, und zwar so, daß seine Absolutgeschwindigkeit jederzeit gleich seinem momentanen Abstand von der Geraden $x = 2$ ist. Wie lange braucht er für einen Umlauf? (*Hinweis:* Argumentiere über die Funktion $t \mapsto \phi(t)$.)

5. Präsentiere implizit oder explizit die durch den Ursprung gehende Lösung der Differentialgleichung

$$y' = \cos(x + y) + \sin(x - y)\ .$$

(*Hinweis:* Die Differentialgleichung ist separierbar.)

6. Ein Marienkäfer, der pro Sekunde 1 cm zurücklegt, befindet sich zur Zeit $t := 0$ am linken (befestigten) Ende eines Gummiseils von zunächst 1 m Länge und macht sich auf den Weg zum rechten Ende. Gleichzeitig wird aber das Seil von rechts her pro Sekunde um 1 m in die Länge gezogen. Wird der Käfer sein Ziel trotzdem erreichen, und wenn ja: Wie lange braucht er dazu?

7. Die Differentialgleichung

$$\dot{y} = \frac{y^3}{4} - y \qquad (=: p(y))$$

ist t-frei. Das zugehörige Richtungsfeld in der (t, y)-Ebene ist somit längs Parallelen zur t-Achse konstant. Trage die vorgeschriebene Richtung in möglichst vielen Punkten der y-Achse ein und skizziere aufgrund der erhaltenen Figur das globale Portrait der Lösungskurven. Gewisse Lösungen gehen mit wachsendem t gegen ∞. Brauchen sie dafür nur endliche Zeit oder unendlich lang? Die Antwort ist zu begründen. — Die Werte von $p(\cdot)$ können der Fig. 4.6.16 entnommen werden.

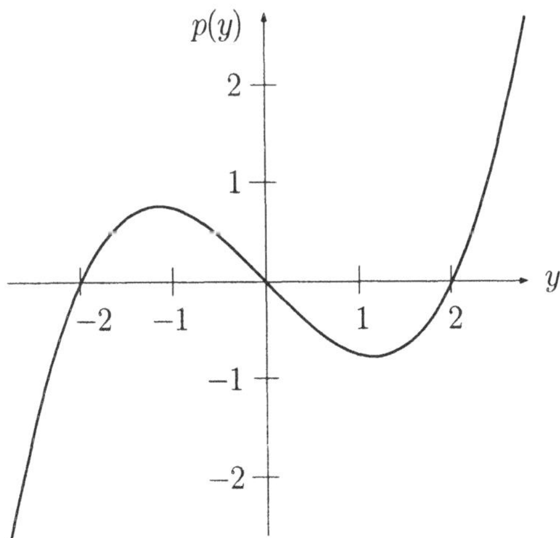

Fig. 4.6.16

8. Eine Kugel wird mit Anfangsgeschwindigkeit v_0 senkrecht nach oben geschossen. Sie unterliegt der konstanten Erdbeschleunigung g sowie dem Luftwiderstand, dessen Bremswirkung proportional zum Quadrat der Geschwindigkeit angenommen wird (Proportionalitätsfaktor $c > 0$). Nach welcher Zeit erreicht die Kugel ihren Kulminationspunkt? (*Hinweis:* Es genügt, die Funktion $t \mapsto v(t)$ zu analysieren.)

9. Für eine "implizite Differentialgleichung" $F(t, y, y') = 0$ gilt der Existenz- und Eindeutigkeitssatz für Anfangswertprobleme nicht ohne weiteres. Zwei Lösungen $y_1(t)$, $y_2(t)$ eines Anfangswertproblems

$$F(t, y, y') = 0\,, \qquad y(t_0) = y_0$$

werden als verschieden betrachtet, wenn sie in jedem noch so kleinen Intervall $]\,t_0 - h, t_0 + h\,[$ voneinander verschieden sind. — Wieviele verschiedene Lösungen der Differentialgleichung $(y')^4 - y^2 = 0$ gibt es

(a) für den Anfangspunkt $(1, 0)$, (b) für den Anfangspunkt $(0, 1)$?

10. (Vgl. Aufgabe 2) Eine gewisse biologische Population würde mit $t \to \infty$ exponentiell aussterben, wenn nicht infolge zufälliger Zusammenstöße von je zwei Individuen auf geheimnisvolle Weise neue Individuen entstünden. "Dreierstöße" führen allerdings zu außerordentlichen Todesfällen. In geeigneten Einheiten wird die Populationsgröße $y(\cdot)$ durch folgende Differentialgleichung modelliert:

$$\dot{y} = -3y + 4y^2 - y^3\,.$$

Bestimme die stabilen Populationszustände. (*Hinweis:* Die allgemeine Lösung der angegebenen Differentialgleichung ist nicht verlangt.)

5. Mehrdimensionale Differentialrechnung

5.1. Grundbegriffe

Zur Erinnerung: Ist $f\colon \mathbb{R} \curvearrowright \mathbb{R}$ eine Funktion *einer* reellen Variablen und $t_0 \in \operatorname{dom}(f)$ ein fest gewählter Punkt, so läßt sich für beliebiges $t \neq t_0$ der Differenzenquotient

$$\frac{f(t) - f(t_0)}{t - t_0} \in \mathbb{R}$$

bilden, da der Zuwachs der unabhängigen Variablen in den Nenner gesetzt werden kann. Sofern der Grenzwert

$$\lim_{t \to t_0} \frac{f(t) - f(t_0)}{t - t_0} = \lim_{h \to 0} \frac{f(t_0 + h) - f(t_0)}{h} =: A$$

existiert, heißt f an der Stelle t_0 differenzierbar, und der Grenzwert $A =: f'(t_0)$ ist die Ableitung von f an der Stelle t_0. Die Zahl A beschreibt das Änderungsverhalten von f, wenn man sich von der Stelle t_0 ein wenig entfernt; nach 3.1.(3) gilt nämlich

$$f(t_0 + h) - f(t_0) = A\,h + o(h) \qquad (h \to 0)\ . \tag{1}$$

Hiernach ist der Zuwachs des Funktionswertes in erster Näherung eine lineare Funktion der Zuwachsvariablen h, und $A = f'(t_0)$ ist der maßgebende Proportionalitätsfaktor — wir haben darauf schon am Anfang des dritten Kapitels hingewiesen. Sinngemäß dasselbe gilt für eine komplex- oder vektorwertige Funktion $f\colon \mathbb{R} \curvearrowright \mathbb{X}$; die Ableitung $f'(t_0)$ ist dann eine komplexe Zahl bzw. ein Vektor.

Die Erfahrung hat uns gezeigt, daß diese Situation bei den meisten vernünftigen Funktionen in den meisten Punkten t_0 ihres Definitionsbereichs vorliegt — notable Ausnahme ist natürlich die Betragsfunktion, die im Ursprung nicht differenzierbar ist. Das ist gar nicht selbstverständlich. Die Welt könnte ja auch so eingerichtet sein, daß man im allgemeinen nur

$$|f(t_0 + h) - f(t_0)| \leq C\sqrt{|h|}$$

beweisen kann. Die Analysis sähe dann ganz anders aus.

Was bleibt von alledem übrig, wenn wir nun zu Funktionen von *mehreren* reellen Variablen übergehen? Gemeint sind Funktionen

$$f: \quad \Omega \to \mathbb{R} \qquad (\text{bzw.} \ \to \mathbb{R}^m)\,,$$

die in einem Gebiet $\Omega \subset \mathbb{R}^n$ definiert sind, wobei wir in erster Linie an die Fälle $n := 2$ und $n := 3$ denken. Wir wollen dabei folgendes verabreden: Die betrachteten Funktionen sollen immer auf einer offenen Menge des $\mathbb{R}^n$ definiert sein, so daß man von jedem Punkt $\mathbf{p} \in \mathrm{dom}\,(f)$ aus in jeder Richtung ein Stückchen weit gehen kann, ohne $\mathrm{dom}\,(f)$ zu verlassen (Fig. 5.1.1).

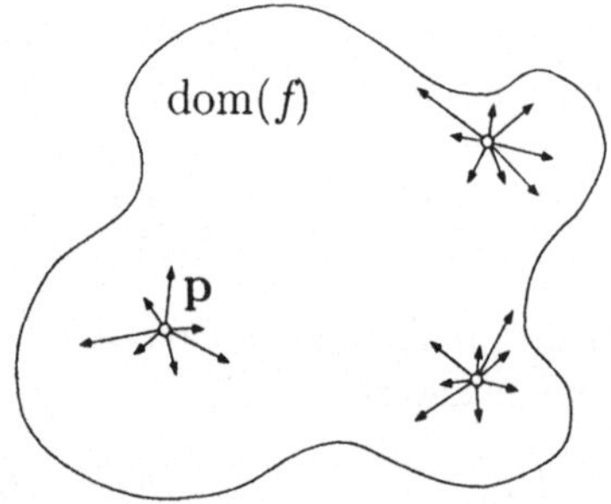

Fig. 5.1.1

In vielen Anwendungen, etwa bei Extremalaufgaben oder in der Integralrechnung, interessiert eine Funktion f allerdings ausgerechnet auf einer *kompakten* Menge, zum Beispiel auf dem Quadrat $Q := [\,0,1\,]^2$ (Fig. 5.1.2). Wir nehmen dann stillschweigend an, daß f auf einer etwas größeren offenen Menge Ω definiert ist.

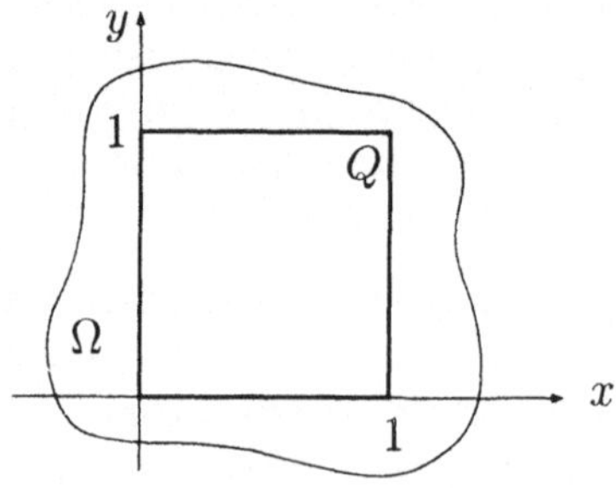

Fig. 5.1.2

Eine Besonderheit, die nicht so recht in den Rahmen dieses Kapitels paßt, ist die "komplex-eindimensionale Differentialrechnung". Wir gehen hier nur

kurz darauf ein; alles Weitere findet man in Büchern über komplexe Analysis (s.u.).
Wird die (x, y)-Ebene als komplexe z-Ebene, $z = x + iy$, und die (u, v)-Ebene als komplexe w-Ebene, $w = u + iv$, aufgefaßt, so erscheint eine Funktion

$$\mathbf{f}: \quad \mathbb{R}^2 \curvearrowright \mathbb{R}^2 \qquad (x, y) \mapsto \begin{cases} u := u(x, y) \\ v := v(x, y) \end{cases}$$

als komplexwertige Funktion *einer* komplexen Variablen z:

$$f: \quad \mathbb{C} \to \mathbb{C} \qquad z \mapsto w := f(z) .$$

Da $\mathbb{C}$ ein Körper ist, können wir immer noch Differenzenquotienten

$$\frac{f(z) - f(z_0)}{z - z_0} \qquad (\in \mathbb{C})$$

bilden. Dies erlaubt, auch hier den Grenzwert

$$\lim_{z \to z_0} \frac{f(z) - f(z_0)}{z - z_0} = \lim_{h \to 0} \frac{f(z_0 + h) - f(z_0)}{h} =: A$$

ins Auge zu fassen, wobei nun die Zuwachsvariable h über komplexe Werte, das heißt: "aus allen Richtungen kommend", gegen 0 geht (Fig. 5.1.3). Sofern dieser Grenzwert existiert, heißt die Funktion f an der Stelle z_0 **komplex differenzierbar**. Die komplexe Zahl A ist die **Ableitung** von f an der Stelle z_0 und wird mit $f'(z_0)$ bezeichnet. Die Relation (1) gilt sinngemäß, wobei jetzt die Zuwachsvariable h natürlich komplex ist.

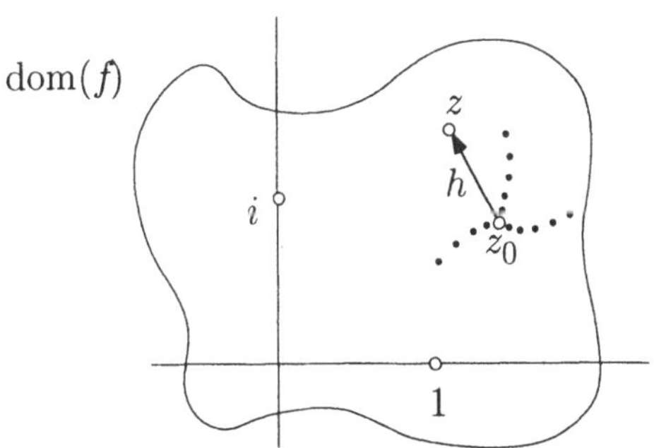

Fig. 5.1.3

Ist f: $\mathbb{C} \curvearrowright \mathbb{C}$ in jedem Punkt $z_0 \in \mathrm{dom}\,(f)$ komplex differenzierbar, so nennt man f eine **analytische** oder **holomorphe** Funktion. Fürs komplexe Differenzieren gelten ebenfalls die in Satz **(3.1)** zusammengestellten Rechenregeln. Zu deren Herleitung wurden nämlich nur die Körpereigenschaften von $\mathbb{R}$ und die Stetigkeit der Rechenoperationen benutzt, und diese Dinge sind in $\mathbb{C}$ ebenfalls vorhanden. Im Komplexen tritt aber folgendes Wunder ein: Eine analytische Funktion ist automatisch beliebig oft differenzierbar und läßt sich an jeder Stelle $z_0 \in \operatorname{dom}(f)$ in eine gegen f konvergente Taylor-Reihe entwickeln. Das heißt, es gilt für alle hinreichend nahe bei z_0 gelegenen Punkte z:

$$f(z) = \sum_{k=0}^{\infty} \frac{f^{(k)}(z_0)}{k!}(z - z_0)^k .$$

Die Eigenschaften der analytischen Funktionen werden ausführlich behandelt in der sogenannten "Komplexen Analysis", die nach ziemlich übereinstimmender Ansicht das schönste Gebiet der niederen Analysis darstellt.

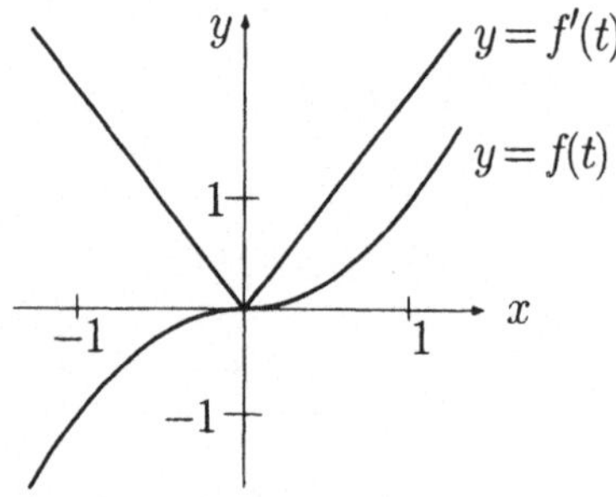

Fig. 5.1.4

① Die *reelle* Funktion

$$f: \quad \mathbb{R} \to \mathbb{R}, \qquad t \mapsto \operatorname{sgn} t \cdot t^2$$

(Fig 5.1.4) besitzt, wie man leicht verifiziert, die Ableitung $f'(t) = 2|t|$. Diese Funktion ist also differenzierbar, an der Stelle 0 aber nicht zweimal differenzierbar.

Die *komplexe* Funktion

$$f(z) := \exp z \qquad \left(:= \sum_{k=0}^{\infty} \frac{z^k}{k!} \right)$$

ist in der ganzen z-Ebene analytisch und besitzt dort die Ableitung $f' = \exp$, also $= f$. Nach Satz **(2.19)**(a) gilt nämlich für beliebiges $z_0 \in \mathbb{C}$:

$$f'(z_0) = \lim_{h \to 0} \frac{f(z_0 + h) - f(z_0)}{h} = \lim_{h \to 0} \frac{e^{z_0 + h} - e^{z_0}}{h} = e^{z_0} \lim_{h \to 0} \frac{e^h - 1}{h} = e^{z_0} .$$

Betrachten wir hingegen die an sich einfache und "schöne" Funktion

$$f: \quad \mathbb{C} \to \mathbb{C}, \qquad z \mapsto f(z) := \bar{z}$$

(Fig. 5.1.5), so erhalten wir zum Zuwachs $h = |h|e^{i\phi}$ den Differenzenquotienten

$$\frac{f(z_0+h)-f(z_0)}{h} = \frac{\overline{z_0+h}-\overline{z_0}}{h} = \frac{\bar{h}}{h} = e^{-2i\phi} .$$

Der Grenzwert $\lim_{h\to 0} e^{-2i\phi}$ existiert aber nicht, denn $e^{-2i\phi}$ kann für noch so kleines $|h|$ beliebige Werte auf dem Einheitskreis annehmen. Die zuletzt betrachtete Funktion f ist also in *keinem* Punkt $z_0 \in \mathbb{C}$ komplex differenzierbar. Die komplexe Differenzierbarkeit ist eben eine sehr starke Forderung an die "Feinstruktur" einer Funktion. Unter anderem impliziert sie die Erhaltung des Drehsinns von "infinitesimalen Kreisen", womit die Konjugation von vorneherein disqualifiziert ist, siehe die Figur. ○

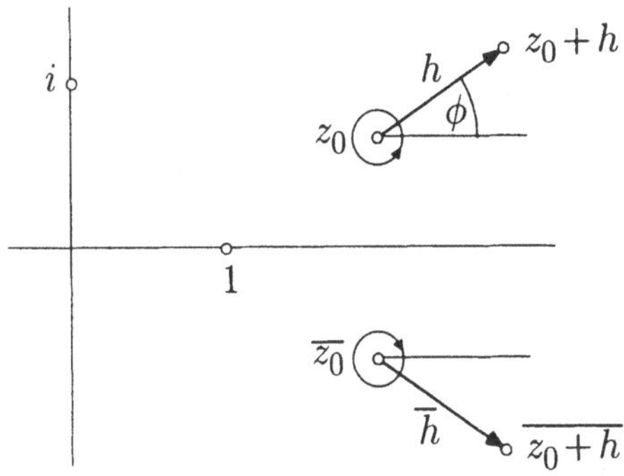

Fig. 5.1.5

Für Funktionen $f\colon \mathbb{R}^n \curvearrowright \mathbb{R}$ (bzw. $\curvearrowright \mathbb{R}^m$) einer reellen Vektorvariablen $\mathbf{x}$ können wir definitiv keine Differenzenquotienten mehr bilden:

$$\frac{f(\mathbf{x})-f(\mathbf{x}_0)}{\mathbf{x}-\mathbf{x}_0} \qquad \text{bzw.} \qquad \frac{f(\mathbf{x}_0+\mathbf{h})-f(\mathbf{x}_0)}{\mathbf{h}}$$

ist nicht definiert. Von dieser Stelle an gibt es zwei Wege, um weiter zu kommen. Wir können sie kurz folgendermaßen charakterisieren:

(a) Betrachtung von partiellen Ableitungen und Funktionalmatrizen;

(b) Auffassung der Ableitung als lineare Abbildung von Tangentialräumen (s.u.): Die Relation (1) wird verallgemeinert zu

$$\mathbf{f}(\mathbf{x}_0+\mathbf{h})-\mathbf{f}(\mathbf{x}_0) = A\,\mathbf{h} + o(|\mathbf{h}|) \qquad (\mathbf{h}\to\mathbf{0})\,; \tag{2}$$

dabei ist nun A eine lineare Abbildung, die auf die Zuwachsvektoren $\mathbf{h}$ wirkt.

Entsprechend erscheint die mehrdimensionale Differentialrechnung in zwei verschiedenen Versionen. Diese zwei Versionen stehen in demselben Verhältnis zueinander wie in der linearen Algebra die Matrizen zu den linearen Abbildungen: Eine Funktion

$$\mathbf{f}: \quad \mathbb{R}^n \curvearrowright \mathbb{R}^m, \qquad \mathbf{x} \mapsto \mathbf{f}(\mathbf{x})$$

besitzt in jedem Punkt $\mathbf{p} \in \operatorname{dom}(\mathbf{f})$ eine $(m \times n)$-Matrix von partiellen Ableitungen, die sogenannte Funktionalmatrix von $\mathbf{f}$ an der Stelle $\mathbf{p}$. Diese Matrix ist die Matrix der durch (2) charakterisierten Abbildung A bezüglich der Standardbasen. — Für Einzelheiten verweisen wir auf Abschnitt 5.4.

Die Behandlung von konkreten Beispielen erfolgt immer auf dem Weg (a). Auch wir werden uns in erster Linie der Sprache der partiellen Ableitungen bedienen. Ein richtiges Verständnis der Theorie ist aber nur möglich, wenn man weiß, daß es auch die andere Auffassung gibt und daß hier ein weiteres Mal die lineare Algebra in der Analysis am Werk ist.

Nach diesen Vorbemerkungen können wir endlich beginnen. Es seien also Ω eine offene Menge im $\mathbb{R}^n$,

$$f: \quad \Omega \to \mathbb{R}, \qquad \mathbf{x} \mapsto f(\mathbf{x})$$

eine reellwertige Funktion (man kann sich vorstellen, daß $f(\mathbf{x})$ die Temperatur an der Stelle $\mathbf{x}$ angibt), $\mathbf{x}_0 \in \Omega$ ein fest gewählter Punkt und $\mathbf{e}$ ein im Punkt $\mathbf{x}_0$ angehefteter Einheitsvektor. Weiter haben wir eine frei im Raum bewegliche positive t-Achse ℓ zur Verfügung, die wir nun derart ins Bild legen, daß $t := 0$ auf den Punkt $\mathbf{x}_0$ und $t := 1$ auf die Spitze von $\mathbf{e}$ fallen (Fig. 5.1.6). Dann entspricht allgemein dem Skalenwert t der Raumpunkt $\mathbf{x}_0 + t\mathbf{e}$. Wenn wir jetzt die Funktion f nur noch auf dem Strahl ℓ betrachten, so wird daraus eine Funktion $\phi(\cdot)$ der einen reellen Variablen t, nämlich

$$\phi(t) := f(\mathbf{x}_0 + t\mathbf{e}) . \tag{3}$$

Da Ω offen ist, ist $\phi(t)$ für alle hinreichend kleinen $t > 0$ definiert, und ϕ besitzt Differenzenquotienten

$$\frac{\phi(t) - \phi(0)}{t - 0} = \frac{f(\mathbf{x}_0 + t\mathbf{e}) - f(\mathbf{x}_0)}{t} \qquad (t > 0) .$$

Wir können daher den Grenzübergang $t \to 0+$ ins Auge fassen, und im Konvergenzfall werden wir die Größe

$$\phi'(0+) = \lim_{t \to 0+} \frac{f(\mathbf{x}_0 + t\mathbf{e}) - f(\mathbf{x}_0)}{t} =: D_{\mathbf{e}} f(\mathbf{x}_0)$$

als **Richtungsableitung von f an der Stelle $\mathbf{x}_0$ in Richtung** $\mathbf{e}$ bezeichnen.

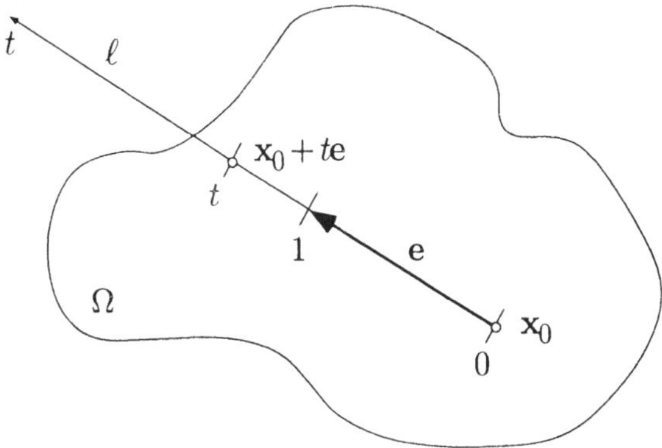

Fig. 5.1.6

② Wir betrachten die Funktion

$$r(\mathbf{x}) := |\mathbf{x}| \qquad \left(= \sqrt{x_1^2 + x_2^2 + x_3^2}\,, \ \text{falls } n = 3\right) .$$

Ist zunächst $\mathbf{x}_0 := \mathbf{0}$ (Fig. 5.1.7), so gilt

$$\frac{r(\mathbf{x}_0 + t\mathbf{e}) - r(\mathbf{x}_0)}{t} = \frac{|t\mathbf{e}|}{t} = 1 \qquad (t > 0) .$$

Die Richtungsableitung erhält damit den Wert

$$D_{\mathbf{e}} r(\mathbf{0}) = \lim_{t \to 0+} 1 = 1 ,$$

und zwar unabhängig von der gewählten Richtung $\mathbf{e}$ — in Übereinstimmung mit der Anschauung: Vom Ursprung aus gesehen wächst der Betrag in allen Richtungen gleich schnell. (Der hier vorgefundene Sachverhalt ist singulär. Im Normalfall hängt $D_{\mathbf{e}} f(\mathbf{x}_0)$ in bestimmter Weise von $\mathbf{e}$ ab, s.u.)

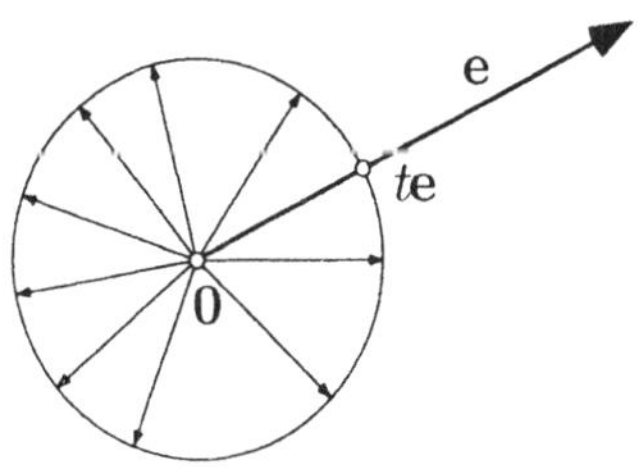

Fig. 5.1.7

Ist aber $\mathbf{x}_0 \neq \mathbf{0}$, so sieht die Sache wesentlich anders aus. Im Sinne von (3) setzen wir

$$\phi(t) := r(\mathbf{x}_0 + t\mathbf{e})$$

(Fig. 5.1.8) und berechnen

$$\phi(t) - \phi(0) = |\mathbf{x}_0 + t\mathbf{e}| - |\mathbf{x}_0| = \frac{|\mathbf{x}_0 + t\mathbf{e}|^2 - |\mathbf{x}_0|^2}{|\mathbf{x}_0 + t\mathbf{e}| + |\mathbf{x}_0|} = \frac{2\mathbf{x}_0 \bullet (t\mathbf{e}) + t^2}{|\mathbf{x}_0 + t\mathbf{e}| + |\mathbf{x}_0|} .$$

Es folgt

$$\lim_{t \to 0+} \frac{\phi(t) - \phi(0)}{t} = \lim_{t \to 0+} \frac{2\,\mathbf{x}_0 \bullet \mathbf{e} + t}{|\mathbf{x}_0 + t\mathbf{e}| + |\mathbf{x}_0|} = \frac{\mathbf{x}_0 \bullet \mathbf{e}}{|\mathbf{x}_0|} .$$

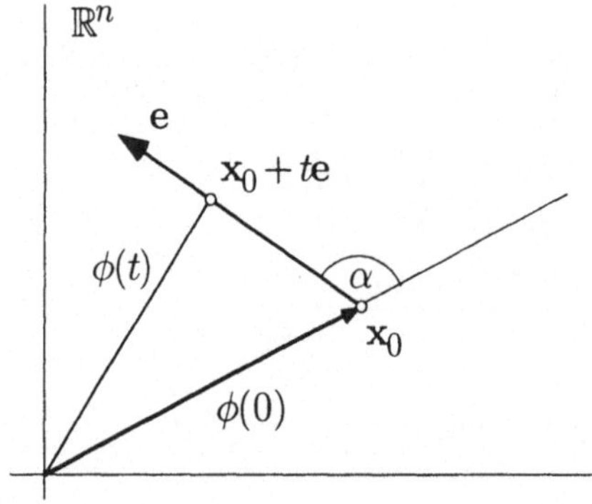

Fig. 5.1.8

Damit haben wir die Richtungsableitung der Betragsfunktion $r(\cdot)$ an einer Stelle $\mathbf{x} \neq \mathbf{0}$ in Richtung $\mathbf{e}$ berechnet zu

$$D_{\mathbf{e}} r(\mathbf{x}) = \frac{\mathbf{x} \bullet \mathbf{e}}{|\mathbf{x}|} = \cos \angle(\mathbf{x}, \mathbf{e}) \qquad (\mathbf{x} \neq \mathbf{0}) . \tag{4}$$

Der Wert der Richtungsableitung hängt also von der Richtung $\mathbf{e}$ ab und läßt sich mit Hilfe des Skalarprodukts darstellen. (Wir werden sehen, daß das der Normalfall ist.) Die Zuwachsrate der Betragsfunktion hat den Maximalwert 1, wenn man in Richtung von $\mathbf{x}$ fortschreitet; sie verschwindet in den Richtungen $\mathbf{e} \perp \mathbf{x}$, und sie hat den Minimalwert -1, wenn man von $\mathbf{x}$ aus auf den Ursprung zuhält. ○

Ist eine Funktion $f\colon \Omega \to \mathbb{R}$ durch einen Ausdruck in kartesischen Koordinaten (x, y oder x, y, z oder x_1, x_2, x_3 usw.) gegeben, so lassen sich die Richtungsableitungen in den Koordinatenrichtungen besonders einfach berechnen. Wir betrachten der Einfachheit halber den zweidimensionalen Fall. Es sei also $\mathbf{z}_0 := (x_0, y_0) \in \Omega$ ein fest gewählter Punkt. Die positive x-Richtung wird durch den Vektor $\mathbf{e} := (1,0)$ repräsentiert (Fig. 5.1.9). Zur Berechnung der Richtungsableitung $D_{\mathbf{e}} f(\mathbf{z}_0) = D_{(1,0)} f(x_0, y_0)$ müssen wir die Differenzenquotienten

$$\frac{f(\mathbf{z}_0 + t\mathbf{e}) - f(\mathbf{z}_0)}{t} = \frac{f(x_0 + t, y_0) - f(x_0, y_0)}{t}$$

betrachten. Man nennt den (beidseitigen) Grenzwert

$$\lim_{t \to 0} \frac{f(x_0 + t, y_0) - f(x_0, y_0)}{t} = \lim_{x \to x_0} \frac{f(x, y_0) - f(x_0, y_0)}{x - x_0} \tag{5}$$

die **partielle Ableitung von f nach x an der Stelle** (x_0, y_0) und bezeichnet ihn mit

$$\left.\frac{\partial f}{\partial x}\right|_{(x_0, y_0)}, \qquad f_x(x_0, y_0)$$

oder ähnlich. Werden Koordinaten $x_1, \ldots, x_n$ verwendet, so schreiben wir $f_{.i}$ anstelle von f_{x_i}.

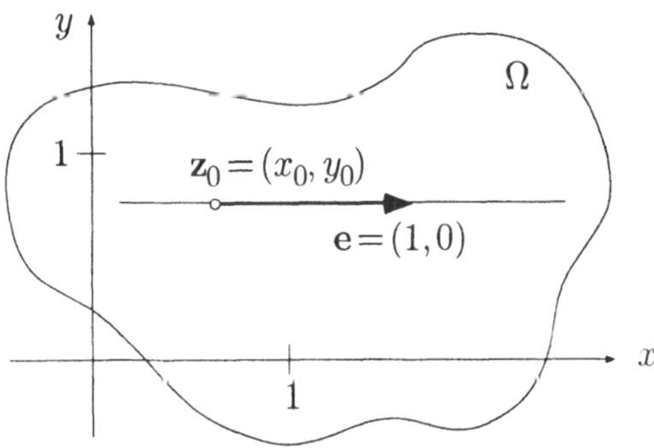

Fig. 5.1.9

Anmerkung: In (5) wird anders als bei der Richtungsableitung der beidseitige Grenzwert verlangt. Ist f partiell nach x differenzierbar, so gilt

$$D_{(1,0)} f = \frac{\partial f}{\partial x}, \qquad D_{(-1,0)} f = -\frac{\partial f}{\partial x}.$$

Die Betragsfunktion (siehe Beispiel ②) ist im Ursprung *nicht* partiell nach x_k $(1 \leq k \leq n)$ differenzierbar.

Die Berechnung (5) der partiellen Ableitung von f nach x läuft darauf hinaus, die **partielle Funktion**

$$\psi(x) := f(x, y_0)$$

an der Stelle x_0 nach ihrer einzigen Variablen x abzuleiten. Die in f noch vorkommenden weiteren Variablen werden dabei als Konstante behandelt. — Die partielle Ableitung $f_x(x_0, y_0)$ ist zunächst eine Zahl. Durchläuft nun der Punkt (x_0, y_0) das Gebiet Ω, so wird daraus eine Funktion

$$f_x(\cdot,\cdot): \quad \Omega \to \mathbb{R},$$

die ebenfalls als **partielle Ableitung** von f bezeichnet wird. Für die Berechnung von f_x stehen die Formeln von Abschnitt 3.1 zur Verfügung. Ist f gegeben als Ausdruck in den Variablen x und y, so erscheint auch f_x als ein derartiger Ausdruck.

③ Die Funktion $f(x, y) := x^y$ ist definiert in der rechten Halbebene $x > 0$. Es gilt

$$\begin{aligned}\frac{\partial f}{\partial x} &= y\,x^{y-1}\,,\\ \frac{\partial f}{\partial y} &= \frac{\partial}{\partial y}\,e^{(\log x)y} = \log x\,e^{(\log x)y} = \log x \cdot x^y\,.\end{aligned}$$

Für die Betragsfunktion $r(\mathbf{x}) := \sqrt{x_1^2 + \ldots + x_n^2}$ hat man

$$\frac{\partial r}{\partial x_i} = \frac{2x_i}{2\sqrt{x_1^2 + \ldots + x_n^2}} = \frac{x_i}{r} \qquad (\mathbf{x} \neq \mathbf{0})\,, \tag{6}$$

in Übereinstimmung mit (4), denn es ist $\mathbf{x} \bullet \mathbf{e}_i = x_i$. ○

④ Wir berechnen die partiellen Ableitungen der Argument"funktion"

$$\arg: \quad \dot{\mathbb{R}}^2 \to \mathbb{R}/2\pi\,, \qquad (x, y) \mapsto \arg(x, y)\,,$$

wobei $\dot{\mathbb{R}}^2$ die **punktierte Ebene** $\mathbb{R}^2 \setminus \{\mathbf{0}\}$ bezeichnet und $/2\pi$ darauf hinweist, daß Argumentwerte nur "modulo 2π" festgelegt sind.

In jeder dem Ursprung abgewandten Halbebene H definiert arg unendlich viele tatsächlich reellwertige Funktionen

$$\phi_k(\cdot,\cdot): \quad H \to \mathbb{R},$$

die sich voneinander um konstante Funktionen unterscheiden:

$$\phi_k(x, y) - \phi_l(x, y) \equiv 2(k - l)\pi\,.$$

Somit besitzen alle diese $\phi_k(\cdot,\cdot)$ dieselben partiellen Ableitungen, die dann mit Fug als partielle Ableitungen von arg aufgefaßt werden können. Zur

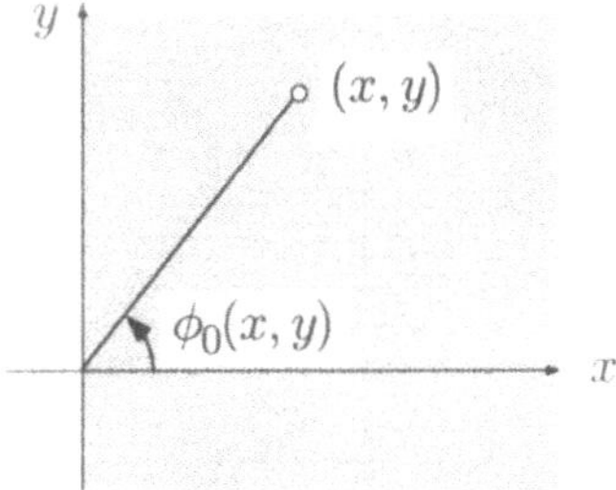

Fig. 5.1.10

Berechnung dieser Ableitungen kann man irgend ein $\phi_k(\cdot,\cdot)$ heranziehen, in der Halbebene $x > 0$ (Fig. 5.1.10) zum Beispiel die Funktion

$$\phi_0(x,y) = \arctan\frac{y}{x}\ .$$

Es ergibt sich

$$\begin{aligned}\frac{\partial\phi_0}{\partial x} &= \frac{1}{1+(y/x)^2}\Big(-\frac{y}{x^2}\Big) = \frac{-y}{x^2+y^2}\ ,\\ \frac{\partial\phi_0}{\partial y} &= \frac{1}{1+(y/x)^2}\cdot\frac{1}{x} = \frac{x}{x^2+y^2}\ .\end{aligned}$$

Damit erhalten wir

$$\frac{\partial}{\partial x}\arg(x,y) = \frac{-y}{x^2+y^2}\ , \qquad \frac{\partial}{\partial y}\arg(x,y) = \frac{x}{x^2+y^2}\ ,$$

und man kann leicht zeigen, daß diese Formeln in der ganzen punktierten Ebene gelten. ○

Da die partiellen Ableitungen so bequem zu berechnen sind, stellt sich natürlich die Frage, ob wir mit ihrer Hilfe auch die Richtungsableitung für eine beliebige Richtung **e** bekommen können. Bevor wir dem nachgehen, behandeln wir noch folgendes Problem: Was hat es zu bedeuten, wenn etwa die partielle Ableitung $\dfrac{\partial f}{\partial y}$ einer Funktion $f\colon \mathbb{R}^2 \curvearrowright \mathbb{R}$ identisch verschwindet? Wenn die Ableitung einer Funktion von *einer* Variablen auf einem Intervall identisch verschwindet, so ist die Funktion dort konstant (Satz **(3.8)**). Wir zeigen:

(5.1) *Ist $\Omega \subset \mathbb{R}^2$ eine y-einfache offene Menge und gilt*

$$\frac{\partial f}{\partial y}(x,y) \equiv 0$$

auf Ω, so gibt es eine Funktion $u(\cdot)$ der einen Variablen x mit

$$f(x,y) \equiv u(x) \qquad \big((x,y)\in\Omega\big)\ , \tag{7}$$

das heißt: "f hängt nur von x ab".

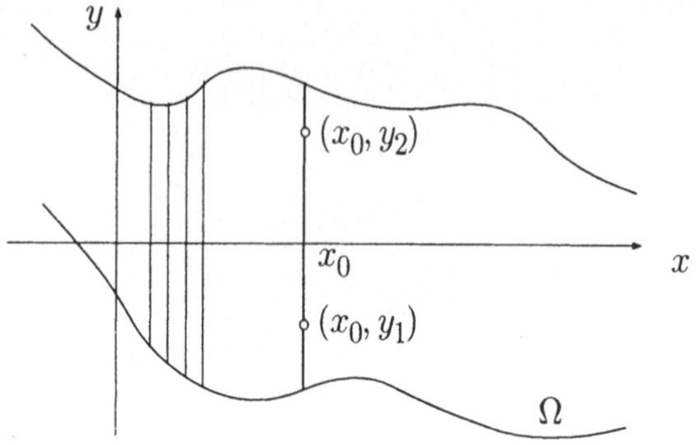

Fig. 5.1.11

⌜ Wir betrachten für ein festes x_0 die partielle Funktion

$$\psi(y) := f(x_0, y) \qquad \bigl((x_0, y) \in \Omega\bigr) .$$

Nach Voraussetzung über Ω ist $\operatorname{dom}(\psi)$ ein Intervall (Fig. 5.1.11), und nach Voraussetzung über f ist

$$\psi'(y) = \frac{\partial f}{\partial y}(x_0, y) \equiv 0 .$$

Somit ist $\psi(\cdot)$ konstant, das heißt: Für zwei beliebige Punkte $y_1, y_2 \in \operatorname{dom}(\psi)$ gilt

$$f(x_0, y_1) = \psi(y_1) = \psi(y_2) = f(x_0, y_2) .$$

Hiernach ist

$$u(x_0) := f(x_0, y) \qquad \bigl((x_0, y) \in \Omega\bigr)$$

wohldefiniert, und da x_0 beliebig war, gilt (7). ⌟

(Die Voraussetzung über Ω ist übrigens notwendig. Es sei etwa

$$\Omega := \bigl\{(x, y) \bigm| x > 0 \ \vee \ y \neq 0\bigr\}$$

die aufgeschlitzte Ebene (Fig. 5.1.12) und

$$f(x, y) := \begin{cases} 0 & (x \geq 0) , \\ x^2 \operatorname{sgn} y & (x < 0) . \end{cases}$$

Dann ist Ω zusammenhängend, $f(\cdot, \cdot)$ besitzt auf Ω sogar stetige partielle Ableitungen, und es ist $\dfrac{\partial f}{\partial y} \equiv 0$ auf Ω. Trotzdem läßt sich f nicht in der Form (7) darstellen.)

Besitzt eine Funktion $f \colon \Omega \to \mathbb{R}$ stetige partielle Ableitungen nach allen Variablen, so heißt f **stetig differenzierbar** oder kurz: eine **C^1-Funktion** (wir werden auf diese Bezeichnungsweise zurückkommen). Der folgende Satz ist für alles Weitere fundamental. Er besagt, daß eine C^1-Funktion von n Variablen im Kleinen linearisiert werden kann, und liefert damit den Anfang der Taylor-Entwicklung einer derartigen Funktion. Wir formulieren und beweisen den Satz zunächst für Funktionen von zwei Variablen.

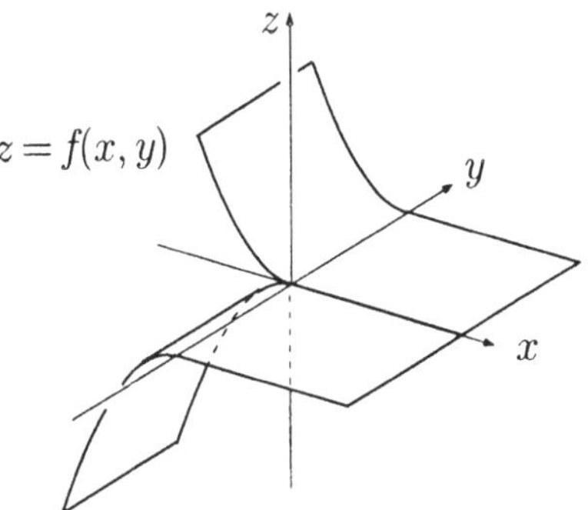

Fig. 5.1.12

(5.2) *Es sei $f\colon \Omega \to \mathbb{R}$ eine C^1-Funktion von zwei reellen Variablen x, y bzw. der Vektorvariablen $\mathbf{z} := (x,y)$, und es sei $\mathbf{z}_0 := (x_0, y_0)$ ein fest gewählter Punkt in Ω. Dann gilt*

$$f(x,y) - f(x_0,y_0) = A(x-x_0) + B(y-y_0) + o\big(|\mathbf{z}-\mathbf{z}_0|\big) \qquad (\mathbf{z}\to\mathbf{z}_0)$$

mit

$$A := f_x(x_0,y_0)\,, \qquad B := f_y(x_0,y_0)\,.$$

⌜ Wir schreiben

$$\Delta f := f(x,y) - f(x_0,y_0) = \big(f(x,y_0) - f(x_0,y_0)\big) + \big(f(x,y) - f(x,y_0)\big)$$

und wenden auf jede der beiden Klammern rechter Hand den Mittelwertsatz der Differentialrechnung, Version **(3.6)**, an. Es folgt

$$\Delta f = f_x(\xi, y_0)(x-x_0) + f_y(x,\eta)(y-y_0)\,,$$

wobei ξ zwischen x_0 und x, η zwischen y_0 und y liegt (Fig. 5.1.13). Setzen wir $(\xi, y_0) =: \mathbf{z}_1$, $(x,\eta) =: \mathbf{z}_2$, so folgt

$$\Delta f - A(x-x_0) - B(y-y_0) = \big(f_x(\mathbf{z}_1) - A\big)(x-x_0) + \big(f_y(\mathbf{z}_2) - B\big)(y-y_0)$$

und somit

$$\big|\Delta f - A(x-x_0) - B(y-y_0)\big| \le \Big(\big|f_x(\mathbf{z}_1) - A\big| + \big|f_y(\mathbf{z}_2) - B\big|\Big)|\mathbf{z}-\mathbf{z}_0|\,.$$

Da die Punkte $\mathbf{z}_1$ und $\mathbf{z}_2$ mit $\mathbf{z}\to\mathbf{z}_0$ ebenfalls gegen $\mathbf{z}_0$ konvergieren und da f_x und f_y dort stetig sind, strebt hier die große Klammer rechter Hand mit $\mathbf{z}\to\mathbf{z}_0$ gegen 0. Es gilt also

$$\lim_{\mathbf{z}\to\mathbf{z}_0} \frac{\Delta f - A(x-x_0) - B(y-y_0)}{|\mathbf{z}-\mathbf{z}_0|} = 0\,,$$

wie behauptet. ⌟

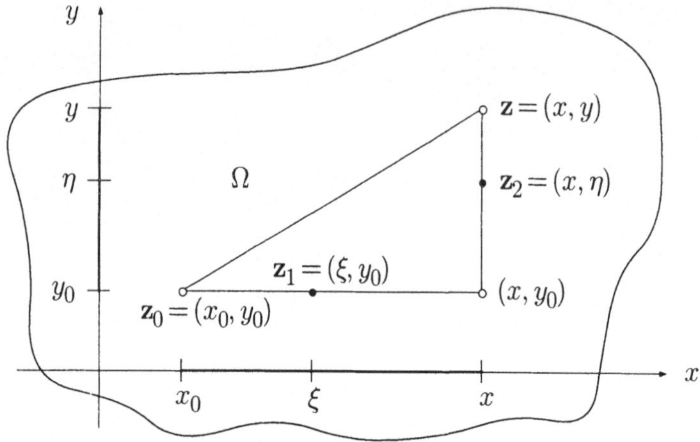

Fig. 5.1.13

Der "praktische Gehalt" dieses Satzes ist die Näherungsformel

$$f(x,y) \doteq f(x_0,y_0) + A(x-x_0) + B(y-y_0) \qquad (8)$$

$$\bigl(A := f_x(x_0,y_0)\,, \quad B := f_y(x_0,y_0) \bigr)$$

zur approximativen Berechnung des Funktionswertes $f(x,y)$, wenn (x,y) nahe bei (x_0,y_0) liegt und die Werte von f, f_x und f_y an der Stelle (x_0,y_0) verfügbar sind. Zur Qualität der Approximation das folgende: Der Fehler in der banalen Näherung $f(x,y) \doteq f(x_0,y_0)$ geht mit $\mathbf{z} \to \mathbf{z}_0$ gegen 0, "im Normalfall" so schnell wie $|\mathbf{z}-\mathbf{z}_0|$. Der Fehler in der Näherung (8) geht wesentlich schneller gegen 0 als $|\mathbf{z}-\mathbf{z}_0|$, "im Normalfall" so schnell wie $|\mathbf{z}-\mathbf{z}_0|^2$.

⑤ Es sollen Näherungswerte für die Zahlen

$$\alpha := \sqrt{3.03^2 + 3.95^2}\,, \qquad \beta := \sqrt{2.94^2 + 4.07^2}$$

bestimmt werden. Hierzu führen wir die Funktion

$$r(x,y) := \sqrt{x^2+y^2}$$

ein; sie besitzt nach (6) die partiellen Ableitungen

$$r_x(x,y) = \frac{x}{r}\,, \qquad r_y(x,y) = \frac{y}{r}\,.$$

Die vorliegenden numerischen Daten legen nahe, $(x_0,y_0) := (3,4)$ zu wählen. Dann ist

$$r(x_0,y_0) = 5\,, \qquad r_x(x_0,y_0) = \frac{3}{5}\,, \qquad r_y(x_0,y_0) = \frac{4}{5}\,,$$

und wir erhalten aufgrund von (8):

$$r(x,y) \doteq 5 + 0.6 \cdot (x-3) + 0.8(y-4) .$$

Damit wird

$$\alpha \doteq 5 + 0.6 \cdot 0.03 + 0.8 \cdot (-0.05) = 4.9780 ,$$
$$\beta \doteq 5 + 0.6 \cdot (-0.06) + 0.8 \cdot 0.07 = 5.0200 .$$

Die wahren Werte sind 4.97829 und 5.02081. ○

Um eine geometrische Deutung von (8) zu geben, betrachten wir den Graphen von f. Der Graph

$$\mathcal{G}: \qquad z = f(x,y)$$

einer C^1-Funktion f von zwei Variablen ist eine glatte Fläche im (x,y,z)-Raum, die schlicht über $\operatorname{dom}(f)$ liegt.

An dieser Stelle ist eine allgemeine Bemerkung über Tangenten und Tangentialebenen notwendig: Eine glatte Kurve $\gamma \subset \mathbb{R}^n$ besitzt in jedem Punkt $P \in \gamma$ eine Tangente, die wir mit $T_P\gamma$ bezeichnen. Eine glatte Fläche S im $\mathbb{R}^3$ besitzt in jedem Punkt $P \in S$ eine **Tangentialebene**, die wir mit T_PS bezeichnen. T_PS ist durch folgende Eigenschaft charakterisiert (Fig. 5.1.14): Ist γ irgendeine durch P gehende Kurve auf der Fläche S, so liegt die Tangente $T_P\gamma$ in der Ebene T_PS. Andersherum: T_PS wird von den Tangenten an die Flächenkurven durch P aufgespannt.

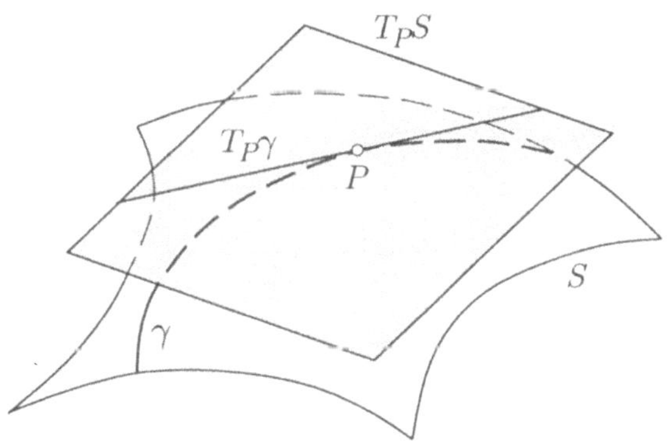

Fig. 5.1.14

Im Augenblick interessiert uns besonders die Umgebung des Punktes

$$P := \bigl(x_0, y_0, f(x_0,y_0)\bigr) \in \mathcal{G} .$$

Die Ebene $y = y_0$ schneidet aus $\mathcal{G}$ eine Kurve γ heraus (Fig. 5.1.15), die als Graph der partiellen Funktion

$$x \mapsto z := f(x, y_0) \qquad (=: \phi(x))$$

aufgefaßt werden kann. Die Steigung von γ hat im Punkt P den Wert $\phi'(x_0) = f_x(x_0, y_0) =: A$. Folglich ist die Tangente $T_P\gamma =: t$ gegeben durch

$$t: \quad \begin{cases} y = y_0 \\ z = f(x_0, y_0) + A(x - x_0) \end{cases} . \tag{9}$$

Analog schneidet die Ebene $x = x_0$ aus $\mathcal{G}$ eine Kurve $\bar{\gamma}$ heraus, die als Graph der partiellen Funktion

$$y \mapsto z := f(x_0, y)$$

aufgefaßt werden kann. Die Steigung von $\bar{\gamma}$ hat im Punkt P den Wert $f_y(x_0, y_0) =: B$. Folglich ist die Tangente $T_P\bar{\gamma} =: \bar{t}$ gegeben durch

$$\bar{t}: \quad \begin{cases} x = x_0 \\ z = f(x_0, y_0) + B(y - y_0) \end{cases} .$$

Die beiden Geraden t und $\bar{t}$ sind Tangenten an Flächenkurven durch P und liegen somit in der Tangentialebene $T_P\mathcal{G} =: \mathcal{T}$. Und weiter: Da t und $\bar{t}$ voneinander verschieden sind, muß $\mathcal{T}$ die von diesen beiden Geraden aufgespannte Ebene sein.

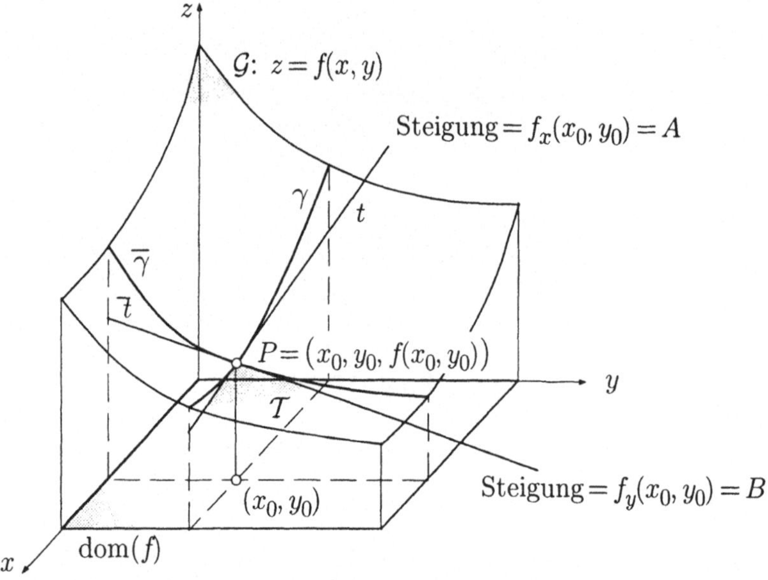

Fig. 5.1.15

Betrachten wir nun den Graphen der rechten Seite von (8)! Er besitzt die in den Variablen x, y und z lineare Gleichung

$$z = f(x_0, y_0) + A(x - x_0) + B(y - y_0) ,$$

ist also eine Ebene. Schneiden wir diese Ebene mit der Ebene $y = y_0$, so resultiert die durch (9) gegebene Gerade t, und der Schnitt mit der Ebene $x = x_0$ liefert die Gerade $\bar{t}$. Der Graph der rechten Seite von (8) ist also gerade die von t und $\bar{t}$ aufgespannte Ebene $\mathcal{T} = T_P\mathcal{G}$.

Damit ist folgendes gezeigt: Der Gebrauch der Näherung (8) bedeutet, daß der Graph von f durch seine Tangentialebene $\mathcal{T}$ im Punkt P ersetzt wird.

Wir formulieren nun (ohne weiteren Beweis) den Satz **(5.2)** für Funktionen von n reellen Variablen $x_1, \ldots, x_n$ bzw. für Funktionen einer Vektorvariablen $\mathbf{x} := (x_1, \ldots, x_n)$:

(5.2′) *Es seien $\Omega \subset \mathbb{R}^n$ eine offene Menge, $f\colon \Omega \to \mathbb{R}$ eine C^1-Funktion, $\mathbf{x} \in \Omega$ ein fest gewählter Punkt und $\mathbf{h} = (h_1, \ldots, h_n)$ ein im Punkt $\mathbf{x}$ angehefteter variabler Zuwachs. Dann gilt*

$$f(\mathbf{x}+\mathbf{h}) - f(\mathbf{x}) = A_1h_1 + A_2h_2 + \ldots + A_nh_n + o(|\mathbf{h}|) \qquad (\mathbf{h} \to \mathbf{0}) \quad (10)$$

mit Koeffizienten $A_k := f_{.k}(\mathbf{x})$.

Der Zuwachs des Funktionswertes ist also in erster Näherung eine lineare Funktion des Zuwachses $\mathbf{h}$ der unabhängigen Variablen. Die in (10) erscheinende Summe von n Produkten läßt sich als Skalarprodukt deuten. Hierzu betrachten wir die Koeffizienten A_k als Koordinaten eines im Punkt $\mathbf{x}$ angehefteten Vektors ∇f, des sogenannten **Gradienten** von f an der Stelle $\mathbf{x}$. Wir definieren also formal:

$$\nabla f(\mathbf{x}) := \bigl(f_{.1}(\mathbf{x}), f_{.2}(\mathbf{x}), \ldots, f_{.n}(\mathbf{x})\bigr)$$

(auch die Bezeichnung $\mathbf{grad} f$ ist üblich), wobei wir zur geometrischen Bedeutung dieses Ansatzes gleich kommen werden. Jedenfalls können wir nun die Beziehung (10) folgendermaßen schreiben:

$$f(\mathbf{x}+\mathbf{h}) - f(\mathbf{x}) = \nabla f(\mathbf{x}) \bullet \mathbf{h} + o(|\mathbf{h}|) \qquad (\mathbf{h} \to \mathbf{0}) , \quad (11)$$

und dies liefert die äußerst handliche Näherungsformel

$$f(\mathbf{x}+\mathbf{h}) - f(\mathbf{x}) \doteq \nabla f(\mathbf{x}) \bullet \mathbf{h} . \quad (12)$$

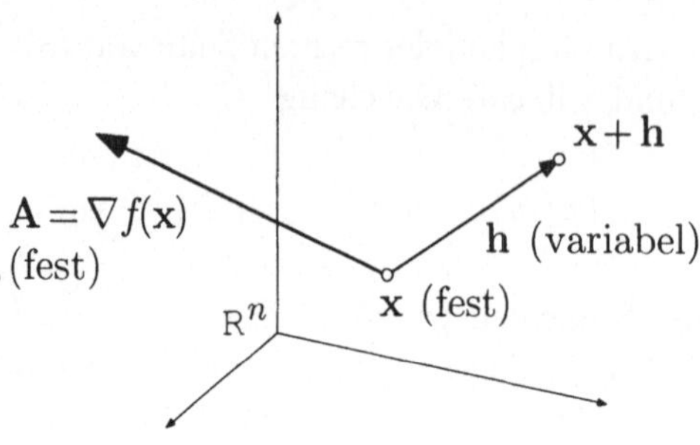

Fig. 5.1.16

Die Version (11) von Satz **(5.2′)** setzt uns instand, die oben offengebliebene Frage zu beantworten, wie sich die Richtungsableitung für eine beliebige Richtung $\mathbf{e}$ aus den partiellen Ableitungen berechnen läßt. Mit $\mathbf{h} := t\mathbf{e}\ \ (t > 0)$ erhalten wir aus (11):

$$f(\mathbf{x}+t\mathbf{e}) - f(\mathbf{x}) = \nabla f(\mathbf{x}) \bullet (t\mathbf{e}) + o(t) \qquad (t \to 0+)$$

und somit

$$\frac{f(\mathbf{x}+t\mathbf{e}) - f(\mathbf{x})}{t} = \nabla f(\mathbf{x}) \bullet \mathbf{e} + o(1) \qquad (t \to 0+) \ .$$

Damit ergibt sich für die gesuchte Richtungsableitung die Formel

$$D_{\mathbf{e}} f(\mathbf{x}) \ = \ \nabla f(\mathbf{x}) \bullet \mathbf{e} \ . \tag{13}$$

⑥ Es sei

$$f(x,y,z) := \frac{x^2+2y}{3-z} \ ;$$

gesucht ist die Richtungsableitung an der Stelle $P := (4,2,1)$ in Richtung $\mathbf{e} := \frac{1}{3}(2,1,-2)$. — Zunächst berechnen wir

$$\nabla f(x,y,z) = (f_x, f_y, f_z) = \left(\frac{2x}{3-z}, \frac{2}{3-z}, \frac{x^2+2y}{(3-z)^2}\right)$$

und haben nun den Punkt P einzusetzen:

$$\nabla f(4,2,1) = (4,1,5) \ .$$

Damit ergibt sich

$$D_{\mathbf{e}} f(P) \ = \ (4,1,5) \bullet \frac{1}{3}(2,1,-2) = -\frac{1}{3} \ .$$

○

Die Formel (13) erlaubt uns, den vorher rein formal eingeführten Gradienten auch geometrisch zu erklären. Für eine gegebene Funktion $f\colon \Omega \to \mathbb{R}$ und einen fest gewählten Punkt $\mathbf{x} \in \Omega$ ist $\nabla f(\mathbf{x}) =: \mathbf{A}$ ein wohlbestimmter, im Punkt $\mathbf{x}$ angehefteter Vektor. Wir betrachten nun die Richtungsableitung $D_{\mathbf{e}} f(\mathbf{x})$ als eine Funktion $q(\cdot)$ des Richtungsvektors $\mathbf{e}$; der Definitionsbereich dieser Funktion ist somit die $(n-1)$-dimensionale Einheitssphäre im $\mathbb{R}^n$ (Fig. 5.1.17):

$$q: \quad S^{n-1} \to \mathbb{R}, \qquad \mathbf{e} \mapsto q(\mathbf{e}) := D_{\mathbf{e}} f(\mathbf{x}) .$$

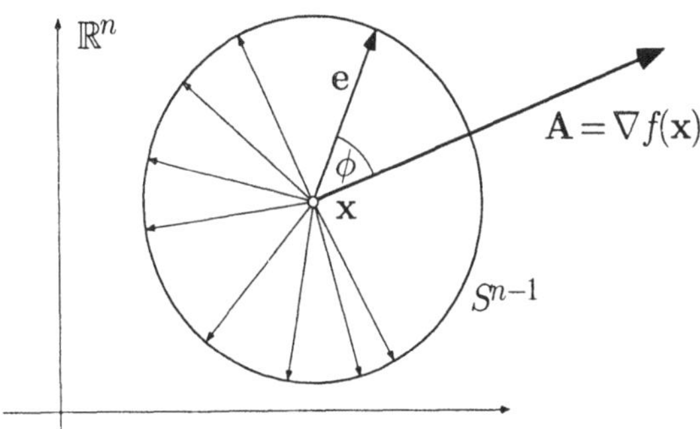

Fig. 5.1.17

Nach (13) ist

$$q(\mathbf{e}) = \nabla f(\mathbf{x}) \bullet \mathbf{e} = \mathbf{A} \bullet \mathbf{e} = |\mathbf{A}| \cos\phi ,$$

wobei ϕ den Winkel zwischen $\mathbf{A}$ und $\mathbf{e}$ bezeichnet. Die Richtungsableitung $q(\mathbf{e})$ hat daher den Maximalwert $|\mathbf{A}|$, wenn $\mathbf{e}$ in die Richtung von $\mathbf{A}$ weist, und $q(\mathbf{e})$ ist minimal $(= -|\mathbf{A}|)$ in der entgegengesetzten Richtung. In anderen Worten: Der Gradient $\nabla f(\mathbf{x})$ zeigt in die Richtung der maximalen Zuwachsrate von f an der Stelle $\mathbf{x}$, und sein Betrag ist gleich dieser maximalen Zuwachsrate.

⑦ An der Stelle $P = (x_0, y_0)$ biegt der Bergweg um: Richtung Südost geht es mit 25% Steigung bergan, Richtung Süd geht es mit 20% Gefälle bergab (Fig. 5.1.18). Der Wanderer im Nebel möchte möglichst rasch zum Gipfel. In welcher Richtung muß er gehen, und wie steil ist es da?

Es bezeichne $f(x,y)$ die Höhe über Meer an der Stelle (x,y). Wir müssen versuchen, aus den gegebenen Daten den Gradienten $\nabla f(x_0,y_0) =: (A_1, A_2)$ zu bestimmen. Die beiden genannten Himmelsrichtungen werden durch die Vektoren $\mathbf{e}' := (\frac{1}{\sqrt{2}}, -\frac{1}{\sqrt{2}})$ und $\mathbf{e}'' := (0,-1)$ repräsentiert. Nach (13) gilt

$$D_{\mathbf{e}'} f(P) = \nabla f(P) \bullet \mathbf{e}' = \mathbf{A} \bullet \mathbf{e}'$$

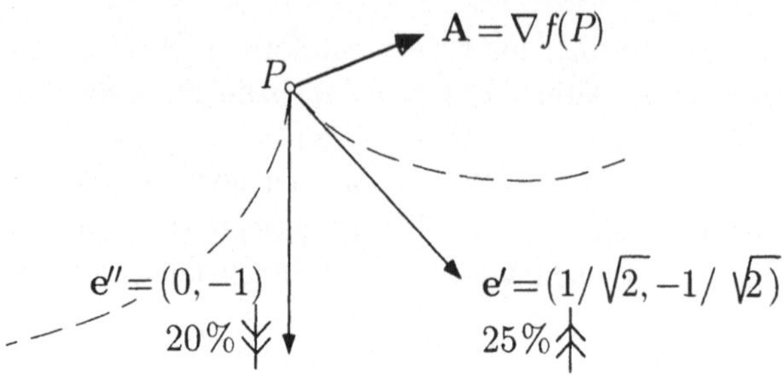

Fig. 5.1.18

und analog für $\mathbf{e}''$. Setzen wir hier die Zahlen ein, so erhalten wir die zwei Gleichungen

$$\left.\begin{aligned} 0.25 &= \frac{1}{\sqrt{2}}A_1 - \frac{1}{\sqrt{2}}A_2 \\ -0.2 &= \qquad\quad - A_2 \end{aligned}\right\}$$

für die Unbekannten A_1, A_2. Es folgt nacheinander $A_2 = 0.2$, $A_1 = \sqrt{2} \cdot 0.25 + 0.2 = 0.554$ und somit

$$\nabla f(P) = (0.554,\, 0.2)\ .$$

Die einzuschlagende Richtung ergibt sich aus

$$\arg(A_1, A_2) = 19.86^\circ\ ;$$

in dieser Richtung hat die Steigung (= Höhendifferenz pro Meter Horizontaldistanz) den Wert

$$\sqrt{A_1^2 + A_2^2} = 59\%\ .$$

○

Zum eisernen Bestand der Differentialrechnung in mehreren Variablen gehört die sogenannte verallgemeinerte Kettenregel. Es geht da um die Ableitung von zusammengesetzten Funktionen in einem mehrdimensionalen Environment. Die Regel drückt letzten Endes aus, daß der Zusammensetzung von Funktionen die Zusammensetzung ihrer (als lineare Abbildungen aufgefaßten) Ableitungen entspricht. Sie ist daher in erster Linie bei theoretischen Überlegungen von Bedeutung und weniger beim Rechnen mit konkret gegebenen Funktionsausdrücken.

Es sei also

$$\mathbf{x}(\cdot):\quad \mathbb{R} \curvearrowright \Omega\,, \qquad t \mapsto \mathbf{x}(t)$$

eine vektorwertige Funktion der Variablen t ("Zeit"), die man etwa als Bahn eines Satelliten interpretieren kann (Fig. 5.1.19). Weiter sei

$$f:\quad \Omega \to \mathbb{R}$$

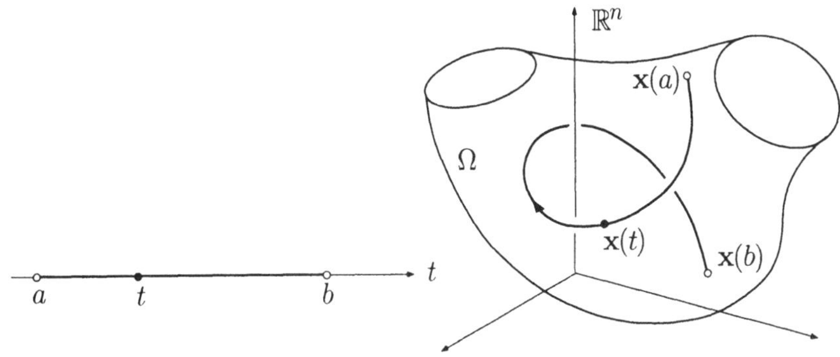

Fig. 5.1.19

eine reellwertige Funktion; man kann sich dabei vorstellen, daß $f(\mathbf{x})$ die Temperatur an der Stelle $\mathbf{x}$ angibt.

Die aus $\mathbf{x}(\cdot)$ und f zusammengesetzte Funktion

$$\phi(t) := f(\mathbf{x}(t)) \tag{14}$$

der Variablen t hat in unserem Bild folgende Bedeutung: Sie stellt den von einem mitreisenden Beobachter erlebten zeitlichen Temperaturverlauf dar. Sind $\mathbf{x}$ und f durch Funktionsterme gegeben, so läßt sich der Funktionsterm $\phi(t)$ ohne weiteres durch den Vollzug von (14) erhalten und der Ableitungsterm $\phi'(t)$ nach den bekannten Regeln ausrechnen. Die verallgemeinerte Kettenregel liefert aber eine Darstellung von $\phi'(t)$, in der die Entstehungsgeschichte (14) noch deutlich sichtbar ist: Sowohl die partiellen Ableitungen von f wie die Ableitungen der Komponentenfunktionen von $\mathbf{x}(\cdot)$ gehen in charakteristischer Weise in diese Darstellung ein. Hier also die **verallgemeinerte Kettenregel**:

(5.3) *Ist ϕ: $t \mapsto f(\mathbf{x}(t))$ die aus den C^1-Funktionen $\mathbf{x}(\cdot)$: $\mathbb{R} \curvearrowright \mathbb{R}^n$ und f: $\mathbb{R}^n \curvearrowright \mathbb{R}$ zusammengesetzte Funktion, so ist auch ϕ eine C^1-Funktion, und zwar gilt*

$$\phi' = f_{.1}\, x_1' + f_{.2}\, x_2' + \ldots + f_{.n}\, x_n' \,,$$

oder ausführlich:

$$\begin{aligned} \frac{d}{dt} f(\mathbf{x}(t)) &= f_{.1}(\mathbf{x}(t)) \cdot x_1'(t) + \ldots + f_{.n}(\mathbf{x}(t)) \cdot x_n'(t) \\ &= \nabla f(\mathbf{x}(t)) \bullet \mathbf{x}'(t) \,. \end{aligned} \tag{15}$$

⌜ Es sei $t_0 \in \operatorname{dom}(\mathbf{x}(\cdot))$ ein fest gewählter Zeitpunkt und $\mathbf{x}(t_0) =: \mathbf{x}_0$. Weiter sei t ein variabler Zeitpunkt in der Nähe von t_0; es sei etwa $t > t_0$. Zum Zeitintervall $[t_0, t]$ gehört die Ortsveränderung

$$\mathbf{h} := \mathbf{x}(t) - \mathbf{x}_0 \doteq (t - t_0)\mathbf{x}'(t_0)$$

(Fig. 5.1.20). Aufgrund von (12) können wir nun folgendermaßen argumentieren:

$$\begin{aligned}\phi(t) - \phi(t_0) &= f\bigl(\mathbf{x}(t)\bigr) - f\bigl(\mathbf{x}(t_0)\bigr) = f(\mathbf{x}_0 + \mathbf{h}) - f(\mathbf{x}_0)\\ &\doteq \nabla f(\mathbf{x}_0) \bullet \mathbf{h} \doteq \nabla f(\mathbf{x}_0) \bullet \mathbf{x}'(t_0)\,(t - t_0)\ .\end{aligned}$$

Hieraus folgt

$$\frac{\phi(t) - \phi(t_0)}{t - t_0} \doteq \nabla f(\mathbf{x}_0) \bullet \mathbf{x}'(t_0)\ ,$$

und im Limes $t \to t_0$ ergibt sich eben

$$\phi'(t_0) = \nabla f(\mathbf{x}_0) \bullet \mathbf{x}'(t_0) = \sum_{k=1}^{n} f_{.k}(\mathbf{x}_0) \cdot x_k'(t_0)\ ,$$

was zu beweisen war. ┘

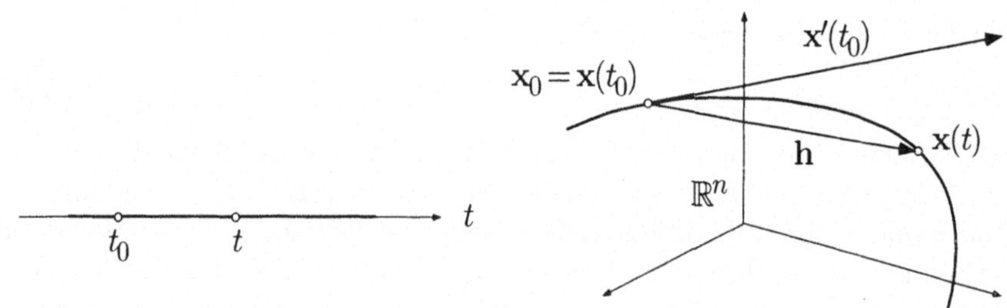

Fig. 5.1.20

⑧ Um eine ganz banale Anwendung der verallgemeinerten Kettenregel zu geben, betrachten wir das Produkt

$$\phi(t) := u(t) \cdot v(t)$$

der beiden reellwertigen Funktionen $u(\cdot)$ und $v(\cdot)$ als Zusammensetzung der vektorwertigen Funktion

$$\mathbf{w}(\cdot): \quad t \mapsto \mathbf{w}(t) := \bigl(u(t), v(t)\bigr)$$

mit der Funktion

$$f(u, v) := u\,v$$

von zwei Variablen: Es ist $\phi(t) \equiv f(\mathbf{w}(t))$. Wegen

$$f_u(u, v) = v\ , \qquad f_v(u, v) = u$$

folgt

$$\phi'(t) = f_u\bigl(u(t), v(t)\bigr) \cdot u'(t) + f_v\bigl(u(t), v(t)\bigr) \cdot v'(t) = v(t)u'(t) + u(t)v'(t)\ ,$$

wie erwartet. ○

Eine weitere, ebenfalls nichtgeometrische Anwendung von Satz **(5.3)** ist die sogenannte Leibnizsche Regel über die Ableitung eines Integrals nach einem Parameter. Es sei zunächst $B \subset \mathbb{R}^n$ ein kompakter Bereich und

$$f(\cdot, t): \quad B \to \mathbb{R}, \qquad \mathbf{x} \mapsto f(\mathbf{x}, t)$$

eine mit der reellen Hilfsvariablen t parametrisierte Schar von Funktionen der räumlichen Variablen $\mathbf{x}$. Das Integral dieser Funktionen über den Bereich B wird dann von t abhängen; das heißt: Es liegt eine Funktion

$$\Phi(t) := \int_B f(\mathbf{x}, t)\, d\mu(\mathbf{x})$$

vor. Beispiel: Bezeichnet $f(\mathbf{x}, t)$ die elektrische Ladungsdichte an der Stelle $\mathbf{x}$ zur Zeit t, so stellt $\Phi(t)$ die zur Zeit t in dem Bereich B befindliche Gesamtladung dar.

Die **Leibnizsche Regel** besagt, daß man zur Berechnung der Ableitung $\Phi'(t)$ unter dem Integralzeichen partiell nach t differenzieren darf:

(5.4) *Unter geeigneten Stetigkeitsvoraussetzungen gilt*

$$\frac{d}{dt} \int_B f(\mathbf{x}, t)\, d\mu(\mathbf{x}) = \int_B f_t(\mathbf{x}, t)\, d\mu(\mathbf{x}) .$$

⌜ Wir halten einen Punkt $t_0 \in \operatorname{dom}(\Phi)$ fest. Dann gilt für beliebige t in der Nähe von t_0:

$$\begin{aligned} \Phi(t) - \Phi(t_0) &= \int_B f(\mathbf{x}, t)\, d\mu(\mathbf{x}) - \int_B f(\mathbf{x}, t_0)\, d\mu(\mathbf{x}) \\ &= \int_B \bigl(f(\mathbf{x}, t) - f(\mathbf{x}, t_0)\bigr)\, d\mu(\mathbf{x}) \doteq \int_B f_t(\mathbf{x}, t_0)\, (t - t_0)\, d\mu(\mathbf{x}) \end{aligned}$$

und somit

$$\Phi'(t_0) \doteq \frac{\Phi(t) - \Phi(t_0)}{t - t_0} \doteq \int_B f_t(\mathbf{x}, t_0)\, d\mu(\mathbf{x}) .$$

Da hier die Genauigkeit durch geeignete Wahl von $t \doteq t_0$ beliebig gesteigert werden kann, gilt in Wirklichkeit

$$\Phi'(t_0) = \int_B f_t(\mathbf{x}, t_0)\, d\mu(\mathbf{x}) ,$$

wie behauptet. ⌟

⑨ Es soll das bestimmte Integral

$$\int_0^1 \frac{x^\alpha - 1}{\log x}\, dx =: \Phi(\alpha) \qquad (\alpha \geq 0)$$

berechnet werden. (Der Integrand strebt für $x \to 0+$ gegen 0 und für $x \to 1-$ gegen α.) — Eine Stammfunktion ist nirgends in Sicht. Der Umweg über Φ' hilft aber weiter:

$$\begin{aligned}\Phi'(\alpha) &= \int_0^1 \frac{\partial}{\partial\alpha}\frac{x^\alpha - 1}{\log x}\,dx = \int_0^1 \frac{\log x \cdot x^\alpha}{\log x}\,dx = \int_0^1 x^\alpha\,dx \\ &= \frac{1}{\alpha+1}x^{\alpha+1}\Big|_0^1 = \frac{1}{\alpha+1}\ .\end{aligned}$$

Hieraus folgt

$$\Phi(\alpha) = \log(\alpha+1) + C$$

für ein geeignetes C, und da offensichtlich $\Phi(0) = 0$ ist, erhalten wir definitiv

$$\Phi(\alpha) = \log(\alpha+1)\ .$$

○

Gelegentlich hängt auch der Integrationsbereich B von dem Parameter ab. Im eindimensionalen Fall geht es dann um Integrale der folgenden Art (siehe die Fig. 5.1.21):

$$\Phi(t) := \int_{a(t)}^{b(t)} f(x,t)\,dx\ .$$

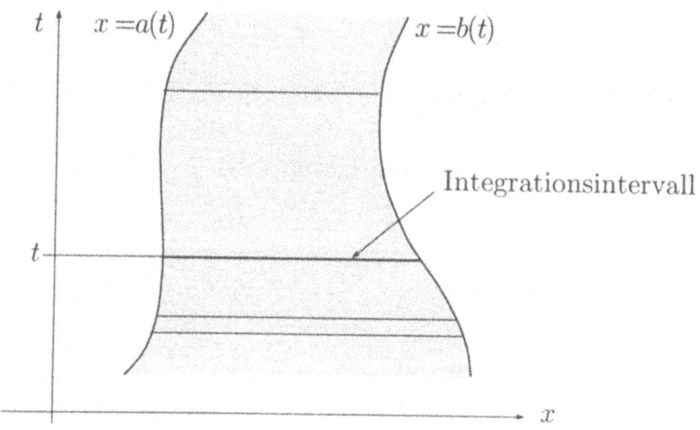

Fig. 5.1.21

Wenn wir die Ableitung dieser neuen Funktion Φ berechnen wollen, so müssen wir in geeigneter Weise berücksichtigen, daß die Variable t an drei verschiedenen Stellen in die Definition von Φ eingeht. Hierzu führen wir formal die vektorwertige Funktion

$$\mathbf{r}(\cdot): \quad t \mapsto (a(t), b(t), t)$$

ein sowie die reellwertige Funktion

$$F(a,b,c) := \int_a^b f(x,c)\,dx$$

der drei Variablen a, b, c bzw. der Vektorvariablen $\mathbf{r} := (a,b,c)$. Dann läßt sich Φ in der folgenden Weise schreiben:

$$\Phi(t) = F(\mathbf{r}(t)) \quad -$$

ein klarer Fall für Satz **(5.3)**:

$$\Phi'(t) = F_a \cdot a'(t) + F_b \cdot b'(t) + F_c \cdot 1\,,$$

wobei die partiellen Ableitungen F_a, F_b, F_c an der Stelle $\mathbf{r}(t)$ zu nehmen sind. Mit **(4.4)** und **(5.4)** ergibt sich

$$F_a(a,b,c) = -f(a,c)\,, \qquad F_b(a,b,c) = f(b,c)\,, \qquad F_c(a,b,c) = \int_a^b f_c(x,c)\,dx\,,$$

so daß wir als **Leibnizsche Regel "mit Extras"** die folgende Formel notieren können:

(5.5)

$$\frac{d}{dt}\int_{a(t)}^{b(t)} f(x,t)\,dx = f\big(b(t),t\big)b'(t) - f\big(a(t),t\big)a'(t) + \int_{a(t)}^{b(t)} f_t(x,t)\,dx\,.$$

Die nächste Anwendung der verallgemeinerten Kettenregel kommt bestimmt.

Aufgaben

1. Ⓜ Es sei

$$f(x,y) := \arctan(2x^2 + 3xy - 4y^2)\,.$$

Berechne $f(1,1)$ sowie einen Näherungswert für $f(1.02, 0.97)$. Vergleiche mit dem genauen Wert.

2. Es sei

$$F(\alpha) := \int_1^\infty \frac{e^{-\alpha x^2}}{x}\,dx \qquad (\alpha > 0)\,.$$

Man gebe einen integralfreien Ausdruck für $F'(\alpha)$.

3. Die Funktion

$$f(x,y,z) := \int_{\cos x}^{\sin y} e^{zt}\,dt$$

(integriert wird nach t; die Variablen x, y, z werden während der Integration festgehalten!) ist im ganzen (x,y,z)-Raum erklärt. Berechne $\nabla f\big(\frac{\pi}{2}, \frac{\pi}{3}, 0\big)$.

4. Finde und beweise dabei eine koordinatenfreie Identität der Form

$$\nabla(f \cdot g) = \ldots\,.$$

5.2. Höhere partielle Ableitungen, Taylorsche Formel

Ist $f\colon \Omega \to \mathbb{R}$ eine Funktion von n reellen Variablen (x, y oder x, y, z oder $x_1, \ldots, x_n$), so sind ihre n partiellen Ableitungen

$$f_x,\ f_y \quad \text{bzw.} \quad f_x,\ f_y,\ f_z \quad \text{bzw.} \quad f_{.k}\ (1 \le k \le n) \tag{1}$$

Funktionen derselben Art, allenfalls mit einem etwas kleineren Definitionsbereich $\Omega' \subset \Omega$.

① Die Betragsfunktion

$$r(\mathbf{x}) := \sqrt{x_1^2 + \ldots + x_n^2}$$

besitzt den Definitionsbereich $\mathbb{R}^n$. Ihre partiellen Ableitungen

$$r_{.k}(\mathbf{x}) = \frac{x_k}{\sqrt{x_1^2 + \ldots + x_n^2}} = \frac{x_k}{r} \qquad (1 \le k \le n)$$

sind jedoch nur im punktierten Raum $\mathbb{R}^n \setminus \{\mathbf{0}\}$ erklärt. ○

Die Funktionen (1) besitzen ihrerseits partielle Ableitungen nach allen Variablen, so daß wir zum Beispiel bei einer Funktion von x und y auf vier partielle Ableitungen zweiter Ordnung kommen:

$$(f_x)_x =: f_{xx}, \quad (f_x)_y =: f_{xy}, \quad f_{yx}, \quad f_{yy}\ .$$

In dieser Weise fortfahrend können wir (jedenfalls formal) partielle Ableitungen beliebig hoher Ordnung bilden, wobei jede derartige Ableitung durch ein bestimmtes "Wort" aus dem Variablenalphabet gekennzeichnet ist. So ist $f_{xxyxyyx}$ eine gewisse partielle Ableitung siebenter Ordnung von f. Sind alle partiellen Ableitungen von f bis zur Ordnung r tatsächlich vorhanden und stetig, so nennt man f eine Funktion der **Klasse** C^r und schreibt $f \in C^r$, wenn nötig $f \in C^r(\Omega, \mathbb{R})$.

Nun darf man "bekanntlich" bei höheren partiellen Ableitungen die Differentiationsreihenfolge vertauschen. In erster Linie gilt:

(5.6) *Es sei f eine C^2-Funktion der Variablen x und y. Dann gilt* $f_{xy} = f_{yx}$.

⌈ Betrachte einen festen Punkt $(x_0, y_0) \in \operatorname{dom}(f)$. Die Größe

$$A(x,y) := f(x,y) - f(x_0,y) - f(x,y_0) + f(x_0,y_0)$$

(Fig. 5.2.1) ist für alle Punkte (x, y) in der Nähe von (x_0, y_0) definiert und steht in dem folgenden Zusammenhang mit den gemischten Ableitungen von f an der Stelle (x_0, y_0):

$$f_{xy}(x_0, y_0) \doteq \frac{f_x(x_0, y) - f_x(x_0, y_0)}{y - y_0}$$

$$\doteq \frac{\frac{f(x,y) - f(x_0,y)}{x - x_0} - \frac{f(x,y_0) - f(x_0,y_0)}{x - x_0}}{y - y_0} = \frac{A(x,y)}{(x - x_0)(y - y_0)} .$$

Analog schließt man für $f_{xy}(x_0, y_0)$; und es folgt

$$f_{xy}(x_0, y_0) = \lim_{(x,y)\to(x_0,y_0)} \frac{A(x,y)}{(x - x_0)(y - y_0)} = f_{yx}(x_0, y_0) . \qquad \lrcorner$$

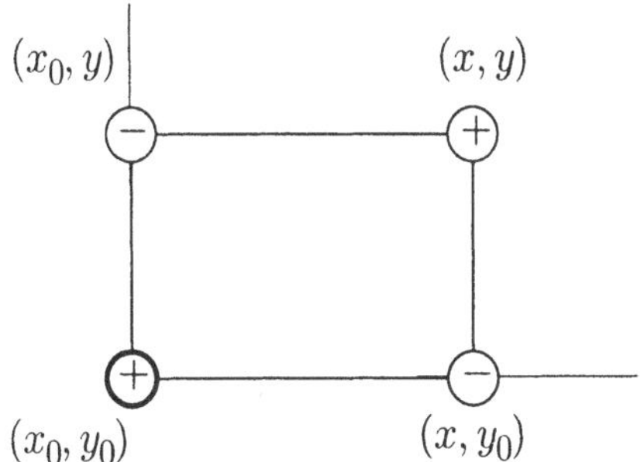

Fig. 5.2.1

Mit vollständiger Induktion ergibt sich hieraus, daß es bei partiellen Ableitungen irgendeiner Ordnung einzig darauf ankommt, wie oft nach jeder auftretenden Variablen differenziert wird. Man schreibt also zum Beispiel

$$\frac{\partial^6 f}{\partial x^2 \partial y \partial z^3}$$

und meint damit, daß f zweimal partiell nach x, einmal nach y und dreimal nach z zu differenzieren ist.

② Wir behandeln zwischenhinein das folgende kombinatorische Problem: Wieviele partielle Ableitungen der Ordnung $\leq N$ muß man bei einer Funktion von n Variablen veranschlagen? Dieses Problem ist von praktischer Bedeutung, wenn es darum geht, in einem Computer Speicherplätze für die Koeffizienten von N-Jets (Taylor-Polynomen) zu reservieren.

Jede der genannten partiellen Ableitungen läßt sich wie folgt durch ein Wort der Länge $N + n$, bestehend aus N Einsen und n Nullen, repräsentieren: Die n Nullen stehen als Trennstriche zwischen $n + 1$ Gruppen von Einsen (einige dieser Gruppen können auch leer sein). Die Länge der k-ten derartigen Gruppe, $0 \leq k \leq n$, gibt an, wie oft nach der Variablen x_k differenziert werden soll. Die Variable x_0 ist eine "Phantomvariable"; die Ableitungen von f der Ordnung $< N$ werden dann automatisch mitgezählt.

Bsp: Das Wort

$$10110100111$$

gehört zu $n = 4$ und $N = 7$; es repräsentiert die partielle Ableitung

$$\frac{\partial^6 f}{\partial x_1^2 \partial x_2 \partial x_4^3}\ .$$

Es ist ziemlich klar, daß auf diese Weise die genannte Kollektion von partiellen Ableitungen bijektiv auf die Menge der 0-1-Folgen der Länge $N+n$ mit genau n Nullen abgebildet wird. Die Anzahl dieser Folgen beträgt

$$\binom{N+n}{n}\ .$$

Dies ist auch die gesuchte Anzahl von Ableitungen. ○

Wir kommen nun zur Taylor-Entwicklung der Funktionen von n Variablen, wobei wir uns der Einfachheit halber auf den Fall von $n := 2$ Variablen x, y beschränken. Es sei also Ω eine Umgebung des Punktes $\mathbf{z}_0 := (x_0, y_0)$ und

$$f: \quad \Omega \to \mathbb{R}\,, \qquad (x,y) \mapsto f(x,y)$$

eine Funktion der Klasse C^{N+1} für ein passendes N. Es geht darum, den Funktionswert an der (variablen) Stelle

$$\mathbf{z} \;:=\; \mathbf{z}_0 + \Delta\mathbf{z} = (x_0 + \Delta x, y_0 + \Delta y)$$

durch ein Polynom in den Zuwachskoordinaten Δx, Δy zu approximieren, wobei wir auch hier den Limes $\Delta\mathbf{z} \to \mathbf{0}$ im Auge haben.

Um die Resultate von Abschnitt 3.4 über die Taylor-Entwicklung von Funktionen *einer* Variablen verwenden zu können, halten wir $\Delta\mathbf{z}$ für den Moment ebenfalls fest und betrachten die Hilfsfunktion

$$\Phi(t) \;:=\; f(x_0 + t\Delta x, y_0 + t\Delta y) \qquad (0 \leq t \leq 1)\,,$$

die den Wertverlauf von f längs der Verbindungsstrecke der Punkte $\mathbf{z}_0$ und $\mathbf{z}$ beschreibt (Fig. 5.2.2). Dann ist $\Phi(0) = f(x_0, y_0)$, und

$$\Phi(1) = f(x_0 + \Delta x, y_0 + \Delta y)$$

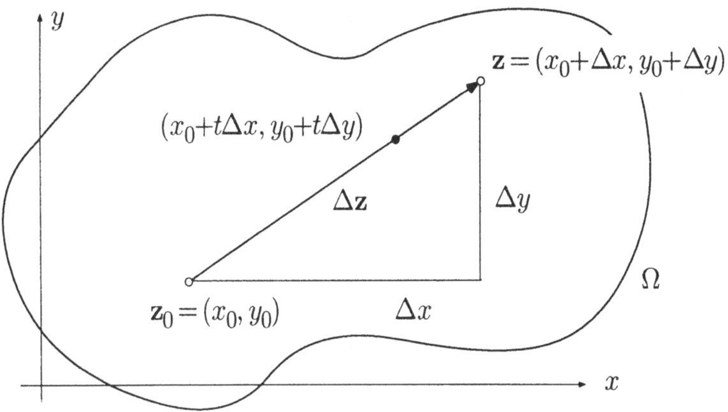

Fig. 5.2.2

ist der gesuchte Endwert. Nach Satz **(3.11)**, angewandt mit $a := 0$ und $t := 1$ lässt sich dieser Endwert wie folgt darstellen:

$$\Phi(1) = \Phi(0) + \frac{1}{1!}\Phi'(0) + \frac{1}{2!}\Phi''(0) + \ldots + \frac{1}{N!}\Phi^{(N)}(0) + R_N\,; \tag{2}$$

dabei ist

$$R_N \;=\; \frac{1}{(N+1)!}\Phi^{(N+1)}(\tau) \tag{3}$$

für ein geeignetes $\tau \in \,]0,1[\,$.

Für die Berechnung der Ableitungen von Φ müssen wir wiederholt die verallgemeinerte Kettenregel **(5.3)** heranziehen. Die auftretenden partiellen Ableitungen von f sind nämlich an der Stelle $(x_0+t\Delta x, y_0+t\Delta y)$ zu nehmen und sind somit ebenfalls zusammengesetzte Funktionen von t. Es ergibt sich

$$\begin{aligned}
\Phi'(t) &= f_x(x_0+t\Delta x, y_0+t\Delta y)\Delta x + f_y(x_0+t\Delta x, y_0+t\Delta y)\Delta y\;,\\
\Phi''(t) &= (f_{xx}\Delta x + f_{xy}\Delta y)\Delta x + (f_{yx}\Delta x + f_{yy}\Delta y)\Delta y\\
&= f_{xx}\Delta x^2 + 2f_{xy}\Delta x\Delta y + f_{yy}\Delta y^2\;,\\
\Phi'''(t) &= (f_{xxx}\Delta x + f_{xxy}\Delta y)\Delta x^2 + 2(f_{xyx}\Delta x + f_{xyy}\Delta y)\Delta x\Delta y + \ldots\\
&= f_{xxx}\Delta x^3 + 3f_{xxy}\Delta x^2\Delta y + \ldots
\end{aligned}$$

und so weiter. Man erkennt das folgende Bildungsgesetz:

$$\Phi^{(r)}(t) \;=\; \sum_{k=0}^{r}\binom{r}{k}\left.\frac{\partial^r f}{\partial x^{r-k}\partial y^k}\right|_{(x_0+t\Delta x, y_0+t\Delta y)}\Delta x^{r-k}\Delta y^k\,. \tag{4}$$

Wir wenden uns zunächst dem Hauptteil rechter Hand in (2) zu. Setzen wir für die Ableitungen $\Phi^{(r)}(0)\;\;(0 \le r \le N)$ die Werte ein, die sich aus

(4) ergeben, so entsteht ein Polynom vom Grad $\leq N$ in den Variablen Δx, Δy. Dieses Polynom ist der N**-Jet** oder das N**-te Taylorsche Approximationspolynom von** f **an der Stelle** (x_0, y_0); wir bezeichnen es mit $j^N_{(x_0,y_0)}f$. Die Koeffizienten des N-Jets sind die Werte der partiellen Ableitungen von f der Ordnung $\leq N$ an der Stelle (x_0, y_0), versehen mit gewissen kombinatorischen Faktoren:

$$\begin{aligned} j^N_{(x_0,y_0)}f(\Delta x, \Delta y) =& f(x_0, y_0) + f_x \Delta x + f_y \Delta y \\ &+ \frac{1}{2}(f_{xx}\Delta x^2 + 2f_{xy}\Delta x \Delta y + f_{yy}\Delta y^2) + \ldots \\ &+ \frac{1}{N!}\left(\binom{N}{0} f_{x^N}\Delta x^N + \binom{N}{1} f_{x^{N-1}y}\Delta x^{N-1}\Delta y + \ldots\right) \end{aligned}$$

(alle partiellen Ableitungen sind an der Stelle (x_0, y_0) zu nehmen). — Damit können wir (3) ersetzen durch

$$f(x_0 + \Delta x, y_0 + \Delta y) = j^N_{(x_0,y_0)}f(\Delta x, \Delta y) + R_N \ .$$

Wir versuchen nun, das Restglied (3) abzuschätzen. Nach Voraussetzung über f sind alle partiellen Ableitungen der Ordnung $N + 1$ von f in der Umgebung von (x_0, y_0) beschränkt; ferner ist

$$|\Delta x| \leq |\Delta \mathbf{z}|, \qquad |\Delta y| \leq |\Delta \mathbf{z}| \ .$$

Betrachten wir daher die Darstellung (4) für $r := N + 1$, so können wir folgendes sagen: Es gibt eine von $\Delta\mathbf{z}$ unabhängige Konstante C mit

$$|R_N| = \frac{1}{(N+1)!}|\Phi^{(N+1)}(\tau)| \leq C|\Delta \mathbf{z}|^{N+1} ,$$

denn für jeden der $N + 2$ Summanden in (4) gilt eine derartige Abschätzung. Hieraus folgt:

$$R_N \ = \ o(|\Delta \mathbf{z}|^N) \qquad (\Delta \mathbf{z} \to \mathbf{0}) \ .$$

Summa summarum haben wir den folgenden Satz über die Taylor-Entwicklung in zwei Variablen bewiesen:

(5.7) *Unter den getroffenen Annahmen gilt*

$$f(x_0 + \Delta x, y_0 + \Delta y) \ = \ j^N_{(x_0,y_0)}f(\Delta x, \Delta y) + o(|\Delta \mathbf{z}|^N) \qquad (\Delta \mathbf{z} \to \mathbf{0}) \ .$$

Der frühere Satz **(5.2)** ist hierin als Fall $N := 1$ enthalten. Satz **(5.7)** läßt sich natürlich zur approximativen Berechnung von Funktionswerten benutzen, indem man den o-Term vernachläßigt:

$$f(x_0 + \Delta x, y_0 + \Delta y) \ \doteq \ j^N_{(x_0,y_0)}f(\Delta x, \Delta y) \ .$$

Ist $j^N_{(x_0,y_0)}f \not\equiv 0$, so begeht man dabei einen Fehler, der für $\Delta\mathbf{z} \to \mathbf{0}$ wesentlich kleiner ist als der letzte in $j^N_{(x_0,y_0)}f$ auftretende Term.

Vor allem aber dient **(5.7)** zur Untersuchung von isolierten kritischen Punkten einer Funktion:

Es sei $f\colon \Omega \to \mathbb{R}$ eine Funktion von n Variablen. Ein Punkt $\mathbf{p} \in \Omega$ heißt **kritischer** oder **stationärer Punkt** von f, wenn $\nabla f(\mathbf{p}) = \mathbf{0}$ ist, das heißt: wenn an der Stelle $\mathbf{p}$ alle partiellen Ableitungen erster Ordnung verschwinden. Die kritischen Punkte sind also die Lösungen des Gleichungssystems

$$\left.\begin{aligned} f_{.1}(x_1,\ldots,x_n) &= 0 \\ &\vdots \\ f_{.n}(x_1,\ldots,x_n) &= 0 \end{aligned}\right\}$$

von n Gleichungen in n Unbekannten; sie liegen im allgemeinen isoliert. Ist $\nabla f(\mathbf{p}) \neq \mathbf{0}$, so heißt $\mathbf{p}$ ein **regulärer Punkt** von f.

In einem kritischen Punkt gibt der 1-Jet keinen Aufschluß über das lokale Verhalten der Funktion, denn er ist eine Konstante. Wir müssen daher mindestens den 2-Jet betrachten, der in einem kritischen Punkt $\mathbf{p}$ einer Funktion von n Variablen folgendermaßen aussieht:

$$j^2_{\mathbf{p}}f(\Delta x_1,\ldots,\Delta x_n) = f(\mathbf{p}) + \frac{1}{2}\sum_{i,k=1}^{n} f_{.ik}\Delta x_i \Delta x_k \ .$$

Hier erscheint rechter Hand ein homogenes quadratisches Polynom in den Variablen Δx_1, …, Δx_n, die sogenannte **Hessesche Form** von f in dem betreffenden kritischen Punkt:

$$H(\Delta x_1,\ldots,\Delta x_n) := \sum_{i,k=1}^{n} f_{.ik}\Delta x_i \Delta x_k$$

(die partiellen Ableitungen $f_{.ik}$ sind an der Stelle $\mathbf{p}$ zu nehmen). Die Analyse derartiger quadratischer Formen gehört zur linearen Algebra. Um einen kleinen Eindruck davon zu vermitteln, behandeln wir den Fall von zwei Variablen.

Es sei also $\mathbf{z}_0 := (x_0, y_0)$ ein kritischer Punkt der Funktion $f\colon \mathbb{R}^2 \curvearrowright \mathbb{R}$. Nach Satz **(5.7)** gilt

$$f(x_0+\Delta x, y_0+\Delta y) = f(x_0,y_0) + \frac{1}{2}H(\Delta x,\Delta y) + o(|\Delta\mathbf{z}|^2) \qquad (\Delta\mathbf{z} \to \mathbf{0}); \quad (5)$$

dabei ist

$$H(\Delta x,\Delta y) = f_{xx}\Delta x^2 + 2f_{xy}\Delta x\Delta y + f_{yy}\Delta y^2 \ .$$

Der kritische Punkt $\mathbf{z}_0$ heißt **nichtentartet**, wenn die Determinante von $H(\cdot,\cdot)$ nicht verschwindet:

$$\left(f_{xx}f_{yy} - f_{xy}^2\right)_{\mathbf{z}_0} \neq 0 .$$

Ist diese Bedingung erfüllt, so gibt der Charakter der Hesseschen Form (positiv definit oder negativ definit oder indefinit, s.u.) vollständigen Aufschluß über das qualitative Verhalten von f in der Umgebung von $\mathbf{z}_0$, und man braucht sich um den o-Term in (5) nicht zu kümmern, wenn man zum Beispiel wissen will, ob an der Stelle $\mathbf{z}_0$ ein lokales Maximum von f vorliegt. Wir wollen das hier nicht beweisen, machen aber Gebrauch davon beim Übergang von der zweiten zur dritten Kolonne der Tabelle 5.2.3.

(5.8) *Es sei* $\mathbf{z}_0 = (x_0, y_0)$ *ein nichtentarteter kritischer Punkt der Funktion* f. *Dann trifft genau einer der in der Tabelle 5.2.3 beschriebenen Sachverhalte zu.*

Bedingungen	Hessesche Form	Verhalten von f im Punkt $\mathbf{z}_0$
$f_{xx}f_{yy} - f_{xy}^2 > 0$		
(a) $f_{xx} > 0$	positiv definit (*Bsp:* $\Delta x^2 + \Delta y^2$)	lokales Minimum
(b) $f_{xx} < 0$	negativ definit (*Bsp:* $-\Delta x^2 - \Delta y^2$)	lokales Maximum
$f_{xx}f_{yy} - f_{xy}^2 < 0$	indefinit (*Bsp:* $\Delta x^2 - \Delta y^2$)	kein lokales Extremum, "Sattelpunkt"

Tab. 5.2.3

⌈ Ist $f_{xx} \neq 0$, so läßt sich die Hessesche Form folgendermaßen schreiben:

$$H(\Delta x, \Delta y) = \frac{1}{f_{xx}}\Big((f_{xx}\Delta x + f_{xy}\Delta y)^2 + (f_{xx}f_{yy} - f_{xy}^2)\Delta y^2\Big) . \tag{6}$$

Es sei zunächst $f_{xx}f_{yy} - f_{xy}^2 > 0$. Dann ist die eckige Klammer positiv für alle Werte der Variablen Δx, Δy, außer für $\Delta x = \Delta y = 0$. Ist $f_{xx} > 0$, so ist dann auch $H(\Delta x, \Delta y)$ stets positiv, außer für $\Delta x = \Delta y = 0$, und folglich im Ursprung minimal. Ein derartiges $H(\cdot,\cdot)$ heißt **positiv definit**. Nach dem angeführten Prinzip ist dann die Ausgangsfunktion f im Punkt $\mathbf{z}_0$ lokal minimal. Analog schließt man, falls $f_{xx} < 0$ ist.

Im Fall $f_{xx}f_{yy}-f_{xy}^2 < 0$ enthält die große Klammer in (6) einen Plusterm und einen Minusterm und kann somit beiderlei Vorzeichen annehmen. Dasselbe gilt dann auch für $H(\cdot,\cdot)$, das heißt: $H(\cdot,\cdot)$ ist **indefinit**.

Der Fall $f_{xx} = 0$ wird ähnlich behandelt. ⌟

Hiernach gibt es bei zwei Variablen genau drei verschiedene Typen von nichtentarteten kritischen Punkten. Zu diesen drei Typen gehören drei charakteristische Gestalten des Graphen von f in der Umgebung eines derartigen Punktes, siehe die Figuren 5.2.4–5.

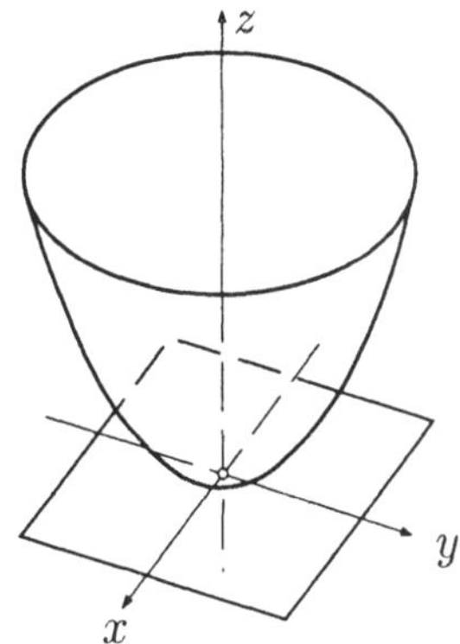

$z = x^2 + y^2$, lokales Minimum

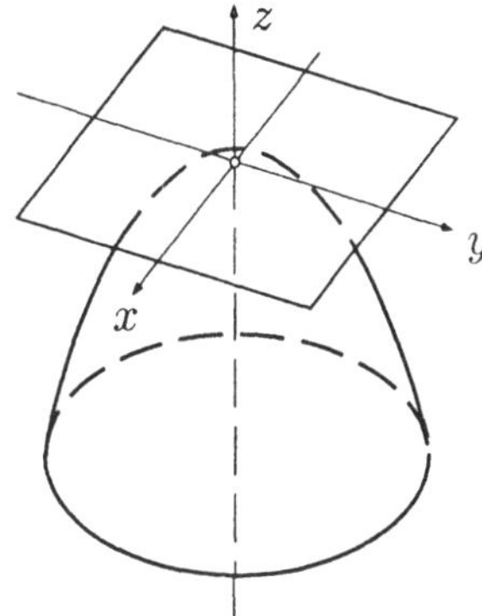

$z = -x^2 - y^2$, lokales Maximum

Fig. 5.2.4

③ Die Funktion

$$f(x,y) \;:=\; \frac{x^2}{2} + \alpha y^4$$

ist ein Polynom und somit ihre eigene Taylor-Entwicklung im Ursprung. Da lineare Glieder fehlen, ist der Ursprung ein kritischer Punkt, und zwar ist die zugehörige Hessesche Form ablesbar als

$$H(x,y) \;=\; x^2 \;.$$

(Wird im Ursprung entwickelt, so benötigt man keine Hilfsvariablen Δx, Δy.) Die Determinante dieser Form ist $1 \cdot 0 - 0^2 = 0$, somit ist der kritische Punkt entartet, und der 2-Jet $j_0^2 f$ bzw. unsere Tabelle geben keinen Aufschluß über das qualitative Verhalten von f in der Umgebung von $\mathbf{0}$.

Der Definition von f entnimmt man, daß dieses Verhalten im wesentlichen vom Vorzeichen von α abhängt, also erst an $j_0^4 f$ abgelesen werden kann: Ist $\alpha \geq 0$, so ist f im Ursprung lokal minimal; ist $\alpha < 0$, so nimmt f in jeder Umgebung des Ursprungs beiderlei Vorzeichen an. ○

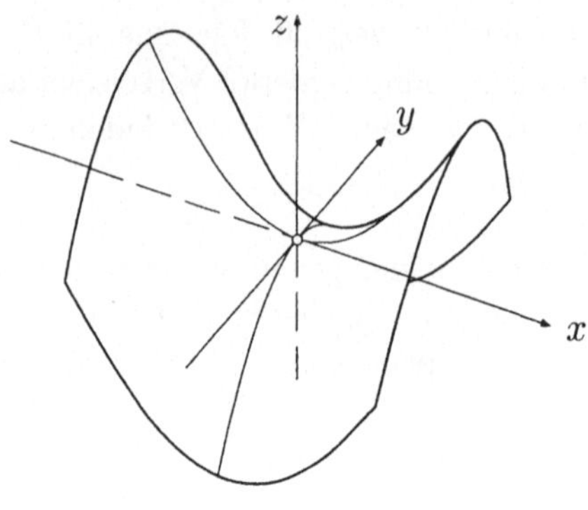

$z = x^2 - y^2$, “Sattelpunkt”

Fig. 5.2.5

④ Es sollen die kritischen Punkte der Funktion

$$f(x, y) := \cos(x + 2y) + \cos(2x + 3y)$$

bestimmt und diskutiert werden. Hierzu haben wir zuerst das Gleichungssystem

$$\left.\begin{array}{ll} (f_x =) & -\sin(x + 2y) - 2\sin(2x + 3y) = 0 \\ (f_y =) & -2\sin(x + 2y) - 3\sin(2x + 3y) = 0 \end{array}\right\} \qquad (7)$$

aufzulösen. Es folgt sofort

$$\text{(a)} \quad \sin(x + 2y) = 0 \qquad \wedge \qquad \text{(b)} \quad \sin(2x + 3y) = 0 \; .$$

Mit (a) gilt auch $\sin(2x + 4y) = 0$, und dies ist nur dann mit (b) verträglich, wenn y ein ganzzahliges Vielfaches von π ist. Aus (a) folgt hieraus weiter: $\sin x = 0$, das heißt: auch x ist notwendigerweise ein ganzzahliges Vielfaches von π. Als kritische Punkte kommen daher nur die Punkte

$$\mathbf{z}_{kl} := (k\pi, l\pi) \qquad (k, l \in \mathbb{Z})$$

in Frage. Man sieht sofort, daß alle diese Punkte die Gleichungen (7) erfüllen; die Menge $S_{\text{krit}}(f)$ besteht also genau aus den $\mathbf{z}_{kl}$.

Da f in beiden Variablen 2π-periodisch ist, braucht man nur die vier kritischen Punkte $\mathbf{z}_{00} = \mathbf{0}$, $\mathbf{z}_{01}$, $\mathbf{z}_{10}$ und $\mathbf{z}_{11}$ zu analysieren (Fig. 5.2.6). Wir beschränken uns auf den Ursprung und berechnen zunächst aus (7):

$$\begin{aligned} f_{xx}(x, y) &= -\cos(x + 2y) - 4\cos(2x + 3y) \; , \\ f_{xy}(x, y) &= -2\cos(x + 2y) - 6\cos(2x + 3y) \; , \\ f_{yy}(x, y) &= -4\cos(x + 2y) - 9\cos(2x + 3y) \; . \end{aligned}$$

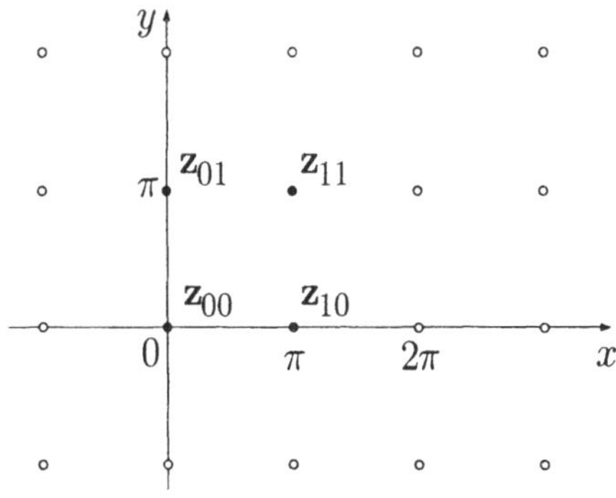

Fig. 5.2.6

Es folgt

$$f_{xx}(\mathbf{0}) = -5\,, \qquad f_{xy}(\mathbf{0}) = -8\,, \qquad f_{yy}(\mathbf{0}) = -13\,;$$

somit ist

$$\left(f_{xx}f_{yy} - f_{xy}^2\right)_{\mathbf{0}} = 65 - 64 = 1 > 0\,, \qquad f_{xx}(\mathbf{0}) < 0\,.$$

Aufgrund von **(5.8)** liegt daher im Ursprung ein lokales Maximum vor (was man natürlich auch ohne alle Rechnung einsehen kann: Die Funktion f hat dort den Maximalwert 2). ○

Aufgaben

1. Bestimme die allgemeinste C^2-Funktion $f : \mathbb{R}^2 \curvearrowright \mathbb{R}$, für die $f_{xy} \equiv 0$ ist.
2. Eine Firma produziert zwei Güter X und Y. Bei x Einheiten des Gutes X und y Einheiten des Gutes Y ergeben sich Kosten $C(x, y)$. Zeige: Sinken die Grenzkosten des Gutes X, wenn die Produktion von Y erhöht wird, so sinken die Grenzkosten des Gutes Y, wenn die Produktion von X erhöht wird. (*Hinweis:* Die **Grenzkosten** des Gutes X am Arbeitspunkt (x_0, y_0) sind gegeben durch die Größe $\dfrac{\partial C}{\partial x}(x_0, y_0)$ und stellen die Produktionskosten einer zusätzlichen Einheit von X dar.)
3. Es seien f und g zweimal stetig differenzierbare Funktionen einer Variablen, und es sei c (> 0) eine Konstante. Zeige: Die Funktion

$$u(x, t) := f(x + ct) + g(x - ct)$$

genügt der sogenannten **Wellengleichung**

$$\frac{\partial^2 u}{\partial t^2} = c^2 \frac{\partial^2 u}{\partial x^2}\,.$$

(Die Graphen der Funktionen $g_t(x) := g(x - ct)$ stellen eine mit Geschwindigkeit c nach rechts laufende Welle auf der x-Achse dar.)

4. Ⓜ Bestimme den kritischen Punkt der Funktion

$$f(x,y) := 2x^2 - 6xy + 5y^2 - 2x + 6y$$

und analysiere das Verhalten von f in diesem Punkt.

5. Untersuche das Verhalten der Funktion

$$f(x,y) := 2x^4 - 3x^2y + y^2$$

in der Umgebung von $(0,0)$. Liegt im Ursprung ein Extremum vor? (*Hinweis:* Betrachte die Punkte (x,y) mit $f(x,y) = 0$.)

6. (a) Ⓜ Zeige: Die Funktion

$$f(x,y) := \cos(2x+y) - \cos(x-3y)$$

besitzt im Ursprung einen kritischen Punkt, und zwar einen Sattelpunkt.

(b) Stelle f mit Hilfe trigonometrischer Umformung als Produkt dar und diskutiere anhand des erhaltenen Ausdrucks das Vorzeichen von f in der Umgebung von $(0,0)$. Figur!

7. Es sei $\mathbf{a} \in \mathbb{R}^n$ ein gegebener Vektor $\neq \mathbf{0}$. Die Funktion $f : \mathbb{R}^n \to \mathbb{R}$ ist definiert durch

$$f(\mathbf{x}) := \frac{\mathbf{a} \bullet \mathbf{x}}{|\mathbf{x}|^2 + 1} .$$

Überlege erstens, daß f im $\mathbb{R}^n$ globale Extremalwerte (Maximum und Minimum) annimmt, und zweitens, wo man z.B. die Maximalstelle suchen müßte. Berechne hierauf die beiden Extremalwerte von f.

8. Zwei Partikel befinden sich an den Stellen x und y, $x < y$, des Intervalls $[0,1]$ und sind in diesem Intervall eingeschlossen (siehe die Fig. 5.2.7). Zwischen den Partikeln und den Wänden wirken Abstoßungskräfte wie folgt: Das x-Partikel wird von der linken Wand abgestoßen mit der Kraft $1/x$, das y-Partikel wird von der rechten Wand abgestoßen mit der Kraft $1/(1-y)$, und die beiden Partikel stoßen sich gegenseitig ab mit der Kraft $2/(y-x)$. Die potentielle Energie V des Gesamtsystems ist dann gegeben durch

$$V = -\log x - \log(1-y) - 2\log(y-x) .$$

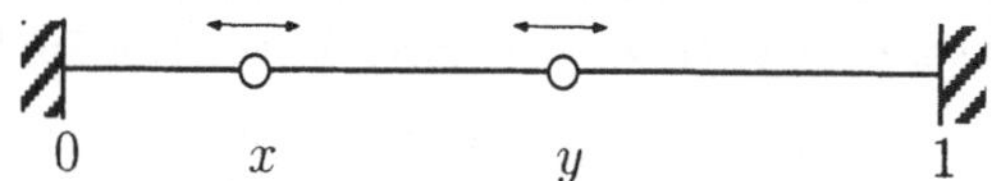

Fig. 5.2.7

(a) Bestimme die Gleichgewichtslage.

(b) Ist das Gleichgewicht stabil? — Die Antwort ist zu begründen.

9. Gegeben ist die Funktion $f(x, y, z) := \cos(x+y+z)$. Bestimme das Taylor-Polynom $j^3_{(0,0,0)} f(x, y, z)$. (*Hinweis:* Setze vorübergehend $x + y + z =: u$.)

10. Untersuche, ob die Funktion

$$f(x, y) := x^4 - 3x^3y^2 + 2x^2y^2 - 3x^2y^3 + y^4$$

im Ursprung ein Extremum besitzt. (*Hinweis:* Nicht gleich drauflosrechnen!)

11. Betrachte die Funktionenschar

$$f_\alpha(x, y) := \sin x \sin y - \alpha(\cos x + \cos y)\,,$$

α ein reeller Parameter. Der Ursprung ist ein kritischer Punkt für sämtliche Funktionen dieser Schar. Für welche α ist f_α im Ursprung lokal maximal bzw. minimal bzw. keines von beiden? Für welche α ist der kritische Punkt entartet? (Diese Sonderfälle nicht weiter diskutieren!)

12. Eine Funktion $f\colon t \mapsto y = f(t)$ ist (nach unten) konvex, wenn ihre zweite Ableitung f'' durchwegs > 0 ist. Überlege, wie die Konvexitätsbedingung für eine Funktion $f\colon (x, y) \mapsto z = f(x, y)$ von zwei Variablen lautet, und begründe Deine Antwort.

Bsp: $f(x, y) := x^2 - xy + y^2$ ist konvex, $g(x, y) := x^2 + 3xy + y^2$ nicht.

5.3. Implizite Funktionen

Werden die beiden an sich unabhängigen und gleichberechtigten Variablen x und y durch eine Gleichung

$$f(x,y) = 0 \tag{1}$$

aneinander gebunden, so sind sie nicht mehr unabhängig: Zu einem vorgegebenen x-Wert ξ gibt es nur einige wenige, vielleicht gar keine, y-Werte η_k derart, daß das Paar (ξ, η_k) die Gleichung (1) erfüllt. Wiewohl nun x und y in gewisser Weise "voneinander abhängig" sind, definiert aber eine Gleichung (1) in aller Regel keine globale Funktion

$$\phi: \quad I \to \mathbb{R}, \qquad x \mapsto y = \phi(x),$$

die den Inhalt von (1) vollständig wiedergeben würde.

Aus Erfahrung wissen wir: Die Lösungsmenge L einer Gleichung (1) ist typischerweise eine Kurve in der (x,y)-Ebene, allenfalls mit singulären Punkten. Im vorliegenden Abschnitt geht es darum, diese Erfahrung auf den Begriff zu bringen und zu verallgemeinern. Dabei soll auch klar werden, inwiefern eine derartige Gleichung trotz dem oben Gesagten y "implizit" als eine Funktion von x definiert. Wohlgemerkt: Es geht nicht darum, die Gleichung (1) formelmäßig nach der einen oder andern Variablen aufzulösen, sondern um allgemeine Aussagen, die gerade dann von Nutzen sind, wenn eine formelmäßige Auflösung nicht möglich ist.

Es seien also Ω ein Gebiet der (x,y)-Ebene, f: $\Omega \to \mathbb{R}$ eine C^1-Funktion und L die Lösungsmenge der Gleichung (1):

$$L := \bigl\{(x,y) \in \Omega \bigm| f(x,y) = 0\bigr\}.$$

Angenommen, wir hätten — zum Beispiel numerisch, oder durch Erraten — einen Punkt $\mathbf{z}_0 := (x_0, y_0)$ der Lösungsmenge gefunden. Gibt es vielleicht in der Nähe von $\mathbf{z}_0$ noch weitere Punkte von L? Und wenn ja: Welchen geometrischen Charakter besitzt der in der Umgebung von $\mathbf{z}_0$ liegende Teil von L? Hier zunächst ein Beispiel:

① Die Lösungsmenge L der Gleichung

$$\bigl(f(x,y) :=\bigr) \quad x^3 + y^3 - 3axy = 0, \qquad a > 0, \tag{2}$$

ist das sogenannte **Descartessche Blatt**. Der Figur 5.3.1 (siehe auch die Fig. 2.1.5) entnimmt man: Zu einem gegebenen x-Wert ξ gibt es einen, zwei oder drei y-Werte η_k mit

$$f(\xi, \eta_k) = 0.$$

Der Punkt $\mathbf{z}_0$ ist ein "typischer" Punkt von L: In einem hinreichend kleinen "Fenster" um $\mathbf{z}_0$ können wir L sowohl als Graph einer lokalen Funktion

$$\phi: \quad]x_0 - h, x_0 + h[\to \mathbb{R}, \qquad x \mapsto y = \phi(x)$$

wie auch als Graph einer Funktion ψ: $y \mapsto x = \psi(y)$ auffassen. Zum Punkt $\mathbf{z}_1 := (\sqrt[3]{4}a, \sqrt[3]{2}a)$ gibt es hingegen kein derartiges x-Intervall, da rechts von $x_1 = \sqrt[3]{4}a$ keine Punkte von L mehr liegen. In anderen Worten: In der Umgebung von $\mathbf{z}_1$ läßt sich L nicht als Graph einer lokalen Funktion $x \mapsto y = \phi(x)$ auffassen (wohl aber als Graph einer Funktion $y \mapsto x = \psi(y)$).

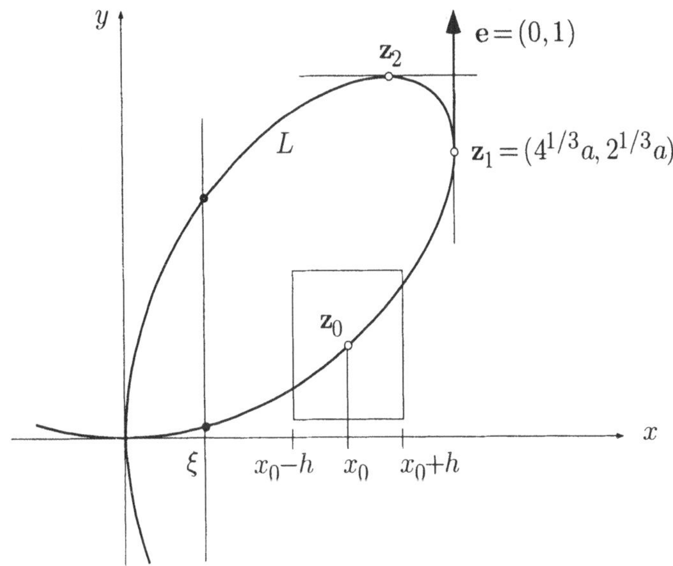

Fig. 5.3.1

Die Koordinaten von $\mathbf{z}_1$ wurden mit Hilfe der folgenden Überlegung gefunden: Marschiert man von $\mathbf{z}_1$ aus längs der "Bahn" L, so bleibt der Funktionswert von f konstant ($= 0$). Die Anfangsrichtung der Bahn ist vertikal. Dann muß aber die Richtungsableitung $D_{(0,1)}f(\mathbf{z}_1)$ gleich 0 sein; denn sonst würde der Funktionswert beim Losmarschieren auf L zum Beispiel zunehmen. Diese Richtungsableitung ist aber nichts anderes als $\left.\frac{\partial f}{\partial y}\right|_{\mathbf{z}_1}$; somit ist

$$f_y(\mathbf{z}_1) = 0\,,$$

und der Punkt $\mathbf{z}_1$ genügt neben (2) zusätzlich der Gleichung

$$(\,f_y = \,) \quad 3y^2 - 3ax = 0\,. \tag{3}$$

Die Koordinaten von $\mathbf{z}_1$ ergeben sich nun durch Auflösung des Gleichungssystems (2)$\wedge$(3). — Im Punkt $\mathbf{z}_2$ haben wir den analogen Sachverhalt, aber mit vertauschten Rollen von x und y: In der Umgebung von $\mathbf{z}_2$ läßt sich L nicht als Graph einer Funktion $y \mapsto x = \psi(y)$ auffassen, und gleichzeitig ist $f_x(\mathbf{z}_2) = 0$.

Der Ursprung schließlich ist ein singulärer Punkt von L. Damit mußte man rechnen, da an dieser Stelle sogar beide partiellen Ableitungen von f verschwinden:

$$\nabla f(\mathbf{0}) = (f_x, f_y)_\mathbf{0} = (3x^2 - 3ay, 3y^2 - 3ax)_\mathbf{0} = \mathbf{0}\ .$$

○

Nachdem wir an diesem Beispiel einige der zu erwartenden Phänomene kennengelernt haben, können wir den folgenden **Satz über implizite Funktionen** formulieren:

(5.9) *(Ω, f und L haben die angegebene Bedeutung.) Ist $(x_0, y_0) \in L$ und gilt*

$$f_y(x_0, y_0) \neq 0\ ,$$

so gibt es ein Fenster $Q := I' \times I''$ mit Zentrum (x_0, y_0) und eine C^1-Funktion

$$\phi: \quad I' \to I''\ , \qquad x \mapsto y = \phi(x) \tag{4}$$

mit $L \cap Q = \mathcal{G}(\phi)$; das heißt: Innerhalb des Fensters Q stimmt L mit dem Graphen von ϕ überein. Ferner gilt

$$\phi'(x_0) = -\frac{f_x(x_0, y_0)}{f_y(x_0, y_0)}\ . \tag{5}$$

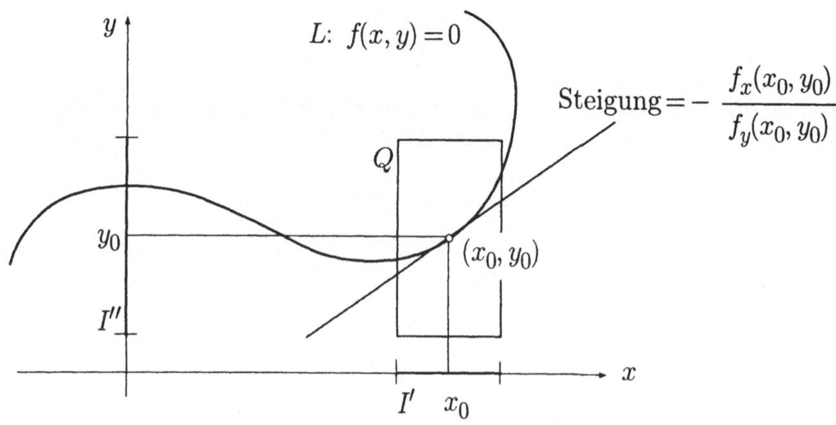

Fig. 5.3.2

Formel (5) erlaubt, die Ableitung der durch die Gleichung (1) implizit definierten lokalen Funktionen ϕ in einzelnen Punkten zu berechnen, ohne die Gleichung formelmäßig aufzulösen.

⌜ Wir dürfen zur Vereinfachung $(x_0, y_0) = \mathbf{0}$ annehmen. Es sei also

$$f(\mathbf{0}) = 0\,, \qquad f_x(\mathbf{0}) =: A\,, \qquad f_y(\mathbf{0}) =: B > 0\,.$$

Das Seitenverhältnis ρ (Höhe:Breite) des Fensters Q hängt von A und von B ab. Wir setzen

$$\rho := \frac{|A| + 1}{B}\,.$$

Nach Satz **(5.2)** gilt

$$\lim_{\mathbf{z}\to\mathbf{0}} \frac{|f(x,y) - Ax - By|}{\sqrt{x^2 + y^2}} = 0\,.$$

Es gibt daher ein $h > 0$, so daß für alle

$$(x,y) \in Q := [-h, h] \times [-\rho h, \rho h]$$

die folgenden Ungleichungen erfüllt sind:

$$\frac{|f(x,y) - Ax - By|}{\sqrt{x^2 + y^2}} \le \frac{1}{2\sqrt{1+\rho^2}}\,, \tag{6}$$

$$f_y(x,y) > 0\,, \tag{7}$$

wobei wir für (7) benutzt haben, daß $f_y(\mathbf{0}) > 0$ und f_y stetig ist. Aus der Beziehung (6) folgt weiter

$$\forall (x,y) \in Q: \quad |f(x,y) - Ax - By| < \frac{\sqrt{x^2 + y^2}}{2\sqrt{1+\rho^2}} < \frac{h}{2}\,. \tag{8}$$

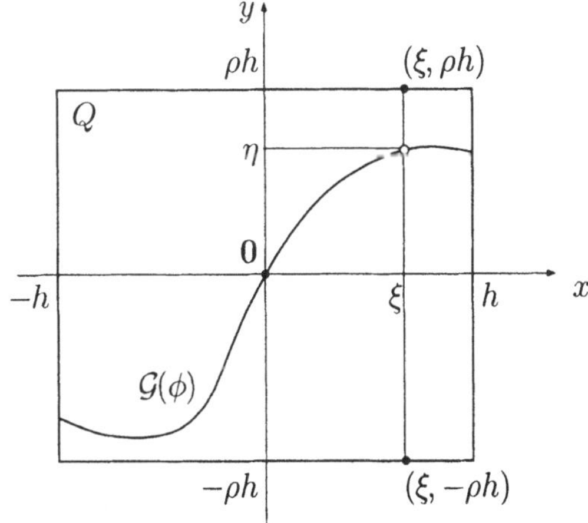

Fig. 5.3.3

Wir betrachten nun für ein festes $\xi \in I' := [-h, h]$ die partielle Funktion
$$g(y) := f(\xi, y) \qquad (-\rho h \le y \le \rho h) .$$
Wegen (7) ist g streng monoton wachsend. Weiter gilt wegen (8):
$$|f(\xi, \rho h) - A\xi - B\rho h| \le \frac{h}{2}$$
und somit
$$g(\rho h) \ge A\xi + B\rho h - \frac{h}{2} \ge -|A|h + \big(|A| + 1\big)h - \frac{h}{2} = \frac{h}{2} > 0 .$$
Analog zeigt man $g(-\rho h) < 0$. Hieraus folgt: Die Funktion g besitzt im Intervall $I'' := [-\rho h, \rho h]$ genau eine Nullstelle η, und das heißt: Es gibt genau ein $\eta \in I''$ mit $f(\xi, \eta) = 0$. Wir setzen $\phi(\xi) := \eta$.

Da $\xi \in [-h, h]$ beliebig war, ist die Funktion (4) damit wohldefiniert, und es gilt in der Tat $L \cap Q = \mathcal{G}(\phi)$.

Wir zeigen nicht, daß ϕ stetig differenzierbar ist; hingegen beweisen wir die Formel (5). Nach Konstruktion ist
$$\forall x \in I' : \qquad f\big(x, \phi(x)\big) = 0 .$$
Hieraus folgt nach der verallgemeinerten Kettenregel
$$f_x(x, \phi(x)) \cdot 1 + f_y(x, \phi(x)) \cdot \phi'(x) \equiv 0 .$$
Setzen wir hier $x := x_0$, so ergibt sich wegen $\phi(x_0) = y_0$ die Formel
$$f_x(x_0, y_0) + f_y(x_0, y_0)\phi'(x_0) = 0 ,$$
was wegen $f_y(x_0, y_0) \ne 0$ mit (5) äquivalent ist. ┘

① (Forts.) Wir nehmen der Einfachheit halber $a := 1$ an; es geht dann um die Gleichung
$$\big(f(x, y) :=\big) \qquad x^3 + y^3 - 3xy = 0 .$$
Der Punkt $\mathbf{z}_3 := \big(\frac{2}{3}, \frac{4}{3}\big)$ liegt auf L, denn es gilt
$$\frac{8}{27} + \frac{64}{27} - 3 \cdot \frac{2}{3} \cdot \frac{4}{3} = 0 .$$
Ferner ist
$$\begin{aligned} f_x(\mathbf{z}_3) &= (3x^2 - 3y)_{\mathbf{z}_3} = 3 \cdot \frac{4}{9} - 3 \cdot \frac{4}{3} = -\frac{8}{3} , \\ f_y(\mathbf{z}_3) &= (3y^2 - 3x)_{\mathbf{z}_3} = 3 \cdot \frac{16}{9} - 3 \cdot \frac{2}{3} = \frac{10}{3} \ne 0 . \end{aligned}$$
In der Umgebung des Punktes $\mathbf{z}_3$ läßt sich daher L als Graph einer Funktion $\phi\colon x \mapsto y = \phi(x)$ auffassen (Fig. 5.3.4). Dabei ist $\phi\big(\frac{2}{3}\big) = \frac{4}{3}$ und
$$\phi'\Big(\frac{2}{3}\Big) = -\frac{f_x(\mathbf{z}_3)}{f_y(\mathbf{z}_3)} = \frac{4}{5} .$$
○

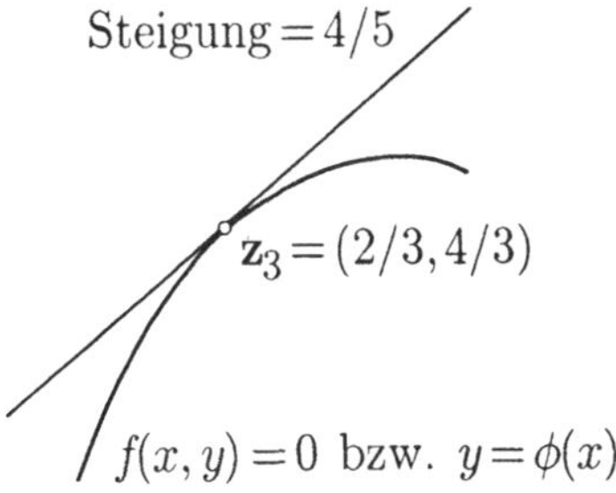

Fig. 5.3.4

② Es sei $f\colon x \mapsto y = f(x)$ eine C^1-Funktion von einer Variablen, $f(x_0) = y_0$, und es sei $f'(x_0) \neq 0$. Dann ist f in der Umgebung von x_0 streng monoton und besitzt dort eine Umkehrfunktion $g\colon y \mapsto x = g(y)$. Wie wir in Satz **(3.1)**(f) gesehen haben, ist

$$g'(y_0) = \frac{1}{f'(x_0)} \qquad \left(= \frac{1}{f'(g(y_0))}\right) .$$

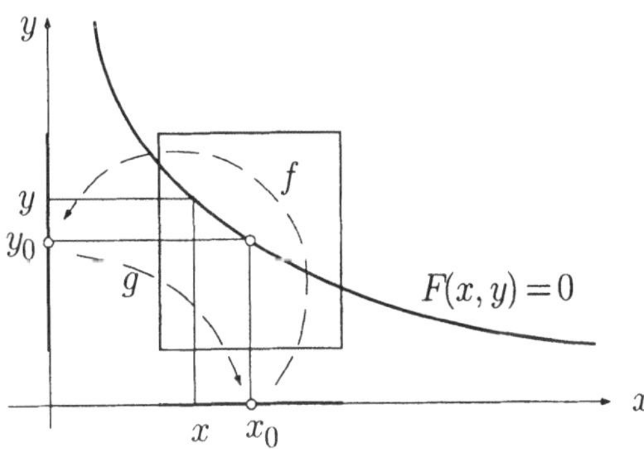

Fig. 5.3.5

Zu diesem Ergebnis können wir auch folgendermaßen gelangen: Der Funktionswert $g(y)$ der Umkehrfunktion g an einer vorgegebenen Stelle y ist die Lösung x der Gleichung

$$f(x) - y = 0 . \tag{9}$$

Wir bilden formal die Funktion

$$F(x, y) := f(x) - y$$

von zwei Variablen und haben

$$F(x_0, y_0) = 0 , \qquad F_x(x_0, y_0) = f'(x_0) \neq 0 , \qquad F_y(x_0, y_0) = -1 .$$

Nach Satz **(5.9)** "können" wir daher die Gleichung $F(x, y) = 0$ bzw. (9) in der Umgebung von (x_0, y_0) "nach x auflösen"; das heißt: Es gibt eine C^1-Funktion

$$g: \quad y \mapsto x = g(y),$$

so daß (9) in der Umgebung von (x_0, y_0) mit $x = g(y)$ äquivalent ist. Ferner gilt

$$g'(y_0) = -\frac{F_y(x_0, y_0)}{F_x(x_0, y_0)} = \frac{1}{f'(x_0)} .$$

○

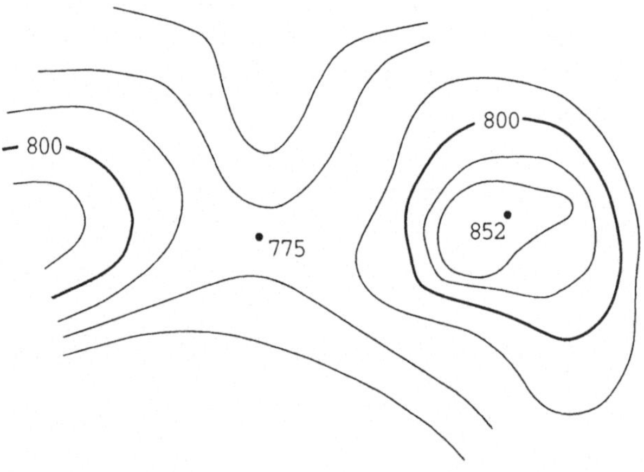

Fig. 5.3.6

Aus Satz **(5.9)** ergibt sich insbesondere, daß die Lösungsmenge L einer Gleichung $f(x, y) = 0$ typischer Weise eine glatte Kurve ist. Wir wollen das gerade in einem etwas allgemeineren Zusammenhang formulieren und erinnern dazu an den folgenden Begriff (vgl. Abschnitt 2.1): Ist $f \colon \Omega \to \mathbb{R}$ eine Funktion von zwei reellen Variablen und $C \in \mathbb{R}$ ein beliebig vorgegebener Wert, so heißt die Urbildmenge

$$f^{-1}(C) =: \{(x, y) \in \Omega \mid f(x, y) = C\}$$

(= Menge der Punkte, in denen f den Wert C annimmt) auch **Niveaulinie von *f* zum Niveau** C. Jeder Punkt $(x_0, y_0) \in \Omega$ liegt auf genau einer Niveaulinie, nämlich auf derjenigen zum Niveau $C_0 := f(x_0, y_0)$. Die Höhenlinien auf der Landkarte sind die Niveaulinien der Funktion $f :=$ "Höhe über Meer" zu den angeschriebenen Niveaux (Fig. 5.3.6). Die in Satz **(5.9)** betrachtete Lösungsmenge L ist nichts anderes als die Niveaulinie $f^{-1}(0)$, in Abschnitt 2.1 auch mit N_0 bezeichnet.

Die Niveau"linien" haben ihren Namen verdient. Wir zeigen nämlich:

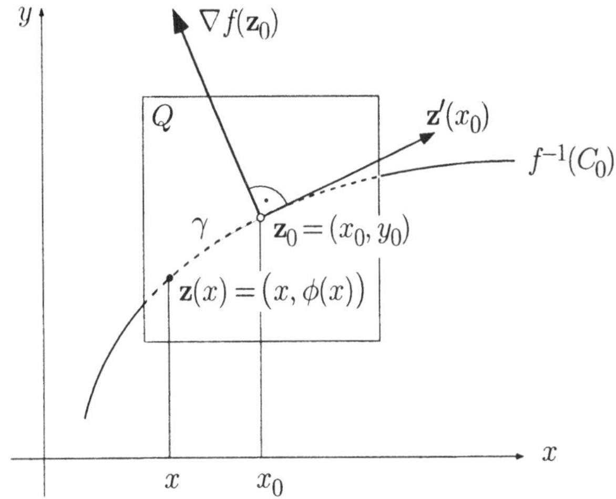

Fig. 5.3.7

(5.10) *Es sei* $\mathbf{z}_0 = (x_0, y_0)$ *ein regulärer Punkt der* C^1*-Funktion* $f\colon \mathbb{R}^2 \curvearrowright \mathbb{R}$ *und* $f(\mathbf{z}_0) =: C_0$. *Dann ist die Niveaulinie* $f^{-1}(C_0)$ *in der Umgebung von* $\mathbf{z}_0$ *eine glatte Kurve, und der Gradient* $\nabla f(\mathbf{z}_0)$ *steht senkrecht auf der Tangente an diese Kurve im Punkt* $\mathbf{z}_0$.

⌜ Nach Voraussetzung ist $\nabla f(\mathbf{z}_0) \neq \mathbf{0}$ und somit zum Beispiel $f_y(\mathbf{z}_0) \neq 0$. Die Hilfsfunktion

$$\tilde{f}(x, y) := f(x, y) - C_0$$

erfüllt die Bedingungen

$$\tilde{f}(\mathbf{z}_0) = 0\,, \qquad \tilde{f}_y(\mathbf{z}_0) = f_y(\mathbf{z}_0) \neq 0\,.$$

Nach Satz **(5.9)** gibt es daher eine C^1-Funktion ϕ von einer Variablen, so daß die Gleichung

$$\tilde{f}(x, y) = 0\,, \qquad \text{d.h.} \qquad f(x, y) = C_0$$

in einer Umgebung Q von $\mathbf{z}_0$ äquivalent ist mit $y = \phi(x)$. Der in Q gelegene Teil γ der Niveaulinie $f^{-1}(C_0)$ besitzt daher die C^1-Parameterdarstellung

$$\gamma\colon \qquad x \mapsto \mathbf{z}(x) := \bigl(x, \phi(x)\bigr)$$

und ist folglich eine glatte Kurve durch den Punkt $\mathbf{z}_0 = (x_0, y_0)$ (Fig. 5.3.7). Es gilt $f(\mathbf{z}(x)) \equiv C_0$, und hieraus folgt nach der Kettenregel **(5.3)**:

$$\nabla f(\mathbf{z}(x)) \bullet \mathbf{z}'(x) \equiv 0\,.$$

Setzt man hier $x := x_0$, so kommt

$$\nabla f(\mathbf{z}_0) \bullet \mathbf{z}'(x_0) = 0\,;$$

das heißt: $\nabla f(\mathbf{z}_0)$ steht senkrecht auf dem Tangentialvektor von γ im Punkt $\mathbf{z}_0$. ┘

③ Wir betrachten die Funktion

$$f(x,y) \;:=\; x^2 + y^2$$

mit dem einzigen kritischen Punkt $\mathbf{0}$. Ihre Niveaulinien $f^{-1}(C)$, $C > 0$, sind konzentrische Kreise um $\mathbf{0}$ (Fig. 5.3.8); die Niveaulinie $f^{-1}(0)$ besteht aus dem Ursprung allein.

Die Funktion

$$g(x,y) \;:=\; x^2 - y^2$$

hat ebenfalls den einzigen kritischen Punkt $\mathbf{0}$. Ihre Niveaulinien $g^{-1}(C)$, $C \neq 0$, sind die Hyperbeln

$$x^2 - y^2 \;=\; C\,,$$

die Niveaulinie $g^{-1}(0)$ besteht aus den beiden Geraden $y = \pm x$.

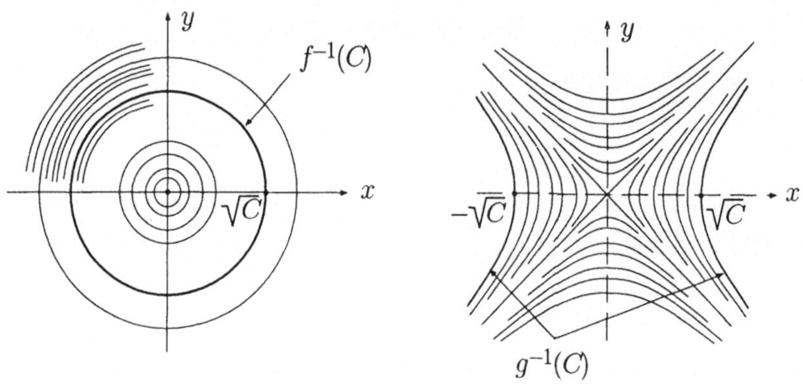

Fig. 5.3.8

In beiden Fällen hat das Feld der Niveaulinien im Ursprung eine Singularität; überall sonst ist es regulär und sieht "lokal" gleich aus wie eine Schar von parallelen Geraden. ○

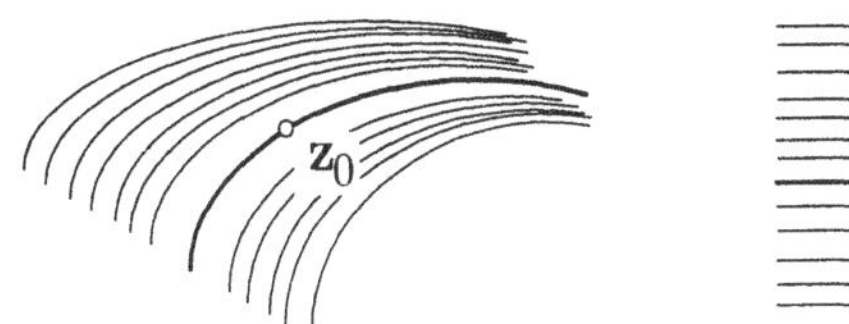

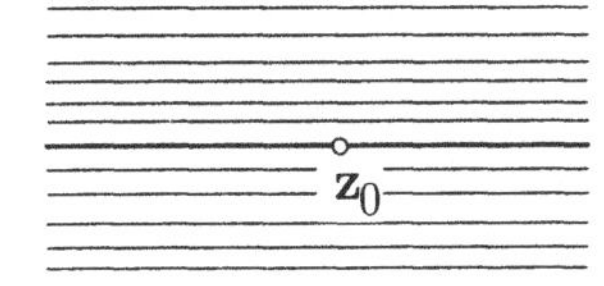

Fig. 5.3.9

Diese Beispiele belegen den folgenden allgemeinen Sachverhalt: Ist $\mathbf{z}_0$ ein regulärer Punkt der C^1-Funktion $f\colon \Omega \to \mathbb{R}$, so ist das Feld der Niveaulinien von f in der Umgebung von $\mathbf{z}_0$ "im wesentlichen", das heißt: bis auf eine differenzierbare Verzerrung, eine Schar von parallelen Geraden (Fig. 5.3.9). Wir können das hier nicht beweisen; vor allem darum nicht, weil uns der klare Begriff für eine "differenzierbare Verzerrung" fehlt.

Wir gehen nun zu Funktionen von drei Variablen über; man kann sich etwa eine Temperaturverteilung in einem Gebiet $\Omega \subset \mathbb{R}^3$ vorstellen. Anstelle von Niveau*linien* wie in der Ebene gibt es hier Niveau*flächen*. Es sei also

$$f: \quad \Omega \to \mathbb{R}\,, \qquad (x,y,z) \mapsto f(x,y,z)$$

eine C^1-Funktion und $C \in \mathbb{R}$ ein beliebig vorgegebener Wert. Dann heißt die Urbildmenge

$$f^{-1}(C) \;=:\; \big\{(x,y,z) \in \Omega \;\big|\; f(x,y,z) = C\big\}$$

auch **Niveaufläche von f zum Niveau C**. Durchläuft C die Wertmenge von f, so erhält man eine ganze Schar von Flächen, die zusammen das ganze Gebiet Ω aufblättern wie die Seiten eines Buches das von ihm eingenommene Volumen. Man kann auch an die Häute einer Zwiebel denken.

Die Niveauflächen sind typischer Weise tatsächlich Flächen; es gilt nämlich das folgende dreidimensionale Analogon zu Satz **(5.10)**:

(5.11) *Es sei* $\mathbf{p} = (x_0, y_0, z_0)$ *ein regulärer Punkt der* C^1*-Funktion* $f\colon \mathbb{R}^3 \curvearrowright \mathbb{R}$ *und* $f(\mathbf{p}) =: C_0$. *Dann ist die Niveaufläche* $f^{-1}(C_0)$ *in der Umgebung von* $\mathbf{p}$ *eine glatte Fläche* S, *und der Gradient* $\nabla f(\mathbf{p})$ *steht senkrecht auf der Tangentialebene* $T_{\mathbf{p}}S$.

⌈ Zunächst eine Vorbemerkung: Satz **(5.9)** gilt auch für eine Vektorvariable $\mathbf{x} = (x_1, \ldots, x_n)$ anstelle der reellen Variablen x und liefert dann zu einer Gleichung

$$f(x_1, \ldots, x_n, y) \;=\; 0$$

unter den entsprechenden Bedingungen eine C^1-Funktion $\phi\colon \mathbf{x} \mapsto y = \phi(\mathbf{x})$.

Nach Voraussetzung ist $\nabla f(\mathbf{p}) \neq \mathbf{0}$ und somit zum Beispiel $f_z(\mathbf{p}) \neq 0$. Nach dem Satz über implizite Funktionen (bzw. aufgrund der Vorbemerkung) kann man daher die Gleichung

$$f(x, y, z) - C_0 = 0 \tag{10}$$

in einer geeigneten Umgebung $Q = Q' \times I$ des Punktes $\mathbf{p}$ nach z auflösen. Das heißt: Es gibt eine C^1-Funktion ϕ: $Q' \to I$ der Variablen x und y, so daß die Gleichung (10) innerhalb Q äquivalent ist mit

$$z = \phi(x, y);$$

insbesondere ist $\phi(x_0, y_0) = z_0$. Der in Q gelegene Teil S der Niveaufläche $f^{-1}(C_0)$ besitzt daher die C^1-Parameterdarstellung

$$S: \qquad (x, y) \mapsto \mathbf{r}(x, y) := \big(x, y, \phi(x, y)\big)$$

und ist somit eine glatte Fläche durch den Punkt $\mathbf{p} = (x_0, y_0, z_0)$ (Fig. 5.3.10).

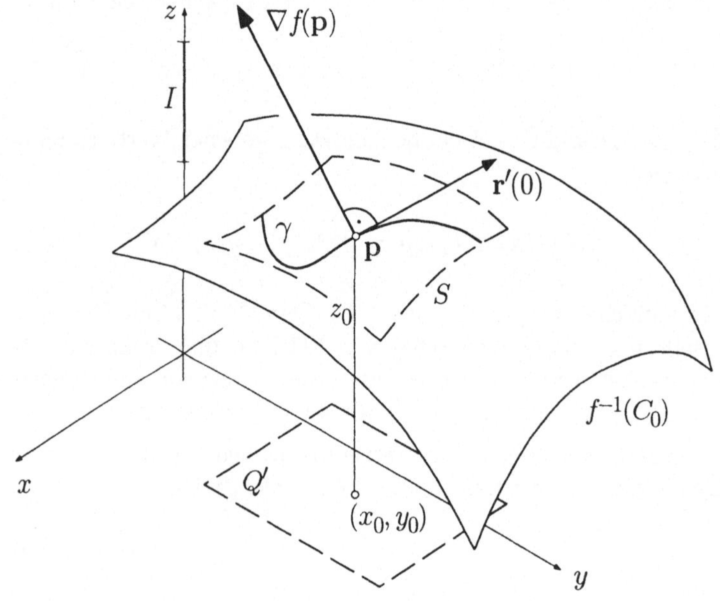

Fig. 5.3.10

Es sei weiter

$$\gamma: \;]-h, h[\to S, \qquad t \mapsto \mathbf{r}(t)$$

eine in der Fläche $S \subset f^{-1}(C_0)$ gelegene Kurve durch den Punkt $\mathbf{p} = \mathbf{r}(0)$. Dann gilt $f\big(\mathbf{r}(t)\big) \equiv C_0$, und hieraus folgt nach der Kettenregel **(5.3)**:

$$\nabla f\big(\mathbf{r}(t)\big) \bullet \mathbf{r}'(t) \equiv 0 .$$

Setzt man hier $t := 0$, so kommt

$$\nabla f(\mathbf{p}) \bullet \mathbf{r}'(0) = 0 ,$$

das heißt: $\nabla f(\mathbf{p})$ steht senkrecht auf dem Tangentialvektor $T_{\mathbf{p}}\gamma$. Da dies für alle Flächenkurven durch den Punkt $\mathbf{p}$ zutrifft, steht $\nabla f(\mathbf{p})$ in der Tat senkrecht auf der Tangentialebene $T_{\mathbf{p}}S$. ┘

④ Welcher Punkt der Fläche

$$S: \qquad xy^2z^3 = 1 ; \qquad x,\, y,\, z > 0$$

liegt am nächsten beim Ursprung? — S ist die Niveaufläche $f^{-1}(1)$ der Funktion

$$f(x, y, z) := xy^2z^3 .$$

Bezeichnet $P = (x, y, z)$ den gesuchten Punkt, so ist anschaulich klar, daß der von O ausgehende Strahl durch P auf der Tangentialebene T_PS senkrecht steht (Fig. 5.3.11). Nach Satz **(5.11)** gibt es daher ein $\lambda \neq 0$ mit

$$\underline{OP} = \lambda \nabla f(P)$$

oder in Koordinaten:

$$(x, y, z) = \lambda(y^2z^3, 2xyz^3, 3xy^2z^2) \qquad \text{bzw.} \qquad \begin{cases} x = \lambda \cdot y^2z^3 \\ y = \lambda \cdot 2xyz^3 \\ z = \lambda \cdot 3xy^2z^2 \end{cases}$$

Multiplizieren wir hier die erste Gleichung mit x, die zweite mit y und die dritte mit z, so folgt wegen $P \in S$, das heißt: $xy^2z^3 = 1$:

$$x^2 = \lambda , \qquad y^2 = 2\lambda , \qquad z^2 = 3\lambda .$$

Somit ist $\lambda > 0$ und

$$x = \sqrt{\lambda} , \qquad y = \sqrt{2\lambda} , \qquad z = \sqrt{3\lambda} .$$

Wegen $xy^2z^3 = 1$ ist notwendigerweise

$$\lambda^{1/2} \cdot 2\lambda \cdot (3\lambda)^{3/2} = 2 \cdot 3^{3/2}\, \lambda^3 = 1$$

und folglich $\lambda = 2^{-1/3}3^{-1/2}$. Damit erhalten wir

$$P = \left(2^{-1/6}3^{-1/4}, 2^{1/3}3^{-1/4}, 2^{-1/6}3^{1/4}\right) = (0.677, 0.957, 1.172) .$$

○

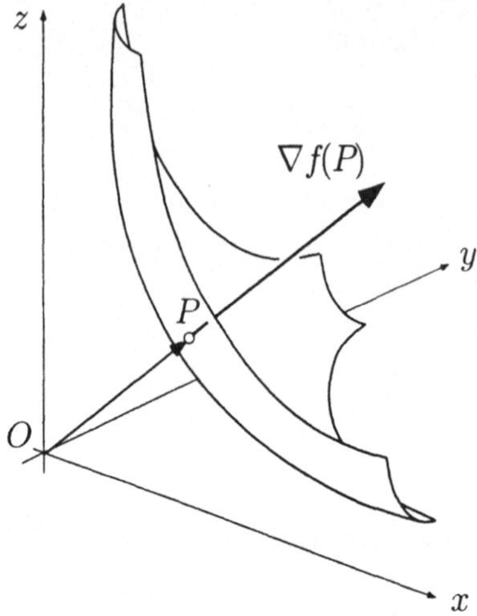

Fig. 5.3.11

Aufgaben

1. (a) Verifiziere: Die Gleichung

$$2x^2 - 4xy + y^2 - 3x + 4y = 0$$

definiert implizit eine Funktion $y = \phi(x)$ mit $\phi(1) = 1$.

(b) Ⓜ Berechne $\phi'(1)$ mit Hilfe einer expliziten Darstellung von ϕ.

(c) Berechne $\phi'(1)$ mit Hilfe der Formel für die Ableitung einer implizit gegebenen Funktion.

(d) Bestimme ein maximales Intervall, auf dem ϕ stetig differenzierbar ist.

2. Drücke die zweite Ableitung der durch $f(x, y) = 0$ implizit definierten Funktion $\phi\colon x \mapsto y = \phi(x)$ durch die partiellen Ableitungen von f aus.

(*Hinweis:* $\phi'(x) = -f_x(x, \phi(x))/f_y(x, \phi(x))$.)

3. Gegeben ist die Gleichung

$$xy^3 + 4xy^2 + 2x^2y + 4x - 2 = 0 \ . \tag{$*$}$$

(a) Verifiziere: $(*)$ definiert implizit eine in der Umgebung von $x = 2$ definierte C^1-Funktion $\phi\colon x \mapsto y = \phi(x)$ mit $\phi(2) \in \mathbb{Z}$.

(b) Berechne $\phi'(2)$.

4. Zeige: Die Tangentialebenen an die Fläche

$$S: \quad \sqrt{x} + \sqrt{y} + \sqrt{z} = \sqrt{a} \qquad (a > 0 \text{ fest})$$

schneiden auf den Koordinatenachsen Abschnitte ab, deren Summe konstant ist.

5. Zwei physikalische Größen x und y sind aneinander gebunden durch eine Beziehung der Form

$$x^4 - 5x^3y^2 + 6xy^3 = \text{const.}$$

Zu einem bestimmten Zeitpunkt t_0 werden die beiden Größen gemessen; man findet $x = 2$, $y = 1$. Berechne angenähert den Zuwachs Δy, wenn sich x in der darauffolgenden Minute um $\Delta x := 0.001$ erhöht.

6. Die Oberfläche eines über der (x, y)-Ebene schwebenden Ellipsoids ist gegeben durch die Gleichung

$$3x^2 + 2xz + 2y^2 + 2z^2 + 8x - 10z + 12 = 0\ .$$

Wird das Ellipsoid senkrecht von oben beleuchtet, so wirft es einen Schatten auf die (x, y)-Ebene. Bestimme die Schattengrenze, sei es in der Form $F(x, y) = 0$ oder als Parameterdarstellung $t \mapsto \bigl(x(t), y(t)\bigr)$.

7. Die Fläche $S := \bigl\{(x, y, z) \in \mathbb{R}^3 \bigm| xy - z = 0\bigr\}$ modelliert einen Gebirgspaß. Zu einem bestimmten Zeitpunkt sendet die unendlich ferne untergehende Sonne ihre letzten Strahlen aus der Richtung $\mathbf{s} := (-4, 1, -1)$. Bestimme die Schattengrenze γ auf S; erwünscht ist eine Parameterdarstellung. Um was für eine Kurve handelt es sich? Figur!

5.4. Die Funktionalmatrix

Dieser Abschnitt kann bei der ersten Lektüre übersprungen werden. — Wir betrachten im folgenden nocheinmal den Ableitungsbegriff (vgl. die Ausführungen zu Beginn von Abschnitt 5.1), und zwar allgemein von Funktionen (Abbildungen)

$$\mathbf{f}: \quad \mathbb{R}^n \curvearrowright \mathbb{R}^m, \qquad \mathbf{x} \mapsto \mathbf{y} = \mathbf{f}(\mathbf{x})\,; \tag{1}$$

dabei können n und m unabhängig voneinander die Werte 1, 2, 3, ... annehmen. Wenn wir von der "Ableitung" derartiger Funktionen sprechen, so geht es hier erstens nur um die erste Ableitung; mit höheren Ableitungen wird der im folgenden dargestellte Formalismus nicht fertig. Zweitens meinen wir immer die Ableitung in einem bestimmten Punkt $\mathbf{p} \in \operatorname{dom}(\mathbf{f})$ und nicht die Ableitung als "Begleitfunktion" der Ausgangsfunktion $\mathbf{f}$.

Die erste Ableitung von Funktionen (1) ist bis jetzt in verschiedenen Gestalten auf den Plan getreten:

(a) Für eine "gewöhnliche" reelle Funktion $f\colon \mathbb{R} \curvearrowright \mathbb{R}$ haben wir den "Prototyp" der Ableitung,

$$f'(t_0) := \lim_{t \to t_0} \frac{f(t) - f(t_0)}{t - t_0} \in \mathbb{R}\,.$$

(b) Für eine vektorwertige Funktion

$$\mathbf{f}: \quad \mathbb{R} \curvearrowright \mathbb{R}^m, \qquad t \mapsto \mathbf{f}(t) = \big(f_1(t), \ldots, f_m(t)\big)$$

von einer reellen Variablen läßt sich der obige Limes immer noch bilden. Man erhält die Momentangeschwindigkeit

$$\mathbf{f}'(t_0) = \lim_{t \to t_0} \frac{\mathbf{f}(t) - \mathbf{f}(t_0)}{t - t_0} = \big(f_1'(t_0), \ldots, f_m'(t_0)\big) \in \mathbb{R}^m\,.$$

Ist $\mathbf{f}'(t_0) \neq \mathbf{0}$, so ist $\mathbf{f}'(t_0)$ der Tangentialvektor an die Kurve $\gamma\colon t \mapsto \mathbf{f}(t)$ im Punkt $\mathbf{y}_0 := \mathbf{f}(t_0)$, siehe Beispiel 3.1.②.

(c) Die erste Ableitung einer reellwertigen Funktion

$$f: \quad \mathbb{R}^n \curvearrowright \mathbb{R}, \qquad (x_1, \ldots, x_n) \mapsto f(x_1, \ldots, x_n)$$

von n Variablen wird repräsentiert durch ihren Gradienten

$$\nabla f(\mathbf{p}) = (f_{.1}, \ldots, f_{.n})_{\mathbf{p}} \in \mathbb{R}^n\,.$$

(d) Wir werden ferner Parameterdarstellungen von Flächen im Raum, also Abbildungen

$$\mathbf{r}(\cdot,\cdot): \quad \mathbb{R}^2 \curvearrowright \mathbb{R}^3, \qquad (u,v) \mapsto \mathbf{r}(u,v) = \big(x(u,v), y(u,v), z(u,v)\big)$$

zu betrachten haben; gelegentlich werden wir auch Abbildungen

$$\mathbf{f}: \mathbb{R}^2 \curvearrowright \mathbb{R}^2, \qquad \mathbf{f}: \mathbb{R}^3 \curvearrowright \mathbb{R}^3$$

antreffen. So läßt sich zum Beispiel die Umrechnung von kartesischen Koordinaten auf Kugelkoordinaten,

$$\left.\begin{aligned} x &= r\cos\theta\cos\phi \\ y &= r\cos\theta\sin\phi \\ z &= r\sin\theta \end{aligned}\right\}, \tag{2}$$

als eine Abbildung

$$\mathbf{f}: \quad \mathbb{R}^3 \curvearrowright \mathbb{R}^3, \qquad (r,\phi,\theta) \mapsto (x,y,z)$$

auffassen. Für derartige Situationen haben wir noch keinen Ableitungsbegriff zur Verfügung.

Wir fragen nach einem Konzept, das die verschiedenen gefundenen Ableitungsformen unter einen Hut bringt und auch die in (d) betrachteten Fälle mit umfaßt. Ein derartiges Konzept gibt es. Der entscheidende Ansatz besteht darin, die Ableitung nicht als Zahl oder als Vektor oder etwas Ähnliches zu betrachten, sondern als eine lineare Abbildung, deren numerische Daten in einer Matrix, eben der Funktionalmatrix, gespeichert sind.

Wir betrachten also allgemein eine C^1-Abbildung (1) sowie einen festen Punkt $\mathbf{p} \in \operatorname{dom}(\mathbf{f})$. Es sei $\mathbf{q} := \mathbf{f}(\mathbf{p})$ der Bildpunkt von $\mathbf{p}$. Dabei nehmen wir an, daß im $\mathbf{x}$-Raum ein für allemal kartesische Koordinaten x_1, …, x_n und im $\mathbf{y}$-Raum kartesische Koordinaten y_1, …, y_m gegeben sind.

Der Punkt $\mathbf{p}$ besitzt einen Tangentialraum $T_\mathbf{p}\mathbb{R}^n$ (Fig. 5.4.1). Dieser Raum $T_\mathbf{p}\mathbb{R}^n$ enthält einerseits die im Punkt $\mathbf{p}$ angehefteten Vektoren (zum Beispiel Kräfte, Geschwindigkeiten, Gradienten), andererseits die von $\mathbf{p}$ aus gemessenen “Zuwächse” der unabhängigen Variablen $\mathbf{x}$.

Hier geht es nun um diese Zuwächse; wir bezeichnen daher die Elemente von $T_\mathbf{p}\mathbb{R}^n$ mit $d\mathbf{x} = (dx_1, \ldots, dx_n)$. Analog besitzt der Punkt $\mathbf{q}$ einen Tangentialraum $T_\mathbf{q}\mathbb{R}^m$ mit Elementen $d\mathbf{y} = (dy_1, \ldots, dy_m)$. Die dx_k und die dy_i sind ganz einfach die Koordinaten der Vektorvariablen $d\mathbf{x}$ bzw. $d\mathbf{y}$ und ja nicht etwa “unendlichkleine Größen”. Es ist allerdings wahr, daß wir im weiteren Verlauf den Grenzübergang $d\mathbf{x} \to \mathbf{0}$ im Auge haben.

In dem vorliegenden Zusammenhang erweist es sich als zweckmäßig, die Koordinaten der Punkte und vor allem die der Zuwächse als Kolonnenmatrizen zu schreiben:

$$\begin{bmatrix} p_1 \\ \vdots \\ p_n \end{bmatrix} =: [\mathbf{p}], \qquad \begin{bmatrix} dx_1 \\ \vdots \\ dx_n \end{bmatrix} =: [d\mathbf{x}], \qquad \begin{bmatrix} dy_1 \\ \vdots \\ dy_m \end{bmatrix} =: [d\mathbf{y}].$$

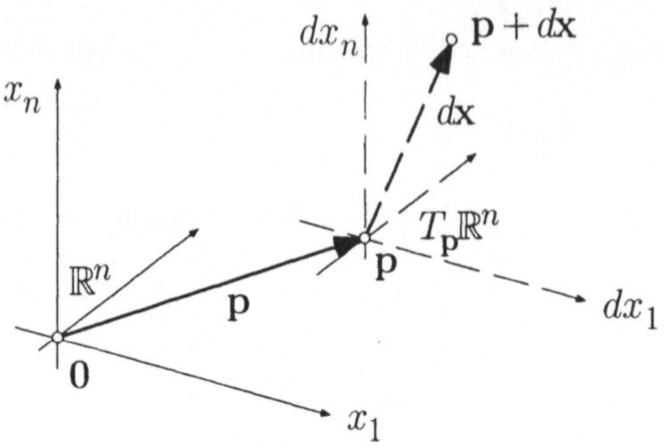

Fig. 5.4.1

Alles dreht sich nun um den (vektoriellen) Zuwachs des Funktionswerts $\mathbf{f}(\mathbf{x})$, wenn die unabhängige Variable $\mathbf{x}$ von $\mathbf{p}$ aus den Zuwachs $d\mathbf{x}$ erfährt, also um die Größe

$$\Delta\mathbf{f} := \mathbf{f}(\mathbf{p} + d\mathbf{x}) - \mathbf{f}(\mathbf{p})$$

in Funktion der Variablen $d\mathbf{x}$. Wir schauen uns das einmal an im Fall (b) mit $\mathbf{p} := t_0$. Nach 3.1.(3) gilt für jede Koordinatenfunktion f_i:

$$f_i(t_0 + dt) - f_i(t_0) = f_i'(t_0)\,dt + o(dt) \qquad (dt \to 0)\ .$$

Diese m Beziehungen lassen sich folgendermaßen in Matrizenform schreiben:

$$\begin{bmatrix} \Delta f_1 \\ \vdots \\ \Delta f_m \end{bmatrix} = \begin{bmatrix} f_1' \\ \vdots \\ f_m' \end{bmatrix}_{t_0} \cdot \begin{bmatrix} dt \end{bmatrix} + o(dt)\ ; \tag{3}$$

dabei steht rechter Hand ein Matrizenprodukt.
Im Fall (c) haben wir nach Satz **(5.2′)**:

$$f(\mathbf{p} + d\mathbf{x}) - f(\mathbf{p}) = \sum_{k=1}^{n} f_{.k}(\mathbf{p})\,dx_k + o\big(|d\mathbf{x}|\big)\ ,$$

und auch hier können wir ein Matrizenprodukt ins Spiel bringen:

$$\begin{bmatrix} \Delta f \end{bmatrix} = \begin{bmatrix} f_{.1}\ f_{.2}\ \cdots\ f_{.n} \end{bmatrix}_{\mathbf{p}} \cdot \begin{bmatrix} dx_1 \\ \vdots \\ dx_n \end{bmatrix} + o\big(|d\mathbf{x}|\big)\ . \tag{4}$$

Schließlich paßt auch der Fall (a) in diesen Rahmen:

$$\begin{bmatrix} \Delta f \end{bmatrix} = \begin{bmatrix} f' \end{bmatrix}_{t_0} \begin{bmatrix} dt \end{bmatrix} + o(dt)\ . \tag{5}$$

Die Variationen (3), (4), (5) desselben Themas werden simultan abgedeckt mit dem folgenden Satz über C^1-Abbildungen (1):

(5.12) *($\mathbf{f}$, $\mathbf{p}$ und $\Delta\mathbf{f}$ haben die angegebene Bedeutung)* $\Delta\mathbf{f}$ *ist in erster Näherung eine lineare Funktion von $d\mathbf{x}$, und zwar gilt*

$$\begin{bmatrix} \Delta f_1 \\ \Delta f_2 \\ \vdots \\ \Delta f_m \end{bmatrix} = \begin{bmatrix} f_{1.1} & f_{1.2} & \cdots & f_{1.n} \\ f_{2.1} & & & \\ \vdots & & & \vdots \\ f_{m.1} & & \cdots & f_{m.n} \end{bmatrix}_{\mathbf{p}} \cdot \begin{bmatrix} dx_1 \\ dx_2 \\ \vdots \\ dx_n \end{bmatrix} + o(|d\mathbf{x}|) \qquad (d\mathbf{x} \to \mathbf{0}) . \tag{6}$$

⌜ Jede einzelne Koordinatenfunktion f_i von $\mathbf{f}$ ist eine reellwertige C^1-Funktion der Variablen $x_1, \ldots, x_n$ und genügt damit der Beziehung (4). Schreibt man die sich ergebenden m Formeln untereinander, so resultiert gerade (6). ⌟

Die Matrix

$$\begin{bmatrix} \dfrac{\partial f_1}{\partial x_1} & \cdots & \dfrac{\partial f_1}{\partial x_n} \\ \vdots & & \vdots \\ \dfrac{\partial f_m}{\partial x_1} & \cdots & \dfrac{\partial f_m}{\partial x_n} \end{bmatrix}_{\mathbf{p}} =: \left[\frac{\partial(f_1, \ldots, f_m)}{\partial(x_1, \ldots, x_n)}\right] =: \left[\frac{\partial \mathbf{f}}{\partial \mathbf{x}}\right]_{\mathbf{p}} \tag{7}$$

heißt **Funktionalmatrix** oder **Jacobische Matrix** von $\mathbf{f}$ an der Stelle $\mathbf{p}$. Die Elemente dieser Matrix sind die $m \cdot n$ ersten partiellen Ableitungen der Koordinatenfunktionen f_i an der Stelle $\mathbf{p}$, und zwar stehen in der i-ten Zeile die partiellen Ableitungen von f_i nach den n unabhängigen Variablen x_k. Andersherum: In der k-ten Kolonne steht der Ableitungsvektor der partiellen Funktion "$\mathbf{f}$ von x_k allein". Die Bezeichnungsweise (7) der Funktionalmatrix erlaubt folgende kondensierte Gestalt von (6):

$$[\Delta f] = \left[\frac{\partial \mathbf{f}}{\partial \mathbf{x}}\right]_{\mathbf{p}} \cdot [d\mathbf{x}] + o(|d\mathbf{x}|) \qquad (d\mathbf{x} \to \mathbf{0}) . \tag{6'}$$

① Wir betrachten die Funktion

$$\mathbf{r}(\cdot,\cdot): \quad \mathbb{R}^2 \to \mathbb{R}^3 , \qquad (u,v) \mapsto \begin{cases} x = u\cos v \\ y = u \sin v \\ z = \dfrac{1}{2\pi} v \end{cases} ; \tag{8}$$

es handelt sich um die Parameterdarstellung einer Schraubenfläche der Ganghöhe 1. Die Funktionalmatrix berechnet sich zu

$$\left[\frac{\partial(x,y,z)}{\partial(u,v)}\right] = \begin{bmatrix} x_u & x_v \\ y_u & y_v \\ z_u & z_v \end{bmatrix} = \begin{bmatrix} \cos v & -u\sin v \\ \sin v & u\cos v \\ 0 & 1/(2\pi) \end{bmatrix} .$$

Für einen festen Punkt (u_0, v_0) in der Parameterebene wird daraus eine Zahlenmatrix. So ist zum Beispiel (Fig. 5.4.2):

$$\left[\frac{\partial(x,y,z)}{\partial(u,v)}\right]_{(5,\frac{\pi}{3})} = \begin{bmatrix} 1/2 & -5\sqrt{3}/2 \\ \sqrt{3}/2 & 5/2 \\ 0 & 1/(2\pi) \end{bmatrix} = \begin{bmatrix} 0.5 & -3.464 \\ 0.866 & 2.5 \\ 0 & 0.159 \end{bmatrix}.$$

Wir notieren noch

$$\left[\mathbf{r}\left(5, \tfrac{\pi}{3}\right)\right] = \begin{bmatrix} 5/2 \\ 5\sqrt{3}/2 \\ 1/6 \end{bmatrix} = \begin{bmatrix} 2.5 \\ 3.464 \\ 0.167 \end{bmatrix}$$

und erhalten damit aus (6′) die folgende in der Umgebung von $\left(5, \frac{\pi}{3}\right)$ nützliche Näherungsformel für die Funktion $\mathbf{r}(\cdot,\cdot)$:

$$\left[\mathbf{r}\left(5 + du, \tfrac{\pi}{3} + dv\right)\right] \doteq \begin{bmatrix} 2.5 \\ 3.464 \\ 0.167 \end{bmatrix} + \begin{bmatrix} 0.5 & -3.464 \\ 0.866 & 2.5 \\ 0 & 0.159 \end{bmatrix} \cdot \begin{bmatrix} du \\ dv \end{bmatrix}.$$

○

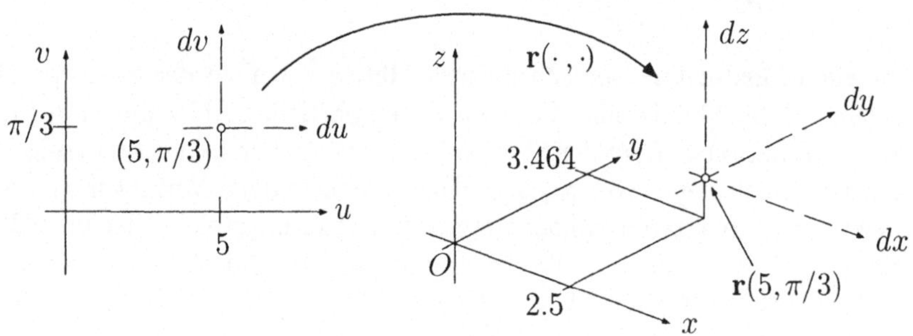

Fig. 5.4.2

Die Funktionalmatrix ist die Matrix einer linearen Abbildung L der Tangentialräume:

$$L: \quad T_{\mathbf{p}}\mathbb{R}^n \to T_{\mathbf{q}}\mathbb{R}^m, \qquad d\mathbf{x} \mapsto d\mathbf{y} := L d\mathbf{x},$$

$$[L] := \left[\frac{\partial \mathbf{f}}{\partial \mathbf{x}}\right]_{\mathbf{p}}.$$

Diese lineare Abbildung ist das mathematische Objekt, nach dem wir gesucht haben. Man nennt L die **Ableitung** oder das **Differential** (!) von $\mathbf{f}$ an der Stelle $\mathbf{p}$ und verwendet dafür Bezeichnungen wie

$$d\mathbf{f}(\mathbf{p}), \qquad \mathbf{f}_*(\mathbf{p})$$

und ähnliche. Wir werden unsere Aufmerksamkeit im weiteren auf die Funktionalmatrix, also die Matrix von $d\mathbf{f}(\mathbf{p})$ bezüglich der Standardbasen in $T_{\mathbf{p}}\mathbb{R}^n$ und $T_{\mathbf{q}}\mathbb{R}^m$, konzentrieren und die dahinter stehende Ableitung $d\mathbf{f}(\mathbf{p})$ selbst in Ruhe lassen.

Daß wir die richtigen Begriffe eingeführt haben, erkennt man an der folgenden Fassung der verallgemeinerten Kettenregel:

(5.13′) *Bei der Zusammensetzung von Abbildungen multiplizieren sich die zugehörigen Funktionalmatrizen.*

Im einzelnen heißt das (Fig. 5.4.3):

(5.13) *Es seien*

$$\mathbf{y}(\cdot): \quad \mathbb{R}^n \curvearrowright \mathbb{R}^m, \qquad \mathbf{x} \mapsto \mathbf{y}(\mathbf{x})$$

und

$$\mathbf{z}(\cdot): \quad \mathbb{R}^m \curvearrowright \mathbb{R}^s, \qquad \mathbf{y} \mapsto \mathbf{z}(\mathbf{y})$$

zwei C^1-Abbildungen mit $\mathbf{y}(\mathbf{p}) =: \mathbf{q} \in \operatorname{dom}\big(\mathbf{z}(\cdot)\big)$. Dann besitzt ihre Zusammensetzung: $\mathbf{x} \mapsto \mathbf{z}\big(\mathbf{y}(\mathbf{x})\big)$ die folgende Funktionalmatrix:

$$\left[\frac{\partial \mathbf{z}}{\partial \mathbf{x}}\right]_{\mathbf{p}} = \left[\frac{\partial \mathbf{z}}{\partial \mathbf{y}}\right]_{\mathbf{q}} \cdot \left[\frac{\partial \mathbf{y}}{\partial \mathbf{x}}\right]_{\mathbf{p}} .$$

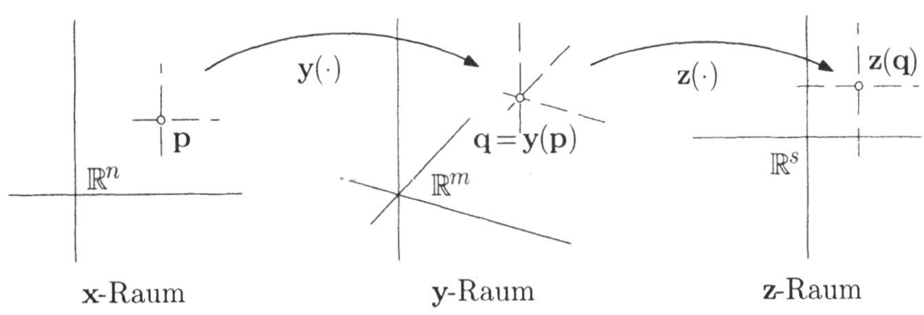

Fig. 5.4.3

⌜ Wir betrachten eine feste Position (i,k) der Matrix linker Hand. Das betreffende Matrixelement ist die partielle Ableitung

$$\left.\frac{\partial z_i}{\partial x_k}\right|_{\mathbf{p}} .$$

Zu deren Berechnung hat man nach Satz **(5.3)** "durch die dazwischengeschalteten Variablen $y_1, \ldots, y_m$ hindurchzudifferenzieren": Es gilt

$$\frac{\partial z_i}{\partial x_k} = \sum_{j=1}^{m} \frac{\partial z_i}{\partial y_j} \cdot \frac{\partial y_j}{\partial x_k} = \begin{bmatrix} \frac{\partial z_i}{\partial y_1} & \frac{\partial z_i}{\partial y_2} & \cdots & \frac{\partial z_i}{\partial y_m} \end{bmatrix} \cdot \begin{bmatrix} \frac{\partial y_1}{\partial x_k} \\ \vdots \\ \frac{\partial y_m}{\partial x_k} \end{bmatrix};$$

dabei sind die partiellen Ableitungen $\dfrac{\partial y_i}{\partial x_k}$ an der Stelle $\mathbf{p}$ und die Ableitungen $\dfrac{\partial z_i}{\partial y_j}$ an der Stelle $\mathbf{q} := \mathbf{y}(\mathbf{p})$ zu nehmen. In der letzten Gleichung steht aber rechter Hand gerade das Element in der Position (i, k) der Produktmatrix

$$\left[\frac{\partial \mathbf{z}}{\partial y}\right]_{\mathbf{q}} \cdot \left[\frac{\partial \mathbf{y}}{\partial x}\right]_{\mathbf{p}} .$$

Da i und k beliebig waren, folgt die Behauptung. ┘

② Aus Satz **(5.13)** folgt unter anderem, daß die Funktionalmatrizen von zwei zueinander inversen C^1-Abbildungen in zugeordneten Punkten zueinander invers sind. Die eindimensionale Version dieses Sachverhalts haben wir schon in Satz **(3.1)**(f) kennengelernt. An dieser Stelle betrachten wir als Beispiel die Beziehung zwischen kartesischen Koordinaten und Polarkoordinaten in der (punktierten) Ebene. Hier haben wir einerseits die Abbildung

$$\text{rect}: \quad \mathbf{p} \mapsto \mathbf{z}, \qquad (r, \phi) \mapsto \begin{cases} x := r\cos\phi \\ y := r\sin\phi \end{cases}$$

und andererseits die Umkehrabbildung

$$\text{pol}: \quad \mathbf{z} \mapsto \mathbf{p}, \qquad (x, y) \mapsto \begin{cases} r := \sqrt{x^2 + y^2} \\ \phi := \arg(x, y) \end{cases},$$

wobei wir die Mehrdeutigkeit des Arguments für einmal außer acht lassen. Die Funktionalmatrix von rect berechnet sich zu

$$\left[\frac{\partial \mathbf{z}}{\partial \mathbf{p}}\right] := \begin{bmatrix} x_r & x_\phi \\ y_r & y_\phi \end{bmatrix} = \begin{bmatrix} \cos\phi & -r\sin\phi \\ \sin\phi & r\cos\phi \end{bmatrix} .$$

Wie man leicht nachrechnet, besitzt diese Matrix folgende Inverse:

$$\left[\frac{\partial \mathbf{z}}{\partial \mathbf{p}}\right]^{-1} = \begin{bmatrix} \cos\phi & \sin\phi \\ -\frac{1}{r}\sin\phi & \frac{1}{r}\cos\phi \end{bmatrix} .$$

Dies ist schon die Funktionalmatrix $\left[\frac{\partial \mathbf{p}}{\partial \mathbf{z}}\right]$ der Umkehrabbildung pol, nur leider durch die falschen Variablen ausgedrückt. Wir rechnen sie daher auf x und y um; es ergibt sich

$$\begin{bmatrix} r_x & r_y \\ \phi_x & \phi_y \end{bmatrix} = \left[\frac{\partial \mathbf{p}}{\partial \mathbf{z}}\right] = \begin{bmatrix} \dfrac{x}{\sqrt{x^2+y^2}} & \dfrac{y}{\sqrt{x^2+y^2}} \\ \dfrac{-y}{x^2+y^2} & \dfrac{x}{x^2+y^2} \end{bmatrix} .$$

Die hier für die partiellen Ableitungen r_x, r_y, ϕ_x, ϕ_y erhaltenen Ausdrücke bestätigen 5.1.(6) sowie das Ergebnis von Beispiel 5.1.④. ○

Wir kehren zurück zu einer allgemeinen Abbildung (1). Die Funktionalmatrix

$$\left[\frac{\partial \mathbf{f}}{\partial \mathbf{x}}\right]_{\mathbf{p}}$$

dient nicht nur zur Approximation von Zuwächsen $\Delta\mathbf{f}$ (siehe Beispiel ①); sie gibt auch Auskunft über das qualitative Verhalten von $\mathbf{f}$ in der Umgebung von $\mathbf{p}$. Hierfür kommt es nicht auf die genauen numerischen Werte der Matrixelemente an, sondern auf die (einzige) geometrische Invariante dieser Matrix, nämlich ihren *Rang* r. Da es sich um eine $(m \times n)$- Matrix handelt, gilt a priori

$$0 \le r \le \min\{m, n\} .$$

In den meisten Punkten $\mathbf{p} \in \operatorname{dom}(f)$ besitzt die Funktionalmatrix den maximal möglichen Rang $\min\{m, n\}$. Derartige Punkte heißen **reguläre Punkte** von $\mathbf{f}$. Damit wird die früher für Funktionen $f\colon \mathbb{R}^n \curvearrowright \mathbb{R}$ gegebene Definition verallgemeinert: Im Fall $m = 1$ ist

$$\left[\frac{\partial f}{\partial \mathbf{x}}\right]_{\mathbf{p}} = \left[f_{.1}\ f_{.2}\ \cdots\ f_{.n}\right]_{\mathbf{p}}$$

eine $(1 \times n)$-Matrix, ihr Rang also 0 oder 1. Der Rang hat genau dann den Maximalwert 1, wenn $\nabla f(\mathbf{p}) \neq \mathbf{0}$ ist.

Allgemein läßt sich folgendes sagen: Ist $\mathbf{p}$ ein regulärer Punkt von $\mathbf{f}$, so verhält sich $\mathbf{f}$ in der Umgebung von $\mathbf{p}$ gerade so, wie man es aufgrund der Dimensionszahlen n und m erwartet. Wir erläutern dieses Prinzip an zwei Beispielen; siehe dazu auch das Beispiel 5.3.③ sowie den Anfang von Abschnitt 6.3, insbesondere Beispiel 6.3.①.

③ Die vektorwertige Funktion

$$\mathbf{f}:\quad \mathbb{R} \to \mathbb{R}^2, \qquad t \mapsto \begin{cases} x(t) := t^3 \\ y(t) := t^2 \end{cases}$$

ist eine Parameterdarstellung der **Neilschen Parabel**

$$\gamma: \quad y = |x|^{2/3} \qquad (-\infty < x < \infty)$$

(Fig. 5.4.4). Die Funktionalmatrix

$$\left[\frac{\partial \mathbf{f}}{\partial t}\right] = \begin{bmatrix} 3t^2 \\ 2t \end{bmatrix}$$

besitzt für alle $t \neq 0$ den Rang 1 und an der Stelle $t := 0$ den Rang 0. Tatsächlich ist γ überall eine schöne Kurve, außer im Ursprung. ○

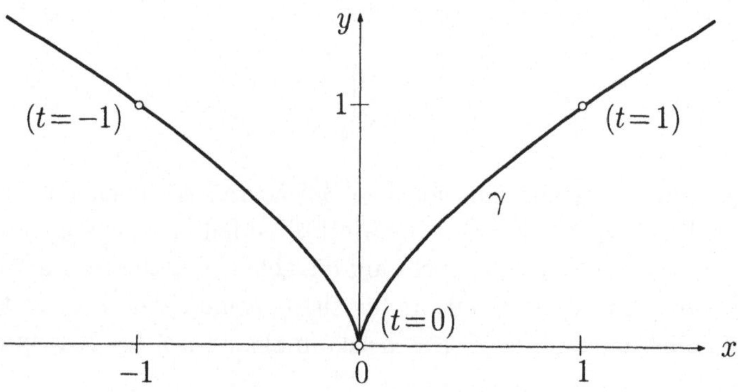

Fig. 5.4.4

① (Forts.) Wir multiplizieren die Kolonnenvektoren

$$\mathbf{r}_u = (\cos v, \sin v, 0)\,, \qquad \mathbf{r}_v = \left(-u\sin v, u\cos v, \frac{1}{2\pi}\right)$$

der Funktionalmatrix vektoriell und erhalten

$$\mathbf{r}_u \times \mathbf{r}_v = \left(\frac{1}{2\pi}\sin v, -\frac{1}{2\pi}\cos v, u\right) .$$

Es folgt

$$|\mathbf{r}_u \times \mathbf{r}_v|^2 = \frac{1}{4\pi^2} + u^2 > 0 \qquad \forall (u,v) \in \mathbb{R}^2 .$$

Die Vektoren $\mathbf{r}_u$ und $\mathbf{r}_v$ sind somit durchwegs linear unabhängig. Hieraus schließen wir: Die Funktionalmatrix hat in allen Punkten den Rang 2, die Parameterdarstellung (8) ist also überall regulär. Der Flächencharakter der Schraubenfläche ist tatsächlich nirgends gestört (auch auf der Achse nicht!). ○

Von besonderem Interesse ist der Fall $m = n$, der zum Beispiel bei Koordinatentransformationen auftritt. Hier ist die Funktionalmatrix quadratisch und besitzt somit eine Determinante

$$J_{\mathbf{f}}(\mathbf{p}) := \det \left[\frac{\partial \mathbf{f}}{\partial \mathbf{x}}\right]_{\mathbf{p}} ,$$

die sogenannte **Funktionaldeterminante** oder **Jacobische Determinante** von $\mathbf{f}$ an der Stelle $\mathbf{p}$. Die Regularitätsbedingung $r = n$ ist genau dann erfüllt, wenn

$$J_{\mathbf{f}}(\mathbf{p}) \neq 0$$

ist. In diesem Fall ist die Funktionalmatrix eine reguläre Matrix im Sinn der linearen Algebra und besitzt eine wohlbestimmte inverse Matrix. Diese Invertierbarkeit der Ableitung von $\mathbf{f}$ impliziert die Invertierbarkeit von $\mathbf{f}$ selbst. Es gilt nämlich der folgende **Satz über die (lokale) Umkehrabbildung** (siehe die Fig. 5.4.5):

(5.14) *Es sei* $\mathbf{f}\colon \mathbb{R}^n \curvearrowright \mathbb{R}^n$ *eine* C^1*-Abbildung, und an der Stelle* $\mathbf{p} \in \operatorname{dom}(\mathbf{f})$ *gelte* $J_{\mathbf{f}}(\mathbf{p}) \neq 0$. *Dann bildet* $\mathbf{f}$ *eine geeignete Umgebung* U *von* $\mathbf{p}$ *bijektiv auf eine Umgebung* V *von* $\mathbf{q} := \mathbf{f}(\mathbf{p})$ *ab, und die Umkehrabbildung*

$$\mathbf{g} := (\mathbf{f} \restriction U)^{-1} : \qquad V \to U$$

ist stetig differenzierbar.

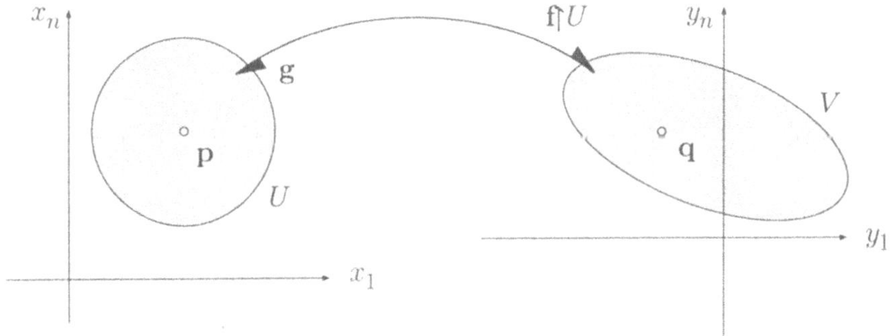

Fig. 5.4.5

(Ohne Beweis) — Dieser fundamentale Satz ist wie der Satz über implizite Funktionen ein reiner Existenzsatz; er liefert keine Formeln für $\mathbf{g}$, falls $\mathbf{f}$ durch Ausdrücke gegeben ist.

Die Jacobische Determinante spielt auch eine Rolle in der Integralrechnung. Es geht da um die Variablentransformation bei mehrfachen Integralen

$$\int_B f(\mathbf{x})\, d\mu(\mathbf{x}) \,, \tag{9}$$

wobei hier f nichts mit den vorher betrachteten $\mathbf{f}$'s zu tun hat.

Wir haben schon am Schluß von Abschnitt 4.5 gesehen, daß es unter Umständen von Vorteil ist, den Integrationsbereich B mit Hilfe von anderen Koordinaten zu beschreiben; oft erhält dabei auch der Integrand f ein einfacheres Aussehen. Man hat dann einen "Phantombereich" $\tilde{B}$ in einem Hilfsraum der Variablen $\mathbf{u}$ sowie eine im wesentlichen bijektive Parameterdarstellung

$$\mathbf{x}(\cdot): \quad \tilde{B} \to B \,, \qquad \mathbf{u} \mapsto \mathbf{x}(\mathbf{u})$$

des eigentlichen Integrationsbereichs B (Fig. 5.4.6). Die Funktion f erscheint in den neuen Koordinaten als Pullback

$$\tilde{f}(\mathbf{u}) := f\big(\mathbf{x}(\mathbf{u})\big) \,.$$

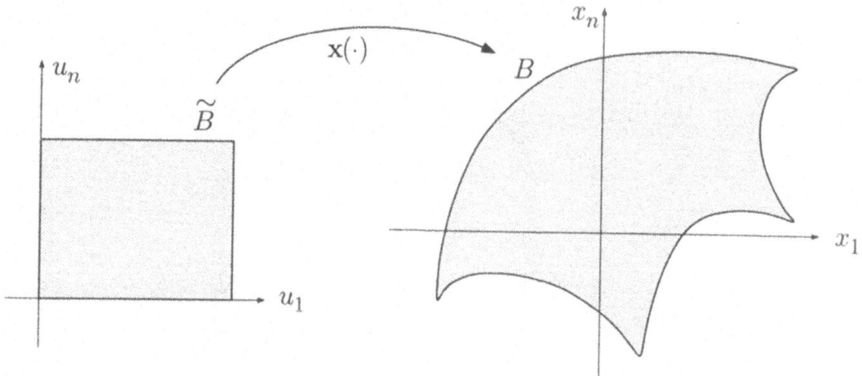

Fig. 5.4.6

Es geht nun darum, den für (9) erforderlichen Integrationsprozess in den Phantombereich $\tilde{B}$ zurückzuverlegen. Hierüber gilt der folgende Satz:

(5.15) *(B, $\tilde{B}$, f, $\tilde{f}$ und $\mathbf{x}(\cdot)$ haben die angegebene Bedeutung.)*

$$\int_B f(\mathbf{x})\, d\mu(\mathbf{x}) = \int_{\tilde{B}} \tilde{f}(\mathbf{u})\, \big|J_{\mathbf{x}}(\mathbf{u})\big|\, d\mu(\mathbf{u}) \,.$$

Die Sätze **(4.17)** (Polarkoordinaten) und **(4.18)** (Kugelkoordinaten) sind natürlich Spezialfälle dieses Satzes. Wir überlassen es dem Leser, die Jacobische Determinante der Transformation (2) zu berechnen. Es ergibt sich tatsächlich

$$\det\left[\frac{\partial(x,y,z)}{\partial(r,\phi,\theta)}\right] = r^2\cos\theta\ .$$

⌜ Wir beweisen Satz **(5.15)** im dreidimensionalen Fall und für eine Transformation

$$\mathbf{r}(\cdot):\quad \tilde{B}\to B\,,\qquad (u,v,w)\mapsto(x,y,z)\ . \tag{10}$$

Man denke sich den Phantombereich $\tilde{B}$ in kleine achsenparallele Teilquader $\tilde{B}_k$ $(1\le k\le N)$ mit "Anfangsecke" $\mathbf{p}_k$ zerlegt und betrachte zunächst ein festes $\tilde{B}_k$ (Fig. 5.4.7) mit Kantenlängen Δu, Δv, Δw. Die Transformation (10) führt $\tilde{B}_k$ über in ein Klötzchen $B_k\subset B$; eine Ecke von B_k befindet sich im Punkt $\mathbf{r}_k:=\mathbf{r}(\mathbf{p}_k)$. Dieses Klötzchen läßt sich fast nicht unterscheiden von einem Parallelepiped P, und zwar wird P aufgespannt von den drei Vektoren

$$\mathbf{r}_u(\mathbf{p}_k)\Delta u\,,\qquad \mathbf{r}_v(\mathbf{p}_k)\Delta v\,,\qquad \mathbf{r}_w(\mathbf{p}_k)\Delta w\ .$$

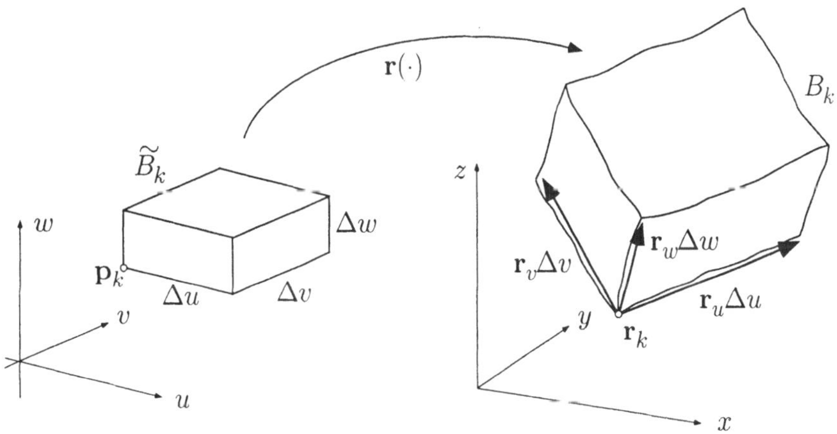

Fig. 5.4.7

P besitzt somit das Volumen

$$\mu(P)=\left|[\mathbf{r}_u,\mathbf{r}_v,\mathbf{r}_w]_{\mathbf{p}_k}\right|\Delta u\Delta v\Delta w\ .$$

Hier ist das Spatprodukt rechter Hand nichts anderes als die Jacobische Determinante $J_{\mathbf{r}}(\mathbf{p}_k)$. Wir haben daher mit vertretbarem Fehler

$$\mu(B_k)\doteq\mu(P)=\left|J_{\mathbf{r}}(\mathbf{p}_k)\right|\mu(\tilde{B}_k)\ .$$

Die Behauptung des Satzes ergibt sich nunmehr aus der folgenden Kette von "Gleichungen":

$$\int_B f(x,y,z)\,d\mu(x,y,z) \underset{(*)}{\doteq} \sum_{k=1}^{N} f(\mathbf{r}_k)\,\mu(B_k) \doteq \sum_{k=1}^{N} \tilde{f}(\mathbf{p}_k)\big|J_\mathbf{r}(\mathbf{p}_k)\big|\,\mu(\tilde{B}_k)$$
$$\doteq \int_{\tilde{B}} f(u,v,w)\big|J_\mathbf{r}(u,v,w)\big|\,d\mu(u,v,w)\,.$$

An der Stelle $(*)$ wurde benutzt, daß die Darstellung (10) "im wesentlichen" bijektiv ist, so daß die Klötzchen B_k zusammen den Integrationsbereich B gerade einfach überdecken. ┘

④ Es soll das polare Trägheitsmoment der Ellipse

$$B := \left\{(x,y) \;\middle|\; \frac{x^2}{a^2} + \frac{y^2}{b^2} \le 1\right\}$$

bezüglich O bestimmt werden — gemeint ist das Integral

$$\Theta := \int_B (x^2+y^2)\,d\mu(x,y)\,.$$

In sinngemäßer Abwandlung von Polarkoordinaten verwenden wir für B die Parameterdarstellung

$$(t,\phi) \mapsto \begin{cases} x := at\cos\phi \\ y := bt\sin\phi \end{cases}$$

mit dem Phantombereich

$$\tilde{B} := [0,1] \times [0,2\pi]\,.$$

Die Funktionalmatrix

$$\begin{bmatrix} x_t & x_\phi \\ y_t & y_\phi \end{bmatrix} = \begin{bmatrix} a\cos\phi & -at\sin\phi \\ b\sin\phi & bt\cos\phi \end{bmatrix}$$

besitzt die Determinante

$$J(t,\phi) = ab\,t\,.$$

Damit erhalten wir nach Satz **(5.15)**:

$$\Theta = \int_{\tilde{B}} \tilde{f}(t,\phi)|J(t,\phi)|\,d\mu(t,\phi) = \int_{\tilde{B}} \left(a^2t^2\cos^2\phi + b^2t^2\sin^2\phi\right) ab\,t\,d\mu(t,\phi)\,.$$

Hier sind sowohl der Integrationsbereich $\tilde{B}$ wie der Integrand Produkt eines "t-Faktors" mit einem "ϕ-Faktor"; folglich ist auch das Integral ein derartiges Produkt:

$$\Theta = ab\int_0^1 t^3\,dt \cdot \int_0^{2\pi} \left(a^2\cos^2\phi + b^2\sin^2\phi\right) d\phi$$
$$= ab\cdot\frac{1}{4}\cdot(a^2\pi + b^2\pi) = \frac{\pi}{4}ab(a^2+b^2)\,.$$

○

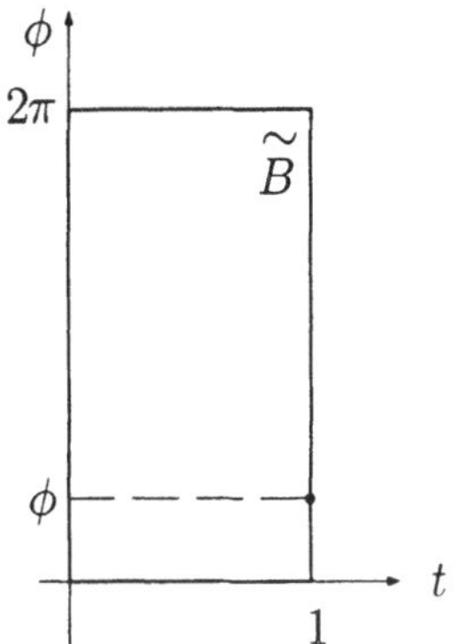

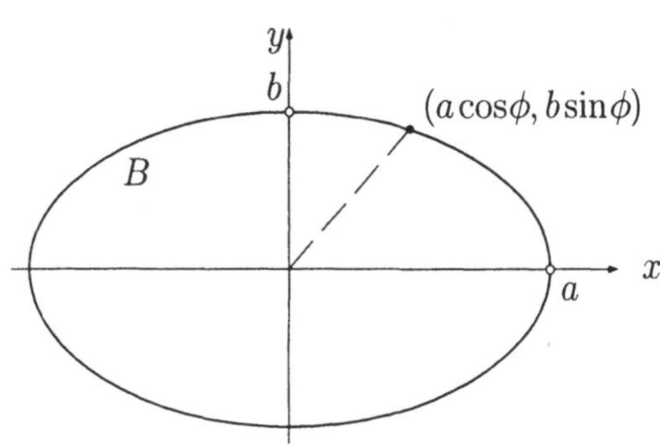

Fig. 5.4.8

Aufgaben

1. Die Abbildung

$$\mathbf{f}: \quad \mathbb{R}^3 \curvearrowright \mathbb{R}^3, \qquad \mathbf{x} \mapsto \mathbf{y} := \mathbf{f}(\mathbf{x})$$

sei definiert durch

$$y_i := \frac{x_i}{1 - x_1 - x_2 - x_3} \qquad (1 \leq i \leq 3) .$$

Berechne die Funktionaldeterminante $J_\mathbf{f}(\mathbf{x})$.

2. In welchen Punkten der (u, v)-Ebene ist die Abbildung

$$\mathbf{f}: \quad \mathbb{R}^2 \to \mathbb{R}^3, \qquad (u, v) \mapsto (u^2 + 2v, 2v^2 - u, u + v)$$

nicht regulär?

3. Betrachte die komplex differenzierbare Funktion $f(z) := (1 + z)(i - z)$ bzw. die zugehörige Abbildung $\mathbf{f}$: $\mathbb{R}^2 \to \mathbb{R}^2$. In welchen Punkten ist $d\mathbf{f}$ nicht regulär? Welchen Rang hat dort $d\mathbf{f}$?

4. Die komplexe Funktion

$$f: \quad \mathbb{C} \to \mathbb{C}, \qquad z \mapsto w := z^3$$

läßt sich via $z = x + iy$, $w = u + iv$ als Abbildung

$$\mathbf{f}: \quad \mathbb{R}^2 \to \mathbb{R}^2, \qquad (x, y) \mapsto (u, v)$$

auffassen.

(a) Bestimme u und v als Funktionen von x und y.

(b) Berechne die Funktionaldeterminante $J_\mathbf{f}(x, y)$.

(c) In welchen Punkten der (x, y)-Ebene ist $\mathbf{f}$ nicht regulär?

5. Im (x, y, z)-Raum werden die beiden Flächen S_1: $z = y^2$ und S_2: $z = x^3$ betrachtet. Ihre Schnittkurve γ besitzt im Ursprung eine Singularität.
   (a) Stelle eine instruktive Figur dieser Situation her.
   (b) Mit dem Auftreten einer Singularität mußte von vorneherein gerechnet werden. Warum?

6. Der Körper $B \subset \mathbb{R}^3$ entsteht durch eine geringfügige Deformation der Einheitskugel, und zwar trifft der von $\mathbf{0}$ ausgehende Strahl mit geographischen Daten (ϕ, θ) die Oberfläche von B im Abstand

$$r(\phi, \theta) := 1 + \varepsilon \sin\phi \cos\theta \qquad \left(\phi \in \mathbb{R}/(2\pi),\ \theta \in \left[-\tfrac{\pi}{2}, \tfrac{\pi}{2}\right]\right),$$

   ε eine sehr kleine positive Zahl. Bestimme das Volumen von B.

7. In Fig. 5.6.17 ist eine **Astroide**

$$|x|^{2/3} + |y|^{2/3} = a^{2/3} \qquad (a > 0 \text{ fest})$$

   dargestellt. Berechne den eingeschlossenen Flächeninhalt. (*Hinweis:* Stelle den im ersten Quadranten liegenden Teil der Fläche in naheliegender Weise als Bild eines Kreissektors dar.)

5.5. Extrema

Im mehrdimensionalen Environment sehen Extremalaufgaben typischer Weise folgendermaßen aus: Gegeben sind eine Funktion $f\colon \mathbb{R}^n \curvearrowright \mathbb{R}$ sowie eine Menge $M \subset \operatorname{dom}(f)$. Im allgemeinen liegt f als Ausdruck vor, und M wird durch Gleichungen und Ungleichungen beschrieben.

Bsp : $f(x,y,z) := xy + 2yz + 3zx\,,$

$$M := \bigl\{(x,y,z) \bigm| x \geq 0,\ y \geq 0,\ z \geq 0,\ x^2 + y^2 + z^2 = 1\bigr\}\,.$$

Gesucht sind die Zahlen

$$\min_{\mathbf{x}\in M} f(\mathbf{x})\,, \qquad \max_{\mathbf{x}\in M} f(\mathbf{x})$$

sowie die Punkte $\mathbf{x} \in M$, in denen diese **globalen Extrema** von f auf M angenommen werden. Die Menge M ist typischer Weise ein echt n-dimensionaler Bereich B mit niedrigerdimensionalen Seitenflächen, Kanten und Ecken oder selber ein niedrigerdimensionales Objekt, etwa ein Flächenstück im dreidimensionalen Raum, siehe das obige Beispiel.

Wir gehen bei der weiteren Diskussion davon aus, daß in M eine Extremalstelle der gesuchten Art tatsächlich vorhanden ist. Satz **(3.2)** garantiert, daß diese Annahme zutrifft, wenn f stetig ist und M kompakt.

Wie im eindimensionalen Fall hilft uns die Differentialrechnung, *lokale* Extremalstellen im *Inneren* eines Bereichs B zum Vorschein zu bringen. Innere Punkte $\mathbf{x}$ eines Bereichs $B \subset \mathbb{R}^n$ sind dadurch gekennzeichnet, daß man von einem solchen $\mathbf{x}$ aus in allen Richtungen des $\mathbb{R}^n$ ein Stück weit gehen kann, ohne B zu verlassen. Das spielt in dem folgenden Lemma eine entscheidende Rolle.

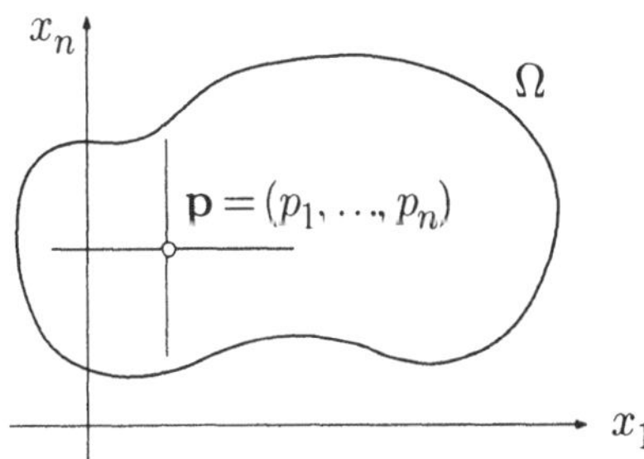

Fig. 5.5.1

(5.16) *Es sei $\Omega \subset \mathbb{R}^n$ eine offene Menge und $f\colon \Omega \to \mathbb{R}$ eine C^1-Funkion. Ist f an der Stelle $\mathbf{p} = (p_1, \ldots, p_n) \in \Omega$ lokal extremal, so ist $\mathbf{p}$ notwendigerweise ein kritischer Punkt von f; das heißt: Es gilt*

$$\nabla f(\mathbf{p}) = \mathbf{0} \qquad \text{bzw.} \qquad f_{.k}(p_1, \ldots, p_n) = 0 \quad (1 \le k \le n) .$$

⌜ Ist f im Punkt $\mathbf{p}$ (Fig. 5.5.1) zum Beispiel lokal maximal, so ist auch die partielle Funktion

$$\psi(x_1) := f(x_1, p_2, \ldots, p_n)$$

der *einen* Variablen x_1 in dem inneren Punkt p_1 ihres Definitionsbereichs lokal maximal, folglich ist

$$f_{.1}(p_1, p_2, \ldots, p_n) = \psi'(p_1) = 0 .$$

Da dieses Argument für alle Koordinatenrichtungen gilt, folgt die Behauptung.

Man kann es auch so sehen: Ist $\nabla f(\mathbf{p}) =: \mathbf{A} \neq \mathbf{0}$, so nimmt f zu, wenn man den Punkt $\mathbf{p}$ in spitzem Winkel zu $\mathbf{A}$ verläßt (Fig. 5.5.2), und f nimmt ab, wenn man $\mathbf{p}$ in stumpfem Winkel zu $\mathbf{A}$ verläßt. An einer derartigen Stelle $\mathbf{p}$ kann f nicht lokal extremal sein. ⌟

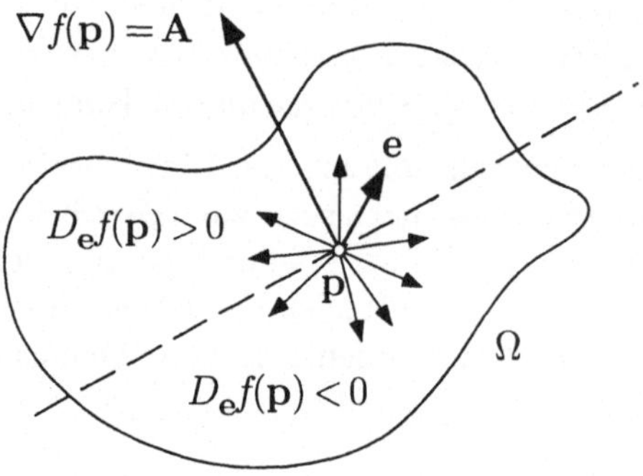

Fig. 5.5.2

Aus Lemma **(5.16)** folgt: Wird das gesuchte globale Extremum im Inneren des n-dimensionalen Bereichs B angenommen, so kommt es bei der Auflösung des Gleichungssystems

$$\left.\begin{aligned} f_{.1}(x_1, \ldots, x_n) &= 0 \\ &\vdots \\ f_{.n}(x_1, \ldots, x_n) &= 0 \end{aligned}\right\} , \qquad (1)$$

bzw. in Variablen x, y:

$$\left.\begin{array}{l} f_x(x,y) = 0 \\ f_y(x,y) = 0 \end{array}\right\} ,$$

automatisch zum Vorschein. Die betreffende Extremalstelle $\mathbf{p} \in B$ ist ja auch lokale Extremalstelle und somit nach Lemma **(5.16)** ein kritischer Punkt der Funktion f.

Die Lösungsmenge von (1) kann aber außer $\mathbf{p}$ noch weitere Punkte enthalten: kritische Punkte von f, die nicht in B liegen, und solche, die vom falschen Typ sind. Die ersteren sind sofort zu streichen, die zweiten mit Hilfe eines Wertvergleichs auszumerzen.

① Die in Beispiel 5.2.④ betrachtete Funktion

$$f(x, y) := \cos(x + 2y) + \cos(2x + 3y)$$

ist in der ganzen Ebene definiert, stetig und in beiden Variablen 2π-periodisch. Wendet man Satz **(3.2)** auf f und den "Fundamentalbereich" $[-\pi, \pi]^2$ an, so folgt, daß f auf der Menge $M := \mathbb{R}^2$ globale Extrema annimmt. Da M offen ist, sind die Extremalstellen notwendigerweise kritische Punkte von f, gehören also zur Menge der Punkte $\mathbf{z}_{kl} := (k\pi, l\pi)$, $k, l \in \mathbb{Z}$.

Man berechnet

$$f(\mathbf{z}_{00}) = 2\,, \qquad f(\mathbf{z}_{10}) = f(\mathbf{z}_{01}) = 0\,, \qquad f(\mathbf{z}_{11}) = -2\,,$$

und aus Periodizitätsgründen sind das schon alle kritischen Werte. Der Wertvergleich zeigt

$$\min_{\mathbf{z}\in M} f(\mathbf{z}) = -2\,, \qquad \max_{\mathbf{z}\in M} f(\mathbf{z}) = 2\,,$$

wie erwartet. — Für den hier verfolgten Zweck (Bestimmung der globalen Extrema von f) ist es also nicht nötig, die kritischen Punkte weiter zu analysieren. ○

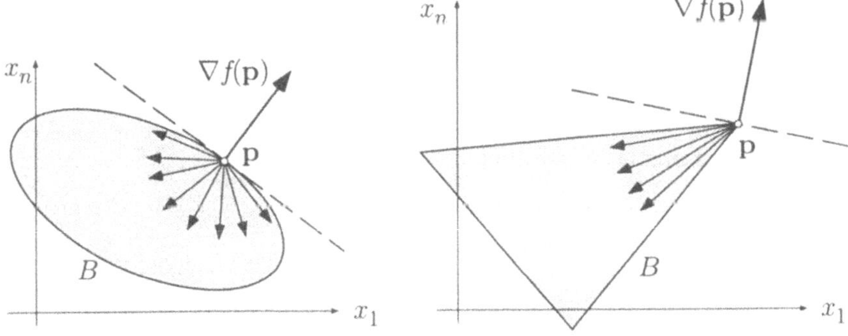

Fig. 5.5.3

Wird aber das gesuchte globale Extremum in einem Randpunkt $\mathbf{p}$ des Bereichs B angenommen, so braucht ∇f in dem betreffenden Punkt nicht zu verschwinden. Die Figur 5.5.3 zeigt dazu zwei Beispiele: Alle von $\mathbf{p}$ aus ins Innere von B weisenden Richtungen bilden mit $\nabla f(\mathbf{p})$ einen stumpfen Winkel; folglich nimmt f in allen von $\mathbf{p}$ aus erlaubten Richtungen ab. Der Punkt $\mathbf{p}$ könnte also ohne weiteres globale Maximalstelle von f auf B sein, obwohl $\nabla f(\mathbf{p})$ nicht verschwindet.

② Hier noch ein ganz simples Beispiel: Es sei

$$f(x, y, z) := z$$

und B die volle Einheitskugel. Dann gilt natürlich

$$\max_{\mathbf{r} \in B} f(\mathbf{r}) = 1 ,$$

und Maximalstelle ist der Nordpol $(0, 0, 1)$. Andererseits ist

$$\nabla f(x, y, z) \equiv (0, 0, 1) \neq \mathbf{0} .$$

Die Funktion f besitzt also keine kritischen Punkte, und die Auflösung des Gleichungssystems (1) bringt nichts. ○

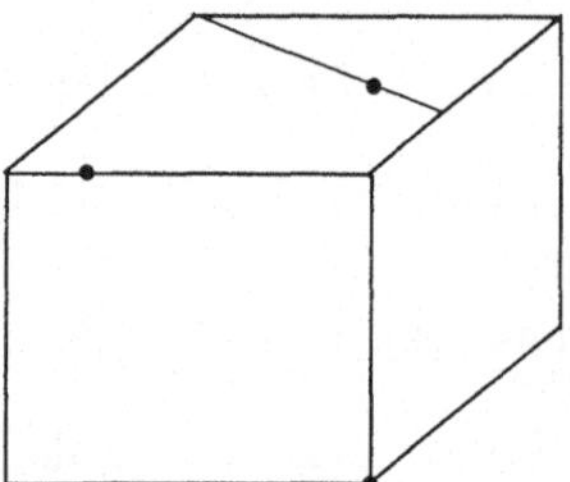

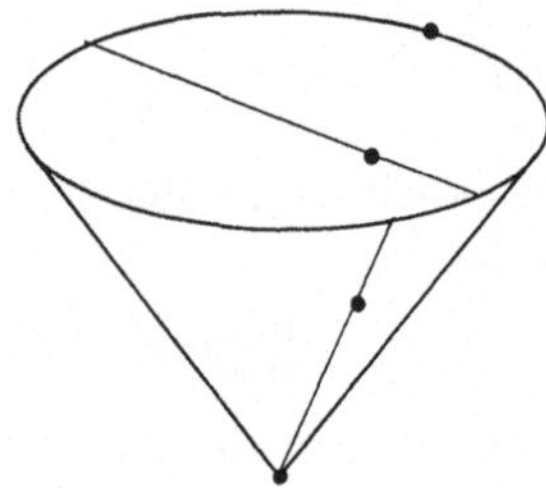

Fig. 5.5.4

Die Figur 5.5.4 belegt den folgenden Sachverhalt: Jeder Randpunkt $\mathbf{p}$ von B liegt im "relativen Inneren" einer Seitenfläche oder einer Kante von B, oder $\mathbf{p}$ ist eine "Ecke" von B. Das gibt uns die Chance, auch randständige Extremalstellen mit Hilfe der Differentialrechnung zum Vorschein zu bringen: Es sei nämlich S eine derartige d-dimensionale "Seitenfläche", $\tilde{S} \subset \mathbb{R}^d$ ein geeigneter Parameterbereich und

$$\mathbf{x}(\cdot): \quad \tilde{S} \to S , \qquad \mathbf{u} \mapsto \mathbf{x}(\mathbf{u}) \tag{2}$$

eine Parameterdarstellung von S (in den folgenden Beispielen ist immer $d = 1$ oder $d = 2$). Der Pullback

$$\tilde{f}(\mathbf{u}) := f(\mathbf{x}(\mathbf{u})) \qquad (\mathbf{u} \in \tilde{S})$$

"produziert" dann gerade die Funktionswerte von f auf dieser Seitenfläche.

Wir nehmen jetzt an, es sei der “relativ innere” Punkt $\mathbf{p} \in S$ eine globale Maximalstelle von f auf B, und es sei $\mathbf{a} \in \tilde{S}$ der zugehörige Parameterpunkt (Fig. 5.5.5). Dann gilt

$$\forall \mathbf{u} \in \tilde{S}: \qquad \tilde{f}(\mathbf{u}) \leq \tilde{f}(\mathbf{a}) .$$

Somit liegt folgende Situation vor: Der Punkt $\mathbf{a}$ ist aufgrund unserer Annahme über $\mathbf{p}$ ein innerer Punkt der Menge $\tilde{S} \subset \mathbb{R}^d$, und $\tilde{f}$ ist an der Stelle $\mathbf{a}$ lokal maximal. Nach Lemma **(5.16)** muß daher gelten:

$$\nabla\tilde{f}(\mathbf{a}) = \mathbf{0}$$

$\big($bzw. $\tilde{f}'(a) = 0$, falls S eindimensional ist$\big)$. Folglich kommt der Punkt $\mathbf{a}$ (bzw. a) beim Auflösen der Gleichung $\nabla\tilde{f}(\mathbf{u}) = \mathbf{0}$, das heißt:

$$\tilde{f}_{.k}(u_1, \ldots, u_d) = 0 \quad (1 \leq k \leq d) \qquad \big(\text{bzw. } \tilde{f}'(t) = 0\big)$$

zum Vorschein, eventuell zusammen mit anderen kritischen Punkten $\mathbf{a}_i \in \tilde{S}$. Die zugehörigen Punkte $\mathbf{p}_i := \mathbf{x}(\mathbf{a}_i)$ auf S wollen wir **bedingt kritische Punkte** von f (bezüglich S) nennen; der hauptsächlich interessierende Punkt $\mathbf{p}$ befindet sich bestimmt dabei.

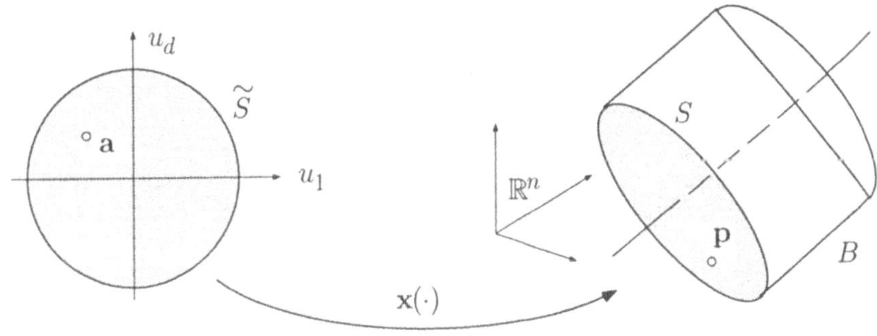

Fig. 5.5.5

Nach diesen Ausführungen ist klar, wie man zur Berechnung der globalen Extrema einer Funktion f auf einem n-dimensionalen Bereich B vorzugehen hat:

- ▶ Man bestimme alle kritischen Punkte von f im Inneren von B

sowie

- ▶ die bedingt kritischen Punkte im “relativen Inneren” jeder d-dimensionalen Seitenfläche, $0 < d < n$.

Zu dieser Kollektion von Punkten füge man

- ▶ die Ecken von B

hinzu und hat dann im allgemeinen eine endliche Liste von Punkten ("Kandidaten")

$$\{\mathbf{p}_1, \mathbf{p}_2, \ldots, \mathbf{p}_N\} \subset B \; . \tag{3}$$

Diese Liste enthält notwendigerweise alle Maximalstellen von f auf B; somit ist

$$\max_{\mathbf{x}\in B} f(\mathbf{x}) \;=\; \max_{1\le i\le N} f(\mathbf{p}_i)\,,$$

und analog für das Minimum. Nachdem man die Liste (3) einmal hat, können also die globalen Extrema durch einen einfachen Wertvergleich ermittelt werden.

③ Es sollen die globalen Extrema der Funktion

$$f(x,y) \;:=\; x^3 - 18x^2 + 81x + 12y^2 - 144y + 24xy$$

auf dem Bereich

$$B \;:=\; \{(x,y) \mid x \ge 0,\; y \ge 0,\; x+y \le 10\}$$

(Fig. 5.5.6) bestimmt werden.

Wir suchen zunächst die kritischen Punkte von f im Inneren von B mit Hilfe der Gleichungen

$$(f_x =) \quad 3x^2 - 36x + 81 + 24y = 0\,, \tag{4}$$

$$(f_y =) \quad 24y - 144 + 24x = 0\;. \tag{5}$$

Aus (5) folgt $y = 6 - x$. Wird dies in (4) eingesetzt, so resultiert für x die quadratische Gleichung

$$3x^2 - 36x + 81 + 24(6-x) = 3(x^2 - 20x + 75) = 0$$

mit den Lösungen $x_1 = 5$, $x_2 = 15$. Von diesen ist die zweite zu verwerfen, da sie keinen Punkt in B liefert. Somit erhalten wir den einzigen kritischen Punkt $P_1 := (5,1)$ im Inneren von B.

Wir müssen nun die bedingt kritischen Punkte von f auf den drei Kanten von B bestimmen. Für die untere Kante müssen wir die Funktion

$$g_1(x) \;:=\; f(x,0) = x^3 - 18x^2 + 81x$$

(das ist der Pullback von f bezüglich der Parameterdarstellung $x \mapsto (x,0)$) untersuchen. Die Ableitung

$$g_1'(x) = 3x^2 - 36x + 81 = 3(x^2 - 12x + 27)$$

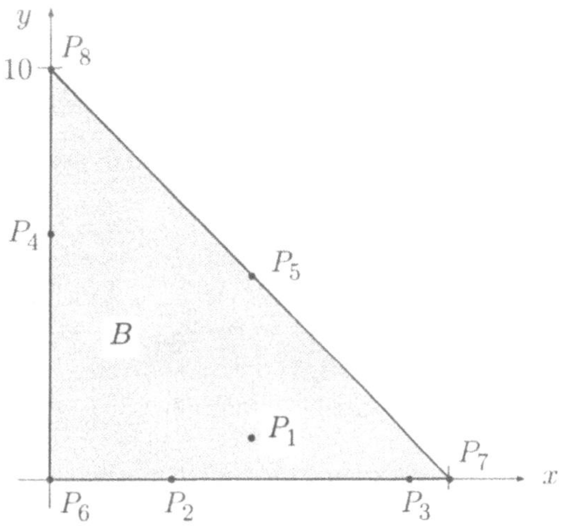

Fig. 5.5.6

besitzt die beiden Nullstellen $x_1 = 3$, $x_2 = 9$, die die beiden bedingt kritischen Punkte $P_2 := (3,0)$, $P_3 := (9,0)$ anzeigen.

Für die vertikale Kante haben wir analog die Funktion

$$g_2(y) := f(0,y) = 12y^2 - 144y$$

zu betrachten. Die Ableitung

$$g_2'(y) = 24y - 144$$

besitzt die einzige Nullstelle $y = 6$, was uns den weiteren Punkt $P_4 := (0,6)$ liefert.

Die dritte Kante schließlich hat die Gleichung $y = 10 - x$. Wir bilden daher die Funktion

$$\begin{aligned} g_3(x) &:= f(x, 10-x) \\ &= x^3 - 18x^2 + 81x + 12(10-x)^2 - 144(10-x) + 24x(10-x) \\ &= x^3 - 30x^2 + 225x - 240 \end{aligned}$$

mit der Ableitung

$$g_3'(x) = 3x^2 - 60x + 225 = 3(x^2 - 20x + 75) \; .$$

Die Nullstellen sind $x_1 = 5$, $x_2 = 15$, wobei die zweite gleich gestrichen werden kann. Damit haben wir den letzten bedingt kritischen Punkt $P_5 := (5,5)$.

Wir fügen noch die Eckpunkte $P_6 := (0,0)$, $P_7 := (10,0)$, $P_8 := (0,10)$ hinzu und haben damit die endgültige Kandidatenliste. Die zugehörigen Funktionswerte sind in der folgenden Tabelle zusammengestellt:

P_i	(5,1)	(3,0)	(9,0)	(0,6)	(5,5)	(0,0)	(10,0)	(0,10)
$f(P_i)$	68	108	0	−432	260	0	10	−240

Dieser Tabelle entnehmen wir:

$$\min_{(x,y)\in B} f(x,y) = f(0,6) = -432\,, \qquad \max_{(x,y)\in B} f(x,y) = f(5,5) = 260\,.$$

○

④ Es sollen die globalen Extrema der Funktion

$$f(x,y,z) := -\sqrt{3}x + 3y + 2z$$

auf der Einheitskugel $B := \{(x,y,z) \mid x^2+y^2+z^2 \le 1\}$ bestimmt werden. Der Gradient $\nabla f(x,y,z) \equiv (-\sqrt{3},3,2)$ ist durchwegs $\neq \mathbf{0}$; folglich werden die gesuchten Extrema sicher nicht im Inneren von B angenommen. Für die Oberfläche ∂B verwenden wir die Parameterdarstellung

$$\mathbf{r}(\cdot,\cdot):\quad (\phi,\theta) \mapsto \begin{cases} x = \cos\theta\cos\phi \\ y = \cos\theta\sin\phi \\ z = \sin\theta \end{cases} \qquad \Big(\phi \in \mathbb{R}/2\pi\,,\ -\frac{\pi}{2} < \theta < \frac{\pi}{2}\Big)\,, \tag{6}$$

wobei allerdings Nord- und Südpol extra betrachtet werden müssen, da diese beiden Punkte von $\mathbf{r}(\cdot,\cdot)$ nicht produziert werden. Die Funktion f erhält in den neuen Variablen die Form

$$\begin{aligned}\tilde f(\phi,\theta) &= f\big(x(\phi,\theta), y(\phi,\theta), z(\phi,\theta)\big)\\ &= (-\sqrt{3}\cos\phi + 3\sin\phi)\cos\theta + 2\sin\theta\,.\end{aligned}$$

Wir haben somit das Gleichungssystem

$$\left.\begin{aligned}(\tilde f_\phi =)\qquad (\sqrt{3}\sin\phi + 3\cos\phi)\cos\theta &= 0\\ (\tilde f_\theta =)\quad (\sqrt{3}\cos\phi - 3\sin\phi)\sin\theta + 2\cos\theta &= 0\end{aligned}\right\}$$

aufzulösen. Aus der ersten Gleichung folgt wegen $\cos\theta \neq 0$ nacheinander

$$\sqrt{3}\sin\phi + 3\cos\phi = 0\,, \qquad \tan\phi = -\sqrt{3}$$

mit den Lösungen $\phi_1 = -\frac{\pi}{3}$, $\phi_2 = \frac{2\pi}{3}$. Setzen wir in der zweiten Gleichung $\phi := -\frac{\pi}{3}$, so erhalten wir für θ nacheinander die Gleichungen

$$\Big(\frac{\sqrt{3}}{2} + \frac{3\sqrt{3}}{2}\Big)\sin\theta + 2\cos\theta = 0\,, \quad 2\sqrt{3}\sin\theta + 2\cos\theta = 0\,, \quad \tan\theta = -\frac{1}{\sqrt{3}}\,,$$

und dies liefert den Wert $\theta_1 = -\frac{\pi}{6}$. Analog erhält man für $\phi := \frac{2\pi}{3}$ aus der zweiten Gleichung den Wert $\theta_2 = \frac{\pi}{6}$.

Hiernach besitzt $\tilde{f}$ die beiden kritischen Punkte

$$\mathbf{a}_1 := \left(-\frac{\pi}{3}, -\frac{\pi}{6}\right), \qquad \mathbf{a}_2 := \left(\frac{2\pi}{3}, \frac{\pi}{6}\right)$$

in der (ϕ, θ)-Ebene. Zu diesen gehören vermöge (6) die zwei bedingt kritischen Punkte

$$\mathbf{p}_1 := \left(\frac{\sqrt{3}}{4}, -\frac{3}{4}, -\frac{1}{2}\right), \qquad \mathbf{p}_2 := \left(-\frac{\sqrt{3}}{4}, \frac{3}{4}, \frac{1}{2}\right)$$

von f auf ∂B. Die Kandidatenliste ist noch durch die beiden Pole

$$\mathbf{p}_3 := (0, 0, 1), \qquad \mathbf{p}_4 := (0, 0, -1)$$

zu ergänzen, worauf der Wertvergleich durchgeführt werden kann. Aufgrund von

$$f(\mathbf{p}_1) = -4, \quad f(\mathbf{p}_2) = 4, \quad f(\mathbf{p}_3) = 2, \quad f(\mathbf{p}_4) = -2$$

liefert er

$$\min_{\mathbf{r}\in B} f(\mathbf{r}) = -4, \qquad \max_{\mathbf{r}\in B} f(\mathbf{r}) = 4.$$

Wir werden auf dieses Beispiel zurückkommen. Die bedingt kritischen Punkte $\mathbf{p}_1$, $\mathbf{p}_2$ lassen sich nämlich auf wesentlich einfachere Weise bestimmen, und die Punkte $\mathbf{p}_3$, $\mathbf{p}_4$ sollten von rechts wegen gar nicht in Erscheinung treten, da sie nichts mit dem gegebenen Problem, sondern nur etwas mit der für ∂B gewählten Parameterdarstellung zu tun haben. ○

Wir sind hier immer davon ausgegangen, daß die d-dimensionalen Seitenflächen eines Bereichs B in Parameterdarstellung vorliegen. Eine derartige Parameterdarstellung ist jedoch nicht immer greifbar, oder sie kann zu umständlichen Rechnungen führen wie im vorangehenden Beispiel. Vor allem aber gibt es Extremalaufgaben, die von Anfang an nicht in der bis jetzt verwendeten geometrischen Einkleidung daherkommen, sondern als sogenannte **Extremalaufgaben mit Nebenbedingungen**. Hier wird das Maximum (Minimum) einer Funktion $f\colon \mathbb{R}^n \curvearrowright \mathbb{R}$ gesucht, wobei aber die an sich unabhängigen und gleichberechtigten Variablen $x_1, \ldots, x_n$ durch r Gleichungen der Form

$$F_1(x_1, \ldots, x_n) = 0, \quad \ldots \quad, F_r(x_1, \ldots, x_n) = 0$$

in ihrer Variabilität eingeschränkt sind. Diese r Nebenbedingungen, meist ist $r = 1$, definieren eine "Fläche" $S \subset \mathbb{R}^n$ der Dimension (= "Anzahl Freiheitsgrade") $d := n - r$. Nur die Punkte $\mathbf{x} \in S$ werden zur Konkurrenz zugelassen, und die Funktionswerte in den Punkten $\mathbf{x} \notin S$ fallen vollständig außer Betracht. Die gesuchte Größe

$$\max_{\mathbf{x}\in S} f(\mathbf{x})$$

ist das **bedingte Maximum** von f bezüglich S, und die Punkte $\mathbf{p} \in S$, wo dieses Maximum angenommen wird, sind **bedingte Maximalstellen** von f; analog für das Minimum.

⑤ Die n nichtnegativen Zahlen x_k haben die vorgegebene Summe $s > 0$:

$$x_1 + x_2 + \ldots + x_n = s . \tag{7}$$

Welches ist der maximal mögliche Wert des Produkts dieser n Zahlen? — Es geht hier um das Maximum der Funktion

$$f(x_1, \ldots, x_n) := x_1 \cdot x_2 \cdot \ldots \cdot x_n$$

unter der Nebenbedingung (7) und der weiteren Einschränkung

$$x_k \geq 0 \qquad (1 \leq k \leq n) ,$$

oder eben um das bedingte Maximum von f bezüglich der durch (7) definierten $(n-1)$-dimensionalen Fläche $S \subset \mathbb{R}^n$. ○

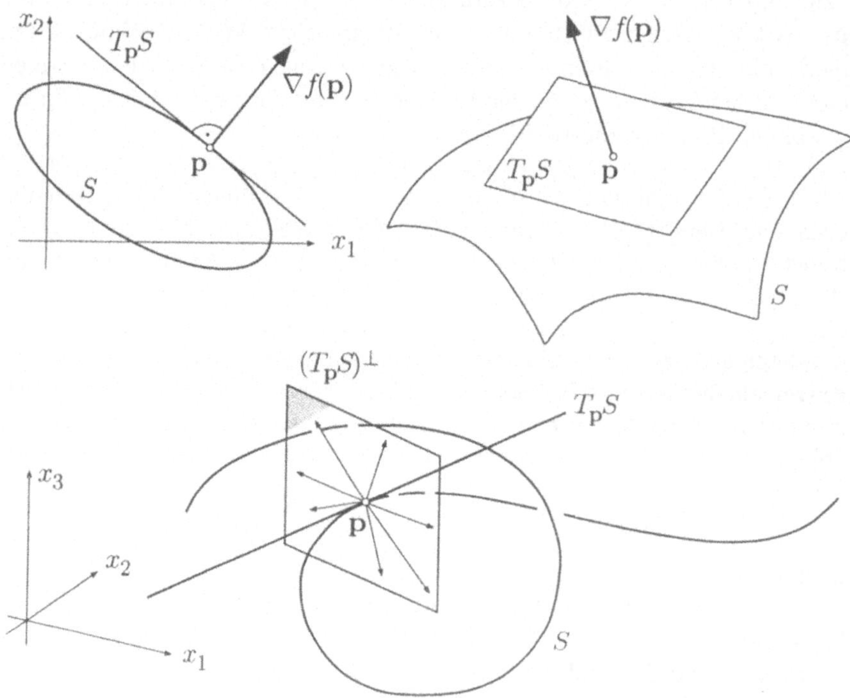

Fig. 5.5.7

Um hier weiterzukommen, benötigen wir eine Charakterisierung der bedingt kritischen Punkte (s.o.), die nicht auf eine vorgegebene Parameterdarstellung von S Bezug nimmt. Die folgende geometrische Erklärung ist äquivalent mit der früher gegebenen (ohne Beweis): Der Punkt $\mathbf{p} \in S$ ist ein **bedingt kritischer Punkt** von f bezüglich S, wenn der Gradient $\nabla f(\mathbf{p})$ auf der Tangentialebene $T_{\mathbf{p}}S$ senkrecht steht. Mit Hilfe dieses Begriffs können wir folgende "bedingte Version" von Lemma **(5.16)** formulieren, siehe dazu die Fig. 5.5.7:

(5.17) *Es sei* $f\colon \mathbb{R}^n \curvearrowright \mathbb{R}$ *eine* C^1*-Funktion und* $S \subset \operatorname{dom}(f)$ *eine* d*-dimensionale "Fläche". Ist* f *im Punkt* $\mathbf{p} \in S$ *bedingt lokal extremal bezüglich* S*, so ist* $\mathbf{p}$ *ein bedingt kritischer Punkt von* f*; das heißt: Es ist*

$$\nabla f(\mathbf{p}) \perp T_{\mathbf{p}}S \,.$$

⌜ Steht $\nabla f(\mathbf{p}) =: \mathbf{A}$ nicht senkrecht auf $T_{\mathbf{p}}S$, so gibt es in $T_{\mathbf{p}}S$ eine Richtung $\mathbf{e}$, die mit $\mathbf{A}$ einen spitzen Winkel bildet. Verläßt man $\mathbf{p}$ längs einer Kurve $\gamma \subset S$ in Richtung $\mathbf{e}$ (Fig. 5.5.8), so nimmt f zu wegen

$$D_{\mathbf{e}}f(\mathbf{p}) = \mathbf{A} \bullet \mathbf{e} > 0\,;$$

in der entgegengesetzten Richtung nimmt f ab wegen

$$D_{-\mathbf{e}}f(\mathbf{p}) = -\mathbf{A} \bullet \mathbf{e} < 0\,.$$

Unter diesen Umständen kann f im Punkt $\mathbf{p}$ nicht bedingt lokal extremal sein. ⌟

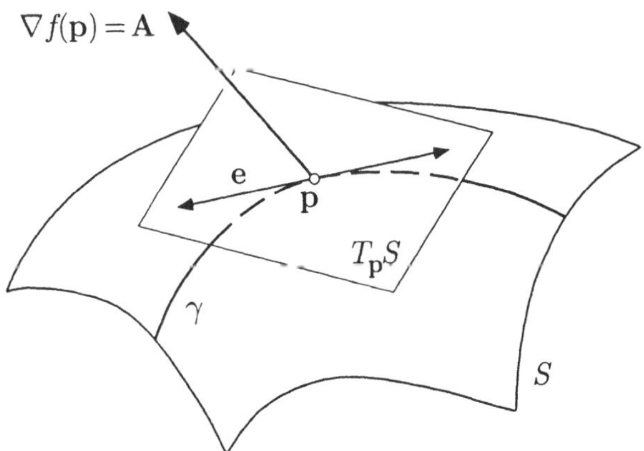

Fig. 5.5.8

Wie findet man die bedingt kritischen Punkte? — Die Menge S der zugelassenen Punkte sei zunächst durch *eine* Gleichung (Nebenbedingung)

$$F(x_1, x_2, \ldots, x_n) = 0$$

definiert, wobei wir annehmen wollen, daß in allen Punkten $\mathbf{x} \in S$ gilt:

$$\nabla F(\mathbf{x}) \neq \mathbf{0}\ .$$

Dann ist S nach Satz **(5.11)** bzw. seinem Analogon für Funktionen $F\colon \mathbb{R}^n \curvearrowright \mathbb{R}$, eine glatte $(n-1)$-dimensionale "Fläche" und besitzt in jedem Punkt $\mathbf{p}$ eine Tangentialebene $T_{\mathbf{p}}S$, deren eindimensionales orthogonales Komplement $(T_{\mathbf{p}}S)^\perp$, vulgo: **Normale**, erzeugt wird von $\nabla F(\mathbf{p})$. Hieraus folgt: Ist $\mathbf{p}$ ein bedingt kritischer Punkt von f bezüglich S, so gilt $F(\mathbf{p}) = 0$ und nach Lemma **(5.17)** *zusätzlich*

$$\nabla f(\mathbf{p}) = \lambda\, \nabla F(\mathbf{p})$$

für ein geeignetes $\lambda \in \mathbb{R}$ (Fig. 5.5.9). Der Punkt $\mathbf{p}$ kommt daher bei der Auflösung des Gleichungssystems

$$\left.\begin{array}{ll} F(x_1, \ldots, x_n) = 0 & \\ f_{.k}(x_1, \ldots, x_n) = \lambda\, F_{.k}(x_1, \ldots, x_n) & \quad (1 \leq k \leq n) \end{array}\right\}$$

von $n+1$ Gleichungen in den $n+1$ Unbekannten $x_1, \ldots, x_n, \lambda$ zum Vorschein. (Der Wert von λ wird an sich nicht benötigt.)

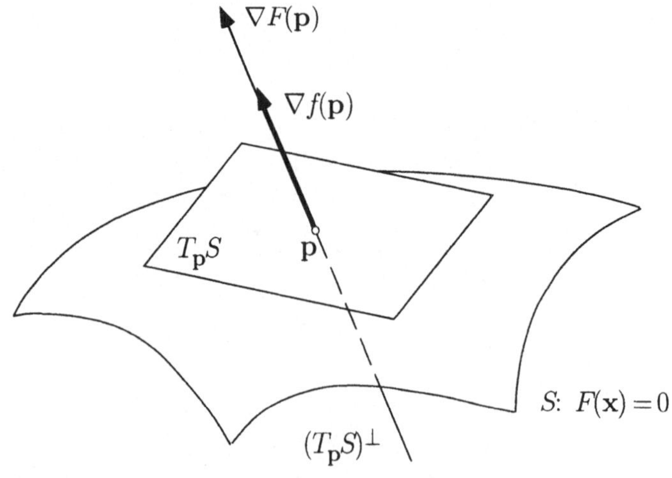

Fig. 5.5.9

⑤ (Forts.) Die Menge S der zugelassenen $\mathbf{x} = (x_1, \ldots, x_n)$ ist ein sogenanntes $(n-1)$-**Simplex** im $\mathbb{R}^n$, insbesondere eine kompakte Menge (siehe die Fig. 5.5.10). In jedem Randpunkt dieses Simplex ist mindestens ein $x_k = 0$ und damit auch $f(x_1, \ldots, x_n) = 0$. Es folgt: Die Produktfunktion f nimmt auf S ein globales Maximum an, und zwar in einem relativ inneren Punkt $\mathbf{p} \in S$. Nach Lemma **(5.17)** ist $\mathbf{p}$ ein bedingt kritischer Punkt von f bezüglich der Nebenbedingung

$$F(x_1, \ldots, x_n) := x_1 + x_2 + \ldots + x_n - s = 0 .$$

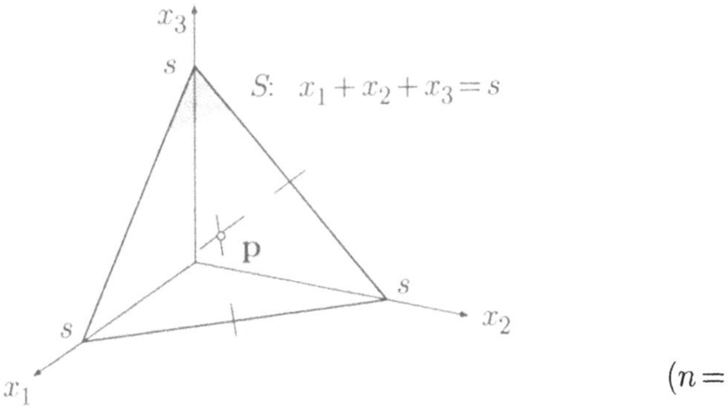

Fig. 5.5.10

Die n Gleichungen

$$f_{.k}(\mathbf{x}) = \lambda F_{.k}(\mathbf{x}) \qquad (1 \leq k \leq n)$$

lauten im vorliegenden Fall:

$$x_1 \cdots x_{k-1}\, x_{k+1} \cdots x_n = \lambda \cdot 1 \qquad (1 \leq k \leq n) .$$

Multiplizieren wir die k-te Gleichung mit x_k, so folgt

$$x_1 \cdot x_2 \cdot \ldots \cdot x_n = \lambda x_k \qquad (1 \leq k \leq n) .$$

Da hier die linke Seite von k nicht abhängt, müssen alle x_k denselben Wert haben, und aufgrund der Nebenbedingung ist das notwendigerweise der Wert

$$p_k := \frac{s}{n} \qquad (1 \leq k \leq n) .$$

Damit ist der gesuchte bedingt kritische Punkt $\mathbf{p}$ gefunden. Nach der Vorbemerkung gilt

$$\forall \mathbf{x} \in S : \qquad f(x_1, \ldots, x_n) \leq f(p_1, \ldots, p_n) ;$$

somit haben wir

$$\forall \mathbf{x} \in S : \qquad x_1 \cdot x_2 \cdot \ldots \cdot x_n \leq \left(\frac{s}{n}\right)^n , \tag{8}$$

und unser am Anfang gestelltes Problem ist gelöst. Ziehen wir noch in (8) auf beiden Seiten die n-te Wurzel, so erhalten wir die berühmte **Ungleichung zwischen dem geometrischen und dem arithmetischen Mittel** von n nichtnegativen Zahlen:

$$\sqrt[n]{x_1 x_2 \cdots x_n} \leq \frac{x_1 + x_2 + \ldots + x_n}{n} \qquad (x_k \geq 0),$$

und zwar gilt hier das Gleichheitszeichen nur dann, wenn alle x_k denselben Wert haben. ○

Wir diskutieren noch den folgenden Fall: Die Menge S der zugelassenen Punkte ist definiert durch zwei Gleichungen

$$F(x, y, z) = 0 \quad \wedge \quad G(x, y, z) = 0$$

in den Variablen x, y, z. Ein derartiges S läßt sich auffassen als Schnittkurve der beiden (gewöhnlichen) Flächen

$$S^F: \quad F(x, y, z) = 0\,, \qquad S^G: \quad G(x, y, z) = 0\,,$$

wobei wir voraussetzen wollen, daß der Schnitt in allen Punkten $\mathbf{p} \in S$ **transversal**, das heißt: nicht schleifend, erfolgt. Die Tangente $T_\mathbf{p}S$ liegt in beiden Tangentialebenen $T_\mathbf{p}S^F$, $T_\mathbf{p}S^G$ und steht damit nach Satz **(5.11)** senkrecht auf den beiden Vektoren $\nabla F(\mathbf{p})$, $\nabla G(\mathbf{p})$. Hieraus folgt (Fig. 5.5.11): Die Ebene $(T_\mathbf{p}S)^\perp$ der auf $T_\mathbf{p}S$ senkrecht stehenden Vektoren wird gerade von $\nabla F(\mathbf{p})$ und $\nabla G(\mathbf{p})$ aufgespannt; das heißt, es ist

$$(T_\mathbf{p}S)^\perp = \left\{\lambda\, \nabla F(\mathbf{p}) + \mu\, \nabla G(\mathbf{p}) \;\middle|\; \lambda, \mu \in \mathbb{R}\right\}.$$

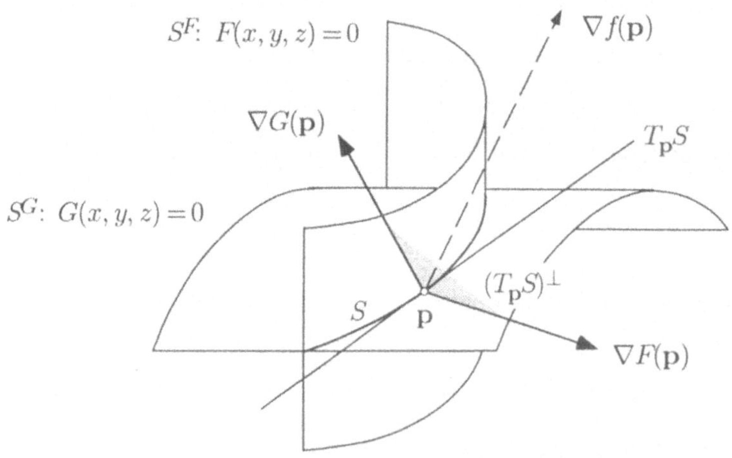

Fig. 5.5.11

Es sei jetzt $\mathbf{p}$ bedingt kritischer Punkt der Funktion $f\colon \mathbb{R}^3 \curvearrowright \mathbb{R}$ bezüglich S. Nach Lemma **(5.17)** ist dann $\nabla f(\mathbf{p}) \in (T_{\mathbf{p}}S)^{\perp}$, somit gilt

$$F(\mathbf{p}) = 0\,, \qquad G(\mathbf{p}) = 0$$

und zusätzlich

$$\nabla f(\mathbf{p}) \;=\; \lambda\, \nabla F(\mathbf{p}) + \mu\, \nabla G(\mathbf{p})$$

für geeignete λ, $\mu \in \mathbb{R}$. Hieraus folgt: Der Punkt $\mathbf{p}$ kommt bei der Auflösung des Gleichungssystems

$$\left.\begin{aligned} F(x,y,z) = 0\,, \qquad & G(x,y,z) = 0 \\ f_x(x,y,z) = \lambda F_x(x,y,z) &+ \mu G_x(x,y,z) \\ f_y(x,y,z) = \lambda F_y(x,y,z) &+ \mu G_y(x,y,z) \\ f_z(x,y,z) = \lambda F_z(x,y,z) &+ \mu G_z(x,y,z) \end{aligned}\right\}$$

von 5 Gleichungen in den 5 Unbekannten x, y, z, λ, μ zum Vorschein.

Unsere Überlegungen führen per saldo zu dem folgenden allgemeinen Ansatz: Es sei $f\colon \mathbb{R}^n \curvearrowright \mathbb{R}$ eine C^1-Funktion, und es sei die d-dimensionale "Fläche" $S \subset \operatorname{dom}(f)$ definiert durch die $r := n - d$ Gleichungen

$$F_1(x_1, \ldots, x_n) = 0\,, \;\ldots\;, F_r(x_1, \ldots, x_n) = 0$$

mit C^1-Funktionen $F_j\colon \mathbb{R}^n \curvearrowright \mathbb{R}$. Man bilde nun mit r Hilfsvariablen λ_1, ..., λ_r die sogenannte **Lagrangesche Prinzipalfunktion**

$$\Phi(\mathbf{x}, \lambda.) \;:=\; f(x_1, \ldots, x_n) - \lambda_1 F_1(x_1, \ldots, x_n) - \;\ldots\; - \lambda_r F_r(x_1, \ldots, x_n)$$

(ein rein formales Konstrukt ohne geometrische Interpretation). Die Hilfsvariablen λ_j heißen **Lagrangesche Multiplikatoren**. Dann gilt der folgende Satz, der zusammen mit Lemma **(5.17)** ermöglicht, bedingte lokale Extremalstellen von f auf S herauszubekommen:

(5.18) *(S, f und Φ haben die angegebene Bedeutung.) Die bedingt kritischen Punkte von f auf S kommen bei der Auflösung des Gleichungssystems*

$$\left.\begin{aligned} F_j(x_1, \ldots, x_n) = 0 \qquad & (1 \le j \le r) \\ \frac{\partial \Phi}{\partial x_k}(x_1, \ldots, x_n, \lambda_1, \ldots, \lambda_r) = 0 \qquad & (1 \le k \le n) \end{aligned}\right\}$$

($r + n$ Gleichungen in $n + r$ Unbekannten) zum Vorschein.

④ (Forts.) Die Oberfläche ∂B der Einheitskugel ist gegeben durch die Gleichung

$$F(x,y,z) \;:=\; x^2 + y^2 + z^2 - 1 = 0\,.$$

Zur Bestimmung der bedingt kritischen Punkte von f auf ∂B setzen wir die Prinzipalfunktion

$$\begin{aligned}\Phi(x,y,z,\lambda) &:= f(x,y,z) - \lambda F(x,y,z)\\ &= -\sqrt{3}x + 3y + 2z - \lambda(x^2+y^2+z^2-1)\end{aligned}$$

an. Nach Satz **(5.18)** haben wir jetzt das Gleichungssystem

$$\left.\begin{array}{lll} & x^2+y^2+z^2 & = 1\\ (\Phi_x =) & -\sqrt{3} - 2\lambda x & = 0\\ (\Phi_y =) & 3 - 2\lambda y & = 0\\ (\Phi_z =) & 2 - 2\lambda z & = 0\end{array}\right\}$$

nach x, y, z und allenfalls λ aufzulösen. Es folgt

$$x = \frac{-\sqrt{3}}{2\lambda}, \qquad y = \frac{3}{2\lambda}, \qquad z = \frac{1}{\lambda}$$

und somit

$$1 = x^2+y^2+z^2 = \frac{1}{\lambda^2}\Big(\frac{3}{4}+\frac{9}{4}+1\Big) = \frac{4}{\lambda^2}\,.$$

Hiernach ist $\lambda = \pm 2$, und wir erhalten die zwei bedingt kritischen Punkte

$$\mathbf{p}_1 = \Big(\frac{\sqrt{3}}{4}, -\frac{3}{4}, -\frac{1}{2}\Big), \qquad \mathbf{p}_2 = \Big(-\frac{\sqrt{3}}{4}, \frac{3}{4}, \frac{1}{2}\Big),$$

wie vorher, während die “Geister” $\mathbf{p}_3$ und $\mathbf{p}_4$ nicht mehr auftauchen. ○

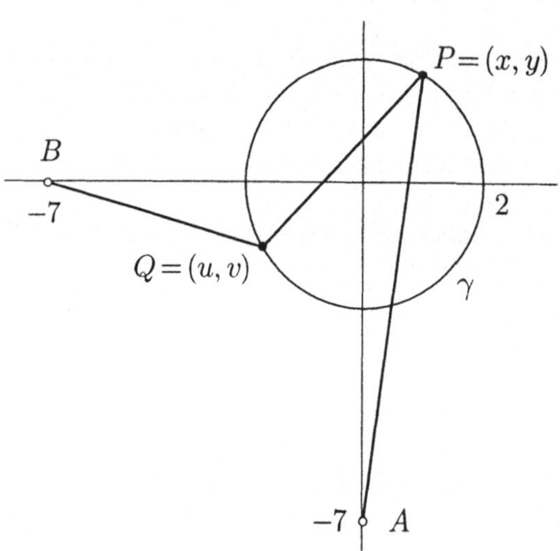

Fig. 5.5.12

⑥ Gegeben sind die Punkte $A := (0, -7)$ und $B := (-7, 0)$ sowie der Kreis γ vom Radius 2 um O (Fig. 5.5.12). Es sollen zwei Punkte $P,\ Q \in \gamma$ so bestimmt werden, daß die Größe

$$d(P, Q) := |AP|^2 + |PQ|^2 + |QB|^2$$

maximal (minimal) wird. Mit $P := (x, y),\ Q := (u, v)$ wird d eine Funktion der vier Variablen $x,\ y,\ u,\ v$, wobei diese vier Variablen den zwei Nebenbedingungen

$$\left.\begin{aligned} F(x,y) &:= x^2 + y^2 - 4 = 0 \\ G(u,v) &:= u^2 + v^2 - 4 = 0 \end{aligned}\right\} \tag{9}$$

unterworfen sind. Die Nebenbedingungen legen eine zweidimensionale Fläche $S \subset \mathbb{R}^4$ fest. Da P und Q unabhängig voneinander auf dem Kreis γ gewählt werden können, ist S das kartesische Produkt von zwei Kreisen, also eine Torusfläche. Wir bilden die Prinzipalfunktion

$$\begin{aligned} \Phi(x, y, u, v, \lambda, \mu) &:= d(x, y, u, v) - \lambda F(x, y) - \mu G(u, v) \\ &= x^2 + (y+7)^2 + (x-u)^2 + (y-v)^2 + (u+7)^2 + v^2 \\ &\quad - \lambda(x^2 + y^2 - 4) - \mu(u^2 + v^2 - 4) \end{aligned}$$

und erhalten neben (9) die folgenden Gleichungen für die bedingt stationären Punkte:

$$\left.\begin{array}{llll} (\Phi_x =) & 2x + 2(x-u) & -2\lambda x & = 0 \\ (\Phi_y =) & 2(y+7) + 2(y-v) & -2\lambda y & = 0 \\ (\Phi_u =) & 2(u-x) + 2(u+7) & -2\mu u & = 0 \\ (\Phi_v =) & 2(v-y) + 2v & -2\mu v & = 0 \end{array}\right\} .$$

Multipliziert man hier die erste Gleichung mit $-y$, die zweite mit x und addiert, so hebt sich einiges heraus, und es ergibt sich

$$2(uy - vx) + 14x = 0\ . \tag{10}$$

Analog: Multipliziert man die dritte Gleichung mit v, die vierte mit $-u$ und addiert, so erhält man nach Vereinfachung

$$2(uy - vx) + 14v = 0\ ,$$

zusammen mit (10) also

$$v = x\ . \tag{11}$$

Hieraus ergibt sich weiter wegen (9) die Relation

$$u^2 = 4 - v^2 = 4 - x^2 = y^2$$

und somit (a): $u = y$, oder (b): $u = -y$.

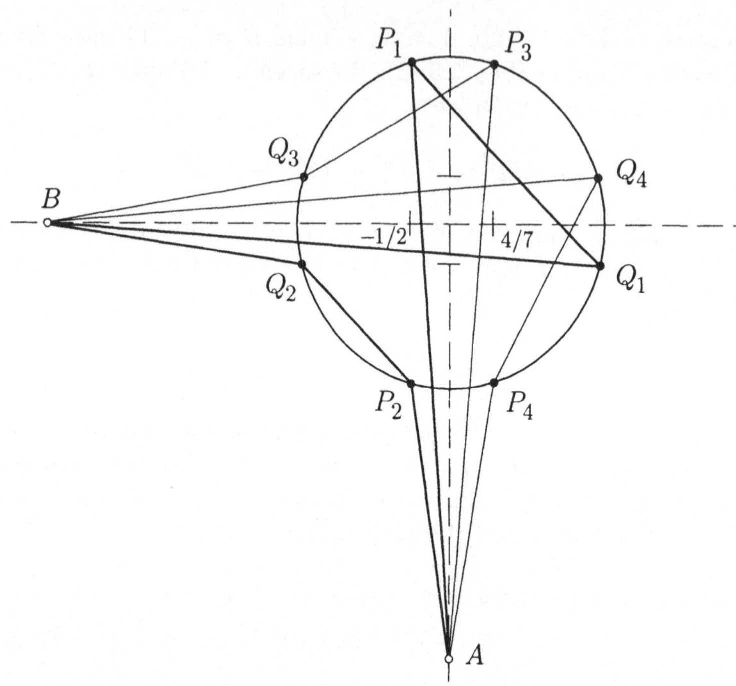

Fig. 5.5.13

Wir können nun u und v aus (10) eliminieren. Im Fall (a) erhalten wir die Gleichung $2(y^2 - x^2) + 14x = 0$, zusammen mit $x^2 + y^2 = 4$ also

$$2x^2 - 7x - 4 = 0$$

mit den beiden Lösungen $x = 4$ und $x = -\frac{1}{2}$. Die erste ist wegen $|x| > 2$ zu verwerfen; zu der zweiten gehören die y-Werte $y = \pm\frac{\sqrt{15}}{2}$. Aufgrund von (11) und (a) erhalten wir damit die beiden folgenden Punktepaare (P, Q):

$$P_1 = \left(-\frac{1}{2}, \frac{\sqrt{15}}{2}\right), \quad Q_1 = \left(\frac{\sqrt{15}}{2}, -\frac{1}{2}\right);$$
$$P_2 = \left(-\frac{1}{2}, -\frac{\sqrt{15}}{2}\right), \quad Q_2 = \left(-\frac{\sqrt{15}}{2}, -\frac{1}{2}\right).$$

Im Fall (b) hingegen liefert die Elimination von u und v aus (10) zunächst

$$-2(y^2 + x^2) + 14x = 0,$$

und dies führt im Verein mit $x^2 + y^2 = 4$ auf eine lineare Gleichung für x mit der Lösung $x = \frac{4}{7}$. Hierzu gehören die y-Werte $y = \pm\frac{6\sqrt{5}}{7}$, und wir erhalten mit Hilfe von (11) und (b) die beiden weiteren Punktepaare

$$P_3 = \left(\frac{4}{7}, \frac{6}{7}\sqrt{5}\right), \quad Q_3 = \left(-\frac{6}{7}\sqrt{5}, \frac{4}{7}\right);$$
$$P_4 = \left(\frac{4}{7}, -\frac{6}{7}\sqrt{5}\right), \quad Q_4 = \left(\frac{6}{7}\sqrt{5}, \frac{4}{7}\right).$$

Die Funktion $d(\cdot)$ besitzt also auf der Torusfläche $S \subset \mathbb{R}^4$ vier bedingt stationäre Punkte

$$(P_k, Q_k) = (x_k, y_k, u_k, v_k) \qquad (1 \leq k \leq 4).$$

Zeichnen wir die zugehörigen Streckenzüge in die Ausgangsfigur ein, so sehen wir (Fig. 5.5.13), daß d für (P_1, Q_1) maximal und für (P_2, Q_2) minimal wird. Die Punktepaare (P_3, Q_3) und (P_4, Q_4) gehören zu Sattelpunkten der Funktion $d(\cdot)$ auf S. Man kann beweisen, daß es bei einer C^1-Funktion auf einer Torusfläche notwendigerweise derartige Sattelpunkte gibt. ○

Aufgaben

1. Bestimme die globalen Extrema der Funktion
$$f(x, y, z) := x - y - z$$
auf der Schnittkurve des elliptischen Zylinders $x^2 + 2y^2 - 1 = 0$ mit der Ebene $3x - 4z = 0$.

2. Bestimme die globalen Extrema der Funktion
$$f(x, y) := x^2 + y^2 - 8x - 6y$$
auf dem Bereich B der Fig. 5.5.14.

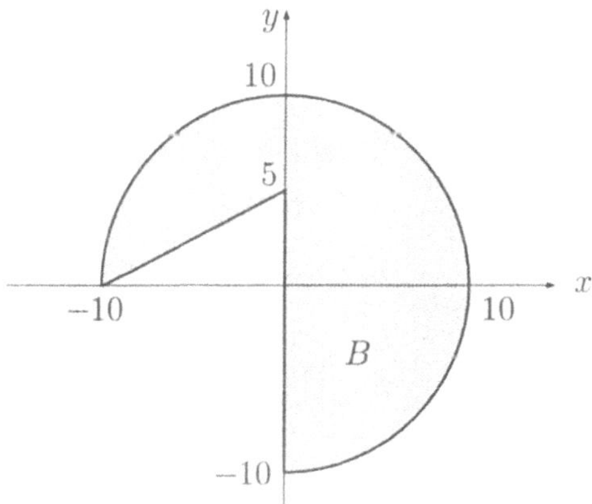

Fig. 5.5.14

3. Die **Norm** einer linearen Abbildung $L\colon \mathbb{R}^n \to \mathbb{R}^m$ ist definiert als
$$\|L\| := \max\{|L\mathbf{x}| \mid |\mathbf{x}| = 1\}\ .$$
Berechne die Norm der linearen Abbildung $L\colon \mathbb{R}^2 \to \mathbb{R}^2$ mit der Matrix
$$[L] := \begin{bmatrix} 6 & -4 \\ 2 & -3 \end{bmatrix}\ .$$
(*Hinweis:* Bestimme $\max |L\mathbf{z}|^2$ auf der Menge der Einheitsvektoren $\mathbf{z}$.)

4. Man stelle eine anschauliche Skizze der Menge
$$C := \{(x,y,z) \in \mathbb{R}^3 \mid x+y+z = 5\,,\ yz + zx + xy = 8\}$$
her und diskutiere die bezüglich C bedingt stationären Punkte der Funktion $f(x,y,z) := xyz$.

5. Bestimme die globalen Extremalwerte (Minimum und Maximum) der Funktion $f(x,y) := x + 2y$ auf dem Bereich $B := \{(x,y) \mid 0 \le y \le 4 - x^2\}$ sowie die Stellen, in denen diese Extremalwerte angenommen werden.

6. Bestimme den Durchmesser, das heißt: den größtmöglichen Abstand zwischen zwei Punkten des Ovals
$$B := \{(x,y) \mid 11x^4 + 5y^4 \le 55\}\ .$$
(*Hinweis:* Aus Symmetriegründen geht der “Durchmesser” durch $(0,0)$.)

7. Bestimme die globalen Extrema der Funktion $f(x,y) := x^2 + y^2 + 7x - 2y$ auf dem Bereich $B := \{(x,y) \mid x \ge 0,\ y \ge 0,\ 3x + y \le 3\}$. Figur!

8. Bestimme den Durchmesser des in der Fig. 5.5.15 dargestellten herzförmigen Bereiches B in der (x,y)-Ebene. (*Hinweis:* Geometrisch argumentieren; dann wird nur ganz wenig Rechnung benötigt.)

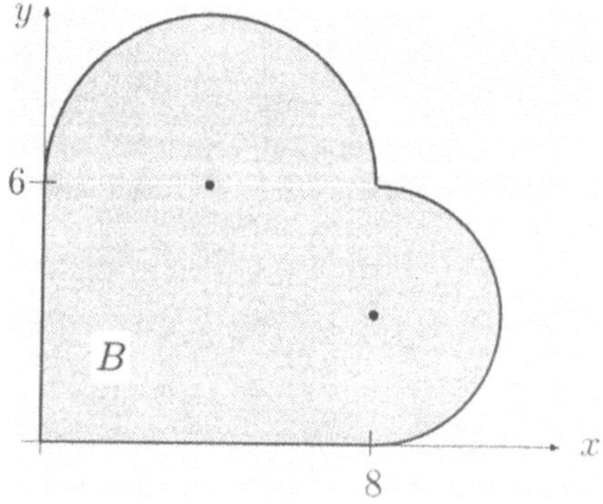

Fig. 5.5.15

9. Beweise: Für beliebige x, y, $z \geq 0$ gilt

$$\frac{x^3 + y^3 + z^3}{3} \geq \left(\frac{x + y + z}{3}\right)^3 .$$

(*Hinweis:* Dies läßt sich in eine Extremalaufgabe verwandeln: Es geht um das Minimum der Funktion $f(x, y, z) := x^3 + y^3 + z^3$ auf Flächen $x + y + z = a$.)

10. Berechne die globalen Extrema der Funktion $f(x, y, z) := x + 3z$ auf der Menge $K := \{(x, y, z) \in \mathbb{R}^3 \mid z^3 = x^2 + y^2 \leq 1\}$. Figur!

5.6. Kurvenscharen in der Ebene

Eine **einparametrige Kurvenschar** Γ in der Ebene, im folgenden einfach eine **Kurvenschar** genannt, ist eine "kurvenwertige Funktion"

$$\Gamma: \quad \mathbb{R} \curvearrowright \text{"Kurven in der } (x,y)\text{-Ebene"}, \qquad c \mapsto \gamma_c,$$

also eine Vorschrift, die für jedes c eines geeigneten Intervalls eine Kurve γ_c in der (x,y)-Ebene festlegt. Dabei hat es die Meinung, daß die γ_c stetig von c abhängen: Ist $c' \doteq c$, so liegen die Kurven $\gamma_{c'}$ und γ_c nahe beieinander und sehen ähnlich aus. Die Variable c heißt in diesem Zusammenhang **Scharparameter** — das hat nichts, aber auch gar nichts mit Parameterdarstellungen von einzelnen Kurven oder Flächen zu tun. Der Scharparameter c "numeriert" sozusagen die einzelnen Kurven der Schar. Liegt der Punkt (x_0, y_0) auf der Kurve γ_{c_0} (Fig. 5.6.1), so nennen wir das Tripel (x_0, y_0, c_0) ein **Scharelement** an der Stelle (x_0, y_0) und schreiben dafür $(x_0, y_0, c_0) \in \Gamma$.

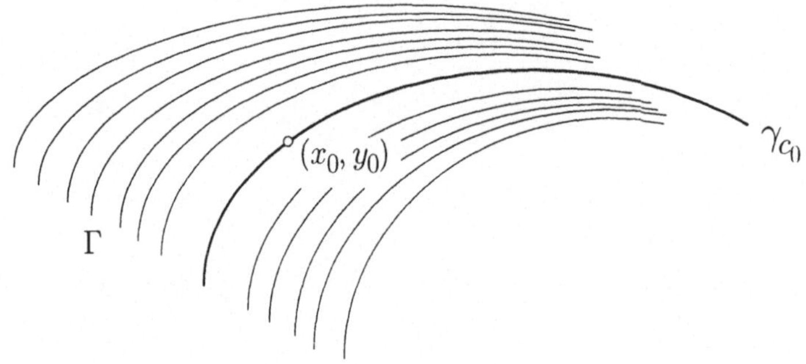

Fig. 5.6.1

Da schon eine einzelne Kurve γ in ganz verschiedener Weise präsentiert werden kann, kommen auch die Kurvenscharen in verschiedenen Erscheinungsformen daher. Am interessantesten ist die implizite Form

$$\Gamma: \qquad F(x,y,c) = 0\,. \tag{1}$$

Hier ist $F(\cdot,\cdot,\cdot) : \mathbb{R}^3 \curvearrowright \mathbb{R}$ eine C^2-Funktion von drei Variablen, und für jedes feste $c \in \mathbb{R}$ definiert (1) "grundsätzlich" eine Kurve

$$\gamma_c := \left\{(x,y) \in \mathbb{R}^2 \;\middle|\; F(x,y,c) = 0\right\}.$$

Die Formen $y = f(x,c)$, eine Schar von Graphen, und $F(x,y) = c$, eine Schar von Niveaulinien, lassen sich offensichtlich unter (1) subsumieren.

① Die Schar

$$\Gamma_1: \qquad (x-c)^2 + y^2 - 1 = 0 \qquad (c \in \mathbb{R})$$

besteht aus den Kreisen vom Radius 1 mit Zentren auf der x-Achse (siehe die Fig. 5.6.2). Durch jeden Punkt (x, y) mit $|y| < 1$ gehen genau zwei Scharkurven, durch die Punkte $(x, \pm 1)$ geht genau eine Scharkurve, und durch die Punkte (x, y) mit $|y| > 1$ geht keine Kurve der Schar.

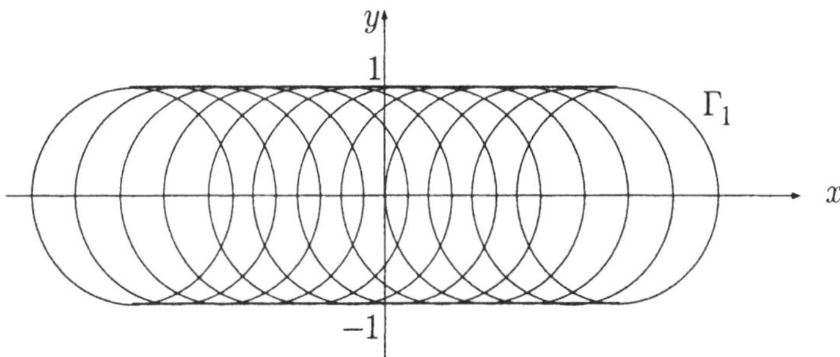

Fig. 5.6.2

Die Schar

$$\Gamma_2: \qquad y = \frac{1}{c-x} \qquad (c \in \mathbb{R})$$

besteht aus Hyperbeln, und zwar hat die Hyperbel γ_c die x-Achse sowie die Gerade $x = c$ als Asymptoten (Fig. 5.6.3). Die x-Achse selbst gehört nicht zur Schar.

Die Schar

$$\Gamma_3: \qquad \cos\alpha\, x + \sin\alpha\, y = 0 \qquad \big(\alpha \in \mathbb{R}/(2\pi)\big)$$

besteht aus allen Geraden durch den Ursprung, die Schar

$$\Gamma_4: \qquad x^2 + y^2 = R \qquad (R \geq 0)$$

aus den konzentrischen Kreisen um $(0, 0)$, die Schar

$$\Gamma_5: \qquad xy - c = 0 \qquad (c \in \mathbb{R})$$

aus Hyperbeln und dem Achsenpaar (Fig. 5.6.5). Siehe dazu auch die Figur 5.3.8. ○

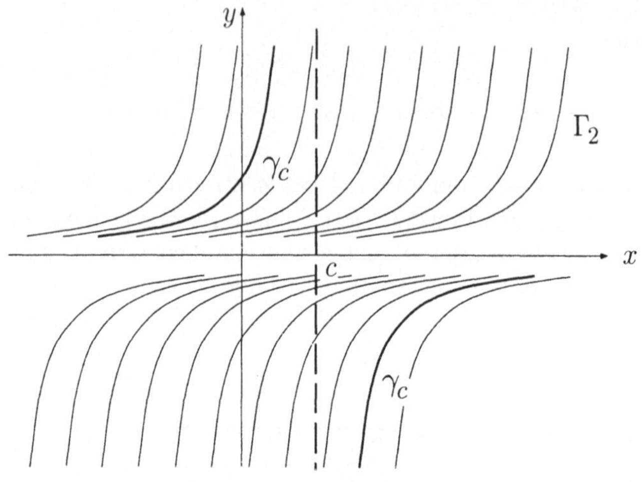

Fig. 5.6.3

Schon diese wenigen Beispiele zeigen, daß eine Kurvenschar (1) interessante "Singularitäten" aufweisen kann. Am auffallendsten sind die beiden *Enveloppen* (Hüllkurven) $y = \pm 1$ der Schar Γ_1; wir werden darauf zurückkommen.

Unter einer "Singularität" versteht man allgemein folgendes: Ein geometrisches Objekt, zum Beispiel ein Vektorfeld, eine Kurven- oder eine Flächenschar, erfülle ein Gebiet $\Omega \subset \mathbb{R}^n$ in homogener Weise. Die Flächen liegen also überall schön nebeneinander wie die Seiten eines Buches oder die Häute einer Zwiebel. Da gibt es nun immer wieder isolierte Ausnahmepunkte (oder auch gewisse "Phasengrenzen" usw.), wo die Homogenität gestört ist, und die werden dann **Singularitäten** des betrachteten Objekts genannt. Eine Achterschleife hat in ihrem Doppelpunkt, eine Schar konzentrischer Kugeln im gemeinsamen Zentrum eine Singularität. Es zeigt sich, daß die globalen Gestaltmerkmale des Gesamtobjekts auf geheimnisvolle Weise mit algebraischen Daten der auftretenden Singularitäten verknüpft sind.

Wir wollen ein Scharelement (x_0, y_0, c_0) von (1) **regulär** nennen, wenn folgende zwei Bedingungen erfüllt sind:

$$(F_x, F_y)_{(x_0,y_0,c_0)} \neq (0,0) , \tag{2}$$

$$(F_c)_{(x_0,y_0,c_0)} \neq 0 . \tag{3}$$

Die erste Bedingung (2) garantiert nach Satz **(5.10)**, daß die "Kurve"

$$\gamma_{c_0} : \qquad F(x, y, c_0) = 0$$

in der Umgebung des Punktes (x_0, y_0) tatsächlich eine glatte Kurve ist.

Aus der zweiten Bedingung (3) folgt nach dem Satz über implizite Funktionen **(5.9)**, daß (1) in der Umgebung von (x_0, y_0, c_0) nach c aufgelöst werden kann und somit äquivalent ist mit einer Gleichung der Form

$$g(x,y) = c \tag{4}$$

für eine gewisse C^1-Funktion $g(\cdot,\cdot)$. Die Scharkurven γ_c sind also Niveaulinien dieser Funktion $g(\cdot,\cdot)$. Die Formel für die Ableitung einer implizit definierten Funktion liefert im vorliegenden Fall

$$\nabla g(x_0,y_0) = \left(-\frac{F_x}{F_c}, -\frac{F_y}{F_c}\right)_{(x_0,y_0,c_0)} \neq \mathbf{0}\,,$$

somit liegen diese Niveaulinien in der Nähe von (x_0,y_0) schön nebeneinander (siehe die Bemerkung im Anschluß an Beispiel 5.3.③).

Die meisten Scharelemente sind regulär. Es gilt der folgende Satz (ohne Beweis), siehe dazu die Fig. 5.6.1:

(5.19) *Ist (x_0,y_0,c_0) ein reguläres Scharelement, so sieht die Schar in der unmittelbaren Umgebung von (x_0,y_0) und für c in der Nähe von c_0 aus wie eine Schar von parallelen Geraden.*

① (Forts.) Für die Schar Γ_1 ist

$$F_x = 2(x-c)\,, \qquad F_y = 2y\,, \qquad F_c = 2(c-x)\,.$$

Die Scharelemente $(1,0,0)$, $(\frac{1}{2},\frac{\sqrt{3}}{2},1) \in \Gamma_1$ sind regulär (Fig. 5.6.4). Die Scharelemente $(0,\pm 1,0)$, allgemein: $(a,\pm 1,a)$, sind singulär, da dort die Bedingung (3) verletzt ist. Die zugehörigen Punkte $(a,\pm 1) \in \mathbb{R}^2$ formieren sich gerade zu den Enveloppen der Schar Γ_1.

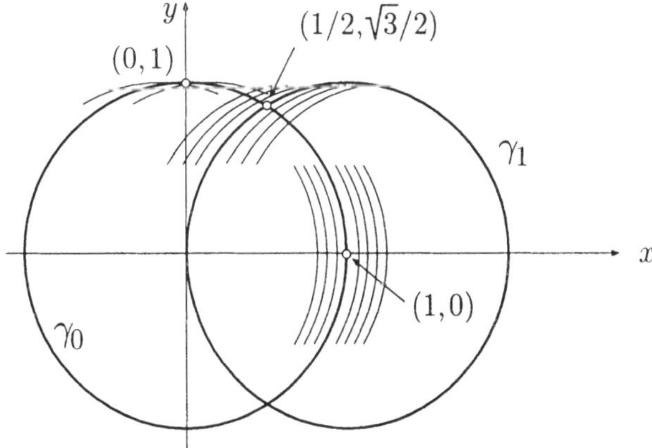

Fig. 5.6.4

Für die Schar Γ_5 haben wir

$$F_x = y\,, \qquad F_y = x\,, \qquad F_c = -1\,.$$

Hier ist also $(0,0,0)$ das einzige singuläre Scharelement. In der Tat ist der Kurvencharakter der Scharkurve γ_0 im Ursprung defekt (Fig. 5.6.5). ○

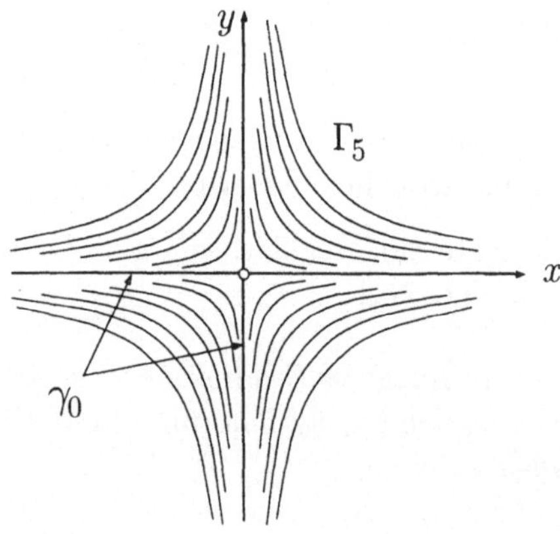

Fig. 5.6.5

Die Lösungskurven einer Differentialgleichung

$$y' = f(x,y) \qquad \big((x,y) \in \Omega\big)$$

bilden ebenfalls eine Kurvenschar, und zwar geht durch jeden Punkt von Ω genau eine Scharkurve. Durch die Differentialgleichung wird allerdings nur die Gestalt der einzelnen Scharkurven festgelegt, nicht aber ihre "Numerierung". So kann man etwa die Lösungskurven der Differentialgleichung

$$y' = y \qquad (y > 0)$$

in der Form

$$\gamma_c: \quad y = e^{x-c} \qquad (c \in \mathbb{R})$$

schreiben, aber auch in der Form

$$\gamma_C: \quad y = Ce^x \qquad (C > 0)\,.$$

Damit erhebt sich natürlich die Frage, ob sich *jede* Kurvenschar (1) durch eine Differentialgleichung repräsentieren läßt. Beim Übergang von der Schargleichung (1) zur Differentialgleichung geht, wie gesagt, die Numerierung der Scharkurven verloren, aber der effektive "geometrische Gehalt" der Kurvenschar ist in der Differentialgleichung vollumfänglich gespeichert.

Es sei (x_0, y_0, c_0) ein reguläres Scharelement der Schar (1), und zwar setzen wir ausdrücklich

$$F_y(x_0, y_0, c_0) \neq 0 \tag{5}$$

voraus. Die Scharkurve γ_{c_0} besitzt die Gleichung

$$\gamma_{c_0}: \qquad F(x, y, c_0) = 0 .$$

Wegen (5) läßt sich diese Gleichung in der Umgebung von (x_0, y_0) nach y auflösen. Das heißt: Die Scharkurve γ_{c_0} läßt sich dort als Graph einer Funktion

$$x \mapsto y(x)$$

auffassen, und die Steigung dieses Graphen hat an der Stelle x_0 (Fig. 5.6.6) den Wert

$$y' = -\frac{F_x(x_0, y_0, c_0)}{F_y(x_0, y_0, c_0)} . \tag{6}$$

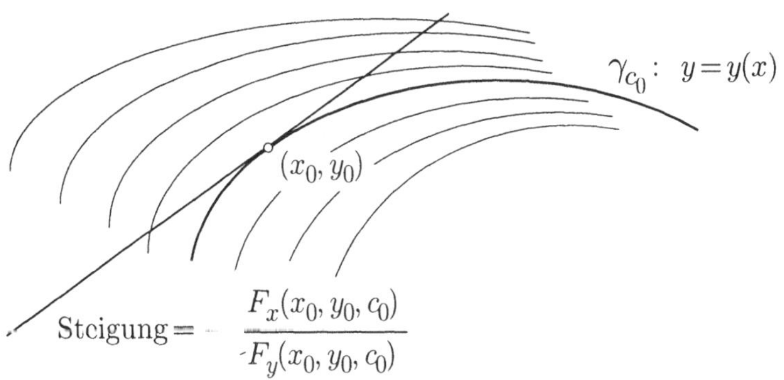

Fig. 5.6.6

Nach dieser Formel läßt sich auch für alle Punkte (x, y) in einer Umgebung U von (x_0, y_0) die zugehörige Steigung ausrechnen. Durch diese Punkte gehen allerdings andere Scharkurven γ_c, so daß wir die Variation des Scharparameters c mitberücksichtigen müssen. Dies wird durch die Bedingung (3) in befriedigender Weise ermöglicht: Die Schargleichung (1) läßt sich in der Umgebung U von (x_0, y_0, c_0) dazu benützen, die "Nummer" c der durch (x, y) gehenden Scharkurve als C^1-Funktion von x und y auszudrücken: $c = g(x, y)$, siehe (4). Damit erhalten wir anstelle von (6) eine richtiggehende Differentialgleichung

$$y' = -\frac{F_x(x, y, g(x, y))}{F_y(x, y, g(x, y))} \qquad (=: f(x, y)) ,$$

die für jeden Punkt (x, y) eines gewissen Gebietes Ω die Steigung der durch (x, y) gehenden Scharkurve angibt.

Diese grundsätzlichen Überlegungen lassen sich zu dem folgenden Rezept verdichten:

Um die Differentialgleichung einer Kurvenschar (1) zu erhalten, differenziere man die Schargleichung

$$F(x, y, c) = 0 \tag{1}$$

"total" nach x:

$$F_x(x, y, c) + F_y(x, y, c)\, y' = 0 , \tag{7}$$

und eliminiere den Scharparameter c aus (1) und (7).

① (Forts.) Wir führen dieses Programm durch für die Schar

$$\Gamma_1 : \qquad (x - c)^2 + y^2 - 1 = 0 .$$

"Totale" Differentiation nach x liefert

$$2(x - c) + 2y\, y' = 0 .$$

Aus den letzten beiden Gleichungen läßt sich $x - c$ eliminieren. Es ergibt sich

$$y^2 y'^2 + y^2 - 1 = 0 ,$$

was bereits als Differentialgleichung der Schar Γ_1 angesprochen werden kann. Auflösung nach y' liefert

$$y' = \pm \frac{\sqrt{1 - y^2}}{y} \qquad (0 < |y| \le 1) ,$$

wobei sich natürlich bemerkbar macht, daß durch jeden Punkt (x, y) mit $|y| < 1$ zwei Scharkurven gehen. Wir stellen übrigens fest, daß die Enveloppen $y \equiv \pm 1$ ebenfalls Lösungen dieser Differentialgleichung sind.

Für die Schar

$$\Gamma_5 : \qquad xy - c = 0$$

erhält man durch "totale" Differentiation sofort

$$y + xy' = 0 ,$$

und die nachträgliche Elimination von c entfällt. Die gesuchte Differentialgleichung lautet also

$$y' = -\frac{y}{x} \qquad (x \ne 0) .$$

○

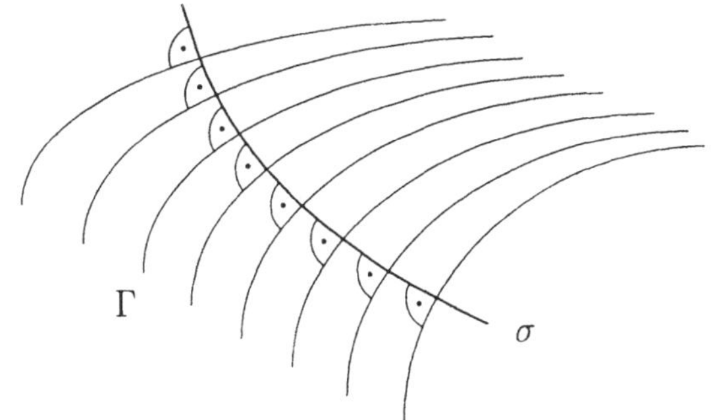

Fig. 5.6.7

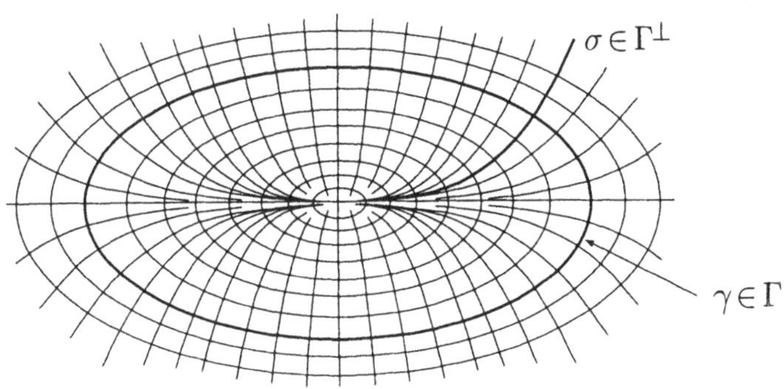

Fig. 5.6.8

Es sei Γ eine Kurvenschar, die ein Gebiet Ω der (x, y)-Ebene **schlicht** überdeckt, das heißt: Durch jeden Punkt $(x, y) \in \Omega$ geht genau eine Scharkurve γ. Eine **Orthogonaltrajektorie** dieser Schar ist eine Kurve σ in Ω, die in allen ihren Punkten die Scharkurve durch den betreffenden Punkt senkrecht schneidet (Fig. 5.6.7).

In Wirklichkeit gibt es eine ganze Schar $\Gamma^{\perp}$ von Orthogonaltrajektorien, und die beiden Scharen Γ und $\Gamma^{\perp}$ überziehen zusammen das Gebiet Ω wie ein Koordinatennetz die Ebene (Fig. 5.6.8). — Wie läßt sich die Schar $\Gamma^{\perp}$ bestimmen?

Wir dürfen schon annehmen, daß Γ durch eine Differentialgleichung festgelegt ist:

$$y' = f(x, y) \qquad \bigl((x, y) \in \Omega\bigr),$$

wobei wir die Punkte (x, y), in denen die Scharkurve eine vertikale oder eine horizontale Tangente besitzt, außer acht lassen. Wir wenden nun analytische Geometrie an (Fig. 5.6.9): Hat die Scharkurve $\gamma \in \Gamma$ im Punkt (x, y) die Steigung $f(x, y)$, so hat die durch diesen Punkt gehende Orthogonaltrajektorie σ dort notwendigerweise die Steigung $-\dfrac{1}{f(x, y)}$. Hieraus folgt: Die

Orthogonaltrajektorien der Schar Γ genügen der Differentialgleichung

$$y' = -\frac{1}{f(x,y)} .$$

Durch allgemeine Integration dieser Differentialgleichung erhält man die gesuchte Schar $\Gamma^{\perp}$ in der Form

$$\Gamma^{\perp}: \qquad G(x,y,C) = 0$$

mit einem neuen Scharparameter C.

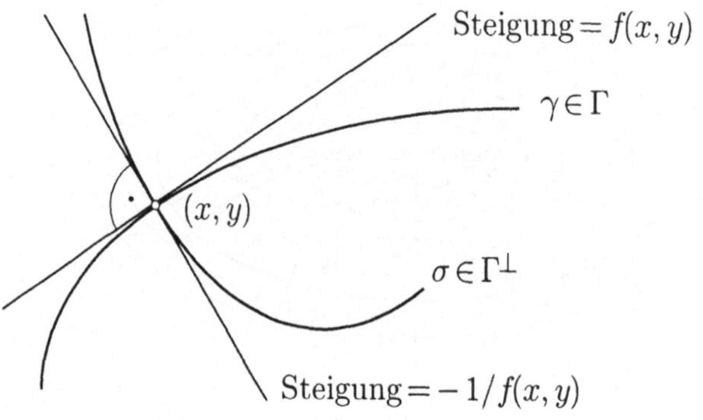

Fig. 5.6.9

② Wir bestimmen die Orthogonaltrajektorien zur Schar

$$\Gamma: \qquad y = ce^x \qquad (c \in \mathbb{R}) \tag{8}$$

(Fig. 5.6.10). Die Differentialgleichung dieser Schar lautet bekanntlich: $y' = y$, so daß wir als Differentialgleichung von $\Gamma^{\perp}$ folgendes erhalten:

$$y' = -\frac{1}{y} .$$

Hieraus folgt nacheinander $2yy' = -2$, $y^2 = -2x + C$. Die Orthogonaltrajektorien der Exponentialkurven (8) sind also die Parabeln

$$x = \frac{1}{2}(C - y^2) .$$

○

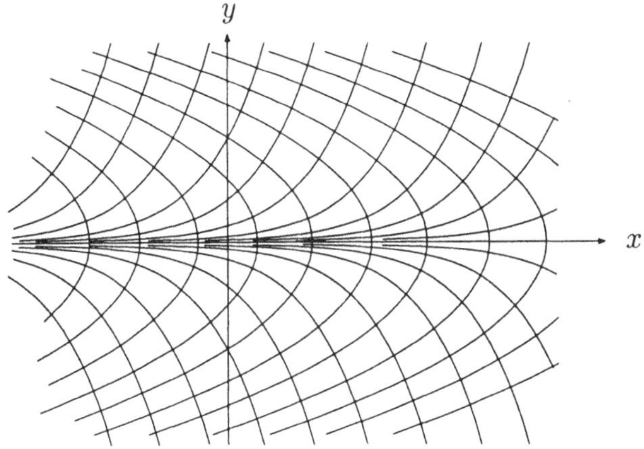

Fig. 5.6.10

③ Es sei

$$\Gamma: \qquad x^2 + (y-c)^2 = c^2 \tag{9}$$

die Schar der Kreise, die die x-Achse im Ursprung berühren. Um die zugehörige Orthogonalschar $\Gamma^\perp$ bestimmen zu können, benötigen wir erst die Differentialgleichung der Schar Γ. Wir differenzieren also (9) "total" nach x und erhalten

$$2x + 2(y-c)\,y' = 0\ .$$

Hieraus folgt $c = x/y' + y$. Setzen wir das in (9) ein, so ergibt sich (c^2 hebt sich heraus):

$$x^2 + y^2 - 2y\left(\frac{x}{y'} + y\right) = 0$$

und somit

$$-\frac{2xy}{y'} = y^2 - x^2\ .$$

Dies ist im wesentlichen die Differentialgleichung der Schar Γ. Ersetzen wir hier rein formal y' durch $-1/y'$, so erhalten wir automatisch die Differentialgleichung der Schar $\Gamma^\perp$; sie lautet:

$$2xyy' \;=\; y^2 - x^2\ . \tag{10}$$

Es liegt nahe, die neue unbekannte Funktion

$$u \;:=\; y^2 \tag{11}$$

einzuführen. Dann ist $u' = 2yy'$, und (10) geht über in die inhomogene lineare Differentialgleichung

$$xu' = u - x^2\ . \tag{12}$$

Die zugehörige homogene Differentialgleichung

$$u' = \frac{u}{x}$$

ist vom Eulerschen Typ und hat die allgemeine Lösung $u(x) = Cx$. Für die Lösungen von (12) machen wir daher den Ansatz ("Variation der Konstanten"):

$$u = C(x)\,x \tag{13}$$

und erhalten für die neue unbekannte Funktion $C(\cdot)$ die Differentialgleichung

$$x(C'x + C) = Cx - x^2 .$$

Hieraus folgt $C' \equiv -1$ und weiter

$$C(x) = -x + 2\tilde{C}$$

mit einer neuen Integrationskonstanten $\tilde{C}$. Wir erhalten daher mit (11) und (13):

$$y^2 = u(x) = -x^2 + 2\tilde{C}x .$$

Dies ist äquivalent mit

$$y^2 + (x - \tilde{C})^2 = \tilde{C}^2 ;$$

die gesuchten Orthogonaltrajektorien sind also Kreise, die die y-Achse im Ursprung berühren (Fig. 5.6.11).

A posteriori ist natürlich klar, daß sich die beiden Arten von Kreisen in allen Punkten rechtwinklig schneiden, wenn sie das im Ursprung tun. ○

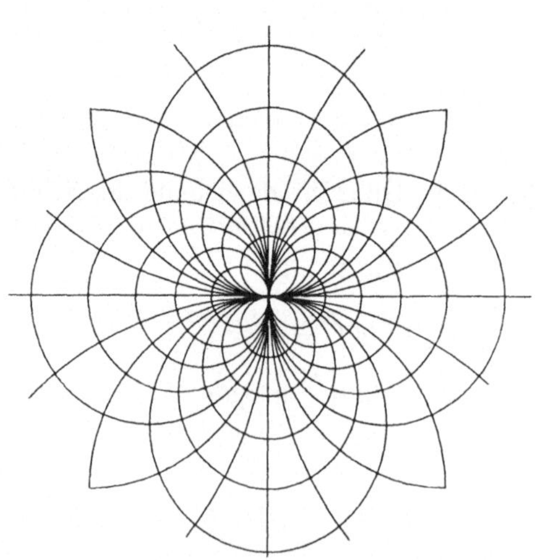

Fig. 5.6.11

Zum Dessert wenden wir uns den Scharelementen zu, bei denen die Bedingung (3), nicht aber die Bedingung (2) verletzt ist; wir wollen sie **singuläre Scharelemente 2. Art** nennen. Diese Scharelemente (x, y, c) genügen simultan den beiden Gleichungen

$$F(x,y,c) = 0\,, \tag{1}$$

$$F_c(x,y,c) = 0\,. \tag{14}$$

Wenn wir etwas sehen wollen, so müssen wir die Punkte (x, y) herauspräparieren, die einem derartigen Scharelement angehören.

Es sei also (x_0, y_0, c_0) ein singuläres Scharelement 2. Art, wobei wir annehmen wollen, es sei

$$F_{cc}(x_0, y_0, c_0) \neq 0\,.$$

Dann läßt sich die Gleichung (14) in einer Umgebung von (x_0, y_0, c_0) nach c auflösen. Das heißt: Es gibt eine C^1-Funktion $\psi(\cdot,\cdot)$ der Variablen x und y, so daß (14) in dieser Umgebung äquivalent ist mit

$$c = \psi(x,y)\,; \tag{15}$$

dabei ist natürlich $\psi(x_0, y_0) = c_0$. Setzen wir (15) in (1) ein, so resultiert die Gleichung

$$\bigl(f(x,y) :=\bigr) \qquad F\bigl(x, y, \psi(x,y)\bigr) = 0\,, \tag{16}$$

und man überlegt sich leicht, daß (1)$\wedge$(14) in der Umgebung von (x_0, y_0, c_0) äquivalent ist mit (15)$\wedge$(16).

Die Punkte (x, y) in der Nähe von (x_0, y_0), die einem singulären Scharelement 2. Art angehören, genügen somit notwendigerweise der Gleichung (16). Dies ist aber die Gleichung einer glatten Kurve ε durch den Punkt (x_0, y_0). Um das nachzuweisen, müssen wir nach Satz **(5.10)** den Gradienten ∇f an der Stelle (x_0, y_0) betrachten. Wir haben nach der Kettenregel

$$\nabla f = (F_x + F_c \cdot \psi_x, F_y + F_c \cdot \psi_y)\,.$$

An der Stelle $\bigl(x_0, y_0, \psi(x_0, y_0)\bigr)$ ist $F_c = 0$, somit ergibt sich (Fig. 5.6.12):

$$\nabla f(x_0, y_0) = \bigl(F_x(x_0, y_0, c_0), F_y(x_0, y_0, c_0)\bigr) \neq \mathbf{0}\,.$$

Damit haben wir nicht nur bewiesen, daß ε eine glatte Kurve ist, sondern zusätzlich, daß ε im Punkt (x_0, y_0) dieselbe Tangente hat wie die durch diesen Punkt gehende Scharkurve

$$\gamma_{c_0}: \qquad F(x, y, c_0) = 0\,.$$

Man nennt ε eine **Enveloppe** oder **Hüllkurve** der Schar Γ. Die Enveloppe berührt (nicht nur im Punkt (x_0, y_0), sondern) in allen ihren Punkten eine

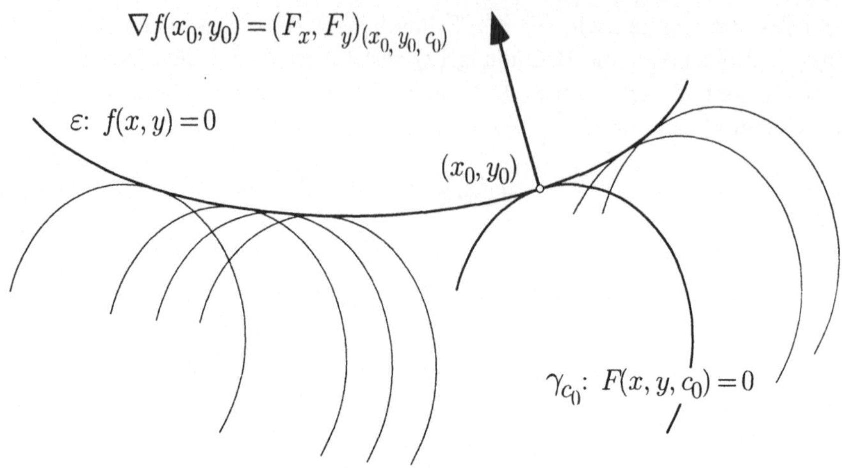

Fig. 5.6.12

Scharkurve und trennt “im allgemeinen” den von den Scharkurven bedeckten vom unbedeckten Teil der Ebene (vgl. die Schar Γ_1 in Beispiel ①).

Besitzt eine Schar Γ überhaupt eine Enveloppe, so ergibt sich die Enveloppe durch Elimination des Scharparameters c aus den Gleichungen (1) und (14). Man kann diese Gleichungen auch nach x und y auflösen und erhält dann eine Parameterdarstellung der Enveloppe mit c als Parameter.

① (Forts.) Für die Schar Γ_1 ist

$$F(x, y, c) := (x - c)^2 + y^2 - 1$$

und

$$F_c(x, y, c) = 2(c - x) .$$

Eliminiert man c aus $F_c = 0$ und $F = 0$, so ergibt sich $y^2 = 1$, das heißt: $y \equiv \pm 1$, in Übereinstimmung mit dem Augenschein. ○

④ Die Mündungsgeschwindigkeit eines Geschützes betrage v_0. Man soll den von $(0,0,0)$ aus bestrichenen Raumbereich ermitteln.

Es genügt, die (ρ, z)-Meridian-Halbebene zu betrachten. Bezeichnen wir die einstellbare Elevation des Rohres mit α, $-\frac{\pi}{2} < \alpha < \frac{\pi}{2}$, so ist die zugehörige Flugbahn eines Geschoßes gegeben durch

$$\left.\begin{aligned} \rho &= v_0 \cos\alpha \cdot t \\ z &= v_0 \sin\alpha \cdot t - \frac{g}{2} t^2 \end{aligned}\right\} \qquad (t \geq 0) ,$$

unter g die Erdbeschleunigung verstanden (Fig. 5.6.13). Hieraus eliminieren wir zunächst t und erhalten folgende Gleichung dieser Flugbahn:

$$z = \tan\alpha \cdot \rho - \frac{g}{2v_0^2 \cos^2\alpha}\,\rho^2 \;.$$

Wir setzen noch $\tan\alpha =: c$; dann erscheint die Schar Γ aller Flugbahnen in der folgenden Gestalt:

$$\Gamma : \quad z = c\rho - \frac{g}{2v_0^2}(1 + c^2)\rho^2 \qquad (c \in \mathbb{R}) \;. \tag{17}$$

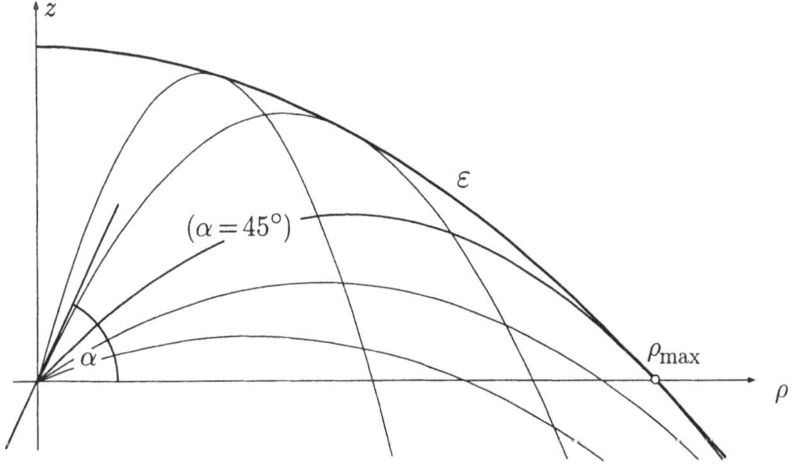

Fig. 5.6.13

Der von dem Geschütz bestrichene Teil der Halbebene wird von dem unerreichbaren Teil getrennt durch die Enveloppe ε dieser Kurvenschar. Um ε zu bestimmen, haben wir die Schargleichung (17) partiell nach c abzuleiten:

$$0 = \rho - \frac{g}{2v_0^2} \cdot 2c \cdot \rho^2 \,, \tag{18}$$

und c aus den Gleichungen (17)∧(18) zu eliminieren. Aus (18) folgt $c = \frac{v_0^2}{g\rho}$. Setzen wir dies in (17) ein, so ergibt sich

$$z = \frac{v_0^2}{g} - \frac{g}{2v_0^2}\Bigl(1 + \frac{v_0^4}{g^2\rho^2}\Bigr)\,\rho^2 \;;$$

die gesuchte Enveloppe hat also die Gleichung

$$\varepsilon: \qquad z = z(\rho) := \frac{v_0^2}{2g} - \frac{g}{2v_0^2}\,\rho^2$$

und ist ebenfalls eine Parabel.

Indem man die Enveloppe mit der Achse $z = 0$ schneidet, erhält man die maximale horizontale Schußweite

$$\rho_{\max} = \frac{v_0^2}{g}\,;$$

sie wird übrigens mit der Rohrelevation $\alpha := 45°$ erreicht. Um das einzusehen, genügt es, die Steigung der Enveloppe im Schnittpunkt mit der ρ-Achse zu berechnen. Man findet $z'(\rho_{\max}) = -1$. ○

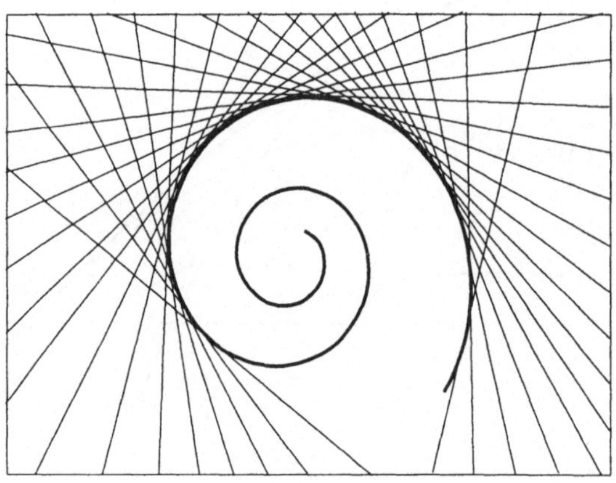

Fig. 5.6.14

Geradenscharen

Bsp: Die Tangenten an eine gegebene krumme Kurve ε bilden eine Geradenschar, und ε ist die Enveloppe dieser Schar (Fig. 5.6.14).

Wir betrachten eine allgemeine Geradenschar

$$\Gamma = (g_m)_{m \in I}\,,$$

wobei wir allerdings von vorneherein die (unterschiedliche) Steigung m der Geraden als Scharparameter wählen. Der y-Achsenabschnitt q von g_m (siehe die Fig. 5.6.15) hängt in bestimmter Weise von m ab; somit sieht dann die Schargleichung folgendermaßen aus:

$$\Gamma: \quad y = mx + q(m) \qquad (m \in I)\,, \tag{19}$$

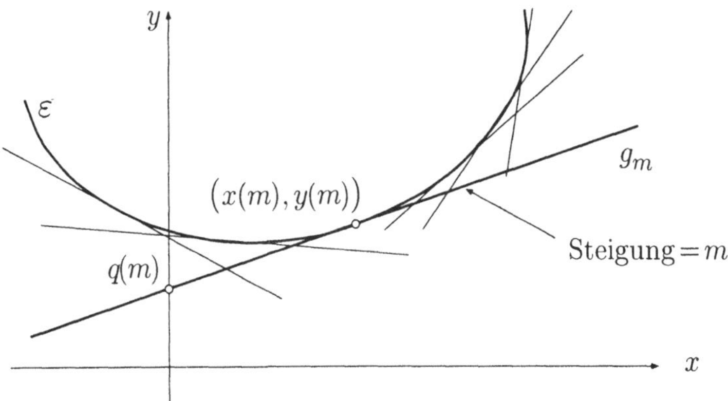

Fig. 5.6.15

dabei ist $q(\cdot)$ eine gegebene Funktion.

Um die Enveloppe ε dieser Schar zu bestimmen, differenzieren wir (19) partiell nach m und erhalten die weitere Gleichung

$$0 = x + q'(m) \ . \tag{20}$$

Aus (19)$\wedge$(20) läßt sich unter Umständen die Variable m eliminieren. Man kann aber auch (19)$\wedge$(20) nach x und y auflösen und erhält dann folgende Parameterdarstellung der Enveloppe:

$$\varepsilon: \quad m \mapsto \begin{cases} x(m) = -q'(m) \\ y(m) = q(m) - mq'(m) \end{cases} \qquad (m \in I) \ . \tag{21}$$

Diese Darstellung liefert für jedes $m \in I$ einen Enveloppenpunkt (Fig. 5.6.15), und zwar den Punkt $\bigl(x(m), y(m)\bigr)$, in dem die Schargerade g_m die Enveloppe berührt.

Wir leiten noch die Differentialgleichung der Geradenschar (19) her. Differenzieren wir (19) "total" nach x, so ergibt sich

$$y' = m \, ; \tag{22}$$

und indem wir m aus (19) und (22) eliminieren, erhalten wir die folgende Differentialgleichung:

$$y = y'x + q(y') \ . \tag{23}$$

Eine allgemeine Geradenschar (19) läßt sich also charakterisieren durch eine sogenannte **Clairautsche Differentialgleichung** (23). Zahlreiche geometrische Probleme, in denen Tangenten eine Rolle spielen, führen auf eine Differentialgleichung von diesem Typ.

Die Lösungen einer gegebenen Clairautschen Differentialgleichung (23) sind zunächst einmal die Geraden (19). Die Enveloppe (21) dieser Geradenschar ist aber *auch* eine Lösung von (23), da die Enveloppe in allen ihren Punkten dieselbe Steigung hat wie die Schargerade durch den betreffenden Punkt. Man nennt ε eine **singuläre Lösung** der Differentialgleichung (23). In vielen Fällen ist es die einzig wirklich interessierende Lösung.

Merke: "Singuläre Lösungen" von Differentialgleichungen werden durch einen Ansatz für die "allgemeine Lösung" in der Regel nicht zum Vorschein gebracht, sondern sind zusätzlich herauszupräparieren.

⑤ Durch Separation der Variablen erhält man als "allgemeine Lösung" der Differentialgleichung $y' = y^2$ die Funktionenschar

$$y = \frac{1}{c - x} \qquad (c \in \mathbb{R})\ .$$

Zusätzlich gibt es noch die"singuläre Lösung" $y(x) \equiv 0$. ○

⑥ Gesucht sind die Kurven, deren Tangenten Achsenabschnitte der Quadratsumme 1 besitzen.

Es seien γ eine derartige Kurve, (x_0, y_0) ein Punkt von γ und

$$\mathcal{T}_0: \qquad y = y_0 + m(x - x_0)$$

die Tangente an γ in diesem Punkt. $\mathcal{T}_0$ besitzt die Achsenabschnitte

$$p = -\frac{1}{m}(y_0 - mx_0)\ , \qquad q = y_0 - mx_0$$

(Fig. 5.6.16); die Größen x_0, y_0, m sind daher aufgrund der Aufgabenstellung untereinander verknüpft durch die Bedingung

$$(p^2 + q^2 =) \qquad \left(\frac{1}{m^2} + 1\right)(y_0 - mx_0)^2 = 1\ ,$$

und hieraus folgt

$$y_0 = mx_0 \pm \frac{m}{\sqrt{m^2 + 1}}\ . \tag{24}$$

Nun war ja (x_0, y_0) ein beliebiger Punkt von γ und m die Steigung von γ im Punkt (x_0, y_0). Unterdrücken wir daher in (24) den Index '${}_0$' und schreiben wir y' anstelle von m, so erhalten wir für γ die Clairautsche Differentialgleichung

$$y = y'x \pm \frac{y'}{\sqrt{y'^2 + 1}}\ .$$

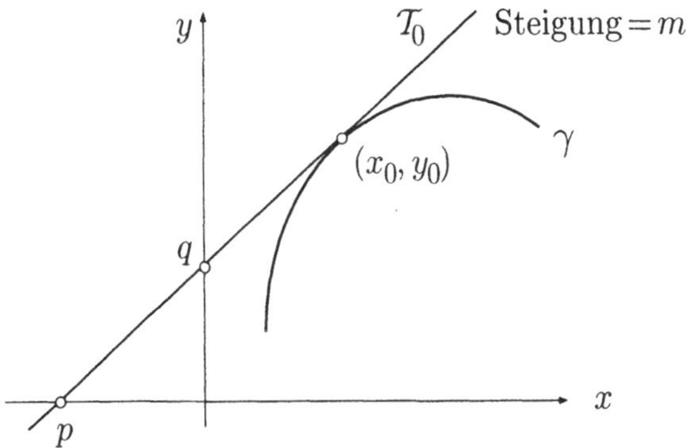

Fig. 5.6.16

Die Lösungen dieser Differentialgleichung sind zunächst einmal die Geraden

$$g_m : \quad y = mx \pm \frac{m}{\sqrt{m^2+1}} \qquad (m \in \mathbb{R}),$$

deren Achsenabschnitte die Quadratsumme 1 besitzen. Diese Geraden sind ihre eigenen Tangenten und erfüllen damit trivialerweise die Bedingungen der Aufgabe.

Die Geradenschar besitzt aber noch eine Enveloppe ε. In unserem Beispiel ist

$$q(m) = \pm \frac{m}{\sqrt{m^2+1}}$$

und folglich

$$q'(m) = \pm\left(\frac{1}{\sqrt{m^2+1}} - \frac{m \cdot 2m}{2(m^2+1)^{3/2}}\right) = \pm\frac{1}{(m^2+1)^{3/2}} \ .$$

Aufgrund von (21) ergibt sich daher folgende Parameterdarstellung der Enveloppe:

$$\varepsilon : \quad m \mapsto \begin{cases} x(m) = \mp\dfrac{1}{(m^2+1)^{3/2}} \\ y(m) = \pm\dfrac{m^3}{(m^2+1)^{3/2}} \end{cases} .$$

Wir eliminieren den Parameter m, indem wir den Ausdruck

$$|x(m)|^{2/3} + |y(m)|^{2/3} = \frac{1}{m^2+1} + \frac{m^2}{m^2+1} = 1$$

betrachten. Die Punkte von ε genügen somit der Gleichung

$$|x|^{2/3} + |y|^{2/3} = 1 \ .$$

Die Enveloppe, es handelt sich um eine sogenannte **Astroide** (Fig. 5.6.17), besitzt vier charakteristische Spitzen. ○

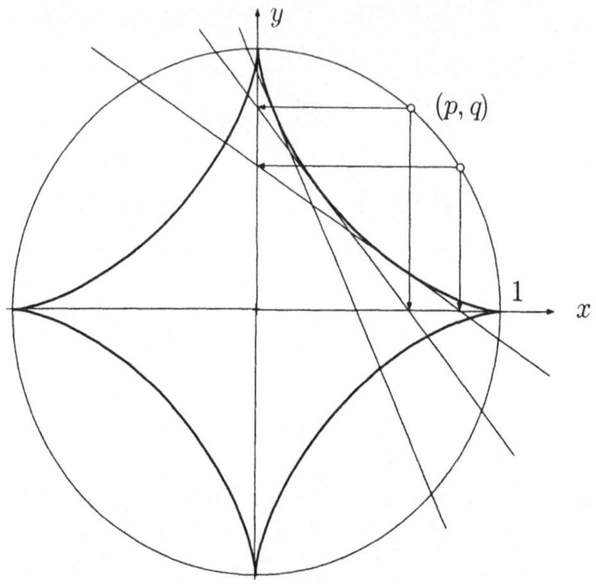

Fig. 5.6.17

Aufgaben

1. Charakterisiere die Schar der Ellipsen mit den Brennpunkten $(\pm 1, 0)$ durch ihre Differentialgleichung und bestimme die Orthogonaltrajektorien dieser Ellipsenschar. Beschreibe das Ergebnis in Worten.

2. Bestimme die **Fallinien**, das sind die Kurven steilsten Anstiegs gegenüber Horizontalebenen $z = \text{const.}$, auf der Fläche
$$z = x^2 + xy + y^2 \ .$$

3. Auf den halbkreisförmigen Spiegel (Rand einer Teetasse!)
$$x^2 + y^2 = 1\,, \quad x \geq 0$$
fällt von links her parallel zur x-Achse Licht ein. Bestimme die Schargleichung sowie die Enveloppe der reflektierten Strahlen. Stelle eine sorgfältige Figur her. Die Enveloppe hat ihrerseits eine Singularität.

4. Bestimme die Enveloppen der folgenden Kurvenscharen und zeichne jedesmal eine Figur!

   (a) $\cos\alpha\, x + \sin\alpha\, y = 3$ (α : Scharparameter),

   (b) $y = Cx + C^2$,

   (c) $(x - C)^2 - y^3 = 0$. Was geht hier schief?

5. Bestimme die Menge der Punkte $(x, y) \in \mathbb{R}^2$, die von keiner Ellipse

$$E_{a,b} := \left\{(x, y) \;\middle|\; \frac{x^2}{a^2} + \frac{y^2}{b^2} \le 1\right\}$$

mit Flächeninhalt π überdeckt werden können.

6. Die Kurve γ in Fig. 5.6.18 besitzt die Parameterdarstellung

$$\gamma: \quad t \mapsto \begin{cases} x(t) := \cos t + t \sin t \\ y(t) := \sin t - t \cos t \end{cases} \qquad (0 \le t \le 2\pi) \;.$$

(a) Bestimme die Schargleichung der Kurvennormalen von γ. (*Hinweis:* Scharparameter ist t!)

(b) Bestimme die Enveloppe dieser Normalenschar und beschreibe das Resultat in Worten.

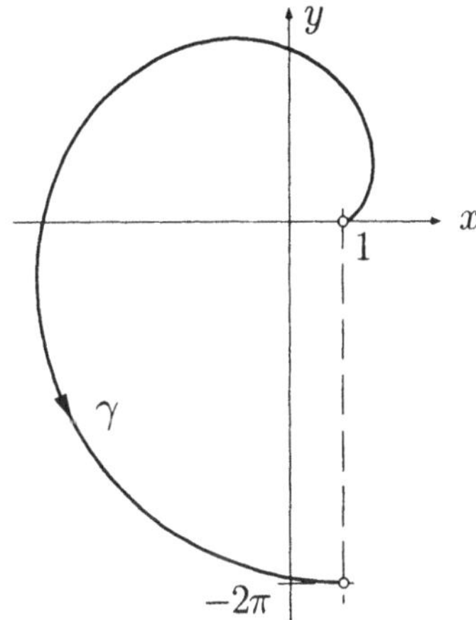

Fig. 5.6.18

6. Vektoranalysis

6.1. Vektorfelder, Linienintegrale

Alles, was folgt, spielt sich in der Ebene oder im dreidimensionalen Raum ab; mit $\mathbb{R}^n$ ist also immer $\mathbb{R}^2$ oder $\mathbb{R}^3$ gemeint.

Ein **Feld** ist eine skalar- oder vektorwertige Funktion im $\mathbb{R}^n$, die aber nicht als Abbildung irgendwohin, geschweige denn als Graph interpretiert wird. Vielmehr stellt man sich vor, daß der Funktionswert $f(\mathbf{x})$ oder $\mathbf{K}(\mathbf{x})$ direkt am jeweiligen Punkt $\mathbf{x}$ angeschrieben oder angeheftet ist. Handelt es sich dabei um eine zahlenwertige Funktion $f\colon \mathbb{R}^n \curvearrowright \mathbb{R}$, so spricht man von einem **Skalarfeld**. Typische Beispiele sind Temperatur- oder Druckverteilungen, das Potential eines elektrostatischen Feldes, die Ladungsdichte einer kontinuierlichen Ladungsverteilung. Ein Skalarfeld wird am besten mit Hilfe von Niveaulinien bzw. Niveauflächen (Isothermen, Isobaren, Äquipotentialflächen usw.) visualisiert.

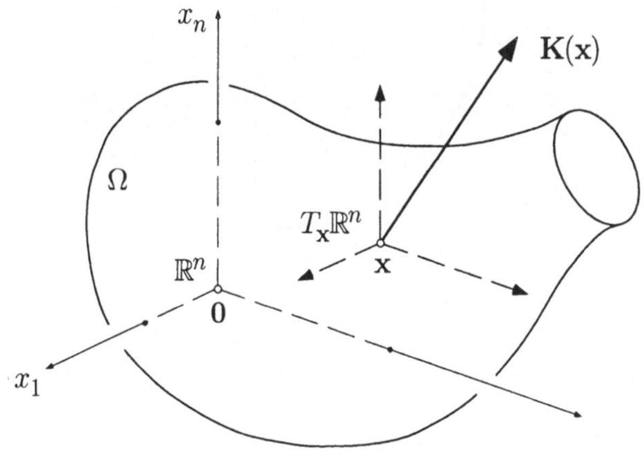

Fig. 6.1.1

Nun zu den Vektorfeldern. — Jeder Punkt $\mathbf{x} \in \mathbb{R}^n$ besitzt einen Tangentialraum $\mathbb{T}_{\mathbf{x}}R^n$; das ist eine Kopie des $\mathbb{R}^n$ mit Ursprung an der Stelle $\mathbf{x}$ des Grundraums (Fig. 6.1.1, siehe auch die Fig. 5.4.1). Eine Vorschrift $\mathbf{K}(\cdot)$, die für jeden Punkt $\mathbf{x}$ eines Gebietes $\Omega \subset \mathbb{R}^n$ einen Vektor

$$\mathbf{K}(\mathbf{x}) \in T_{\mathbf{x}}\mathbb{R}^n$$

definiert, heißt ein **Vektorfeld** auf Ω (Fig. 6.1.2). Man sagt, der Vektor $\mathbf{K}(\mathbf{x})$ sei im Punkt $\mathbf{x}$ **angeheftet**. Typische Beispiele für Vektorfelder sind die Felder der Elektrostatik und -dynamik, das Gravitationsfeld eines Himmelskörpers, das Geschwindigkeitsfeld einer strömenden Flüssigkeit, die Massenstromdichte eines Gases (Bewegungen der Atmosphäre!), das Gradientenfeld eines Skalarfelds (s.u.).

Für Vektorfelder verwenden wir im allgemeinen große halbfette lateinische Buchstaben, zum Beispiel $\mathbf{K}$, wenn wir eher an ein Kraftfeld denken, und kleine halbfette Buchstaben, zum Beispiel $\mathbf{v}$, wenn wir eher an ein Strömungsfeld denken. In Wirklichkeit besteht zwischen diesen beiden Arten von Feldern ein subtiler mathematischer Unterschied: Kraftfelder werden längs (1-dimensionalen) Kurven integriert; das Resultat stellt geleistete Arbeit, eventuell eine Potentialdifferenz dar. Strömungsfelder werden über $(n-1)$-dimensionale Flächenstücke integriert; der Wert des Integrals ist die Flüssigkeitsmenge, die pro Zeiteinheit durch die betreffende Fläche strömt.

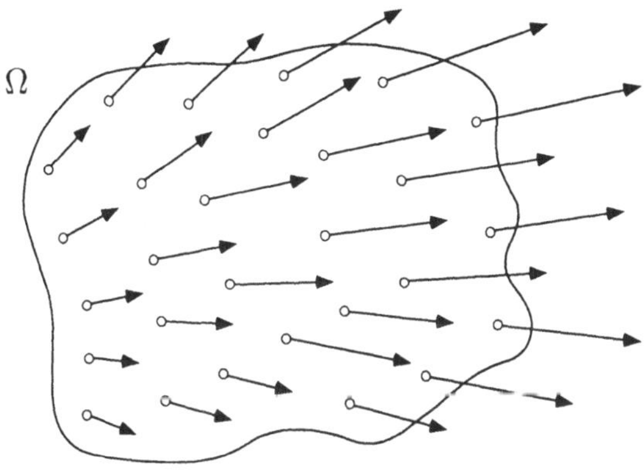

Fig. 6.1.2

Ein Vektorfeld in der Ebene (Fig. 6.1.3) hat zwei Koordinaten:

$$\mathbf{K}(x,y) = \big(P(x,y), Q(x,y)\big) \quad \text{bzw.} \quad \mathbf{K}(x_1,x_2) = \big(K_1(x_1,x_2), K_2(x_1,x_2)\big),$$

ein Vektorfeld im Raum deren drei:

$$\mathbf{K}(x,y,z) = \big(P(x,y,z), Q(x,y,z), R(x,y,z)\big)$$

bzw.

$$\mathbf{K}(x_1,x_2,x_3) = \big(K_1(x_1,x_2,x_3), K_2(x_1,x_2,x_3), K_3(x_1,x_2,x_3)\big) .$$

Die einzelnen Koordinaten $P(\cdot)$, …, $K_i(\cdot)$ sind reellwertige Funktionen von zwei oder drei Variablen. $\mathbf{K}$ ist ein C^r**-Vektorfeld**, wenn seine Koordinaten r-mal stetig differenzierbar sind.

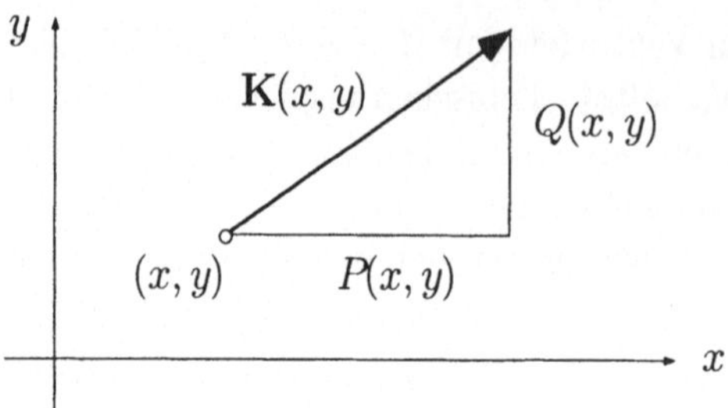

Fig. 6.1.3

① Wir betrachten das Gravitationsfeld der Erde, innerhalb und außerhalb, wobei wir natürlich eine konstante Dichte zugrundelegen. Es seien R der Erdradius, g die Erdbeschleunigung an der Erdoberfläche und m eine Probemasse an der Stelle $\mathbf{r} = (x, y, z)$, $|\mathbf{r}| =: r$. Wie wir in Beispiel 4.5.⑨ gesehen haben, wird die Probemasse überall gerade so stark angezogen, wie wenn die gesamte weiter innen liegende Erdmasse in $\mathbf{0}$ konzentriert wäre. Somit hat die Anziehungskraft $\mathbf{K}$ für $r \leq R$ den Betrag

$$K(r) = C\frac{4\pi}{3}r^3 \cdot \frac{1}{r^2}$$

mit einer geeigneten Konstanten C, und wegen $K(R) = mg$ folgt

$$K(r) = mg\,\frac{r}{R} \qquad (0 \leq r \leq R)$$

(Fig. 6.1.4). Ist $r \geq R$, so ist unabhängig von r die ganze Erdmasse wirksam. Für diese r gilt daher

$$K(r) = C' \cdot \frac{1}{r^2}$$

mit einem geeigneten C', und durch Eichung an der Erdoberfläche ergibt sich

$$K(r) = mg\,\frac{R^2}{r^2} \qquad (r \geq R)\ .$$

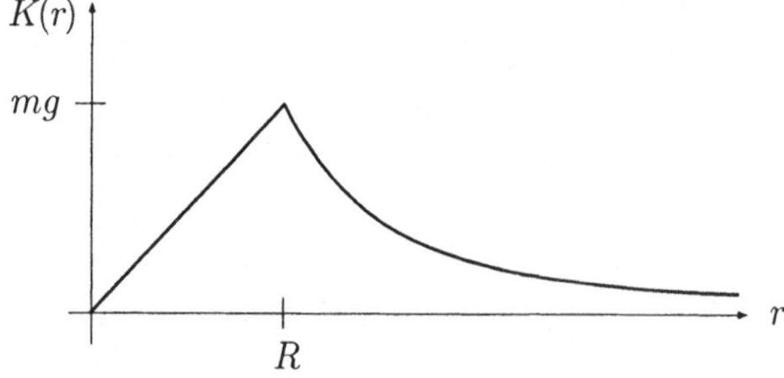

Fig. 6.1.4

Die Anziehungskraft **K** ist stets auf den Ursprung hin gerichtet. An der Stelle **r** wird diese Richtung repräsentiert durch den Einheitsvektor $\mathbf{e} := -\mathbf{r}/r$ (Fig. 6.1.5). Damit erhalten wir

$$\mathbf{K}(\mathbf{r}) = -K(r)\frac{\mathbf{r}}{r} = \begin{cases} -\dfrac{mgr}{R}\dfrac{\mathbf{r}}{r} & (0 \le r \le R), \\ -\dfrac{mgR^2}{r^2}\dfrac{\mathbf{r}}{r} & (r \ge R) \end{cases}$$

bzw. in Koordinaten:

$$\mathbf{K}(x,y,z) = \begin{cases} -\dfrac{mgr}{R}\left(\dfrac{x}{r}, \dfrac{y}{r}, \dfrac{z}{r}\right) & (0 \le r \le R), \\ -\dfrac{mgR^2}{r^2}\left(\dfrac{x}{r}, \dfrac{y}{r}, \dfrac{z}{r}\right) & (r \ge R). \end{cases}$$

○

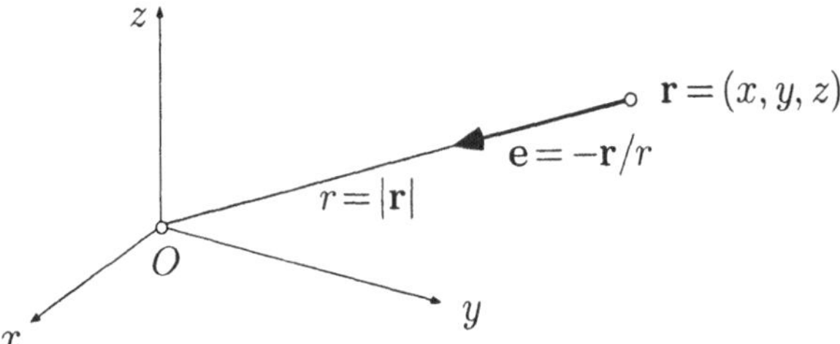

Fig. 6.1.5

② Es sei **e** ein im Ursprung des $\mathbb{R}^3$ angehefteter Einheitsvektor. Rotiert der "Weltäther" mit Winkelgeschwindigkeit ω um die Achse **e**, so entsteht ein Strömungsfeld **v**, und zwar ist $\mathbf{v}(\mathbf{x})$ nach Beispiel 1.6.⑧ gegeben durch

$$\mathbf{v}(\mathbf{x}) = \omega\,\mathbf{e} \times \mathbf{x} = \vec{\omega} \times \mathbf{x},$$

wobei $\vec{\omega} := \omega\,\mathbf{e}$ den Winkelgeschwindigkeitsvektor bezeichnet (Fig. 6.1.6). In Koordinaten ausgeschrieben sieht das folgendermaßen aus:

$$\mathbf{v}(x_1, x_2, x_3) = (\omega_2 x_3 - \omega_3 x_2, \omega_3 x_1 - \omega_1 x_3, \omega_1 x_2 - \omega_2 x_1).$$

Die einzelnen Koordinatenfunktionen von **v** sind also lineare Funktionen von x_1, x_2, x_3 ($\vec{\omega}$ ist fest). ○

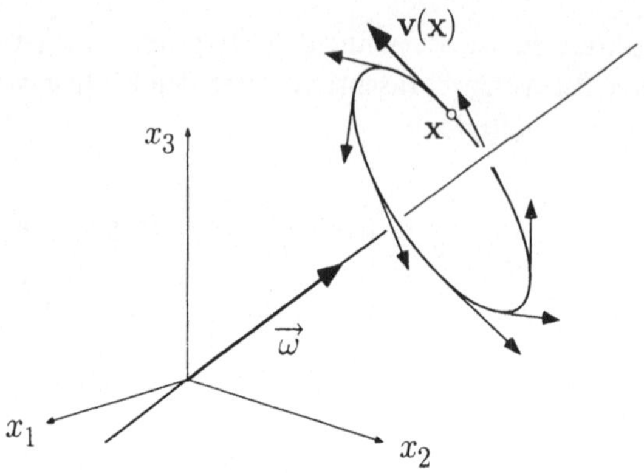

Fig. 6.1.6

Ist f ein C^1-Skalarfeld im Gebiet $\Omega \subset \mathbb{R}^n$, so ist in jedem Punkt $\mathbf{x} \in \Omega$ der Gradient $\nabla f(\mathbf{x}) \in T_{\mathbf{x}}\mathbb{R}^n$ erklärt. Somit ist

$$\nabla f = (f_{.1}, \ldots, f_{.n})$$

$\big($bzw. $= (f_x, f_y)$ oder $= (f_x, f_y, f_z)\big)$ ein Vektorfeld auf Ω, das sogenannte **Gradientenfeld** von f. Die Feldvektoren stehen überall senkrecht auf den Niveaulinien (Niveauflächen) von f. Viele Vektorfelder $\mathbf{K}$ lassen sich als Gradientenfeld eines geeigneten f auffassen, aber nicht alle.

③ Das im punktierten Raum $\mathbb{R}^3 \setminus \{\mathbf{0}\}$ definierte Vektorfeld

$$\mathbf{K}(\mathbf{r}) := \frac{C}{r^2}\frac{\mathbf{r}}{r} \qquad (\mathbf{r} \neq \mathbf{0}),$$

C eine positive oder negative Konstante, heißt **Coulombfeld**. Die von Punktladungen im Ursprung erzeugten elektrischen Felder sowie das Gravitationsfeld einer Punktmasse sind von diesem Typ. Das Coulombfeld kann als Gradientenfeld eines Skalarfeldes aufgefaßt werden, und zwar des Feldes

$$f(\mathbf{r}) := -\frac{C}{r} \qquad (\mathbf{r} \neq \mathbf{0}).$$

(Wie man darauf kommt, werden wir später sehen.) — Zum Beweis setzen wir $-C/r =: \phi(r)$; dann gilt nach der Kettenregel und 5.1.(6):

$$\frac{\partial f}{\partial x} = \phi'(r)\frac{\partial r}{\partial x} = \frac{C}{r^2} \cdot \frac{x}{r};$$

analog für die übrigen Variablen. Es ergibt sich

$$\nabla f(\mathbf{r}) = \frac{C}{r^2}\left(\frac{x}{r}, \frac{y}{r}, \frac{z}{r}\right) = \frac{C}{r^2} \cdot \frac{\mathbf{r}}{r} = \mathbf{K}(\mathbf{r}),$$

wie behauptet. — Man nennt f ein **Potential** des Feldes $\mathbf{K}$. ○

Allgemein: Ein in allen Punkten $\mathbf{r} \neq \mathbf{0}$ definiertes Feld $\mathbf{K}$, das eine Darstellung der Form

$$\mathbf{K}(\mathbf{r}) = K(r)\,\frac{\mathbf{r}}{r}$$

zuläßt, heißt ein **Zentralfeld**. Die Feldvektoren $\mathbf{K}(\mathbf{r})$ zeigen in allen Punkten $\mathbf{r}$ zum Ursprung oder in die dazu entgegengesetzte Richtung, und ihr Betrag $|\mathbf{K}(\cdot)| =: K(\cdot)$ hängt nur von $r := |\mathbf{r}|$ ab.

Ferner: Ist $\mathbf{K}(\mathbf{x}) \equiv \mathbf{K}_0$, so nennt man $\mathbf{K}$ ein **homogenes Vektorfeld**. Das Erdfeld in einem Labor oder das elektrische Feld zwischen den Platten eines Plattenkondensators werden als homogen angesehen.

Die Nullstellen eines Vektorfeldes $\mathbf{v}$ heißen **singuläre Punkte** von $\mathbf{v}$; sie liegen im allgemeinen isoliert. Alle übrigen Punkte heißen **regulär**.

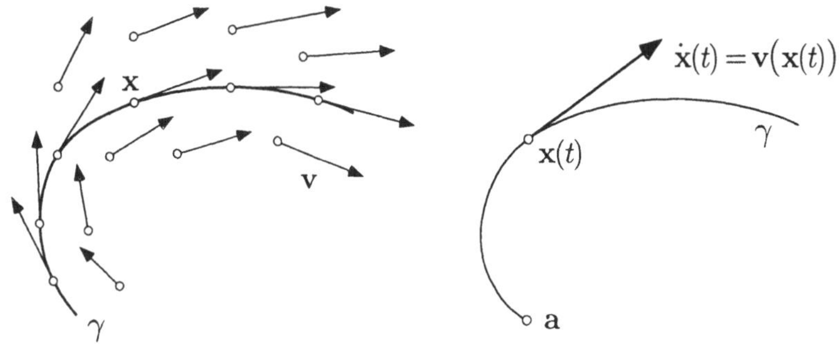

Fig. 6.1.7

Es sei $\mathbf{v}$ ein Vektorfeld in einem Gebiet $\Omega \subset \mathbb{R}^n$. Eine Kurve γ in Ω, deren Tangente in jedem Punkt zum dort angehefteten Feldvektor parallel ist (Fig. 6.1.7, links), heißt eine **Feldlinie** von $\mathbf{v}$. Wie wir gleich sehen werden, geht durch jeden regulären Punkt $\mathbf{x}$ des Feldes $\mathbf{v}$ genau eine Feldlinie. In den Beispielen ① ③ und bei einem homogenen Feld ist unmittelbar evident, welches die Feldlinien sind. Die Feldlinien eines Gradientenfeldes ∇f sind die Orthogonaltrajektorien der Niveaulinien (Niveauflächen) von f (Fig. 6.1.8). Beim Übergang vom Vektorfeld zu den Feldlinien geht die Information über Betrag und "Vorzeichen" der Feldvektoren verloren.

Die Feldlinien γ eines Vektorfelds $\mathbf{v}$ besitzen eine natürliche Parameterdarstellung

$$\gamma: \qquad t \mapsto \mathbf{x}(t)\ . \tag{1}$$

Wir verlangen dabei, daß der Geschwindigkeitsvektor $\dot{\mathbf{x}}(t)$ jederzeit *gleich* dem (und nicht nur parallel zum) Feldvektor an der Stelle $\mathbf{x}(t)$ ist, in Formeln:

$$\dot{\mathbf{x}}(t) \equiv \mathbf{v}\big(\mathbf{x}(t)\big)$$

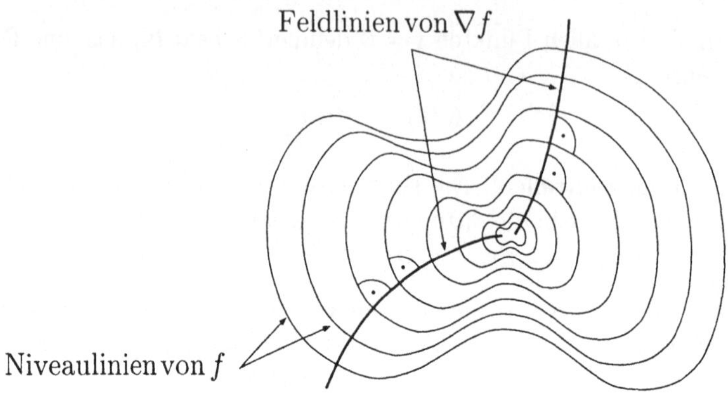

Fig. 6.1.8

(Fig. 6.1.7, rechts). Diese Identität läßt sich folgendermaßen interpretieren: Die Funktion (1) ist Lösung der (t-freien) Differentialgleichung

$$\dot{\mathbf{x}} = \mathbf{v}(\mathbf{x}) . \tag{2}$$

In Koordinaten ausgeschrieben wird daraus ein System

$$\left.\begin{aligned} \dot{x}_1 &= v_1(x_1, x_2, x_3) \\ \dot{x}_2 &= v_2(x_1, x_2, x_3) \\ \dot{x}_3 &= v_3(x_1, x_2, x_3) \end{aligned}\right\}$$

von n (hier: 3) Differentialgleichungen für n unbekannte Funktionen $t \mapsto x_i(t)$. Der Satz über die Existenz von Lösungen eines derartigen Systems garantiert, daß zu einer vorgegebenen Anfangsbedingung

$$\mathbf{x}(0) = \mathbf{a} \tag{3}$$

genau eine Lösung $\mathbf{x}(\cdot)$ von (2) existiert, und zwar ist $t \mapsto \mathbf{x}(t)$ tatsächlich eine Kurve, falls $\mathbf{a}$ ein regulärer Punkt von $\mathbf{v}$ ist. (Ist $\mathbf{v}(\mathbf{a}) = \mathbf{0}$, so lautet die Lösung des Anfangswertproblems (2)$\wedge$(3) einfach $\mathbf{x}(t) \equiv \mathbf{a}$.)

Die Feldlinien eines *ebenen* Vektorfeldes $\mathbf{v} = (P, Q)$ lassen sich schon mit Hilfe einer einzigen Differentialgleichung bestimmen, wobei allerdings der "natürliche" Parameter t gar nicht ins Spiel kommt. Wie man der Figur 6.1.9 entnimmt, ist nämlich die Steigung y' der durch den Punkt (x, y) gehenden Feldlinie gegeben durch

$$y' = \frac{Q(x,y)}{P(x,y)} .$$

Das ist auch schon die angesagte Differentialgleichung.

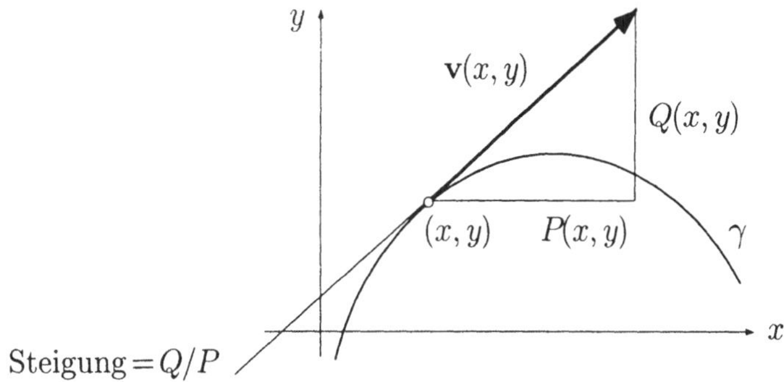

Fig. 6.1.9

④ Die Feldlinien des Vektorfeldes

$$\mathbf{v}(x,y) := \left(\frac{x-y}{\sqrt{x^2+y^2}}, \frac{x+y}{\sqrt{x^2+y^2}}\right)$$

(Fig. 6.1.10) vom konstanten Betrag $|\mathbf{v}(x,y)| \equiv \sqrt{2}$ genügen der homogenen Differentialgleichung

$$y' = \frac{x+y}{x-y},$$

jedenfalls abseits der Winkelhalbierenden $x = y$. Wie wir in Beispiel 4.6.⑨ gesehen haben, sind die Lösungskurven dieser Differentialgleichung die logarithmischen Spiralen

$$r(\phi) = C\,e^{\phi} \qquad (-\infty < \phi < \infty)$$

(Polarkoordinaten). Die "natürliche" Parameterdarstellung würde diese Spiralen mit konstanter Absolutgeschwindigkeit $\sqrt{2}$ abfahren. ○

Die Vektoranalysis handelt von den Möglichkeiten und Wirkungen des Differenzierens und Integrierens im Zusammenhang mit Skalar- und Vektorfeldern. Ein Beispiel dafür haben wir schon kennengelernt: Der "Operator" ∇ liefert zu jedem Skalarfeld f ein Vektorfeld ∇f, das mit f in einem bestimmten geometrisch oder physikalisch interpretierbaren Zusammenhang steht. Weitere derartige **Differentialoperatoren** (div, **rot**, Δ) werden wir in den folgenden Abschnitten einführen und beschreiben.

An dieser Stelle behandeln wir eine Weise zu integrieren, die in gewissem Sinn die Gradientenbildung rückgängig macht (vgl. den Satz **(6.1)**!). Es geht um den Begriff des Linienintegrals.

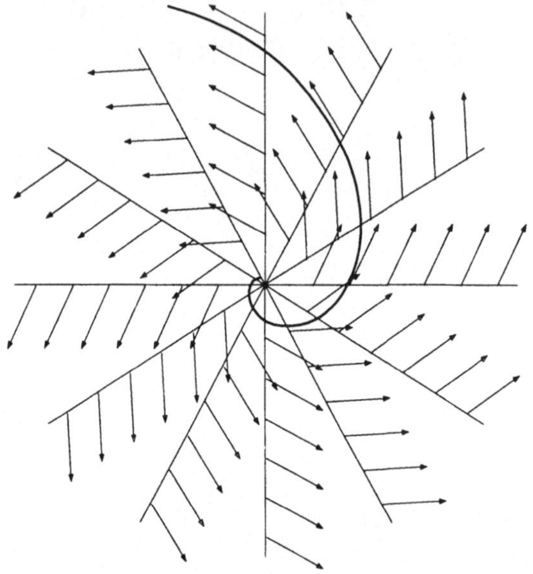

Fig. 6.1.10

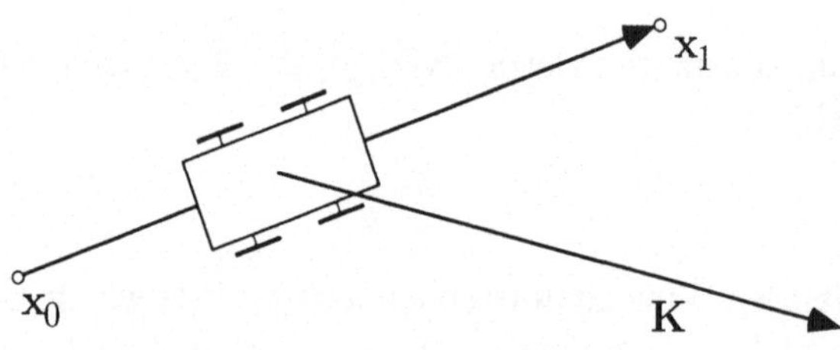

Fig. 6.1.11

Schiebt ein homogenes Kraftfeld $\mathbf{K}$ ein Wägelchen auf gerader Bahn von $\mathbf{x}_0$ nach $\mathbf{x}_1$ (Fig. 6.1.11), so leistet es dabei bekanntlich die Arbeit

$$W = \mathbf{K} \bullet (\mathbf{x}_1 - \mathbf{x}_0) .$$

Wir betrachten jetzt ein variables Kraftfeld $\mathbf{K}$, und anstelle der geraden Bahn sei eine glatte Kurve

$$\gamma : \quad t \mapsto \mathbf{x}(t) \qquad (a \leq t \leq b)$$

gegeben. Es sei weiter

$$\mathcal{Z} : \qquad a = t_0 < t_1 < \ldots < t_N = b$$

eine hinreichend feine Teilung des Intervalls $[a, b]$ und $\mathbf{x}(t_k) =: \mathbf{x}_k$. Schiebt jetzt das Kraftfeld $\mathbf{K}$ unser Wägelchen längs der Kurve γ von $\mathbf{x}_0$ nach $\mathbf{x}_N$

(Fig. 6.1.12), so können wir die dabei geleistete Arbeit folgendermaßen veranschlagen:

$$W \doteq \sum_{k=0}^{N-1} \mathbf{K}(\mathbf{x}_k) \bullet (\mathbf{x}_{k+1} - \mathbf{x}_k) \doteq \sum_{k=0}^{N-1} \mathbf{K}(\mathbf{x}(t_k)) \bullet \mathbf{x}'(t_k)\,(t_{k+1} - t_k)$$

$$\doteq \int_a^b \mathbf{K}(\mathbf{x}(t)) \bullet \mathbf{x}'(t)\,dt \;.$$

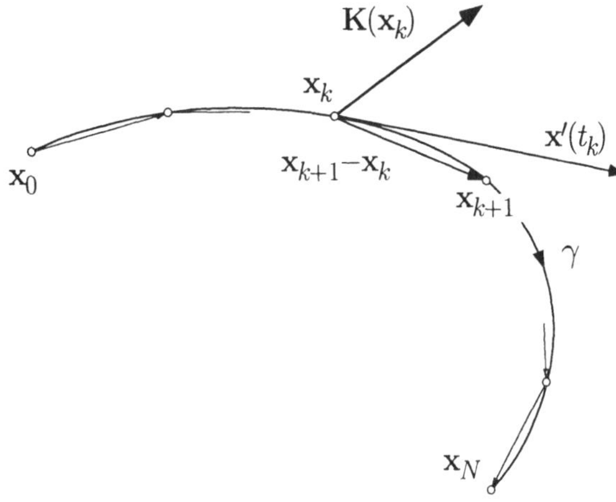

Fig. 6.1.12

Aufgrund dieser physikalischen Betrachtungen nennt man das Integral

$$\int_a^b \mathbf{K}\big(\mathbf{x}(t)\big) \bullet \mathbf{x}'(t)\,dt \tag{4}$$

das **Linienintegral** oder **Arbeitsintegral** von $\mathbf{K}$ längs γ und bezeichnet es in suggestiver Weise mit

$$\int_\gamma \mathbf{K} \bullet d\mathbf{x} \;.$$

Für die konkrete Berechnung hat man die Parameterdarstellung von γ ins Vektorfeld $\mathbf{K}$ einzusetzen und das **vektorielle Linienelement** $d\mathbf{x}$ ebenfalls durch t auszudrücken:

$$d\mathbf{x} := \mathbf{x}'(t)dt \;.$$

In Koordinaten sieht das folgendermaßen aus: Es seien

$$\mathbf{K}(x, y, z) = \big(P(x, y, z), Q(x, y, z), R(x, y, z)\big)$$

ein Vektorfeld und

$$\gamma: \quad t \mapsto \mathbf{r}(t) = \big(x(t), y(t), z(t)\big) \qquad (a \le t \le b)$$

eine Kurve im $\mathbb{R}^3$. Dann ist

$$\begin{aligned}\int_\gamma \mathbf{K} \bullet d\mathbf{r} &= \int_a^b (P, Q, R) \bullet (x', y', z')\, dt \\ &= \int_a^b \Big(P\big(x(t), y(t), z(t)\big)x'(t) + Q(\ldots)y'(t) + R(\ldots)z'(t)\Big)\, dt\,.\end{aligned}$$

Für ein Vektorfeld $\mathbf{K} = (P, Q)$ und eine Kurve

$$\gamma: \quad t \mapsto \mathbf{z}(t) = \big(x(t), y(t)\big) \qquad (a \le t \le b)$$

in der Ebene gilt analog

$$\int_\gamma \mathbf{K} \bullet d\mathbf{z} = \int_a^b \Big(P\big(x(t), y(t)\big)\, x'(t) + Q\big(x(t), y(t)\big)\, y'(t)\Big)\, dt\,.$$

Im Hinblick auf die rechte Seite dieser Gleichung verwendet man anstelle von

$$\int_\gamma \mathbf{K} \bullet d\mathbf{z}$$

häufig die Schreibweise

$$\int_\gamma (P dx + Q dy)\,,$$

wobei die Differentiale dx und dy *at runtime* durch $x'(t)dt$ und $y'(t)dt$ zu ersetzen sind.

Der Wert eines Linienintegrals hängt nicht von der für γ gewählten Parameterdarstellung ab, wohl aber von der Richtung, in der γ durchlaufen wird. Bezeichnet $-\gamma$ "die in umgekehrter Richtung durchlaufene Kurve γ", so gilt

$$\int_{-\gamma} \mathbf{K} \bullet d\mathbf{x} = -\int_\gamma \mathbf{K} \bullet d\mathbf{x}\,.$$

Diese Dinge leuchten aufgrund der physikalischen Interpretation ohne weiteres ein.

⑤ Wir betrachten im (x, y, z)-Raum das Feld

$$\mathbf{K}(x, y, z) := (y^2,\, xz,\, 1)\,,$$

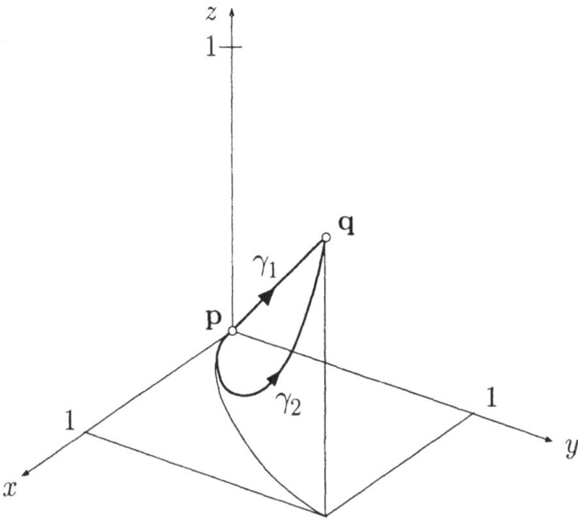

Fig. 6.1.13

ferner die zwei Kurven

$$\gamma_1 : t \mapsto \begin{cases} x(t) := t \\ y(t) := t \\ z(t) := t \end{cases} \quad (0 \leq t \leq 1), \qquad \gamma_2 : t \mapsto \begin{cases} x(t) := t \\ y(t) := t^2 \\ z(t) := t^3 \end{cases} \quad (0 \leq t \leq 1)$$

(Fig. 6.1.13), die beide den Punkt $\mathbf{p} := (0,0,0)$ mit dem Punkt $\mathbf{q} := (1,1,1)$ verbinden. Für die Linienintegrale von $\mathbf{K}$ längs γ_1 und längs γ_2 erhalten wir

$$\int_{\gamma_i} \mathbf{K} \bullet d\mathbf{r} = \int_0^1 \bigl(y^2(t)x'(t) + x(t)z(t)y'(t) + 1 \cdot z'(t)\bigr)\, dt\,;$$

dabei sind rechter Hand die Parameterdarstellungen der γ_i einzusetzen. Es ergibt sich

$$\int_{\gamma_1} \mathbf{K} \bullet d\mathbf{r} = \int_0^1 \bigl(t^2 \cdot 1 + t^2 \cdot 1 + 1 \cdot 1\bigr)\, dt = \frac{1}{3} + \frac{1}{3} + 1 = \frac{5}{3}\,,$$

$$\int_{\gamma_2} \mathbf{K} \bullet d\mathbf{r} = \int_0^1 \bigl(t^4 \cdot 1 + t^4 \cdot 2t + 1 \cdot 3t^2\bigr)\, dt = \frac{1}{5} + \frac{2}{6} + \frac{3}{3} = \frac{23}{15}\,.$$

Zu verschiedenen Verbindungen derselben zwei Punkte $\mathbf{p}$ und $\mathbf{q}$ können also durchaus verschiedene Werte des Linienintegrals gehören. ○

Wir haben in der Definition (4) des Linienintegrals vorausgesetzt, daß die Kurve γ glatt ist oder jedenfalls eine C^1-Parameterdarstellung besitzt. Wir können aber diese Definition ausdehnen auf beliebige "formale Summen"

$$\gamma := \gamma_1 + \gamma_2 + \ldots + \gamma_r$$

von glatten Kurven γ_i, indem wir das Linienintegral längs einer derartigen **Kette** γ definieren durch

$$\int_\gamma \mathbf{K} \bullet d\mathbf{x} := \int_{\gamma_1} \mathbf{K} \bullet d\mathbf{x} + \ldots + \int_{\gamma_r} \mathbf{K} \bullet d\mathbf{x} .$$

Unter die Ketten fallen insbesondere die glatten Kurven "mit Ecken", auch **stückweise glatte Kurven** genannt (Fig. 6.1.14, links). Eine Kette kann aber auch aus mehreren getrennten Stücken bestehen. Zum Beispiel besitzt der Kreisring B rechts in Fig. 6.1.14 den Randzyklus (s.u.) $\partial B = \gamma_b - \gamma_a$.

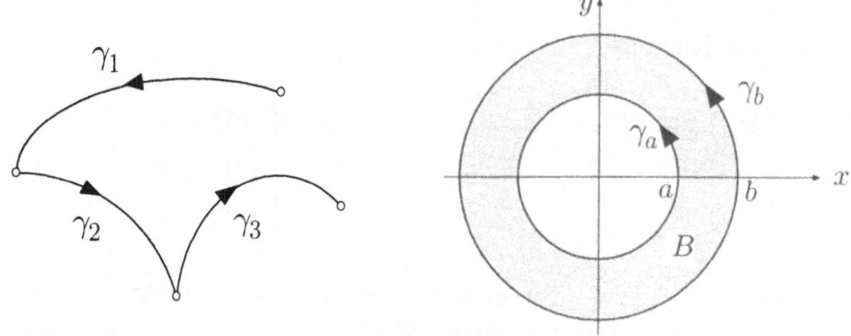

Fig. 6.1.14

⑥ Es sei $\partial B := \gamma_1 + \gamma_2 + \gamma_3 + \gamma_4$ der im Gegenuhrzeigersinn durchlaufene Rand des Quadrats $B := [0,1]^2$ in der (x,y)-Ebene (Fig. 6.1.15) und

$$\bigl(P(x,y), Q(x,y)\bigr) := (x^3 + xy^2, x^2y - y^5)$$

ein Vektorfeld. Es soll das Integral

$$W := \int_{\partial B} (P dx + Q dy)$$

berechnet werden. — Wir setzen zur Abkürzung

$$\int_{\gamma_i} (P dx + Q dy) =: W_i \qquad (1 \leq i \leq 4) ;$$

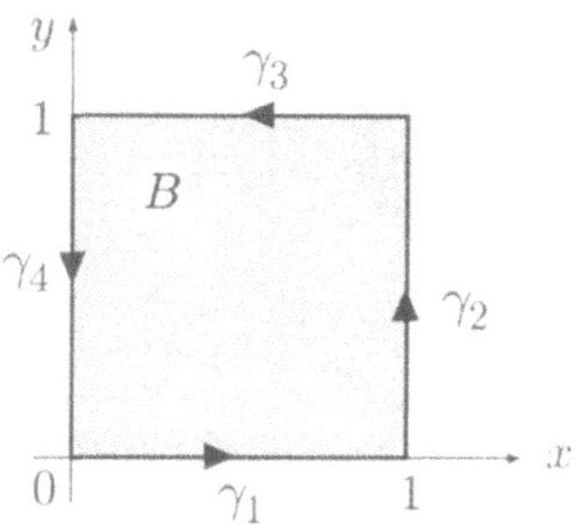

Fig. 6.1.15

dann ist (definitionsgemäß)

$$W = W_1 + W_2 + W_3 + W_4 \ .$$

Für γ_1 können wir x als Parameter nehmen, und y ist $\equiv 0$. Dann ist x auch Integrationsvariable, und es ist $x'(x) \equiv 1, \ y'(x) \equiv 0$. Wir erhalten somit

$$W_1 = \int_{\gamma_1} (P dx + Q dy) = \int_0^1 P(x,0)\,dx = \int_0^1 x^3\,dx = \frac{1}{4} \ .$$

Für γ_2 können wir y als Parameter nehmen, und x ist $\equiv 1$. Folglich wird y Integrationsvariable, und es ist $x'(y) \equiv 0, \ y'(y) \equiv 1$. Damit erhalten wir

$$W_2 = \int_0^1 Q(1,y)\,dy = \int_0^1 (y - y^5)\,dy = \frac{1}{2} - \frac{1}{6} = \frac{1}{3} \ .$$

Die Teilstücke γ_3 und γ_4 durchlaufen wir lieber in umgekehrter Richtung, wobei allerdings die Vorzeichen richtigzustellen sind. Es ergibt sich

$$W_3 = -\int_0^1 P(x,1)\,dx = \int_1^0 (x^3 + x)\,dx = -\frac{1}{4} - \frac{1}{2} = -\frac{3}{4} \ ,$$

$$W_4 = -\int_0^1 Q(0,y)\,dy = \int_0^1 y^5\,dy = \frac{1}{6} \ .$$

Damit erhalten wir schließlich

$$W = \frac{1}{4} + \frac{1}{3} - \frac{3}{4} + \frac{1}{6} = 0 \ .$$

Wie wir noch sehen werden, ist dieses Ergebnis kein Zufall. In Wirklichkeit ist das Linienintegral dieses Feldes für jeden geschlossenen Weg gleich 0.

○

Wir haben in Beispiel ⑤ gesehen, daß das Linienintegral eines Vektorfeldes längs verschiedenen Kurven von $\mathbf{p}$ nach $\mathbf{q}$ verschiedene Werte annehmen kann. Ein Vektorfeld $\mathbf{K}$ heißt **konservativ**, wenn dieses Phänomen *nicht* auftritt, in anderen Worten: wenn der folgende Sachverhalt zutrifft:

(a) Für je zwei Kurven γ_1, $\gamma_2 \subset \operatorname{dom}(\mathbf{K})$ mit denselben Anfangs- und Endpunkten gilt:

$$\int_{\gamma_1} \mathbf{K} \bullet d\mathbf{x} = \int_{\gamma_2} \mathbf{K} \bullet d\mathbf{x} . \tag{5}$$

Dies ist äquivalent mit dem folgenden: Das Feld $\mathbf{K}$ ist **konservativ**, wenn

(b) für alle geschlossenen Kurven $\gamma \subset \operatorname{dom}(\mathbf{K})$ gilt:

$$\int_{\gamma} \mathbf{K} \bullet d\mathbf{x} = 0 . \tag{6}$$

⌜ (a)⇒(b): Es sei γ eine geschlossene Kurve mit Anfangs- und Endpunkt $\mathbf{p}$. Die Kurve γ verbindet die gleichen Punkte miteinander wie die "konstante Kurve" γ_* in $\mathbf{p}$. Das Integral längs γ_* ist aber trivialerweise $= 0$. Mit (a) folgt daher (6), und da γ beliebig war, (b).

(b)⇒(a): Laufen γ_1 und γ_2 beide von $\mathbf{p}$ nach $\mathbf{q}$, so ist die Kette $\gamma_1 - \gamma_2$ eine geschlossene Kurve γ (Fig. 6.1.16), und mit (b) folgt (5). Da $\mathbf{p}$, $\mathbf{q}$, γ_1, γ_2 beliebig waren, ist damit (a) erwiesen. ⌟

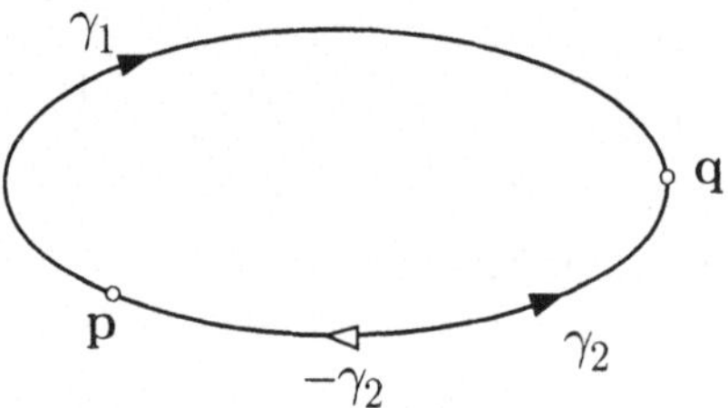

Fig. 6.1.16

Der Name "konservativ" steht mit physikalischen Vorstellungen in Zusammenhang: Für die Bewegung in derartigen Feldern gilt der Satz von der Erhaltung der Energie. Wir beweisen:

(6.1) (a) *Gradientenfelder sind konservativ.*

(b) *Ist* $\mathbf{K} = \nabla f$, *so gilt für alle von* $\mathbf{p}$ *nach* $\mathbf{q}$ *laufenden Kurven* γ:

$$\int_{\gamma} \mathbf{K} \bullet d\mathbf{x} \;=\; f(\mathbf{q}) - f(\mathbf{p}) . \tag{7}$$

Ist $\mathbf{K} = \nabla f$ für ein geeignetes f, so nennt man f ein **Potential** des Feldes $\mathbf{K}$; ein Gradientenfeld wird daher auch als **Potentialfeld** bezeichnet. Die Behauptung (b) besagt: Bei einem Potentialfeld ist das Linienintegral längs einer beliebigen Kurve gleich der Potentialdifferenz zwischen Anfangs- und Endpunkt der Kurve. Die eindimensionale Version von (7) ist die vertraute Formel

$$\int_p^q f'(t)\,dt = f(q) - f(p)\,.$$

⌈ Es genügt, (b) zu beweisen, wobei wir der Einfachheit halber annehmen, daß γ eine C^1-Parameterdarstellung

$$\gamma: \quad t \mapsto \mathbf{x}(t) \qquad (a \le t \le b)$$

besitzt; dabei ist $\mathbf{x}(a) = \mathbf{p}$, $\mathbf{x}(b) = \mathbf{q}$ (Fig 6.1.17). Für die Hilfsfunktion

$$\phi(t) := f\bigl(\mathbf{x}(t)\bigr)$$

gilt nach der Kettenregel **(5.3)**:

$$\phi'(t) = \nabla f(\mathbf{x}(t)) \bullet \mathbf{x}'(t)\,.$$

Damit haben wir

$$\int_\gamma \nabla f \bullet d\mathbf{x} = \int_a^b \nabla f(\mathbf{x}(t)) \bullet \mathbf{x}'(t)\,dt = \int_a^b \phi'(t)\,dt = \phi(b) - \phi(a)$$
$$= f(\mathbf{q}) - f(\mathbf{p})\,.$$ ⌋

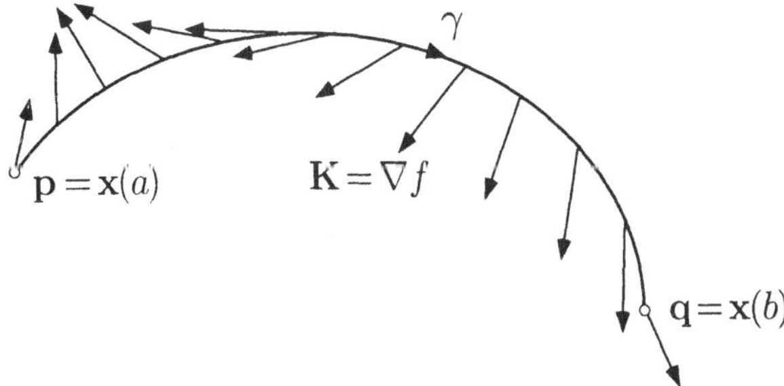

Fig. 6.1.17

⑥ (Forts.) Wie man sofort verifiziert, ist (P, Q) das Gradientenfeld der Funktion

$$f(x,y) := \frac{x^4}{4} + \frac{x^2y^2}{2} - \frac{y^6}{6},$$

also konservativ. Folglich ist das Linienintegral dieses Feldes längs beliebigen geschlossenen Kurven, insbesondere längs ∂B, gleich 0. Ferner gilt zum Beispiel

$$\int_{\gamma_3} (P dx + Q dy) = \int_{\gamma_3} \nabla f \bullet d\mathbf{z} = f(0,1) - f(1,1) = -\frac{1}{6} - \left(\frac{1}{4} + \frac{1}{2} - \frac{1}{6}\right) = -\frac{3}{4}.$$

○

Von Satz **(6.1)**(a) gilt nun auch die Umkehrung (Satz **(6.2)**(a)); somit sind konservative Felder und Gradientenfelder in Wirklichkeit ein und dasselbe. Im zweiten Teil von **(6.2)** wird angenommen, daß der Definitionsbereich Ω des betrachteten Feldes $\mathbf{K}$ **zusammenhängend** ist, das heißt: daß sich je zwei Punkte $\mathbf{p}$, $\mathbf{q} \in \Omega$ tatsächlich durch eine in Ω gelegene Kurve miteinander verbinden lassen.

(6.2) (a) *Konservative Vektorfelder besitzen ein Potential.*

(b) *Es sei* $\mathbf{K}$ *ein konservatives Vektorfeld auf dem zusammenhängenden Gebiet* $\Omega \subset \mathbb{R}^n$ *und* $\mathbf{p}_0$ *ein beliebiger, aber fester Punkt von* Ω. *Dann ist*

$$f(\mathbf{p}) = \int_{\mathbf{p}_0}^{\mathbf{p}} \mathbf{K} \bullet d\mathbf{x} \tag{8}$$

ein Potential von $\mathbf{K}$*; dabei bezeichnet* $\int_{\mathbf{p}_0}^{\mathbf{p}}$ *das Integral längs irgendeiner in* Ω *gelegenen Kurve von* $\mathbf{p}_0$ *nach* $\mathbf{p}$. *Zweitens gilt: Die sämtlichen Potentiale von* $\mathbf{K}$ *auf* Ω *sind die Funktionen* $f + \mathrm{const.}$.

⌜ Es genügt, (b) zu beweisen. Nach Annahme über $\mathbf{K}$ und über Ω ist die Funktion f jedenfalls wohldefiniert. Wir müssen zeigen, daß $\nabla f = \mathbf{K}$ ist. Hierzu halten wir den Punkt $\mathbf{p} \in \Omega$ für einen Moment fest und betrachten die partielle Funktion

$$\psi(x_1) := f(x_1, p_2, \ldots, p_n) \qquad (p_1 - h < x_1 < p_1 + h).$$

Es gilt

$$\psi(x_1) = f(\mathbf{p}) + \int_\sigma \mathbf{K} \bullet d\mathbf{x}, \tag{9}$$

wobei

$$\sigma: \quad t \mapsto (t, p_2, \ldots, p_n) \qquad (p_1 \le t \le x_1) \tag{10}$$

die Verbindungsstrecke der Punkte $\mathbf{p}$ und $\mathbf{q} := (x_1, p_2, \ldots, p_n)$ bezeichnet, siehe die Fig. 6.1.18. Aus (9) und (10) folgt

$$\psi(x_1) = f(\mathbf{p}) + \int_{p_1}^{x_1} K_1(t, p_2, \ldots, p_n) \cdot 1\, dt \; .$$

Ableitung des Integrals nach der oberen Grenze liefert

$$\psi'(x_1) = K_1(x_1, p_2, \ldots, p_n)$$

und damit

$$\left.\frac{\partial f}{\partial x_1}\right|_{\mathbf{p}} = \psi'(p_1) = K_1(p_1, p_2, \ldots, p_n) \; ,$$

wie behauptet. Analog schließt man für die anderen Koordinaten.

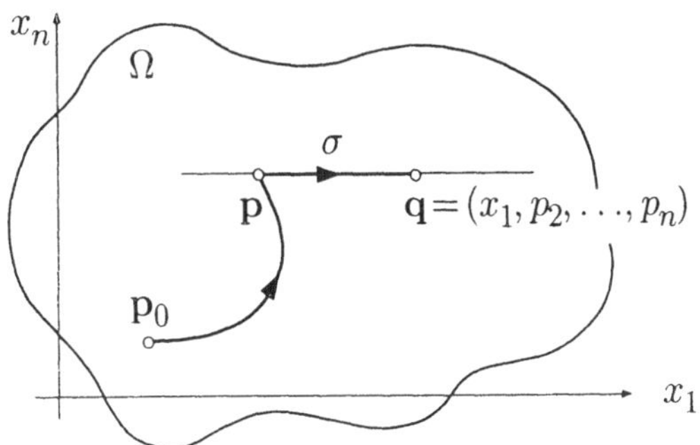

Fig. 6.1.18

Zum Beweis der letzten Behauptung betrachten wir neben f ein weiteres Potential g. Es gilt also

$$\nabla f = \nabla g = \mathbf{K} \; .$$

Für je zwei Punkte $\mathbf{p}$, $\mathbf{q} \in \Omega$ gilt dann (7) sowohl für f wie für g. Folglich ist

$$g(\mathbf{q}) - g(\mathbf{p}) = f(\mathbf{q}) - f(\mathbf{p})$$

und somit

$$g(\mathbf{q}) - f(\mathbf{q}) = g(\mathbf{p}) - f(\mathbf{p}) \; .$$

Da $\mathbf{p}$ und $\mathbf{q}$ beliebig waren, folgt $g - f = \text{const.}$. — Umgekehrt ist natürlich mit f auch jede Funktion $f + \text{const.}$ ein Potential. ┘

Wie sieht man einem gegebenen Vektorfeld $\mathbf{K}$ an, daß es konservativ ist und folglich ein Potential f (eine "Stammfunktion") besitzt? Bis man das Linienintegral längs allen geschlossenen Kurven berechnet und als 0 erwiesen hat, ist jedenfalls die erste Sekunde der Ewigkeit vorbei. Wir werden aber im folgenden eine einleuchtende, notwendige und hinreichende "Integrabilitätsbedingung" herleiten. Das Paradoxe daran ist, daß man das Feld differenzieren muß, um zu sehen, ob man es integrieren kann.

Zum Schluß sei darauf hingewiesen, daß man die Vektoranalysis auch in einer anderen "Sprache" formulieren kann. Die Objekte des Studiums sind dann nicht die Vektorfelder $\mathbf{K} = (P, Q, R)$ bzw. $\mathbf{K} = (P, Q)$, sondern die in den Linienintegralen auftretenden Ausdrücke

$$Pdx + Qdy + Rdz \qquad \text{bzw.} \qquad Pdx + Qdy\ .$$

Man nennt diese Ausdrücke **Differentialformen**, genauer **1-Formen**, da sie über eindimensionale Ketten integriert werden. Eine 1-Form läßt sich folgendermaßen physikalisch interpretieren (Fig. 6.1.19): Verschiebt das Kraftfeld $\mathbf{K} = (P, Q, R)$ ein Wägelchen von (x, y, z) nach $(x + dx, y + dy, z + dz)$, so leistet es in erster Näherung die Arbeit

$$(P, Q, R)_{(x,y,z)} \bullet (dx, dy, dz) = Pdx + Qdy + Rdz\ .$$

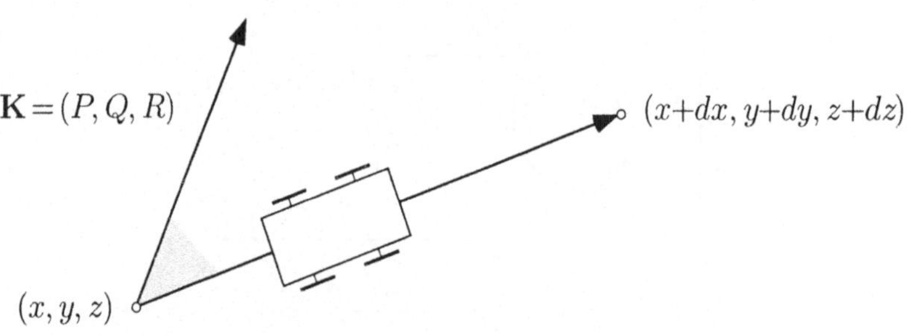

Fig. 6.1.19

Bei dieser Umsetzung entspricht dem Gradientenfeld

$$\nabla f = (f_x, f_y, f_z) \qquad \text{bzw.} \qquad \nabla f = (f_x, f_y)$$

einer Funktion $f\colon \mathbb{R}^n \curvearrowright \mathbb{R}$ das sogenannte **totale Differential** von f:

$$df := f_x dx + f_y dy + f_z dz \qquad \text{bzw.} \qquad df := f_x dx + f_y dy\ .$$

Die Frage, ob ein gegebenes Vektorfeld $\mathbf{K} = (P, Q, R)$ ein Potential f besitzt, lautet dann folgendermaßen: Ist die gegebene 1-Form

$$\omega := Pdx + Qdy + Rdz$$

das totale Differential einer Funktion f?

Solange man sich strikt an kartesische Koordinaten hält, sind beide Formulierungen der Theorie gleichwertig. Es läßt sich aber nicht leugnen, daß Differentialformen einen logischeren und einheitlicheren Aufbau der Theorie ermöglichen.

Aufgaben

1. Produziere ein Vektorfeld $\mathbf{v}(x,y) := \bigl(P(x,y), Q(x,y)\bigr)$ mit den folgenden Eigenschaften:
   (1) Die Kreise, die die y-Achse im Ursprung berühren, sind Feldlinien.
   (2) Das Feld ist in der ganzen Ebene definiert und stetig differenzierbar.

2. Produziere ein im ganzen Raum definiertes Vektorfeld $\mathbf{v}$, das die Schraubenlinien

$$\gamma_{r,h}: \quad t \mapsto (r\cos t, r\sin t, t-h) \qquad (r \geq 0\,,\ h \in \mathbb{R})$$

   als Feldlinien besitzt.

3. Gegeben ist die Funktion

$$f(x,y) := \frac{y^2}{1-x^2}\,.$$

   Bestimme
   (a) die Gleichung und die Differentialgleichung der Niveaulinien von f,
   (b) die Differentialgleichung der Feldlinien des Vektorfeldes ∇f,
   (c) die Gleichung der Feldlinien von ∇f.

4. Berechne das Linienintegral $\int_\gamma \mathbf{K} \bullet d\mathbf{x}$ für
   (a) $\mathbf{K}(x,y) := (x^2+y, 2xy)$, γ der Einheitskreis mit positivem Umlaufssinn;
   (b) $\mathbf{K}(x,y) := (x+y, 2x-y)$, γ der Bogen der kubischen Parabel $y = x^3$ von $(-2,-8)$ bis $(1,1)$;
   (c) $\mathbf{K}(x,y,z) := (x^2, y-z, y+z)$, γ die Schnittkurve der Einheitssphäre mit der Ebene $z = \frac{1}{2}$ (positiver Umlaufssinn um die z-Achse);
   (d) $\mathbf{K}(x,y,z) := \bigl(x, y, \sqrt{x^2+y^2}\bigr)$, γ die spiralige Kurve

$$\gamma: \quad t \mapsto (t\cos t, t\sin t, t) \qquad (0 \leq t \leq R)\,.$$

5. Es sei ∂D: $t \mapsto e^{it}$ $(0 \leq t \leq 2\pi)$ der in positivem Sinn durchlaufene Einheitskreis in der z-Ebene, $z = x + iy$. Berechne, mit sinngemäßer Interpretation der darin auftretenden Symbole, das Linienintegral

$$\int_{\partial D} \frac{1}{z}\,dz$$

   bzw. allgemein die Integrale

$$\int_{\partial D} z^k\,dz \qquad (k \in \mathbb{Z})\,.$$

6. Produziere eine geschlossene, glatte (das heißt: reguläre C^1-) Kurve

$$\gamma: \quad t \mapsto \bigl(x(t), y(t)\bigr) \qquad (a \leq t \leq b)\,,$$

   die, als Kette aufgefaßt, gleich 0 ist. (*Hinweis:* Ist γ eine beliebige Kurve, so ist $\gamma + (-\gamma)$ die Nullkette.)

6.2. Die Greensche Formel für ebene Bereiche

Im Zentrum der Vektoranalysis stehen die sogenannten **Integralsätze**. Den einfachsten davon (Satz **(6.1)**(b)) haben wir schon kennengelernt: Ist f ein Skalarfeld und γ eine beliebige Kurve von $\mathbf{p}$ nach $\mathbf{q}$, so gilt

$$f(\mathbf{q}) - f(\mathbf{p}) = \int_\gamma \nabla f \bullet d\mathbf{x}\,. \tag{1}$$

Hier steht linker Hand das "Integral" von f über den "Rand" der Kurve γ und rechter Hand das Integral einer "Ableitung" von f über die Kurve γ selber. Dabei erscheint als "Rand" einer Kurve die aus dem positiv gezählten Endpunkt und dem negativ gezählten Anfangspunkt bestehende "nulldimensionale Kette" (Fig. 6.2.1). Anstelle von (1) können wir daher in symbolischer Notation schreiben:

$$\text{“}\int_{\partial\gamma} f = \int_\gamma df\text{”}. \tag{2}$$

Diese Dualität $\partial \leftrightarrow d$ finden wir auch bei den weiteren Integralsätzen, nur wird dort über zwei- bzw. dreidimensionale Bereiche und ihre Ränder integriert.

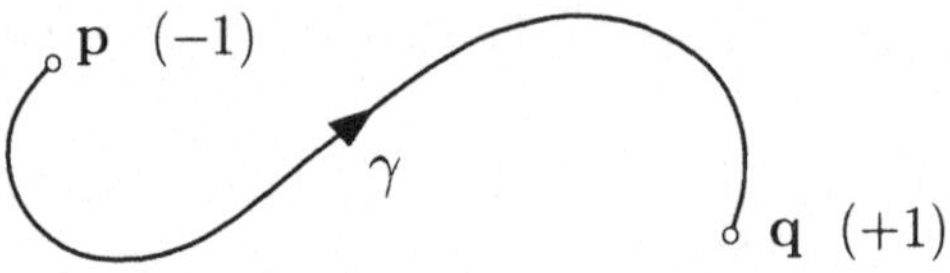

Fig. 6.2.1

Wir beginnen mit einem kompakten Bereich B in der (x, y)-Ebene, wobei wir folgendes voraussetzen: Der Rand von B besteht aus glatten Bögen γ_i $(1 \le i \le r)$, die so orientiert sind, daß B zur Linken der γ_i liegt. Man nennt die von den γ_i gebildete Kette

$$\gamma_1 + \gamma_2 + \ldots + \gamma_r \ =: \ \partial B$$

den **Randzyklus** von B (Fig. 6.2.2). Es ist eine Erfahrungstatsache, daß sich die γ_i zu einer oder mehreren *geschlossenen* Kurven zusammenfügen (daher der Name *Zyklus*). Es gilt also "$\partial(\partial B) = 0$". Diese Formel gehört zu den Urprinzipien der Geometrie und stellt einen sehr allgemeinen und tiefliegenden Sachverhalt dar.

Weiter sei (P, Q) ein C^1-Vektorfeld auf B; verabredungsgemäß sind dann P und Q auf einer offenen Menge $\Omega \supset B$ definiert. Man kann die in dem folgenden Satz auftretende Größe $Q_x - P_y$ als eine Art "Ableitung" des Feldes (P, Q) auffassen (leider gibt es in der hier verwendeten mathematischen Sprache keinen offiziellen Namen dafür). Die **Greensche Formel** (3) ist somit ein Integralsatz der in (2) dargestellten Bauart.

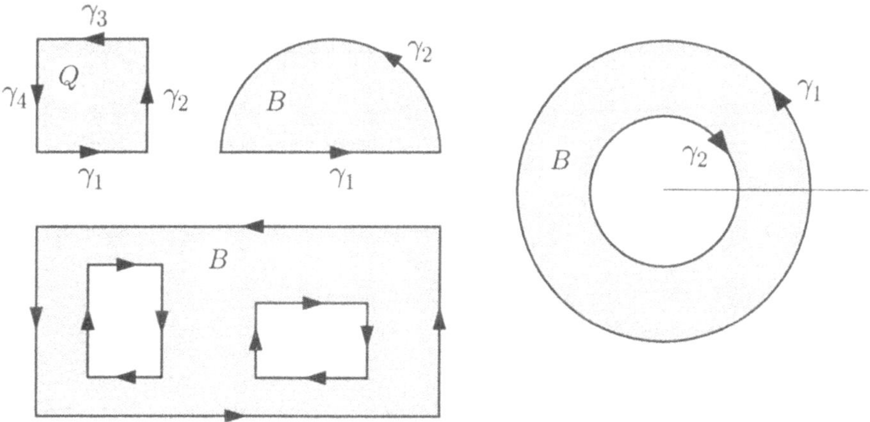

Fig. 6.2.2

(6.3) *Es seien* $\mathbf{K} := (P, Q)$ *ein Vektorfeld auf dem Gebiet* $\Omega \subset \mathbb{R}^2$ *und* $B \subset \Omega$ *ein Bereich mit Randzyklus* ∂B. *Dann gilt*

$$\int_{\partial B} (P dx + Q dy) = \int_B (Q_x - P_y)\, d\mu(x, y) . \tag{3}$$

⌜ Wir beweisen (3) zunächst für einen dreieckigen "Wimpel"

$$W = \{(x, y) \mid a \le x \le b\,,\ \phi(x) \le y \le d\}\,, \tag{4}$$

wobei wir die Fig. 6.2.3 zugrundelegen. W besitzt den Randzyklus

$$\partial W = \gamma_0 - \gamma_1 - \gamma_2\,.$$

Wir behandeln die Beiträge von P und von Q an die beiden Seiten von (3) getrennt voneinander und beginnen mit P. Dabei benützen wir für γ_0 die Parameterdarstellung

$$\gamma_0 : \quad x \mapsto (x, \phi(x)) \qquad (a \le x \le b)\,.$$

Es ergibt sich nacheinander

$$\begin{aligned}\int_W (-P_y(x, y))\, d\mu(x, y) &= -\int_a^b \Bigl(\int_{\phi(x)}^d P_y(x, y)\, dy\Bigr)\, dx \\ &= -\int_a^b \Bigl(P(x, d) - P(x, \phi(x))\Bigr)\, dx \\ &= \int_a^b P(x, \phi(x))\, dx - \int_a^b P(x, d)\, dx \\ &= \int_{\gamma_0} P\, dx - \int_{\gamma_1} P\, dx = \int_{\partial W} P\, dx\,.\end{aligned}$$

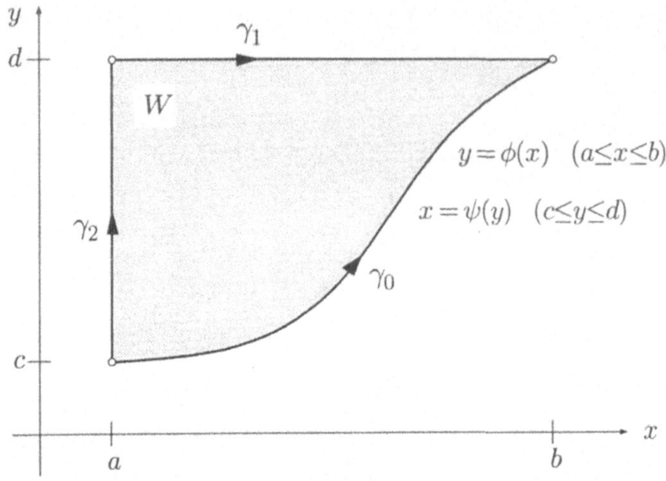

Fig. 6.2.3

Hier haben wir zuletzt benutzt, daß die Strecke γ_2 keinen Beitrag an das Integral $\int_{\partial W} P\,dx$ liefert, denn längs γ_2 ist $dx = 0$. Damit ist (3) bezüglich P bewiesen.

Für den Beitrag von Q ersetzen wir (4) durch

$$W = \bigl\{(x,y) \bigm| c \le y \le d\,,\ a \le x \le \psi(y)\bigr\}$$

und benützen für γ_0 die Parameterdarstellung

$$\gamma_0: \quad y \mapsto \bigl(\psi(y), y\bigr) \qquad (c \le y \le d)\,.$$

Damit ergibt sich analog wie vorher

$$\begin{aligned}\int_W Q_x(x,y)\,d\mu(x,y) &= \int_c^d \int_a^{\psi(y)} Q_x(x,y)\,dx\,dy \\ &= \int_c^d \Bigl(Q\bigl(\psi(y),y\bigr) - Q(a,y)\Bigr)\,dy \\ &= \int_c^d Q\bigl(\psi(y),y\bigr)\,dy - \int_c^d Q(a,y)\,dy \\ &= \int_{\gamma_0} Q\,dy - \int_{\gamma_2} Q\,dy = \int_{\partial W} Q\,dy\,.\end{aligned}$$

Hier haben wir zuletzt benutzt, daß die Strecke γ_1 keinen Beitrag an das Integral $\int_{\partial W} Q\,dy$ liefert, denn längs γ_1 ist $dy = 0$.

Damit ist (3) für den in Fig. 6.2.3 dargestellten Wimpel W bewiesen, und für die Wimpel der Fig. 6.2.4 wird es wohl auch stimmen.

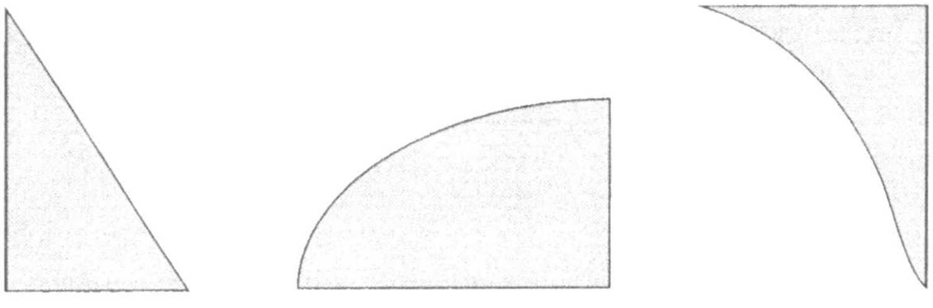

Fig. 6.2.4

Ein allgemeiner Bereich B der im Satz beschriebenen Art läßt sich durch vertikale und horizontale Schnitte in endlich viele Wimpel W_i $(1 \leq i \leq N)$ zerlegen (Fig. 6.2.5). Dann gilt einerseits

$$\int_B (Q_x - P_y)\, d\mu(x,y) = \sum_{i=1}^{N} \int_{W_i} (Q_x - P_y)\, d\mu(x,y)\ , \tag{5}$$

andererseits aber auch

$$\int_{\partial B} (P dx + Q dy) = \sum_{i=1}^{N} \int_{\partial W_i} (P dx + Q dy)\ . \tag{6}$$

Die Integrale längs den im Innern von B gelegenen Kanten der W_i heben sich nämlich heraus, da diese Kanten je zweimal gegenläufig abgefahren werden. Somit wird auch rechter Hand in (6) per saldo über ∂B integriert.

Da nun die Greensche Formel (3) für jedes einzelne W_i zutrifft, stimmen die Summanden rechts in (5) und (6) paarweise überein; folglich haben auch die linken Seiten dieser Formeln denselben Wert. ┘

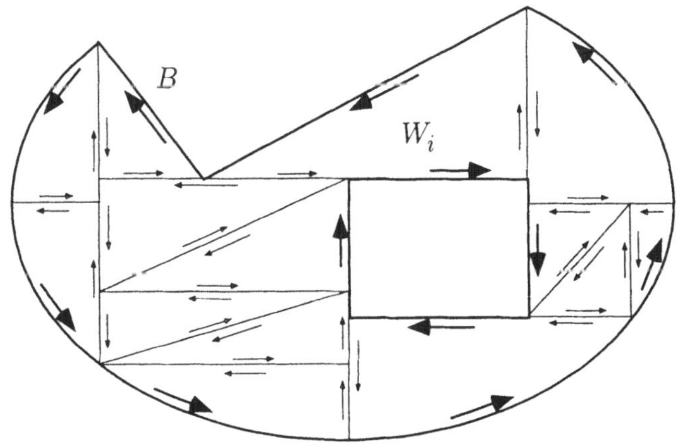

Fig. 6.2.5

Wir bringen nun einige Anwendungen der Greenschen Formel. — Zu den beiden Vektorfeldern

$$\big(P(x,y), Q(x,y)\big) := (0,x) \quad \text{bzw.} \quad := (-y,0)$$

gehören die 1-Formen xdy bzw. $-ydx$. In beiden Fällen ist $Q_x - P_y \equiv 1$ und folglich

$$\int_B (Q_x - P_y)\, d\mu(x,y) = \mu(B) .$$

Wenden wir daher Satz **(6.3)** auf diese Felder an, so erhalten wir die sogenannten **Flächenformeln**, die den Flächeninhalt eines Bereichs B als Umlaufsintegral darstellen:

(6.4)
$$\mu(B) = \begin{cases} \displaystyle\int_{\partial B} x\,dy\,, \\ \displaystyle -\int_{\partial B} y\,dx\,, \\ \displaystyle \frac{1}{2}\int_{\partial B} (x\,dy - y\,dx)\,. \end{cases}$$

Diese Formeln sind dann bequem, wenn B nicht durch Ungleichungen, sondern durch eine Parameterdarstellung von ∂B festgelegt ist.

① Rollt ein Kreis vom Radius a einmal auf der x-Achse ab (Fig. 6.2.6), so beschreibt der auf der Kreisperipherie festgemachte Punkt P eine **Zykloide** γ. Wir wählen als Parameter den Wälzwinkel τ und entnehmen der Figur die folgende Parameterdarstellung von γ:

$$\gamma: \quad \tau \mapsto \begin{cases} x(\tau) = a(\tau - \sin\tau) \\ y(\tau) = a(1 - \cos\tau) \end{cases} \qquad (0 \le \tau \le 2\pi)\,.$$

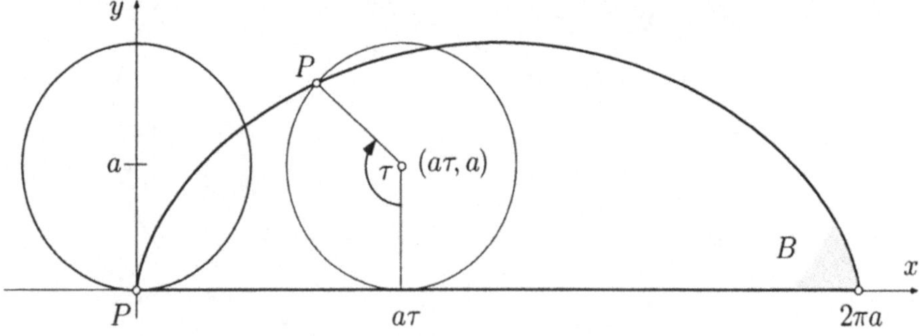

Fig. 6.2.6

Es soll nun der zwischen γ und der x-Achse eingeschlossene Flächeninhalt $\mu(B)$ berechnet werden. Hierzu verwenden wir zum Beispiel die zweite Formel des Angebots **(6.4)**; dabei erhalten wir das Integral längs der Grundlinie gratis. Es ergibt sich

$$\mu(B) = -\int_{-\gamma} y\,dx = \int_0^{2\pi} y(\tau)x'(\tau)\,d\tau = a^2 \int_0^{2\pi} (1-\cos\tau)^2\,d\tau = 3\pi a^2 \ .$$

○

Vor allem sind wir nun in der Lage, für Vektorfelder bzw. 1-Formen in der Ebene eine notwendige und hinreichende Integrabilitätsbedingung anzugeben. Dabei tritt überraschenderweise eine geometrische Zusatzbedingung auf, die sich auf das Definitionsgebiet Ω des betrachteten Feldes bezieht.

Ein Gebiet $\Omega \subset \mathbb{R}^n$ heißt **einfach zusammenhängend**, wenn sich jede geschlossene Kurve $\gamma \subset \Omega$ innerhalb Ω stetig auf einen Punkt zusammenziehen läßt (Fig. 6.2.7). Ist diese Bedingung erfüllt, so gilt auch folgendes: Jede geschlossene Kurve $\gamma \subset \Omega$ berandet eine in Ω gelegene 2-Kette, im einfachsten Fall ein Flächenstück $B \subset \Omega$, nämlich das Flächenstück, das beim Zusammenziehen überstrichen wird (Fig. 6.2.8–9).

② Hier einige Beispiele von Gebieten in der Ebene und im Raum:

Einfach zusammenhängend?	**ja**	**nein**
(a) Gebiete in der Ebene		
$\mathbb{R}^2$	✓	
Kreisscheibe	✓	
$\mathbb{R}^2 \setminus \{\mathbf{0}\}$		✓
$\mathbb{R}^2\setminus$Kreisscheibe		✓
$\mathbb{R}^2\setminus$Halbstrahl	✓	
Kreisring		✓
(b) Gebiete im Raum		
$\mathbb{R}^3$	✓	
$\mathbb{R}^3\setminus$endlich viele Punkte	✓	
$\mathbb{R}^3\setminus$Vollkugel	✓	
Kugelrinde	✓	
Inneres eines Volltorus		✓
zylindrische Hülse		✓
$\mathbb{R}^3\setminus$Kreislinie		✓
$\mathbb{R}^3\setminus$Gerade		✓

○

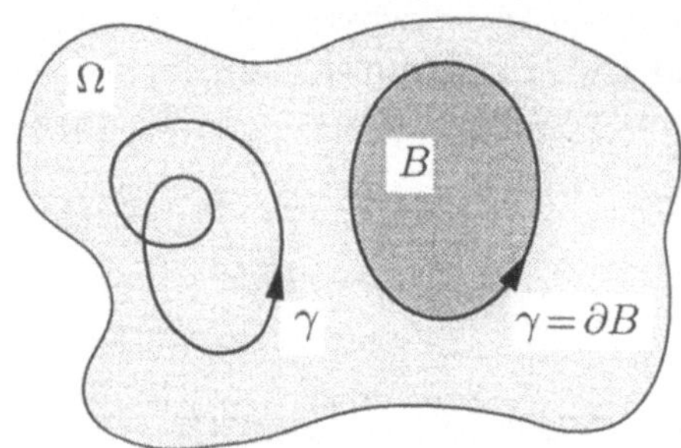

Ω einfachzusammenh.

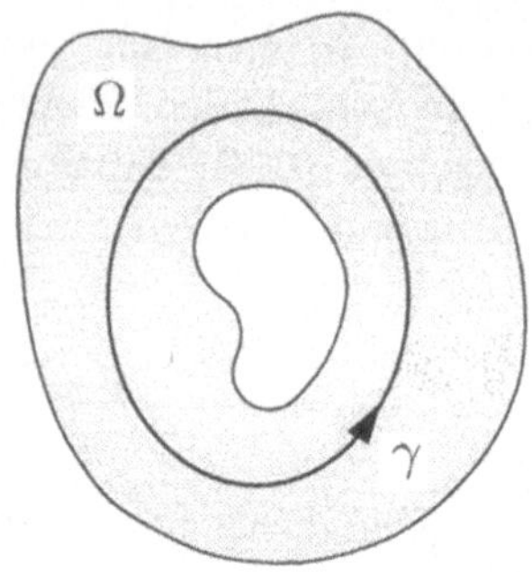

Ω nicht einfachzusammenh.

Fig. 6.2.7

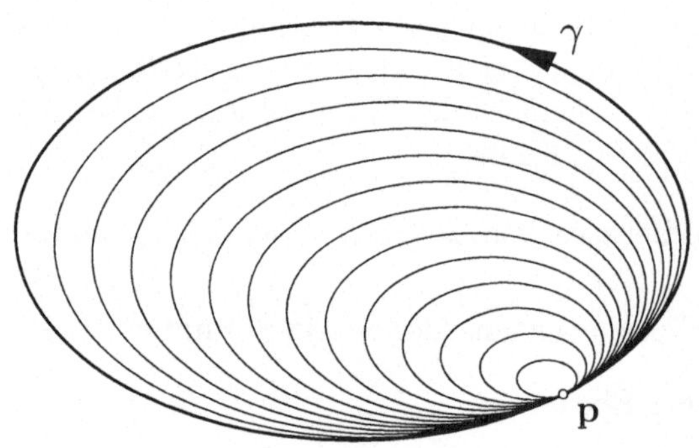

Fig. 6.2.8

Die versprochene Integrabilitätsbedingung lautet nun folgendermaßen:

(6.5) *Ein C^1-Vektorfeld (P, Q) (bzw. eine 1-Form $P dx + Q dy$) auf einem einfach zusammenhängenden Gebiet $\Omega \subset \mathbb{R}^2$ ist genau dann ein Potentialfeld ∇f (ein totales Differential df), wenn gilt:*

$$Q_x - P_y \equiv 0 . \tag{7}$$

⌈ Die Bedingung (7) ist notwendig: Ist

$$(P, Q) = \nabla f = (f_x, f_y) ,$$

so gilt wegen der Vertauschbarkeit der Differentiationsreihenfolge:

$$Q_x - P_y = (f_y)_x - (f_x)_y \equiv 0 .$$

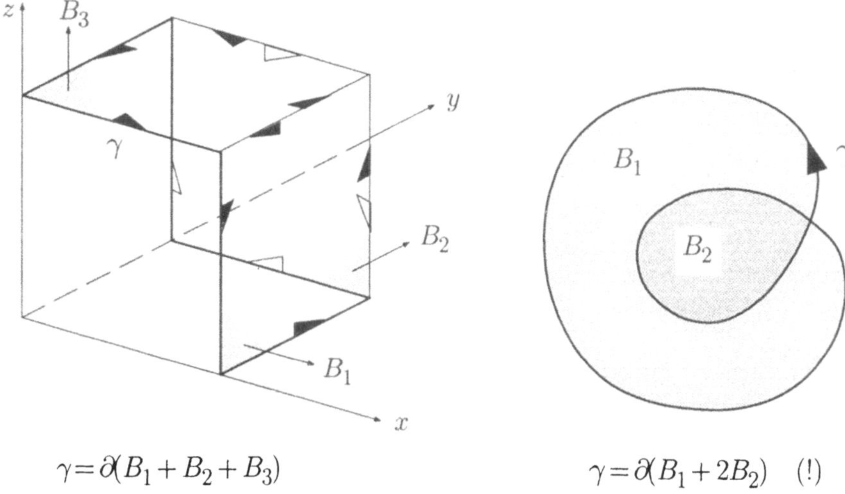

Fig. 6.2.9

Die Bedingung (7) ist aber auch hinreichend: Es sei γ eine beliebige geschlossene Kurve in Ω. Dann gibt es nach Voraussetzung über Ω einen Bereich $B \subset \Omega$ mit $\gamma = \pm\partial B$ (Fig. 6.2.10), und wir erhalten mit Satz **(6.3)**:

$$\int_\gamma (P dx + Q dy) = \pm \int_{\partial B} (P dx + Q dy) = \pm \int_B (Q_x - P_y)\, d\mu(x, y) = 0 \; .$$

Hieraus folgt, da γ beliebig war: Das Feld (P, Q) ist konservativ oder eben nach Satz **(6.2)**(a) ein Potentialfeld. ┘

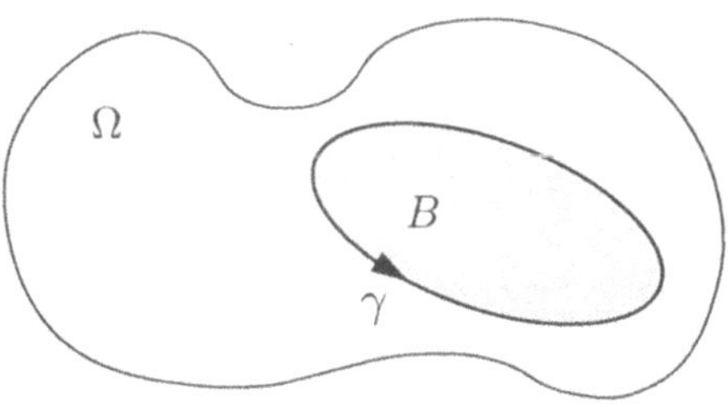

Fig. 6.2.10

Für ein beliebiges, gemeint ist: nicht notwendigerweise einfach zusammenhängendes Gebiet Ω läßt sich folgendes sagen: Ist die Bedingung (7) erfüllt, so ist das Feld jedenfalls lokal, das heißt: in einfach zusammenhängenden Teilgebieten, ein Potentialfeld, global aber unter Umständen nicht. Siehe dazu das Beispiel ④ dieses Abschnitts.

③ Das Feld

$$(P, Q) := (x^3 + xy^2, x^2y - y^5)$$

von Beispiel 6.1.⑥ ist in der ganzen Ebene definiert und erfüllt die Integrabilitätsbedingung:

$$Q_x - P_y = 2xy - 2xy \equiv 0 .$$

Dieses Feld ist also ein Potentialfeld: Es gibt eine Funktion $f\colon \mathbb{R}^2 \to \mathbb{R}$ mit

$$f_x(x, y) = x^3 + xy^2 , \tag{8}$$

$$f_y(x, y) = x^2y - y^5 . \tag{9}$$

Um ein solches f zu konstruieren, gehen wir folgendermaßen vor: Wir integrieren die rechte Seite von (8) unbestimmt nach x und erhalten damit eine partikuläre Lösung

$$F(x, y) := \frac{x^4}{4} + \frac{x^2y^2}{2}$$

der inhomogenen linearen (partiellen) Differentialgleichung (8). Die zugehörige homogene Gleichung lautet

$$f_x = 0$$

und besitzt nach Satz **(5.1)** die allgemeine Lösung

$$f(x, y) = g(y) ,$$

$g(\cdot)$ eine willkürliche Funktion der einen Variablen y. Die allgemeine Lösung der Gleichung (8) ist somit (nach allgemeinen Prinzipien betreffend inhomogene lineare Probleme) gegeben durch

$$f(x, y) = F(x, y) + g(y) = \frac{x^4}{4} + \frac{x^2y^2}{2} + g(y) .$$

Gehen wir mit diesem Ansatz in die Gleichung (9), so folgt für $g(\cdot)$ die Bedingung

$$x^2y + g'(y) = x^2y - y^5 . \tag{10}$$

An dieser Stelle muß die Variable x vollständig aus der Rechnung herausfallen, und das ist hier auch eingetroffen. Aus (10) folgt

$$g(y) = -\frac{y^6}{6} + C ;$$

die gesuchten Potentialfunktionen sind daher die Funktionen

$$f(x, y) = \frac{x^4}{4} + \frac{x^2y^2}{2} - \frac{y^6}{6} + C .$$

○

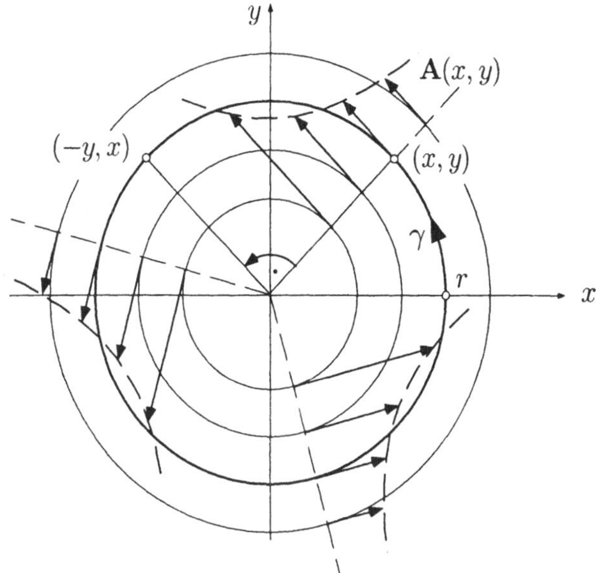

Fig. 6.2.11

④ Wir betrachten das Feld

$$\mathbf{A}(x,y) := \left(-\frac{y}{x^2+y^2}, \frac{x}{x^2+y^2}\right)$$

(Fig. 6.2.11) in der punktierten Ebene $\mathbb{R}^2 \setminus \{\mathbf{0}\}$. Die Feldvektoren sind tangential zu den konzentrischen Kreisen um $\mathbf{0}$ und haben den Betrag

$$|\mathbf{A}(x,y)| = \frac{1}{x^2+y^2}\sqrt{x^2+y^2} = \frac{1}{r} .$$

Ein elektrischer Strom i, der die z-Achse zum Beispiel von unten nach oben durchfließt (Fig. 6.2.12), erzeugt im umgebenden Raum ein Magnetfeld $\mathbf{H}$. Dieses Feld ist in jeder Ebene $z = \text{const.}$ ein Feld der obigen Art.

Schon ein Blick auf die Figur 6.2.11 zeigt, daß das Feld $\mathbf{A}$ nicht konservativ sein kann und somit auch kein Potential besitzt. Beim Durchlaufen eines Kreises

$$\gamma: \quad t \mapsto \mathbf{z}(t) := (r\cos t, r\sin t) \qquad (0 \le t \le 2\pi)$$

ist das Feld ja ständig gleichsinnig parallel zum Tangentialvektor $\mathbf{z}'(t) = (-r\sin t, r\cos t)$, so daß das Integral

$$\int_\gamma \mathbf{A} \bullet d\mathbf{z} \tag{11}$$

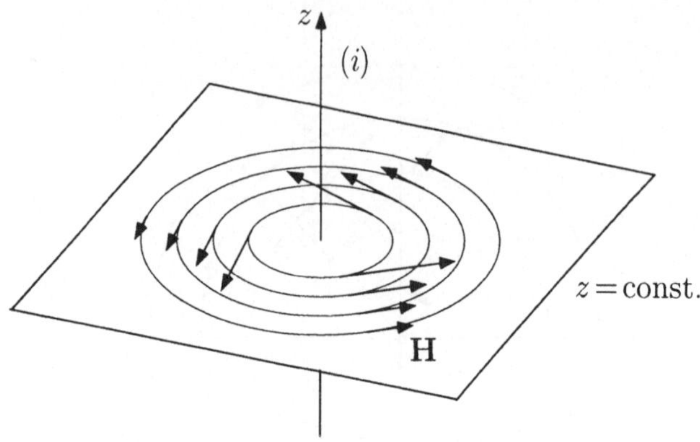

Fig. 6.2.12

bestimmt positiv ausfällt. Die Rechnung liefert

$$\int_\gamma \mathbf{A} \bullet d\mathbf{z} = \int_0^{2\pi} \left|\mathbf{A}\big(\mathbf{z}(t)\big)\right| \cdot |\mathbf{z}'(t)|\, dt = \int_0^{2\pi} \frac{1}{r}\, r\, dt = 2\pi\,,$$

unabhängig von r.

Trotzdem genügt das Feld $\mathbf{A}$ der Integrabilitätsbedingung (7). Wir könnten das durch Nachrechnen verifizieren:

$$\frac{\partial}{\partial x}\Big(\frac{x}{x^2+y^2}\Big) - \frac{\partial}{\partial y}\Big(-\frac{y}{x^2+y^2}\Big) = \ldots \equiv 0\,.$$

Nun trifft es sich aber, daß uns das Feld $\mathbf{A}$ in Beispiel 5.1.④ schon einmal begegnet ist, und zwar als Gradientenfeld der Argument"funktion":

$$\mathbf{A} = \nabla \arg\,.$$

Lokal ist also

$$\mathbf{A} = (\phi_x, \phi_y)$$

mit richtiggehenden Funktionen ϕ (Fig. 6.2.13), und dann ist klar, daß $\mathbf{A}$ die Bedingung (7) erfüllt. — Ein Widerspruch zu Satz **(6.5)** besteht nicht, denn der Definitionsbereich von $\mathbf{A}$ ist nicht einfach zusammenhängend.

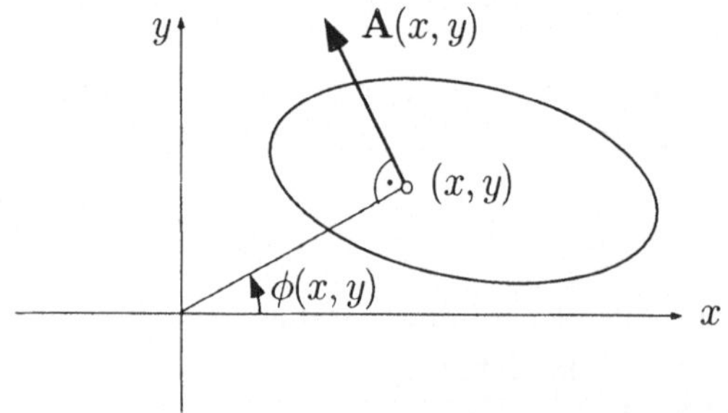

Fig. 6.2.13

Der für (11) erhaltene Wert 2π überrascht nun nicht mehr: Bei einem Umlauf um $\mathbf{0}$ nimmt das Argument eben um 2π zu. Dabei ist nicht einmal nötig, daß man sich auf einem Kreis bewegt; es genügt, daß man auf irgendeine Weise einmal in positivem Sinn um $\mathbf{0}$ herumgeht — immer hat das Integral (11) den Wert 2π. Hier kommt ein allgemeiner Sachverhalt zum Vorschein:

Besitzt das Gebiet $\Omega \subset \mathbb{R}^2$ ein "Loch" und genügt das Feld (P, Q) (bzw. die 1-Form $Pdx + Qdy$)) auf Ω der Integrabilitätsbedingung (7), so hat das Integral

$$\int_\gamma (Pdx + Qdy)$$

für alle einmal um das Loch herumlaufenden Kurven γ (Fig. 6.2.14) denselben Wert. Ist dieser Wert $= 0$, so ist das Feld (global) ein Potentialfeld. Diese Tatsache wird in der komplexen Analysis eine fundamentale Rolle spielen.

○

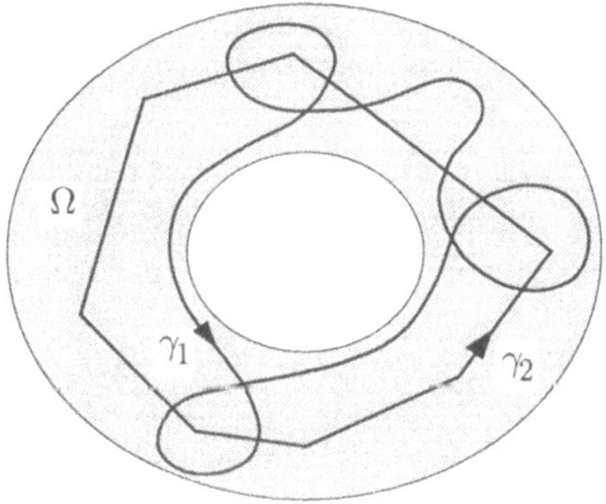

Fig. 6.2.14

Bis dahin haben wir uns ein Vektorfeld am ehesten als Kraftfeld vorgestellt. Wir wechseln nun die Betrachtungsweise und interpretieren unser Feld als Strömungsfeld, was wir durch Verwendung des Buchstabens $\mathbf{v}$ anstelle von $\mathbf{K}$ zum Ausdruck bringen: $\mathbf{v}(\mathbf{x})$ bezeichnet die Fließgeschwindigkeit eines strömenden Mediums an der Stelle $\mathbf{x}$. Dies wird zu neuen Begriffen und Sätzen führen, die allerdings erst im dreidimensionalen Fall richtig zum Tragen kommen.

Vorläufig betrachten wir ein Gebiet Ω der (x, y)-Ebene und stellen uns folgendes vor: Ein bestimmtes Flüssigprodukt, zum Beispiel Milch, wird in den verschiedenen Regionen von Ω mit unterschiedlicher Intensität produziert bzw. konsumiert. Der Mengenausgleich erfolgt durch Transport von Flüssigkeit aus den Produktionsgebieten in die Konsumzentren. Diesen Transport modellieren wir durch ein kontinierliches Strömungsfeld $\mathbf{v} = (P, Q)$, das das ganze Gebiet Ω überzieht. Das resultierende Zusammenspiel dieser verschiedenen Prozesse soll nun quantitativ untersucht werden, wobei wir ein stationäres Verhalten aller Beteiligten zugrundelegen.

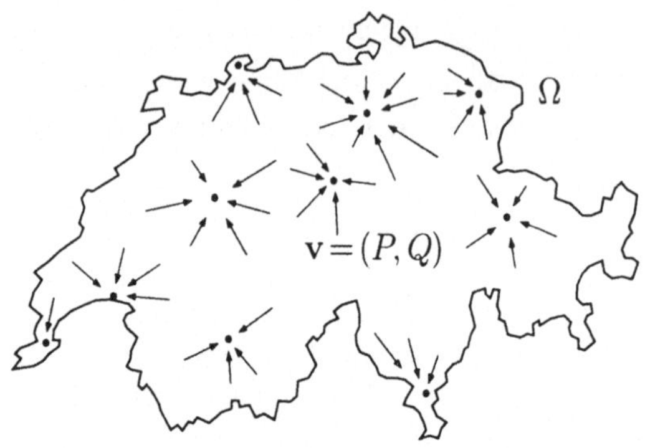

Fig. 6.2.15

Wir nehmen für einen Moment an, das Strömungsfeld $\mathbf{v} = (P, Q)$ sei homogen, und fragen nach der Flüssigkeitsmenge ΔM, die im Zeitintervall Δt die gerichtete Strecke $\underline{\mathbf{z}_0\mathbf{z}_1}$ von links nach rechts überquert (Fig. 6.2.16). Diese Menge wird repräsentiert durch den Flächeninhalt des von den Vektoren $\underline{\mathbf{z}_0\mathbf{z}_1}$ und $\mathbf{v}\Delta t$ aufgespannten Parallelogramms. Nach einer bekannten Formel der analytischen Geometrie ist folglich

$$\Delta M = \big(P(y_1 - y_0) - Q(x_1 - x_0)\big)\,\Delta t\,,$$

wobei das Vorzeichen von selbst richtig hinkommt; das heißt: Von rechts nach links überquerende Flüssigkeitsmengen werden negativ gezählt. Die Größe

$$\Phi := \frac{\Delta M}{\Delta t} = P(y_1 - y_0) - Q(x_1 - x_0) \tag{12}$$

stellt die Flüssigkeitsmenge dar, die *pro Zeiteinheit* die gerichtete Strecke $\underline{\mathbf{z}_0\mathbf{z}_1}$ von links nach rechts überquert, und heißt der **Fluß** des Feldes $\mathbf{v}$ über diese Strecke.

Wir leiten noch eine zweite Darstellung der Größe Φ her. Führen wir nämlich den nach rechts weisenden Normaleneinheitsvektor

$$\mathbf{n} := \left(\frac{y_1 - y_0}{|\mathbf{z}_1 - \mathbf{z}_0|}, -\frac{x_1 - x_0}{|\mathbf{z}_1 - \mathbf{z}_0|}\right)$$

der Strecke $\underline{\mathbf{z}_0\mathbf{z}_1}$ ein, so können wir Φ als Skalarprodukt interpretieren:

$$\Phi = |\mathbf{v}|\cos\alpha\,|\mathbf{z}_1 - \mathbf{z}_0| = \mathbf{v}\bullet\mathbf{n}\,|\mathbf{z}_1 - \mathbf{z}_0|\,. \tag{13}$$

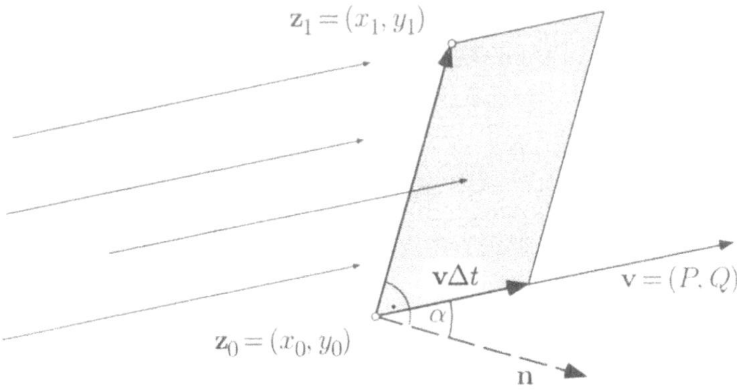

Fig. 6.2.16

Das Strömungsfeld sei jetzt örtlich variabel, und anstelle der gerichteten Strecke $\underline{\mathbf{z}_0\mathbf{z}_1}$ sei eine glatte Kurve

$$\gamma : \quad t \mapsto \mathbf{z}(t) = (x(t), y(t)) \qquad (a \le t \le b)$$

gegeben. Wir interessieren uns für die Flüssigkeitsmenge Φ, die pro Zeiteinheit diese Kurve von links nach rechts überquert, und betrachten hierzu eine hinreichend feine Teilung

$$\mathcal{Z} : \qquad a = t_0 < t_1 < \ldots < t_N = b$$

des Intervalls $[a, b]$. Zu jedem Teilungspunkt t_k gehört ein Kurvenpunkt $\mathbf{z}_k := \mathbf{z}(t_k) \in \gamma$. Aufgrund von (12) können wir dann die Größe Φ folgendermaßen veranschlagen (Fig. 6.2.17):

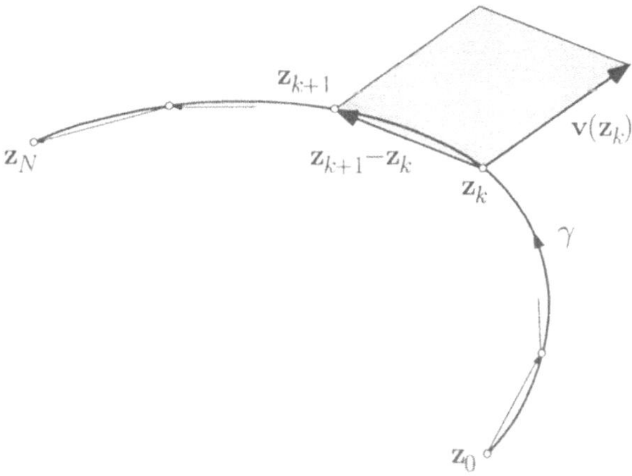

Fig. 6.2.17

$$\begin{aligned}\Phi &\doteq \sum_{k=0}^{N-1}\Bigl(P(\mathbf{z}_k)(y_{k+1}-y_k)-Q(\mathbf{z}_k)(x_{k+1}-x_k)\Bigr)\\ &\doteq \sum_{k=0}^{N-1}\Bigl(P(\mathbf{z}(t_k))y'(t_k)-Q(\mathbf{z}(t_k))x'(t_k)\Bigr)(t_{k+1}-t_k)\\ &\doteq \int_a^b\Bigl(P(\mathbf{z}(t))y'(t)-Q(\mathbf{z}(t))x'(t)\Bigr)\,dt\\ &= \int_\gamma (P\,dy-Q\,dx)\,.\end{aligned}$$

Man nennt daher das Linienintegral

$$\Phi := \int_\gamma (P\,dy - Q\,dx)$$

den **Fluß** des Vektorfeldes $\mathbf{v} = (P, Q)$ über (englisch: *across*) die Kurve γ. Damit ist auch der Fluß von $\mathbf{v}$ über beliebige 1-Ketten definiert.

Geht man von (13) aus statt von (12), so erhält man für denselben Fluß die folgende Formel (die aber überflüssige Quadratwurzeln enthält):

$$\Phi = \int_a^b \mathbf{v}\bigl(\mathbf{z}(t)\bigr)\bullet\mathbf{n}\bigl(\mathbf{z}(t)\bigr)\,|\mathbf{z}'(t)|\,dt =: \int_\gamma \mathbf{v}\bullet\mathbf{n}\,ds\,.$$

In dieser Formel bezeichnet $\mathbf{n}$ den nach rechts weisenden Normaleneinheitsvektor und $ds := |\mathbf{z}'(t)|\,dt$ das Linienelement längs γ (Fig. 6.2.18).

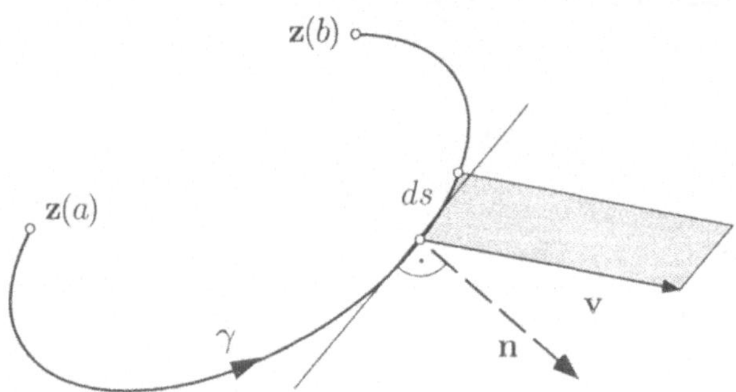

Fig. 6.2.18

Es sei jetzt $B \subset \Omega$ ein beliebiger ortsfester Bereich (zum Beispiel ein Kanton) mit Randzyklus ∂B. Dann stellt das Integral

$$\Phi := \int_{\partial B}(P\,dy - Q\,dx) = \int_{\partial B}\mathbf{v}\bullet\mathbf{n}\,ds \tag{14}$$

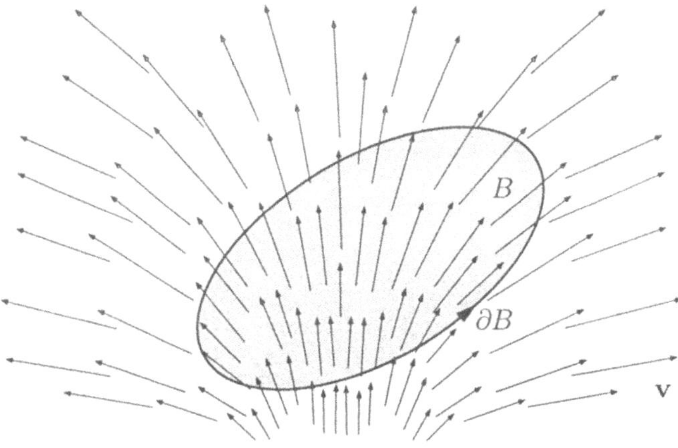

Fig. 6.2.19

den Saldo der pro Zeiteinheit über ∂B aus B herausströmenden Flüssigkeitsmengen dar (Fig. 6.2.19). Kommt mehr Flüssigkeit aus B heraus, als hineinfließt, so ist dieser Saldo positiv; im andern Fall ist er negativ.

⑤ Wir betrachten das linear von x und y abhängende Strömungsfeld

$$\mathbf{v}(x,y) := (\alpha x + \beta y, \gamma x + \delta y)$$

sowie die Kreisscheibe B vom Radius r_0 um $\mathbf{0}$ (Fig. 6.2.20). Der Fluß Φ von $\mathbf{v}$ über den Randzyklus

$$\partial B: \quad t \mapsto \begin{cases} x(t) := r_0 \cos t \\ y(t) := r_0 \sin t \end{cases} \qquad (-\pi \leq t \leq \pi)$$

ist nach (16) gegeben durch

$$\begin{aligned} \Phi &= \int_{\partial B} \bigl((\alpha x + \beta y)\,dy - (\gamma x + \delta y)\,dx\bigr) \\ &= \int_{-\pi}^{\pi} \bigl((\alpha r_0 \cos t + \beta r_0 \sin t) r_0 \cos t - (\gamma r_0 \cos t + \delta r_0 \sin t)(-r_0 \sin t)\bigr)\,dt \\ &= r_0^2 \int_{-\pi}^{\pi} (\alpha \cos^2 t + \delta \sin^2 t)\,dt = r_0^2 (\alpha + \delta)\pi \\ &= (\alpha + \delta)\,\mu(B)\,. \end{aligned}$$

○

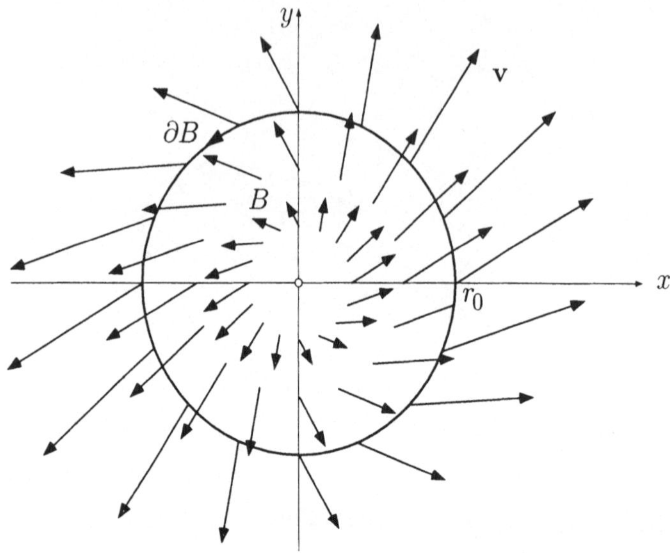

Fig. 6.2.20

Nun kommt der eigentliche Clou. Das erste Integral (14) sieht aus wie ein Linienintegral für das Kraftfeld $\mathbf{K} := (-Q, P)$ und läßt sich mit Hilfe der Greenschen Formel (3) in ein Integral über das Innere von B verwandeln. Rein formal ergibt sich

$$\Phi = \int_B (P_x + Q_y)\, d\mu(x, y) . \tag{15}$$

Man nennt die rechter Hand erscheinende Größe

$$P_x + Q_y \;=:\; \operatorname{div} \mathbf{v} \tag{16'}$$

die **Divergenz** oder **Quellstärke** des Vektorfelds $\mathbf{v}$. In numerierten Koordinaten tritt das Bildungsgesetz noch deutlicher hervor:

$$\operatorname{div} \mathbf{v} \;=\; \frac{\partial v_1}{\partial x_1} + \frac{\partial v_2}{\partial x_2} . \tag{16''}$$

Die Divergenz ist eine Skalarfunktion, deren geometrische bzw. physikalische Bedeutung wir gleich erläutern werden. Jedenfalls können wir aufgrund von (14) und (15) den folgenden Integralsatz notieren:

(6.6) *Es seien $\mathbf{v} = (P, Q)$ ein Strömungsfeld auf dem Gebiet $\Omega \subset \mathbb{R}^2$ und $B \subset \Omega$ ein Bereich mit Randzyklus ∂B. Dann gilt*

$$\int_{\partial B} \mathbf{v} \bullet \mathbf{n}\, ds \;=\; \int_B \operatorname{div} \mathbf{v}\, d\mu . \tag{17}$$

Dies ist der **Divergenzsatz** oder **Satz von Gauß** für die Ebene. Er besagt folgendes: Der Fluß von $\mathbf{v}$ über ∂B nach außen ist gleich dem Integral der Divergenz $\operatorname{div}\mathbf{v}$ über das Innere von B.

⑤ (Forts.) Es ist

$$\operatorname{div}\mathbf{v}(x,y) = \frac{\partial}{\partial x}(\alpha x + \beta y) + \frac{\partial}{\partial y}(\gamma x + \delta y) \equiv \alpha + \delta\ .$$

Nach **(6.6)** gilt daher

$$\Phi = \int_B \operatorname{div}\mathbf{v}(x,y)\, d\mu(x,y) = (\alpha+\delta)\,\mu(B)\ ,$$

wie vorher. ○

Was bedeutet die rechte Seite von (17)? Wenn per saldo Flüssigkeit aus B herausfließt, so darum, weil im Inneren von B zusätzlich zum Strömungsvorgang Flüssigkeit "produziert" wird. Die Flüssigkeitsproduktion erfolgt mit einer gewissen örtlich variablen Intensität (:= Produktion pro Flächeneinheit und Zeiteinheit) oder eben Quellstärke $\operatorname{div}\mathbf{v}$, und die Gesamtproduktion (pro Zeiteinheit) innerhalb B ist gleich dem Integral dieser Intensität über die Gesamtfläche B.

Um einzusehen, daß $\operatorname{div}\mathbf{v}$ tatsächlich die örtliche Intensität der Flüssigkeitsproduktion darstellt, betrachten wir einen festen Punkt $\mathbf{z}_0 \in \Omega$ sowie zum Beispiel eine kleine Kreisscheibe B_ε vom Radius $\varepsilon > 0$ um $\mathbf{z}_0$ (Fig. 6.2.21). Wenden wir Satz **(6.6)** auf diese Kreisscheibe an, so ergibt sich folgendes: Die pro Zeiteinheit in B_ε produzierte und aus B_ε herausfließende Flüssigkeitsmenge $\Phi(B_\varepsilon)$ hat den Wert

$$\Phi(B_\varepsilon) = \int_{B_\varepsilon} \operatorname{div}\mathbf{v}(x,y)\, d\mu(x,y) \ \doteq\ \operatorname{div}\mathbf{v}(\mathbf{z}_0)\cdot\mu(B_\varepsilon)\ .$$

Die örtliche Produktionsintensität ist somit tatsächlich gegeben durch

$$\lim_{\varepsilon\to 0}\frac{\Phi(B_\varepsilon)}{\mu(B_\varepsilon)} = \operatorname{div}\mathbf{v}(\mathbf{z}_0)\ . \tag{18}$$

Soviel zum Satz von Gauß in der Ebene. Im nächsten Abschnitt behandeln wir den dreidimensionalen Fall, der in der Hydro- und der Elektrodynamik eine zentrale Rolle spielt. Da der Satz von der gegebenen physikalischen Interpretation her ziemlich einleuchtet, werden wir allerdings auf den Beweis der dreidimensionalen Version verzichten.

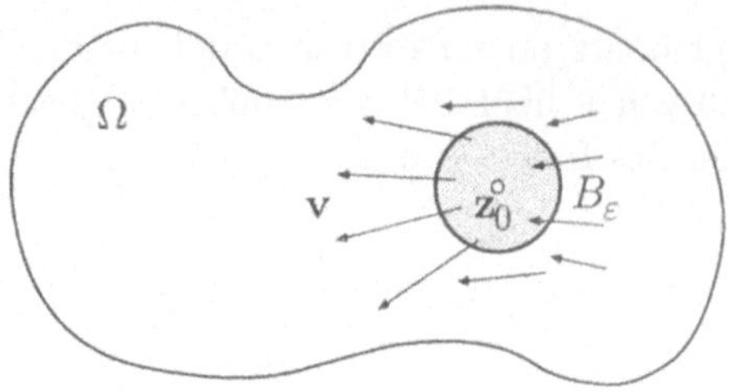

Fig. 6.2.21

Aufgaben

1. Berechne die folgenden Integrale zuerst als Linienintegrale, dann mit Hilfe der Greenschen Formel:
   (a) $\int_{\partial B} (xy\,dx + x^2\,dy)\,, \quad B := \{(x,y) \mid 0 \le x \le 1\,,\ 0 \le y \le x^{2/3}\}\,;$
   (b) $\int_{\partial B} (y\,dx + \sin x\,dy)\,, \quad B := \{(x,y) \mid -\frac{\pi}{2} \le x \le \frac{\pi}{2}\,,\ -1 \le y \le \cos x\}\,.$

2. In der (x,y)-Ebene wird das Vektorfeld

$$\mathbf{K}(x,y) := (3x^2 - 4xy + 4y^2,\ -2x^2 + 8xy + 12y^2)$$

   betrachtet. Man berechne auf möglichst einfache Weise das Linienintegral $\int_\gamma \mathbf{K} \bullet d\mathbf{x}$ für den in der Fig. 6.2.22 eingezeichneten Weg γ.

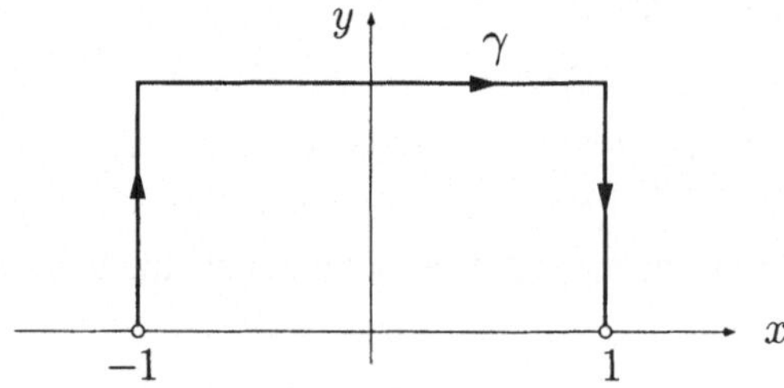

Fig. 6.2.22

3. Ⓜ Schneidet man das Descartessche Blatt $x^3 + y^3 - 3axy = 0$ (Fig. 5.3.1) mit Geraden $y = mx$ $(0 < m < \infty)$, so erhält man eine Parameterdarstellung der Schleife mit m als Parameter. Bestimme den Flächeninhalt der Schleife.

4. Ⓜ Skizziere die verlängerte Zykloide

$$\gamma: \quad t \mapsto \begin{cases} x(t) := t - \dfrac{\pi}{2}\sin t \\ y(t) := 1 - \dfrac{\pi}{2}\cos t \end{cases} \qquad (-\infty < t < \infty)$$

(vgl. Beispiel ①) und berechne den Flächeninhalt einer Schlinge.

5. Die n Punkte (x_k, y_k) $(1 \leq k \leq n)$ bilden die linksherum aufeinanderfolgenden Ecken eines ebenen Polygons P. Der Flächeninhalt von P läßt sich dann wie folgt berechnen:

$$\mu(P) = \frac{1}{2}\sum_{k=1}^{n} x_k(y_{k+1} - y_{k-1}),$$

mit sinngemäßer Interpretation von y_0 und y_{n+1}.

6. Rollt ein Kreis auf einem anderen Kreis ab, so beschreibt ein fester Punkt auf der Peripherie des rollenden Kreises eine **Epizykloide**. Man bestimme eine Parameterdarstellung der Epizykloide γ in Fig. 6.2.23 und berechne den von γ eingeschlossenen Flächeninhalt.

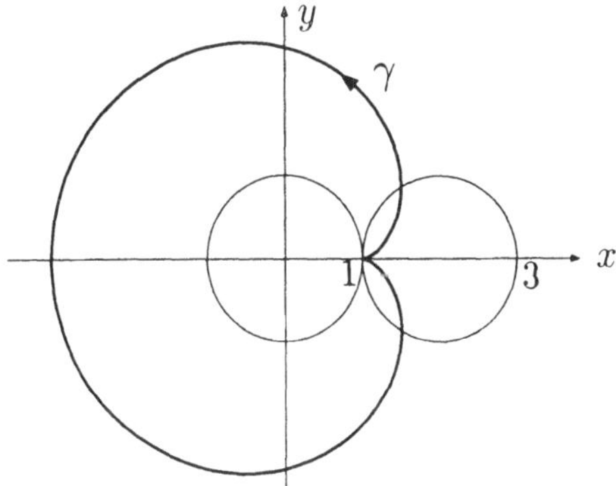

Fig. 6.2.23

7. Betrachte in der punktierten (x, y)-Ebene das Feld

$$\mathbf{K}(x, y) := \left(\frac{x^2 - y^2}{(x^2 + y^2)^2}, \frac{2xy}{(x^2 + y^2)^2}\right).$$

(a) Verifiziere: $\operatorname{rot}\mathbf{K} \equiv 0$. Folgt daraus, daß $\mathbf{K}$ konservativ ist?

(b) Berechne das Umlaufsintegral $\int_\gamma \mathbf{K} \bullet d\mathbf{z}$ für einen Kreis γ vom Radius $r > 0$ um $\mathbf{0}$.

(c) Zeige: $\mathbf{K}$ ist konservativ. (*Hinweis:* Ein Potential läßt sich explizit angeben.)

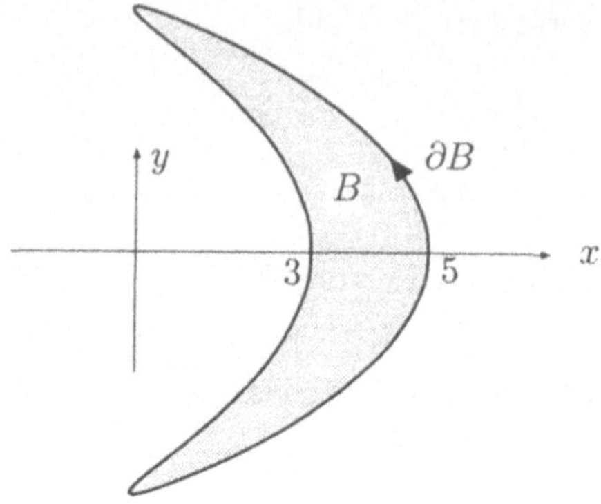

Fig. 6.2.24

8. Die Randkurve ∂B des in der Fig. 6.2.24 dargestellten Bumerangs B besitzt folgende Parameterdarstellung:

$$\partial B: \quad t \mapsto \begin{cases} x := 4\cos^2 t + \cos t \\ y := \sin t \end{cases} \qquad (0 \le t \le 2\pi) .$$

Bestimme den Schwerpunkt von B. $\bigl($*Hinweis:* Unter anderem benötigt man hierzu ein Vektorfeld $\mathbf{K} = (P, Q)$ mit $Q_x - P_y \equiv x$, zum Beispiel $(P, Q) := (0, x^2/2)$. Ferner:

$$\int_0^{2\pi} \cos^4 t\, dt = \frac{3\pi}{4}, \qquad \int_0^{2\pi} \cos^{2n+1} t\, dt = 0 \, . \bigr)$$

9. Berechne den Fluß des Feldes

$$\mathbf{v}(x, y) := (2xy - y^2, x^2 + y^2)$$

aus dem Dreieck $B := \bigl\{(x, y) \bigm| x \ge 0,\ y \ge 0,\ x + y \le 1\bigr\}$ heraus einmal als Flußintegral und einmal mit Hilfe des Divergenzsatzes.

6.3. Der Satz von Gauß

Wir beginnen mit der genaueren Betrachtung von zweidimensionalen Flächen im dreidimensionalen Raum. Für die Integralrechnung ist notwendig, daß diese Flächen in Parameterdarstellung vorliegen.

Ist eine Fläche S als Graph einer Funktion $f\colon \mathbb{R}^2 \curvearrowright \mathbb{R}$ präsentiert:

$$S: \qquad z = f(x,y)$$

(Fig. 6.3.1), so können wir eine Parameterdarstellung mit x, y als Parameter sofort hinschreiben:

$$S: \quad \mathbb{R}^2 \curvearrowright \mathbb{R}^3, \qquad (x,y) \mapsto \mathbf{r}(x,y) := \bigl(x, y, f(x,y)\bigr) .$$

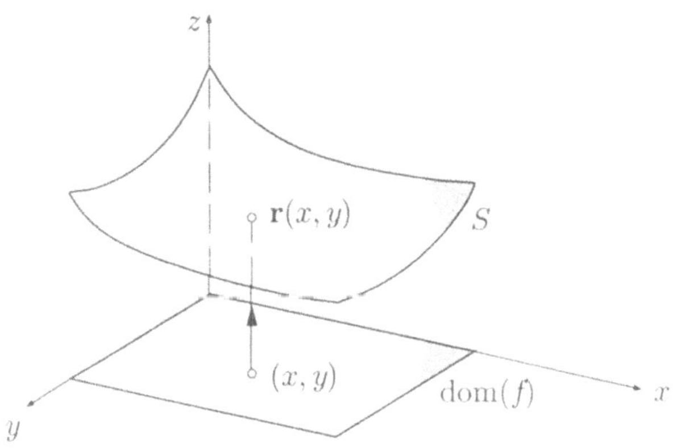

Fig 6.3.1

Ist weiter S eine Rotationsfläche mit der Meridiankurve

$$\gamma_M: \quad t \mapsto \bigl(\rho(t), z(t)\bigr) \qquad (a \le t \le b)$$

(Fig. 6.3.2), so erhält man eine Parameterdarstellung von S, indem man zusätzlich eine "Rotationsvariable" ϕ einführt:

$$S: \quad (t,\phi) \mapsto \begin{cases} x = \rho(t)\cos\phi \\ y = \rho(t)\sin\phi \\ z = z(t) \end{cases} \qquad (a \le t \le b\,,\ \phi \in \mathbb{R}/2\pi) .$$

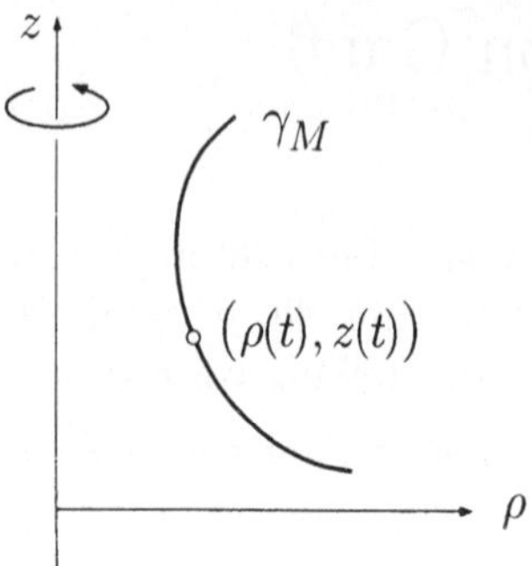

Fig. 6.3.2

Wenn wir von Flächen im allgemeinen reden, so verwenden wir u, v als Parametervariablen. Gegeben sind also ein Bereich B in der (u, v)-Ebene, am liebsten ein Rechteck, und eine vektorwertige C^2-Funktion

$$\mathbf{r}(\cdot,\cdot): B \to \mathbb{R}^3, \qquad (u,v) \mapsto \mathbf{r}(u,v) = \bigl(x(u,v), y(u,v), z(u,v)\bigr) . \tag{1}$$

Die Bildmenge S im $\mathbb{R}^3$ ist typischer Weise eine Fläche, allenfalls mit Ausnahmepunkten.

Wir betrachten nun die Parameterdarstellung (1) in der Umgebung eines festen Parameterpunktes $(u_0, v_0) \in B$. Es sei $\mathbf{p} := \mathbf{r}(u_0, v_0)$ der zugehörige Punkt auf S. Wir halten $v := v_0$ für einen Moment fest, betrachten also die partielle Funktion

$$u \mapsto \mathbf{r}(u, v_0) .$$

Dies ist die Parameterdarstellung einer auf S liegenden Kurve, der sogenannten **u-Linie** durch den Punkt $\mathbf{p}$ (Fig. 6.3.3). Die u-Linie besitzt in diesem Punkt den Tangentialvektor $\mathbf{r}_u(u_0, v_0) =: \mathbf{r}_u$. Analog stellt die partielle Funktion

$$v \mapsto \mathbf{r}(u_0, v)$$

v-Linie durch den Punkt $\mathbf{p}$ dar, die ebenfalls auf S liegt und im Punkt $\mathbf{p}$ den Tangentialvektor $\mathbf{r}_v(u_0, v_0) =: \mathbf{r}_v$ besitzt.

Die Parameterdarstellung (1) ist an der Stelle (u_0, v_0) **regulär**, wenn die Funktionalmatrix

$$\left[\frac{\partial(x, y, z)}{\partial(u, v)}\right]_{(u_0, v_0)}$$

den Rang 2 besitzt, oder einfacher: wenn

$$\mathbf{r}_u \times \mathbf{r}_v \neq \mathbf{0} \tag{2}$$

ist. Die beiden Vektoren $\mathbf{r}_u$ und $\mathbf{r}_v$ spannen dann eine wohlbestimmte Ebene auf, nämlich die Tangentialebene $T_{\mathbf{p}}S$. Ist die Bedingung (2) erfüllt, so besitzt die Menge S in der Umgebung von $\mathbf{p}$ tatsächlich Flächencharakter; insbesondere bildet dann (1) eine kleine Kreisscheibe um (u_0, v_0) bijektiv und

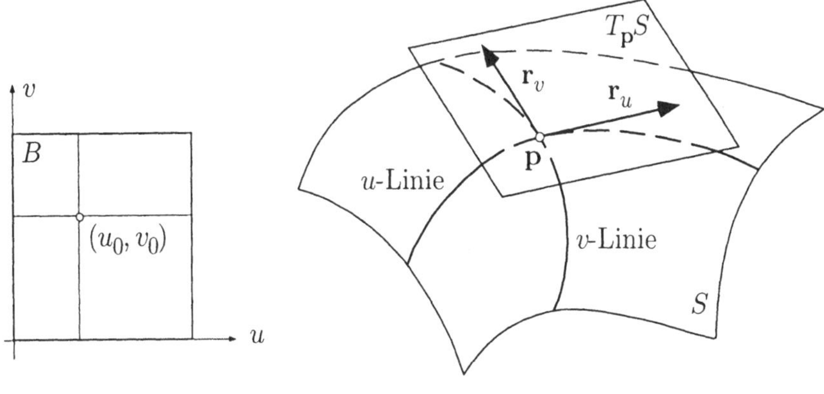

Fig. 6.3.3

in beiden Richtungen stetig auf ein kleines Flächenscheibchen um $\mathbf{p}$ ab. Dies ergibt sich aus einer Verallgemeinerung des Satzes über implizite Funktionen, auf die wir schon in Abschnitt 5.4 kurz hingewiesen haben.

Im allgemeinen sind die verwendeten Parameterdarstellungen in allen inneren Punkten des Parameterbereichs B regulär. In einzelnen Randpunkten oder längs gewissen Kanten von B ist jedoch die Regularitätsbedingung (2) gelegentlich verletzt, und in den zugehörigen Flächenpunkten ist der Flächencharakter von S unter Umständen defekt. Für die Integralrechnung ist das aber ohne Belang, da ∂B eine "zweidimensionale Nullmenge" ist.

① Für die Parameterdarstellung

$$\left.\begin{aligned} x &= R\cos\theta\cos\phi \\ y &= R\cos\theta\sin\phi \\ z &= R\sin\theta \end{aligned}\right\} \qquad \left(\phi \in \mathbb{R}/2\pi\,,\ -\frac{\pi}{2} \le \theta \le \frac{\pi}{2}\right) \tag{3}$$

der 2-Sphäre vom Radius R hat man

$$\begin{aligned} \mathbf{r}_\phi &= (-R\cos\theta\sin\phi, R\cos\theta\cos\phi, 0)\,, \\ \mathbf{r}_\theta &= (-R\sin\theta\cos\phi, -R\sin\theta\sin\phi, R\cos\theta) \end{aligned}$$

und somit

$$\mathbf{r}_\phi \times \mathbf{r}_\theta = R^2\cos\theta\,(\cos\theta\cos\phi, \cos\theta\sin\phi, \sin\theta)\ . \tag{4}$$

Der Vektor $(\cos\theta\cos\phi, \cos\theta\sin\phi, \sin\theta)$ ist ein Einheitsvektor. Folglich ist die Darstellung (3) im Inneren des Parameterbereichs regulär. Auf den beiden Kanten $\theta = \pm\pi/2$ verschwindet $\cos\theta$ und damit auch $\mathbf{r}_\phi \times \mathbf{r}_\theta$. Diese zwei Kanten werden auf zwei Punkte (Nordpol und Südpol) abgebildet; allerdings sieht man der Sphäre dort nichts an.

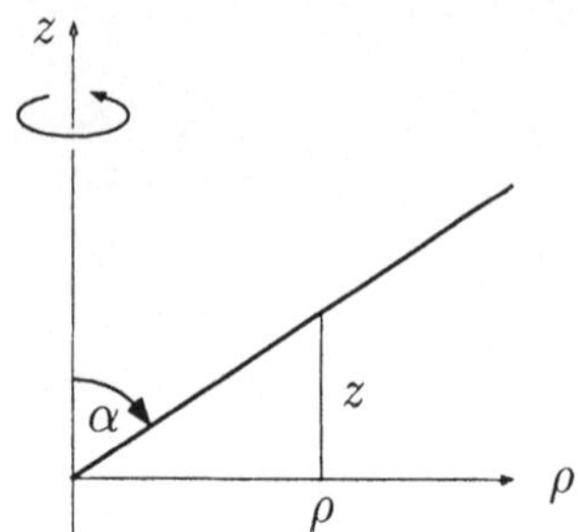

Fig. 6.3.4

Durch

$$\left.\begin{aligned} x &:= \rho\cos\phi \\ y &:= \rho\sin\phi \\ z &:= \cot\alpha\cdot\rho \end{aligned}\right\} \qquad (\rho\geq 0\,,\ \phi\in\mathbb{R}/2\pi) \tag{5}$$

wird ein Rotationskegel (Fig. 6.3.4) vom halben Öffnungswinkel α dargestellt; $\alpha\in\,]0,\pi[$ ist fest. Man berechnet

$$\begin{aligned} \mathbf{r}_\rho &= (\cos\phi, \sin\phi, \cot\alpha)\,, \\ \mathbf{r}_\phi &= (-\rho\sin\phi, \rho\cos\phi, 0)\,, \\ \mathbf{r}_\rho\times\mathbf{r}_\phi &= \rho\,(-\cot\alpha\cos\phi, -\cot\alpha\sin\phi, 1)\,. \end{aligned} \tag{6}$$

Die Darstellung ist also längs der Kante $\rho = 0$ des Parameterbereichs singulär. Tatsächlich wird diese Kante in den einzigen Punkt $\mathbf{0}$ abgebildet, und dort ist der Flächencharakter des Kegels offensichtlich gestört. ○

Ist die Parameterdarstellung (1) im Punkt (u_0, v_0) regulär, so stellt

$$\mathbf{n} := \frac{\mathbf{r}_u\times\mathbf{r}_v}{|\mathbf{r}_u\times\mathbf{r}_v|} \tag{7}$$

den **Normaleneinheitsvektor** von S im Punkt $\mathbf{p}$, kurz: die **Flächennormale** dar (Fig. 6.3.5). A priori besitzt S in jedem Punkt zwei gleichberechtigte, einander entgegengesetzte Normalenrichtungen, und es ist nur eine 50%-Chance, daß (7) gerade die "gewünschte" Richtung, zum Beispiel die der "äußeren Normalen" repräsentiert. In allen Fällen, wo es auf das Vorzeichen ankommt, insbesondere beim Fluß eines Vektorfeldes durch eine Fläche, hat man daher $\mathbf{n}$ wenn nötig umzupolen.

① (Forts.) Für die Parameterdarstellung (3) der 2-Sphäre gilt nach (4):

$$\mathbf{n} = (\cos\theta\cos\phi, \cos\theta\sin\phi, \sin\theta) = \frac{\mathbf{r}}{R}\,;$$

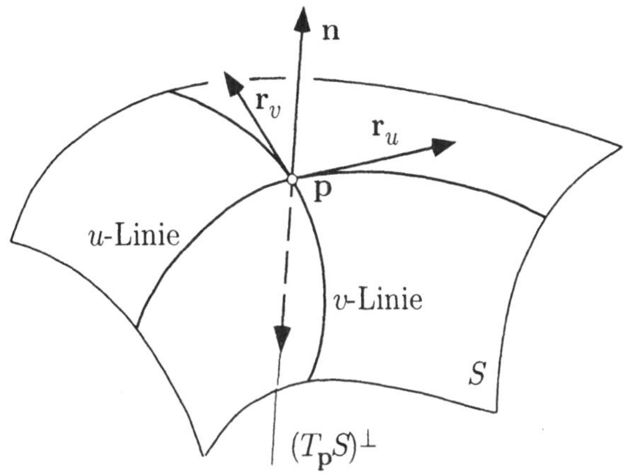

Fig. 6.3.5

dies ist die äußere Normale. — Beim Kegel (5) haben wir nach (6):

$$\begin{aligned}\mathbf{n} &= \frac{1}{\sqrt{\cot^2\alpha + 1}}(-\cot\alpha\cos\phi, -\cot\alpha\sin\phi, 1)\\ &= (-\cos\alpha\cos\phi, -\cos\alpha\sin\phi, \sin\alpha)\ .\end{aligned}$$

Ob das die innere oder die äußere Normale ist, bleibe dahingestellt (siehe die Fig. 6.3.6). Jedenfalls zeigt sie nach oben. ○

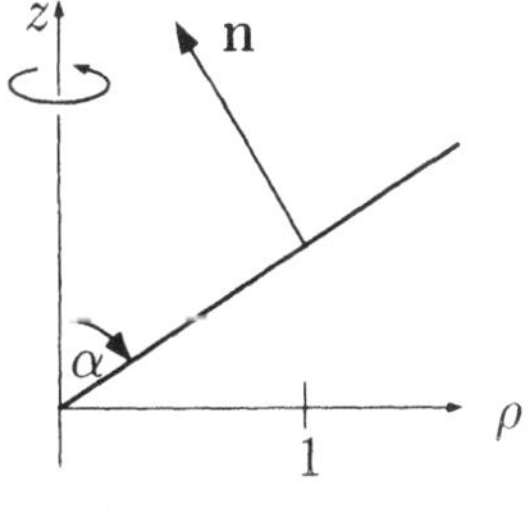

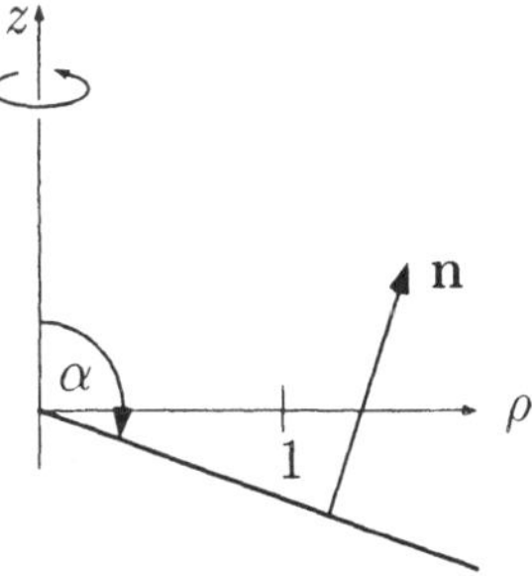

Fig. 6.3.6

Wir wenden uns nun dem Problem des Flächeninhalts zu. Um eine Formel für den Flächeninhalt $\omega(S)$ der Fläche S herzuleiten, zerlegen wir den Parameterbereich B in kleine achsenparallele Rechtecke B_k $(1 \le k \le N)$. Es sei

$$B_k := [u_k, u_k + \Delta u] \times [v_k, v_k + \Delta v]$$

ein derartiges Teilrechteck (Fig. 6.3.7). Durch die Parameterdarstellung (1) wird B_k in ein Flächenstück $S_k \subset \mathbb{R}^3$ übergeführt, das sich fast nicht von einem Parallelogramm unterscheiden läßt. Dieses winzige Parallelogramm P wird aufgespannt von den beiden Vektoren

$$\mathbf{r}_u \Delta u\,, \quad \mathbf{r}_v \Delta v$$

und besitzt somit den Flächeninhalt

$$\omega(P) = |\mathbf{r}_u \times \mathbf{r}_v|\; \Delta u \Delta v\;.$$

Es gilt daher mit vertretbarem Fehler

$$\omega(S_k) \doteq \omega(P) = \bigl|\mathbf{r}_u(u_k, v_k) \times \mathbf{r}_v(u_k, v_k)\bigr|\; \mu(B_k)$$

und folglich

$$\omega(S) \doteq \sum_{k=1}^{N} \bigl|\mathbf{r}_u(u_k, v_k) \times \mathbf{r}_v(u_k, v_k)\bigr|\; \mu(B_k)\;.$$

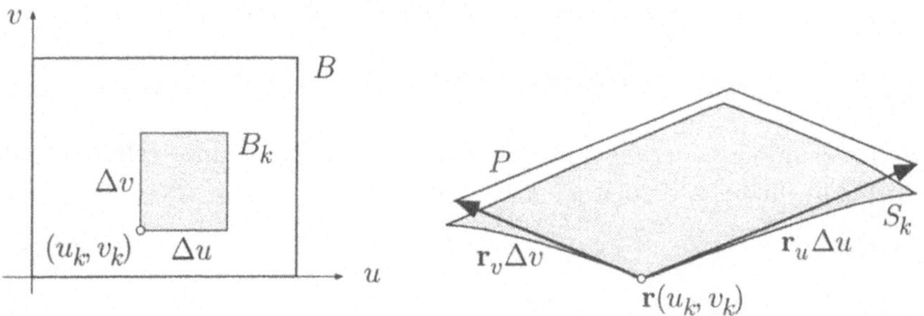

Fig. 6.3.7

Diese Überlegungen führen dazu, den **Flächeninhalt** $\omega(S)$ der Fläche

$$S: \quad B \to \mathbb{R}^3\,, \qquad (u, v) \mapsto \mathbf{r}(u, v)$$

folgendermaßen festzusetzen:

$$\omega(S) := \int_B |\mathbf{r}_u(u, v) \times \mathbf{r}_v(u, v)|\; d\mu(u, v)\;.$$

Der unter dem Integralzeichen erscheinende Ausdruck

$$d\omega := |\mathbf{r}_u(u, v) \times \mathbf{r}_v(u, v)|\; d\mu(u, v)$$

wird als **(skalares) Oberflächenelement** bezeichnet.

① (Forts.) Aus (4) ergibt sich für die Oberfläche der 2-Sphäre vom Radius R der Wert

$$\begin{aligned}\omega(S_R^2) &= \int_{[0,2\pi]\times[-\pi/2,\pi/2]} |\mathbf{r}_\phi \times \mathbf{r}_\theta| \, d\mu(\phi,\theta) \\ &= \int_0^{2\pi} \left(\int_{-\pi/2}^{\pi/2} R^2 \cos\theta \, d\theta \right) d\phi = \int_0^{2\pi} 2R^2 \, d\phi \\ &= 4\pi R^2 ,\end{aligned}$$

wie erwartet. ○

② In Fig. 5.2.5 ist das hyperbolische Paraboloid

$$z = x^2 - y^2$$

dargestellt. Es sei S der innerhalb des Zylinders $x^2 + y^2 \le R^2$ liegende Teil dieser Fläche. Um den Flächeninhalt $\omega(S)$ zu berechnen, bestimmen wir erst das auf beliebige Graphen

$$S: \quad (x,y) \mapsto \mathbf{r}(x,y) = \big(x, y, f(x,y)\big)$$

bezügliche Oberflächenelement. Es ist

$$\mathbf{r}_x = (1, 0, f_x) , \qquad \mathbf{r}_y = (0, 1, f_y)$$

und somit

$$\mathbf{r}_x \times \mathbf{r}_y = (-f_x, -f_y, 1) . \tag{8}$$

Dies liefert das Oberflächenelement

$$d\omega = \sqrt{1 + f_x^2 + f_y^2} \, d\mu(x,y) .$$

Im vorliegenden Beispiel ist $f(x,y) := x^2 - y^2$. Wir haben daher

$$\omega(S) = \int_B d\omega = \int_B \sqrt{1 + 4x^2 + 4y^2} \, d\mu(x,y) ;$$

dabei ist B die Kreisscheibe vom Radius R in der (x,y)-Ebene. Gehen wir zu Polarkoordinaten über, so ergibt sich nach Satz **(4.17)**:

$$\begin{aligned}\omega(S) &= \int_0^{2\pi} \left(\int_0^R \sqrt{1 + 4r^2} \, r \, dr \right) d\phi = 2\pi \cdot \frac{1}{12} (1 + 4r^2)^{3/2} \Big|_0^R \\ &= \frac{\pi}{6} \left((1 + 4R^2)^{3/2} - 1 \right) .\end{aligned}$$

○

Es seien jetzt in einem Gebiet $\Omega \subset \mathbb{R}^3$ ein Vektorfeld $\mathbf{v}$ sowie eine Fläche

$$S: \quad B \to \Omega\,, \qquad (u,v) \mapsto \mathbf{r}(u,v) \tag{9}$$

gegeben. Im folgenden geht es um den Fluß von $\mathbf{v}$ durch S. Hierzu ist es notwendig, die Fläche S zu **orientieren**, das heißt: eine der beiden möglichen Normalenrichtungen als *positiv* zu erklären. Diesbezüglich wollen wir im folgenden annehmen, die Reihenfolge der Variablen u und v sei so gewählt, daß der Vektor

$$\mathbf{n} := \frac{\mathbf{r}_u \times \mathbf{r}_v}{|\mathbf{r}_u \times \mathbf{r}_v|}$$

die positive Richtung anzeigt. Wir ergänzen die Fig. 6.3.7 durch den Feldvektor $\mathbf{v}(\mathbf{r}(u_k, v_k)) =: \mathbf{v}$ und überlegen ähnlich wie am Schluß von Abschnitt 6.2.

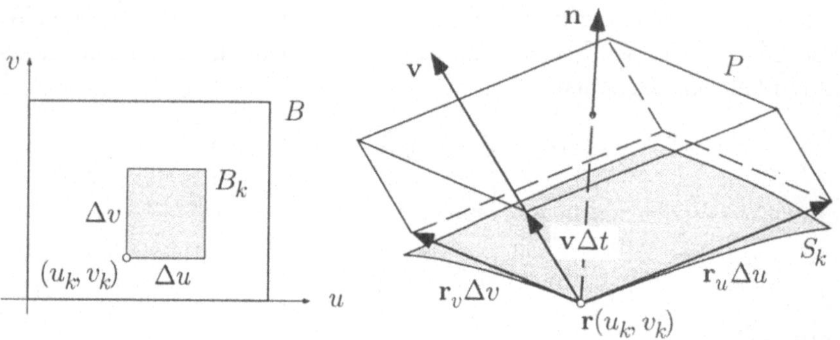

Fig. 6.3.8

Die Flüssigkeitsmenge ΔM, die im Zeitintervall Δt das Flächenstück S_k in positiver Richtung durchquert, füllt angenähert das von den Vektoren

$$\mathbf{r}_u\Delta u\,, \quad \mathbf{r}_v\Delta v\,, \quad \mathbf{v}\Delta t$$

aufgespannte Parallelepiped P (Fig. 6.3.8) und läßt sich daher folgendermaßen als Spatprodukt darstellen:

$$\Delta M \doteq \mathbf{v} \bullet (\mathbf{r}_u \times \mathbf{r}_v)\, \Delta u\, \Delta v\, \Delta t\,.$$

Diese Formel liefert auch das richtige Vorzeichen, das heißt: Flüssigkeitsmengen, die S_k gegenläufig zu $\mathbf{n}$ durchqueren, werden automatisch negativ gezählt. Somit wird der Fluß Φ_k von $\mathbf{v}$ durch S_k approximativ wiedergegeben durch

$$\Phi_k := \frac{\Delta M}{\Delta t} \doteq \mathbf{v} \bullet (\mathbf{r}_u \times \mathbf{r}_v)\, \mu(B_k)\,,$$

und wir erhalten für den Fluß Φ von $\mathbf{v}$ durch die Gesamtfläche S die folgende Näherungsformel:

$$\Phi = \sum_{k=1}^{N} \Phi_k \doteq \sum_{k=1}^{N} \mathbf{v}\bigl(\mathbf{r}(u_k, v_k)\bigr) \bullet \bigl(\mathbf{r}_u(u_k, v_k) \times \mathbf{r}_v(u_k, v_k)\bigr)\, \mu(B_k)$$

$$\doteq \int_B \mathbf{v}\bigl(\mathbf{r}(u,v)\bigr) \bullet \bigl(\mathbf{r}_u(u,v) \times \mathbf{r}_v(u,v)\bigr)\, d\mu(u,v)\ . \tag{10}$$

Aufgrund dieser Überlegungen nennt man definitiv das zuletzt angeschriebene Integral den **Fluß** des Vektorfelds $\mathbf{v}$ durch die (orientierte) Fläche S. Damit ist auch schon der Fluß von $\mathbf{v}$ durch eine beliebige 2-**Kette** (das ist eine "formale Summe" von glatten Flächenstücken (9)) erklärt.

Der im Flußintegral auftretende Ausdruck

$$d\vec{\omega} := \bigl(\mathbf{r}_u(u,v) \times \mathbf{r}_v(u,v)\bigr)\, d\mu(u,v) = \mathbf{n}\, d\omega$$

(vgl. (7)) ist das **vektorielle Oberflächenelement**. Der Fluß (10) läßt sich damit in suggestiver Weise durch

$$\int_S \mathbf{v} \bullet d\vec{\omega} \qquad \text{bzw.} \qquad \int_S \mathbf{v} \bullet \mathbf{n}\, d\omega$$

bezeichnen. Das ändert aber nichts daran, daß für die konkrete Berechnung die Parameterdarstellung von S ins Vektorfeld $\mathbf{v}$ einzusetzen und auch das Oberflächenelement $d\vec{\omega}$ durch u und v auszudrücken sind. Nur in besonders einfachen Fällen gelingt es hie und da, durch direkte geometrische Überlegungen billiger davonzukommen.

③ Es soll der Fluß Φ des Coulombfeldes

$$\mathbf{K}(\mathbf{r}) := \frac{C}{r^2}\frac{\mathbf{r}}{r} \qquad (\mathbf{r} \neq \mathbf{0})$$

durch die nach außen orientierte 2-Sphäre S_R^2 berechnet werden. — In den Punkten $\mathbf{r}$ dieser Sphäre (Fig. 6.3.9) ist

$$\mathbf{n} = \frac{\mathbf{r}}{R}$$

und somit

$$\mathbf{K} \bullet \mathbf{n} = \frac{C}{R^2}\frac{\mathbf{r}}{R} \bullet \frac{\mathbf{r}}{R} = \frac{C}{R^2}\ .$$

Hieraus folgt

$$\Phi = \int_{S_R^2} \mathbf{K} \bullet \mathbf{n}\, d\omega = \frac{C}{R^2}\int_{S_R^2} d\omega = \frac{C}{R^2}\,\omega(S_R^2) = 4\pi C\ .$$

Der betrachtete Fluß ist also unabhängig von R. ○

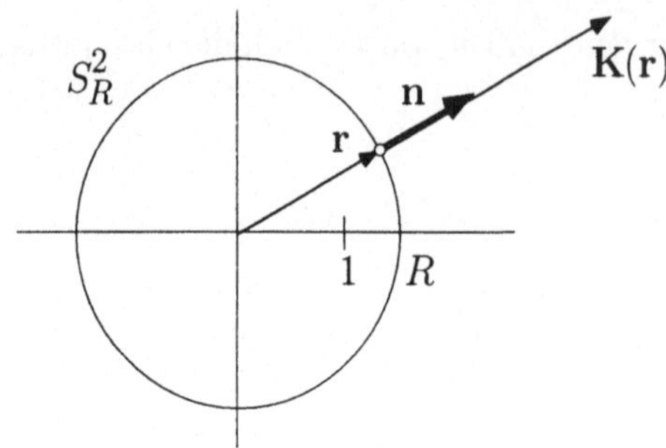

Fig. 6.3.9

② (Forts.) Wir berechnen den Fluß Φ des Feldes

$$\mathbf{v}(x, y, z) := (xz, yz, R^2 - x^2 - y^2)$$

von unten nach oben durch die Fläche

$$S: \quad (x, y) \mapsto \mathbf{r}(x, y) := (x, y, x^2 - y^2) \qquad (x^2 + y^2 \leq R^2) .$$

Nach (8) gilt

$$\mathbf{r}_x \times \mathbf{r}_y = (-2x, 2y, 1) .$$

Die z-Komponente von $\mathbf{r}_x \times \mathbf{r}_y$ ist > 0; wir haben also von selbst die richtige Orientierung erwischt. Weiter ist

$$\mathbf{v}\bigl(\mathbf{r}(x, y)\bigr) = \mathbf{v}(x, y, x^2 - y^2) = \bigl(x(x^2 - y^2), y(x^2 - y^2), R^2 - x^2 - y^2\bigr)$$

und folglich

$$\begin{aligned} \mathbf{v}\bigl(\mathbf{r}(x, y)\bigr) \bullet (\mathbf{r}_x \times \mathbf{r}_y) &= x(x^2 - y^2)(-2x) + y(x^2 - y^2)2y + (R^2 - x^2 - y^2)\,1 \\ &= R^2 - x^2 - y^2 - 2(x^2 - y^2)^2 . \end{aligned}$$

Aufgrund von (10) haben wir daher das folgende Integral zu berechnen:

$$\begin{aligned} \Phi &= \int_B \mathbf{v}(\mathbf{r}(x, y)) \bullet (\mathbf{r}_x \times \mathbf{r}_y)\, d\mu(x, y) \\ &= \int_B \bigl(R^2 - x^2 - y^2 - 2(x^2 - y^2)^2\bigr)\, d\mu(x, y) . \end{aligned}$$

Der Integrationsbereich B ist die Kreisscheibe vom Radius R; es liegt daher nahe, zu Polarkoordinaten (r, ϕ) überzugehen. Wegen

$$x^2 + y^2 = r^2 , \qquad x^2 - y^2 = r^2 \cos(2\phi)$$

erhält man nach **(4.17)**:

$$\Phi = \int_0^{2\pi} \int_0^R \left(R^2 - r^2 - 2r^4 \cos^2(2\phi)\right) r \, dr \, d\phi \, .$$

Das innere Integral hat den Wert

$$\left(R^2 \frac{r^2}{2} - \frac{r^4}{4} - \frac{r^6}{3} \cos^2(2\phi)\right)\Bigg|_0^R = \frac{R^4}{4} - \frac{R^6}{3} \cos^2(2\phi) \, ,$$

so daß sich schließlich folgendes ergibt:

$$\Phi = \frac{R^4}{4} 2\pi - \frac{R^6}{3} \pi = \frac{\pi}{2} R^4 \left(1 - \frac{2}{3} R^2\right) .$$

Ist $R > \sqrt{3/2}$, so wird der betrachtete Fluß negativ, obwohl die z-Komponente von $\mathbf{v}$ stets > 0 ist. Wie läßt sich dieses Paradox erklären? ○

Der Satz von Gauß bezieht sich auf ein C^1-Vektorfeld $\mathbf{v}$ in einem Gebiet $\Omega \subset \mathbb{R}^3$ und einen kompakten Bereich $B \subset \Omega$.

Als "Ableitung" des Feldes $\mathbf{v}$ erscheint dabei die Divergenz dieses Feldes. Im zweidimensionalen Fall haben wir dafür 6.2.(16) erhalten, im räumlichen Fall ist ein analog gebildeter dritter Term anzuhängen. Die **Divergenz** oder **Quellstärke** des Vektorfeldes

$$\mathbf{v} = (P, Q, R) \qquad \text{bzw.} \qquad \mathbf{v} = (v_1, v_2, v_3)$$

ist also definiert durch

$$\operatorname{div} \mathbf{v} := P_x + Q_y + R_z \qquad \text{bzw.} \qquad \operatorname{div} \mathbf{v} := \frac{\partial v_1}{\partial x_1} + \frac{\partial v_2}{\partial x_2} + \frac{\partial v_3}{\partial x_3} \, .$$

Über den (dreidimensionalen!) Bereich B wird weiter folgendes vorausgesetzt: B wird berandet durch endlich viele glatte Flächenstücke S_i $(1 \le i \le r)$, die längs sichtbaren oder unsichtbaren Kanten "zusammengenäht" sind (Fig. 6.3.10). Die S_i bilden zusammen eine geschlossene 2-Kette oder einen **2-Zyklus**, den wir die **Oberfläche** von B nennen und mit ∂B bezeichnen:

$$\partial B := S_1 + S_2 + \ldots + S_r \, .$$

Dabei haben wir stillschweigend angenommen, die S_i seien so orientiert, daß die Flächennormale $\mathbf{n}$ durchwegs ins Äußere von B zeigt.

Damit sind wir endlich in der Lage, den **Satz von Gauß**, auch **Divergenzsatz** genannt, zu formulieren:

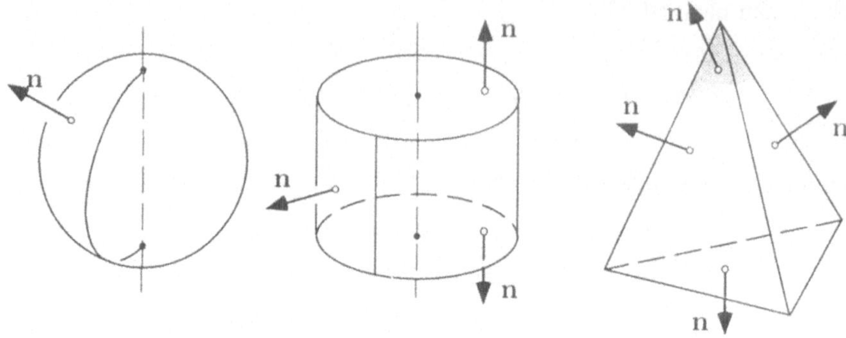

Fig. 6.3.10

(6.7) *Es seien* $\mathbf{v}$ *ein* C^1*-Vektorfeld auf dem Gebiet* $\Omega \subset \mathbb{R}^3$ *und* $B \subset \Omega$ *ein Bereich mit nach außen orientierter Oberfläche* ∂B*. Dann gilt*

$$\int_{\partial B} \mathbf{v} \bullet d\vec{\omega} = \int_B \operatorname{div} \mathbf{v} \, d\mu \, .$$

In Worten: Der Fluß von $\mathbf{v}$ durch die Oberfläche von B nach außen ist gleich dem Integral der Divergenz von $\mathbf{v}$ über das Innere von B. Die physikalische Interpretation ist dieselbe wie im zweidimensionalen Fall: Die pro Zeiteinheit aus B herauskommende Flüssigkeitsmenge wird im Inneren von B mit örtlich variabler Intensität (:= Produktion pro Volumeneinheit und Zeiteinheit) oder eben "Quellstärke" $\operatorname{div} \mathbf{v}$ produziert und ist somit gleich dem Integral dieser Intensität über B. Daß $\operatorname{div} \mathbf{v}$ tatsächlich die Intensität der Flüssigkeitsproduktion darstellt, beweist man wie 6.2.(18): Es bezeichne B_ε die Kugel vom Radius ε um den Punkt $\mathbf{p} \in \Omega$ und $\Phi(B_\varepsilon)$ den aus B_ε heraustretenden Fluß (Fig. 6.3.11). Dann gilt

$$\lim_{\varepsilon \to 0} \frac{\Phi(B_\varepsilon)}{\mu(B_\varepsilon)} = \operatorname{div} \mathbf{v}(\mathbf{p}) \, .$$

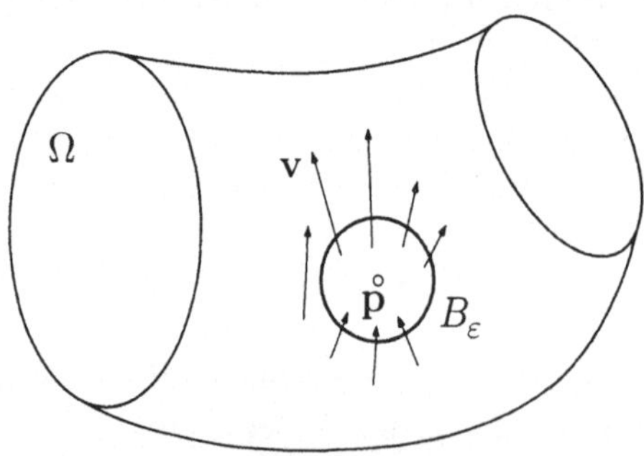

Fig. 6.3.11

Wir haben versprochen, den Satz von Gauß nicht zu beweisen. Der Beweis verläuft an sich ähnlich wie derjenige der Greenschen Formel (**6.3**): Der Satz wird rechnerisch zunächst für besonders "einfache" Bereiche bewiesen, und allgemeine Bereiche B werden in einfache zerlegt, wobei sich die Integrale über die Schnittflächen im Inneren von B herausheben, siehe die Fig. 6.3.12.

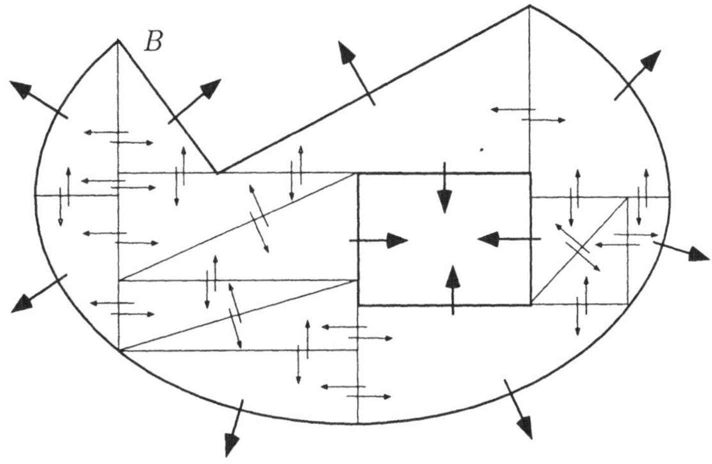

Fig. 6.3.12

④ Wir berechnen den Fluß des Vektorfeldes

$$\mathbf{v}(x,y,z) := (2x - yz, xz + 3y, xy - z)$$

aus dem Kegel

$$B := \{(x,y,z) \mid \sqrt{x^2+y^2} \le z \le 1\}$$

(Fig. 6.3.13) heraus einmal als Flußintegral und einmal mit Hilfe des Divergenzsatzes.

Für die Deckfläche S_1 wählen wir als Parameterbereich den Einheitskreis D der (x,y)-Ebene. Ohne Rechnung ergibt sich

$$\mathbf{n}\,d\omega = (0,0,1)\,d\mu(x,y)$$

und somit (auf S_1 ist $z \equiv 1$):

$$\mathbf{v} \bullet \mathbf{n}\,d\omega = (2x - y, x + 3y, xy - 1) \bullet (0,0,1)\,d\mu(x,y) = (xy - 1)\,d\mu(x,y)\ .$$

Wir erhalten daher

$$\int_{S_1} \mathbf{v} \bullet \mathbf{n}\,d\omega = \int_D (xy - 1)\,d\mu(x,y) = -\pi\ ;$$

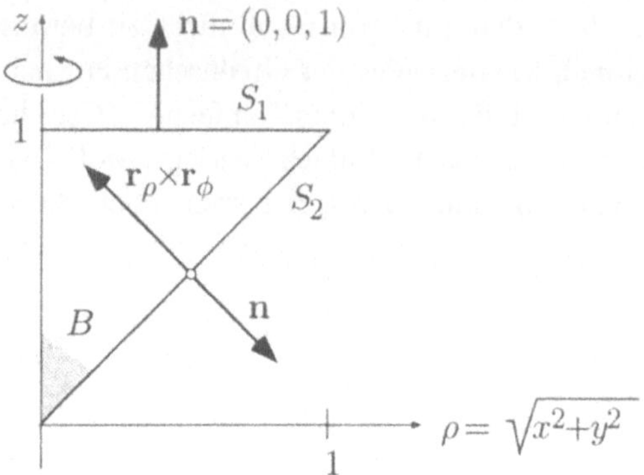

Fig. 6.3.13

dabei hat der Term xy aus Symmetriegründen keinen Beitrag geliefert.

Für die Mantelfläche S_2 verwenden wir die Parameterdarstellung

$$\left.\begin{aligned} x &= \rho\cos\phi \\ y &= \rho\sin\phi \\ z &= \rho \end{aligned}\right\} \qquad (0 \le \rho \le 1\,,\ -\pi \le \phi \le \pi)\,,$$

also (5) mit $\alpha := \frac{\pi}{4}$. Nach (6) gilt somit

$$\mathbf{r}_\rho \times \mathbf{r}_\phi = \rho(-\cos\phi, -\sin\phi, 1)\,.$$

Da dieser Vektor ins Innere von B zeigt, müssen wir im weiteren das Vorzeichen richtigstellen. Wir benötigen noch

$$\mathbf{v}(\mathbf{r}(\rho,\phi)) = (2\rho\cos\phi - \rho^2\sin\phi, \rho^2\cos\phi + 3\rho\sin\phi, \rho^2\cos\phi\sin\phi - \rho)\,.$$

Damit wird

$$\begin{aligned} \int_{S_2} \mathbf{v} \bullet \mathbf{n}\, d\omega &= -\int_{[0,1]\times[-\pi,\pi]} \mathbf{v}(\mathbf{r}(\rho,\phi)) \bullet (\mathbf{r}_\rho \times \mathbf{r}_\phi)\, d\mu(\rho,\phi) \\ &= \int_0^1 \int_{-\pi}^{\pi} \big(2\rho^2\cos^2\phi - \rho^3\sin\phi\cos\phi + \rho^3\cos\phi\sin\phi \\ &\qquad + 3\rho^2\sin^2\phi - \rho^3\cos\phi\sin\phi + \rho^2\big)\, d\phi\, d\rho\,. \end{aligned}$$

Wegen

$$\int_{-\pi}^{\pi} \cos^2\phi\, d\phi = \int_{-\pi}^{\pi} \sin^2\phi\, d\phi = \pi\,, \qquad \int_{-\pi}^{\pi} \cos\phi\sin\phi\, d\phi = 0$$

ergibt sich hieraus weiter

$$\int_{S_2} \mathbf{v} \bullet \mathbf{n}\, d\omega = \int_0^1 (2\pi\rho^2 + 3\pi\rho^2 + 2\pi\rho^2)\, d\rho = 7\pi \int_0^1 \rho^2\, d\rho = \frac{7\pi}{3} \ .$$

Insgesamt erhalten wir

$$\int_{\partial B} \mathbf{v} \bullet \mathbf{n}\, d\omega = \int_{S_1} \mathbf{v} \bullet \mathbf{n}\, d\omega + \int_{S_2} \mathbf{v} \bullet \mathbf{n}\, d\omega = -\pi + \frac{7\pi}{3} = \frac{4\pi}{3} \ .$$

Andererseits ist

$$\operatorname{div} \mathbf{v} = \frac{\partial}{\partial x}(2x - yz) + \frac{\partial}{\partial y}(xz + 3y) + \frac{\partial}{\partial z}(xy - z) \equiv 2 + 3 - 1 = 4 \,,$$

und damit ergibt sich

$$\int_B \operatorname{div} \mathbf{v}\, d\mu = 4 \int_B d\mu(x, y, z) = 4\mu(B) = \frac{4\pi}{3} \,,$$

wie vorher. ○

⑤ Die Abläufe in einem strömenden Medium (Flüssigkeit oder Gas) lassen sich mit Hilfe von zwei Funktionen ρ und $\mathbf{v}$ beschreiben: $\rho(\mathbf{x}, t)$ bezeichnet die Dichte des Mediums an der Stelle $\mathbf{x} = (x_1, x_2, x_3)$ zur Zeit t und $\mathbf{v}(\mathbf{x}, t)$ die Geschwindigkeit der Masseteilchen an der Stelle $\mathbf{x}$ zur Zeit t. Die örtlichen und zeitlichen Änderungsraten dieser Funktionen sind aneinander gekoppelt durch eine gewisse partielle Differentialgleichung, die wir nun herleiten wollen.

Wir gehen davon aus, daß in dem strömenden Medium weder Masse produziert noch Masse vernichtet wird. Wenn also insgesamt Masse aus einem Raumbereich abströmt, so muß dabei die Dichte ρ im Inneren dieses Bereiches entsprechend abnehmen. Es geht nun darum, diesen Sachverhalt auch quantitativ richtig zu erfassen und in einer prägnanten Formel zum Ausdruck zu bringen.

Das strömende Medium erfüllt ein Gebiet $\Omega \subset \mathbb{R}^3$. Es sei $B \subset \Omega$ ein kleiner "Probebereich", der für den Moment festgehalten wird und sich nicht mit der Strömung mitbewegt. Zur Zeit t befindet sich in B eine gewisse Gesamtmasse

$$M(t) := \int_B \rho(\mathbf{x}, t)\, d\mu(\mathbf{x}) \ .$$

Diese Masse besitzt eine zeitliche Änderungsrate, die sich nach der Leibnizschen Regel **(5.4)** folgendermaßen berechnet:

$$M'(t) = \int_B \rho_t(\mathbf{x}, t)\, d\mu(\mathbf{x}) \ . \tag{11}$$

Die Veränderung der in B enthaltenen Masse ergibt sich aus dem Zu- und Wegströmen von Masseteilchen durch die Oberfläche ∂B. Quantitativ ausgedrückt: Die Änderungsrate von $M(\cdot)$ ist gleich dem "Massenfluß" durch ∂B,

$$-M'(t) = \int_{\partial B} (\rho\,\mathbf{v})\bullet d\vec{\omega}\,;$$

dabei haben wir berücksichtigt, daß nach außen fließende Masse eine Abnahme von M zur Folge hat. Wenden wir auf das letzte Integral den Satz von Gauß an, so ergibt sich

$$-M'(t) = \int_B \operatorname{div}(\rho\,\mathbf{v})\,d\mu\,. \tag{12}$$

Wir addieren nun die Gleichungen (11) und (12):

$$\int_B \bigl(\rho_t + \operatorname{div}(\rho\,\mathbf{v})\bigr)\,d\mu \;=\; 0\,.$$

Diese Beziehung gilt für jeden Probebereich $B \subset \Omega$ und zu jedem Zeitpunkt t. Stellen wir uns B als transportables kleines Kügelchen vor, so sehen wir, daß der Integrand notwendig identisch verschwindet:

$$\forall \mathbf{x}\,,\ \forall t: \qquad \rho_t + \operatorname{div}(\rho\,\mathbf{v}) \;=\; 0\,. \tag{13}$$

Dies ist das erste Grundgesetz der Hydrodynamik, die sogenannte **Kontinuitätsgleichung**. Ist die Strömung **stationär** (das heißt: ρ und $\mathbf{v}$ hängen nicht von t ab), so gilt $\rho_t \equiv 0$, und (13) geht über in $\operatorname{div}(\rho\,\mathbf{v}) = 0$. Ist das Medium inkompressibel, was bei Flüssigkeiten im allgemeinen angenommen werden darf, so ist ρ räumlich und zeitlich konstant. Die Gleichung (13) lautet dann einfach

$$\forall \mathbf{x}\,, \forall t: \qquad \operatorname{div}\mathbf{v} \;=\; 0\,;$$

in Worten: Das Strömungsfeld einer inkompressiblen Flüssigkeit ist divergenzfrei. (*Hinweis:* Die Operatoren ∇, div, Δ, **rot** (s.u.) wirken nur auf die Raumvariablen.) ○

Im folgenden geht es um die Wärmeleitung in einem homogenen Medium. Wir stellen uns vor, das Medium erfülle ein gewisses Gebiet $\Omega \subset \mathbb{R}^3$, und nehmen an, daß sich im Inneren von Ω keine wärmeerzeugenden oder wärmevernichtenden Vorgänge abspielen. Hingegen wird durch Wärmeleitung Wärme verschoben, was mit der Zeit zu einem Ausgleich der Temperatur führt, wenn nicht durch thermische Einwirkung von außen (das heißt: durch die Oberfläche von Ω) ein Temperaturgradient aufrechterhalten wird. Da aber nichts Sichtbares mit wohldefinierter Geschwindigkeit strömt, liegt a priori kein Strömungsfeld wie in Beispiel ⑤ vor, und wir müssen neuartige

Überlegungen anstellen, wenn wir die Wärmeleitung mathematisch beschreiben wollen.

Der Temperaturzustand unseres Mediums läßt sich mit einer einzigen Funktion u erfassen: Der Funktionswert $u(\mathbf{x}, t)$ stellt die Temperatur an der Stelle $\mathbf{x} = (x_1, x_2, x_3)$ zur Zeit t dar. Oft beschränkt man sich auf den **stationären** Fall, bei dem die Temperatur u nur von $\mathbf{x}$ abhängt. Die unter dem Regime der Wärmeleitung sich einstellenden räumlichen und zeitlichen Änderungsraten der Funktion u sind aneinander gekoppelt durch eine gewisse partielle Differentialgleichung, die wir nun herleiten wollen.

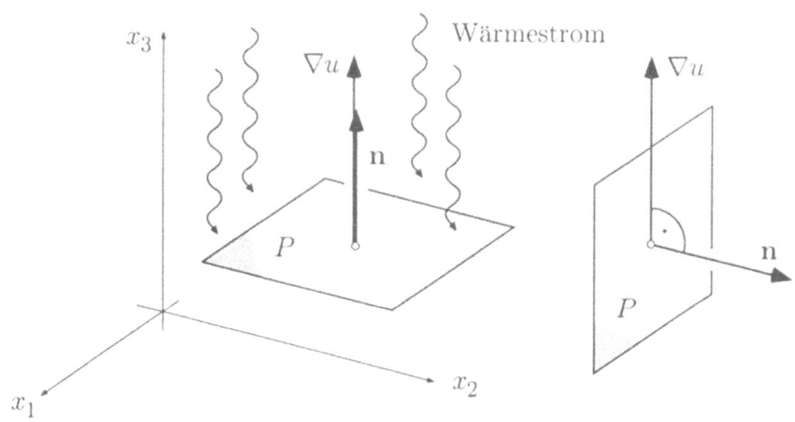

Fig. 6.3.14

Wir betrachten zunächst eine besonders einfache Modellsituation (siehe die Fig. 6.3.14): Die Temperatur hänge nur von x_3 (insbesondere nicht von t) ab und nehme linear mit x_3 zu:

$$u(\mathbf{x}, t) := u_0 + \eta x_3 \ .$$

Die Konstante $\eta > 0$ stellt die Temperaturzunahme pro Längeneinheit dar und ist gleich dem Betrag des Temperaturgradienten $\nabla u = (0, 0, \eta)$. Es sei $P \subset \mathbb{R}^3$ eine zunächst horizontale Parallelogrammfläche, die wir uns nach oben orientiert denken. Es liegt nahe, den **Wärmefluß** $\Phi(P)$ — gemeint ist die Wärmemenge, die *pro Zeiteinheit* das Parallelogramm in Richtung $\mathbf{n} = (0, 0, 1)$ durchströmt — wie folgt zu veranschlagen:

$$\Phi(P) = -k\,\eta\,\omega(P) \ .$$

Dabei ist k eine Materialkonstante, die **Wärmeleitzahl** des betreffenden Mediums. Ein großer k-Wert bedeutet große Wärmeleitfähigkeit. Das Minuszeichen drückt aus, daß die Wärme von oben nach unten strömt, wenn die Temperatur von unten nach oben zunimmt.

Wird nun das Parallelogramm P gekippt, so verändert sich auch der Fluß $\Phi(P)$, und in dem Grenzfall, wo P parallel zur x_3-Achse ist, wird $\Phi(P) = 0$. Die Intuition sagt uns, daß die Formel

$$\Phi(P) = -k\,(\nabla u \bullet \mathbf{n})\,\omega(P)$$

den fraglichen Fluß für beliebige Stellung von P richtig wiedergibt.

Es sei jetzt u eine beliebige Temperaturverteilung in dem Gebiet Ω und $P \subset \Omega$ ein kleines orientiertes Parallelogramm mit Mittelpunkt $\mathbf{x}$. Für die Wärmemenge, die in einem sehr kurzen Zeitintervall $[\,t_0 - h, t_0 + h\,]$ durch dieses Parallelogramm fließt, kommt es nur auf die Verhältnisse in der unmittelbaren Nähe des "Weltpunktes" $(\mathbf{x}, t_0)$ an. Mit Mikroskop und Zeitlupe betrachtet sind aber diese Verhältnisse von der Art, wie wir sie eben diskutiert haben: homogen und stationär. Hieraus folgt: Der Wärmefluß durch das betrachtete Parallelogramm hat zur Zeit t_0 den Wert

$$\Phi(P) \doteq -k\,\bigl(\nabla u(\mathbf{x}, t_0) \bullet \mathbf{n}\bigr)\,\omega(P)\,, \tag{14}$$

und der Wärmefluß durch eine makroskopische orientierte Fläche $S \subset \Omega$ hat folglich zu jeder Zeit t den (von t abhängigen) Wert

$$\Phi(S) = -\int_S k\,\nabla u \bullet \mathbf{n}\,d\omega\,. \tag{15}$$

Man bezeichnet übrigens die Größe

$$\nabla u \bullet \mathbf{n} = D_{\mathbf{n}} u \;=:\; \frac{\partial u}{\partial n}$$

als **Normalenableitung** der Funktion u. Die Normalenableitung $\dfrac{\partial u}{\partial n}$ ist nur in den Punkten $\mathbf{x}$ einer gegebenen orientierten Fläche S definiert (Fig. 6.3.15). Dieser Begriff erlaubt, die Formeln (14) und (15) in folgender Weise zu schreiben:

$$d\Phi = -k\,\frac{\partial u}{\partial n}\,d\omega,$$

in Worten: Der Wärmedurchsatz pro Flächeneinheit ist proportional zur Normalenableitung der Temperatur, und

$$\Phi(S) = -\int_S k\,\frac{\partial u}{\partial n}\,d\omega\,.$$

Wie in Beispiel ⑤ führen wir jetzt einen Probebereich $B \subset \Omega$ ein, den wir für den Moment festhalten. Die gesamte zur Zeit t in dem Bereich B gespeicherte Wärmemenge $W(t)$ ist gegeben durch

$$W(t) = \int_B c\rho\,u(\mathbf{x}, t)\,d\mu(\mathbf{x})\,.$$

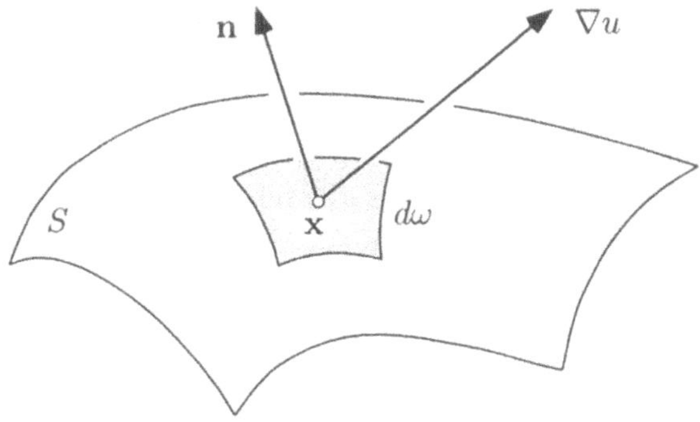

Fig. 6.3.15

Dabei sind c und ρ Materialkonstanten: c ist die sogenannte Wärmekapazität des betreffenden Mediums und ρ dessen Dichte. Die zeitliche Änderungsrate von $W(\cdot)$ ist damit gegeben durch

$$W'(t) = \int_B c\rho\, u_t(\mathbf{x}, t)\, d\mu(\mathbf{x}) \tag{16}$$

(vgl. ⑤). Die momentane Änderungsrate $W'(t)$ ist anderseits gleich dem zur Zeit t wirksamen Wärmefluß durch ∂B; dabei ist zu berücksichtigen, daß abfließende Wärme eine Abnahme von W zur Folge hat. Aufgrund von (15) gilt daher

$$W'(t) = -\Phi(\partial B) = \int_{\partial B} k\, \nabla u \bullet \mathbf{n}\, d\omega\ .$$

Wir verwandeln das letzte Integral mit Hilfe des Satzes von Gauß in ein Integral über B und erhalten

$$W'(t) = \int_B k\, \mathrm{div}(\nabla u)\, d\mu(\mathbf{x})\ . \tag{17}$$

Hier erscheint neu die Skalarfunktion

$$\mathrm{div}(\nabla u) = \mathrm{div}\bigl(u_x, u_y, u_z\bigr) = u_{xx} + u_{yy} + u_{zz}$$

(in Koordinaten x, y, z). Der für C^2-Funktionen von n Raumvariablen definierte Differentialoperator

$$\Delta: \qquad u \mapsto \Delta u := \frac{\partial^2 u}{\partial x_1^2} + \ldots + \frac{\partial^2 u}{\partial x_n^2}$$

ist so ziemlich der wichtigste überhaupt und heißt **Delta-Operator** oder auch **Laplace-Operator**. Gleichung (17) geht damit über in

$$W'(t) = \int_B k\, \Delta u\, d\mu(\mathbf{x})\ ,$$

und im Verein mit (16) erhalten wir

$$\int_B (c\rho\, u_t - k\,\Delta u)\, d\mu(\mathbf{x}) \;=\; 0\,.$$

Da der Probebereich B ganz beliebig ist, schließen wir hieraus wie im hydrodynamischen Fall: Der Integrand muß identisch in $\mathbf{x}$ und t verschwinden. Wir setzen noch zur Abkürzung

$$\frac{k}{c\rho} \;=:\; a^2$$

und erhalten damit die sogenannte **Wärmeleitungsgleichung**

$$\frac{\partial u}{\partial t} \;=\; a^2\,\Delta u\,. \tag{18}$$

Der Stofftransport durch Diffusion in einem ruhenden Trägermedium erfolgt übrigens nach demselben Gesetz; dabei stellt $u(\mathbf{x}, t)$ die Konzentration des diffundierenden Stoffes an der Stelle $\mathbf{x}$ zur Zeit t dar.

Im stationären Fall ist $\frac{\partial u}{\partial t} \equiv 0$; die Temperaturverteilung (oder Konzentrationsverteilung) $\mathbf{x} \mapsto u(\mathbf{x})$ genügt dann der **Laplace-** oder **Potentialgleichung**

$$\Delta u \;=\; 0\,. \tag{19}$$

Damit man (18) und (19) besser versteht, geben wir noch eine geometrische Interpretation des Laplace-Operators, wobei wir uns für die Rechnung den Fall $n = 3$ vornehmen. Es genügt, eine Funktion

$$\mathbf{x} \mapsto u(\mathbf{x}) = u(x_1, x_2, x_3)$$

in der Umgebung des Ursprungs $\mathbf{0} \in \mathbb{R}^3$ zu betrachten. Nach der Taylorschen Formel gilt

$$u(\mathbf{x}) = u(\mathbf{0}) + \sum_{i=1}^{3} u_{.i}x_i + \frac{1}{2}\sum_{i,k} u_{.ik}x_i x_k + o(r^2) \qquad (r \to 0)\,; \tag{20}$$

dabei sind die partiellen Ableitungen von u an der Stelle $\mathbf{0}$ zu nehmen, sind also Konstanten. Im folgenden geht es darum, ob $u(\mathbf{x})$ im Mittel über eine kleine 2-Sphäre S_r um $\mathbf{0}$ eher größer ist als $u(\mathbf{0})$ oder nicht. Wir betrachten daher das Integral

$$A(r) \;:=\; \int_{S_r} \bigl(u(\mathbf{x}) - u(\mathbf{0})\bigr)\, d\omega(\mathbf{x})$$

(Fig. 6.3.16). Aus (20) ergibt sich

$$A(r) = \sum_{i=1}^{3} u_{.i} \int_{S_r} x_i \, d\omega + \frac{1}{2} \sum_{i,k} u_{.ik} \int_{S_r} x_i x_k \, d\omega + o(r^4) ,$$

denn S_r besitzt den Flächeninhalt $4\pi r^2$. Hier sind die Integrale

$$\int_{S_r} x_i \, d\omega , \qquad \int_{S_r} x_i x_k \, d\omega \quad (i \neq k)$$

aus Symmetriegründen gleich 0, und die Integrale $\int_{S_r} x_i^2 \, d\omega$ haben alle denselben Wert, nämlich

$$\int_{S_r} x_i^2 \, d\omega = \frac{1}{3} \int_{S_r} (x_1^2 + x_2^2 + x_3^2) \, d\omega = \frac{r^2}{3} \int_{S_r} d\omega = \frac{4\pi}{3} r^4 .$$

Damit ergibt sich

$$A(r) = \frac{1}{2} \sum_{i=1}^{3} u_{.ii} \cdot \frac{4\pi}{3} r^4 + o(r^4) = \frac{2\pi}{3} r^4 \, \Delta u + o(r^4) .$$

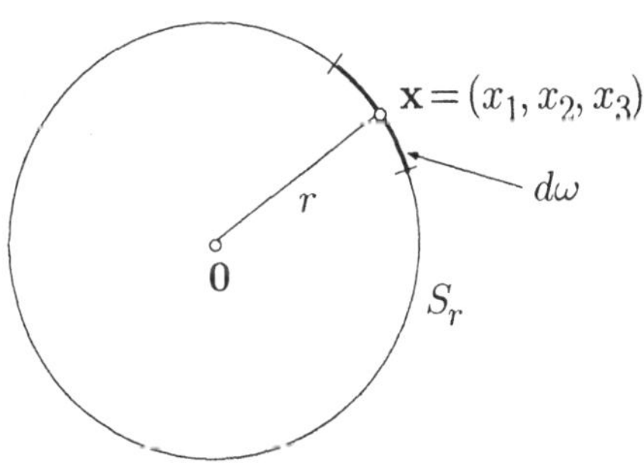

Fig. 6.3.16

Die Größe, die uns interessiert, ist ja $\Delta u := \Delta u(\mathbf{0})$. Lösen wir die letzte Gleichung nach Δu auf, so folgt

$$\Delta u(\mathbf{0}) = \frac{3}{2\pi r^4} A(r) + o(1) \qquad (r \to 0) ,$$

das heißt:

$$\Delta u(\mathbf{0}) = \lim_{r \to 0} \left(\frac{6}{r^2} \frac{1}{4\pi r^2} \int_{S_r} (u(\mathbf{x}) - u(\mathbf{0})) \, d\omega(\mathbf{x}) \right) .$$

In Worten: $\Delta u(\mathbf{0})$ ist bis auf einen Skalierungsfaktor gleich dem mittleren Mehrwert von u in den Punkten $\mathbf{x}$ rund um $\mathbf{0}$ gegenüber dem Wert von u an der Stelle $\mathbf{0}$. Die Wärmeleitungsgleichung (18) erhält damit folgende anschauliche Interpretation: Wenn es in den Punkten rund um $\mathbf{x}$ zur Zeit t im Schnitt wärmer ist als an der Stelle $\mathbf{x}$, so wird die Temperatur an der Stelle $\mathbf{x}$ in der nächsten Sekunde zunehmen, und zwar mit einer Geschwindigkeit, die im wesentlichen proportional ist zu der über alle Richtungen von $\mathbf{x}$ aus gemittelten räumlichen Temperaturzunahme.

Im stationären Fall ($\Delta u \equiv 0$) ist die Temperatur an jeder Stelle $\mathbf{x}$ "innerlich ausgewogen", und $u(\mathbf{x})$ wird von den Temperaturwerten rund um $\mathbf{x}$ per saldo weder nach oben noch nach unten gezogen. Funktionen, die der Laplace-Gleichung $\Delta u = 0$ genügen, werden **harmonische Funktionen** genannt (dies hat nichts mit harmonischen Schwingungen zu tun). Harmonische Funktionen sind wunderbarerweise von selbst beliebig oft differenzierbar, obwohl in ihrer Definition nur von zweiten Ableitungen die Rede ist.

Aufgaben

1. Ⓜ Skizziere die Fläche S mit der Parameterdarstellung

$$S: \quad (r,\phi) \mapsto \begin{cases} x := r\cos\phi \\ y := r\sin\phi \\ z := c\,\phi \end{cases} \qquad (0 \le r \le R,\ 0 \le \phi < 2\pi)\,,$$

c eine positive Konstante, und berechne den Flächeninhalt $\omega(S)$.

2. Die Fläche

$$S_\varepsilon: \quad z = 1 + \varepsilon\, r^n \sin(n\phi) \qquad (0 \le r \le 1\,;\ \text{Zylinderkoordinaten})$$

modelliert eine radial gefältelte Membran über dem Einheitskreis der (x,y)-Ebene.

(a) Produziere eine handliche Parameterdarstellung von S.

(b) Stelle den Flächeninhalt $\omega(S_\varepsilon)$ als möglichst einfaches (für $n > 3$ leider nicht elementares) Integral dar.

(c) Berechne näherungsweise die aus der Fältelung resultierende Oberflächenvergrösserung $\omega(S_\varepsilon) - \omega(S_0)$ unter der Annahme $\varepsilon \ll 1$. (*Hinweis:* Man darf in (b) den Integranden durch eine erste Näherung ersetzen.)

3. Verifiziere: Das Coulombfeld $\mathbf{K}(\mathbf{x}) := \dfrac{1}{4\pi r^2}\dfrac{\mathbf{x}}{r}$ $(r := |\mathbf{x}|)$ ist divergenzfrei.

$\left(\textit{Hinweis:}\text{ Verwende } \dfrac{\partial r}{\partial x_i} = \dfrac{x_i}{r}.\right)$

4. Berechne den Fluß des Vektorfeldes $\mathbf{K}(x, y, z) := (yz, zx, xy)$ von innen nach außen durch den im ersten Oktanten gelegenen Teil der Fläche

$$\frac{x^2}{a^2} + \frac{y^2}{b^2} + \frac{z^2}{c^2} = 1 .$$

(*Hinweis:* Die Parameterdarstellung der 2-Sphäre geeignet anpassen.)

5. Es sei B der im ersten Oktanten gelegene Teil der Einheitskugel im $\mathbb{R}^3$. Berechne den aus B heraustretenden Fluß des Vektorfeldes

$$\mathbf{v}(x, y, z) := (\alpha x, \beta y, \gamma z)$$

einmal als Flußintegral und ein zweites Mal mit Hilfe des Satzes von Gauß.

6. Finde und beweise dabei koordinatenfreie Identitäten der Form
   (a) $\operatorname{div}(f\,\mathbf{v}) = \ldots$,
   (b) $\operatorname{div}(\mathbf{K} \times \mathbf{L}) = \ldots$,
   (c) $\operatorname{div}\big(f\,\mathbf{rot}\,\mathbf{K}\big) = \ldots$

   für C^1-Skalarfunktionen und C^2-Vektorfelder im $\mathbb{R}^3$.

7. Die Feldvektoren eines Strömungsfeldes $\mathbf{v} = (P, Q, R)$ im $\mathbb{R}^3$ sind parallel zur (x, y)-Ebene, von der z-Achse aus radial nach außen gerichtet und besitzen den konstanten Betrag 1. Auf der z-Achse sei $\mathbf{v} := \mathbf{0}$.
   (a) Bestimme P, Q, R als Funktionen von x, y, z.
   (b) Berechne den Fluß dieses Feldes von innen nach außen durch den Mantel M des Kreiskegels $K := \left\{(x, y, z) \;\middle|\; 0 \le z \le 1 - \sqrt{x^2 + y^2}\right\}$. (*Hinweis:* Die besondere Geometrie dieser Situation erlaubt, den gesuchten Fluß sozusagen "im Kopf" auszurechnen.)
   (c) Berechne den Fluß von $\mathbf{v}$ durch die nach außen orientierte Einheitssphäre S^2. (*Hinweis:* Anhand der Fig. 6.3.17 läßt sich die Rechnung wesentlich vereinfachen.)

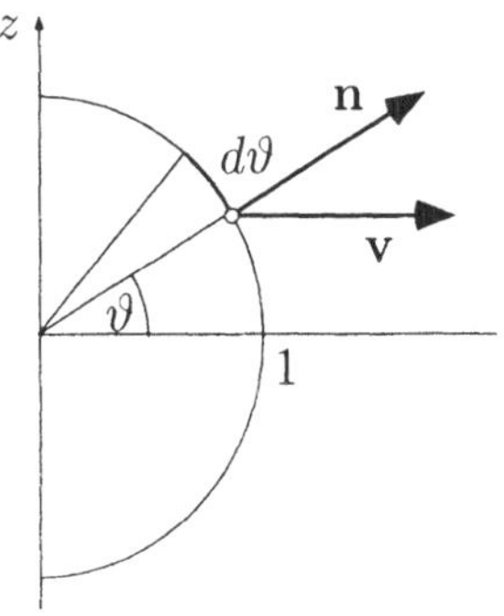

Fig. 6.3.17

8. Es sei S das Dreieck mit den Eckpunkten $(1,0,0)$, $(0,1,0)$ und $(0,0,1)$, so orientiert, daß $\mathbf{n}$ vom Ursprung wegzeigt. Berechne den Fluß Φ des Vektorfeldes $\mathbf{v}(\mathbf{x}) :\equiv \mathbf{x}$ durch S, und zwar
   (a) als Flußintegral,
   (b) mit Hilfe des Satzes von Gauß, angewandt auf einen geeigneten dreidimensionalen Bereich B.

9. Berechne den Fluß des Feldes $\mathbf{v}(\mathbf{x}) := \mathbf{x}$ von innen nach außen durch die Oberfläche des Oktaeders $P := \{(x,y,z) \mid |x| + |y| + |z| \leq 1\}$, und zwar
   (a) als Flußintegral, unter Ausnutzung der vorhandenen Symmetrien,
   (b) mit Hilfe des Satzes von Gauß (das Integral läßt sich "im Kopf" ausrechnen).

10. Bestimme die sämtlichen Polynome in zwei Variablen x und y vom Grad ≤ 2, die als Funktionen $f : \mathbb{R}^2 \to \mathbb{R}$ harmonisch sind, d.h. der Laplace-Gleichung $\Delta f = 0$ genügen.

11. Ein ebenes Feld $\mathbf{K}(x,y) = \big(P(x,y), Q(x,y)\big)$, das sowohl divergenzfrei wie **wirbelfrei** (d.h. $Q_x - P_y \equiv 0$) ist, wird **harmonisch** genannt.
    (a) Warum wohl?
    (b) Es sei $\mathbf{K}$ ein harmonisches ebenes Feld und $\mathbf{K}_\alpha$ das Feld, das entsteht, wenn jeder Feldvektor um den Winkel α gedreht wird. Zeige: Dann ist auch $\mathbf{K}_\alpha$ harmonisch.

12. Betrachte im $\mathbb{R}^n$, $n \geq 2$, die nur von $|\mathbf{x}| =: r$ abhängige Funktion

$$u(\mathbf{x}) := r^\alpha ,$$

α ein reeller Parameter. Es ist $\Delta u = C\, r^{\alpha-2}$ für ein gewisses von der Raumdimension n abhängiges C. Berechne C.

$\left(\textit{Hinweis:}\ \text{Verwende wiederholt}\ \dfrac{\partial r}{\partial x_i} = \dfrac{x_i}{r}\,.\right)$

6.4. Der Satz von Stokes

Für den dritten klassischen Integralsatz der Vektoranalysis interpretieren wir die gegebenen Vektorfelder wieder als Kraftfelder oder als elektrische Felder und verwenden als Variable dafür den Buchstaben **K**. Es geht im folgenden um Linienintegrale

$$\int_\gamma \mathbf{K} \bullet d\mathbf{r} \tag{1}$$

längs geschlossenen Kurven γ im (dreidimensionalen) Raum (Fig. 6.4.1). Man nennt (1) auch die **Zirkulation** des Feldes **K** längs γ. Die Zirkulation ist besonders groß, wenn **K** längs γ durchwegs die Richtung des Tangentialvektors $\mathbf{r}'(t)$ hat, so daß sich die von den einzelnen "Kurvenelementen" $d\mathbf{r}$ herrührenden Beiträge laufend kumulieren. Dies ist zum Beispiel der Fall für das in Beispiel 6.2.④ betrachtete Feld $\mathbf{A} := \nabla\arg$ ("Magnetfeld der stromdurchflossenen z-Achse") und einen Kreis γ um die z-Achse herum.

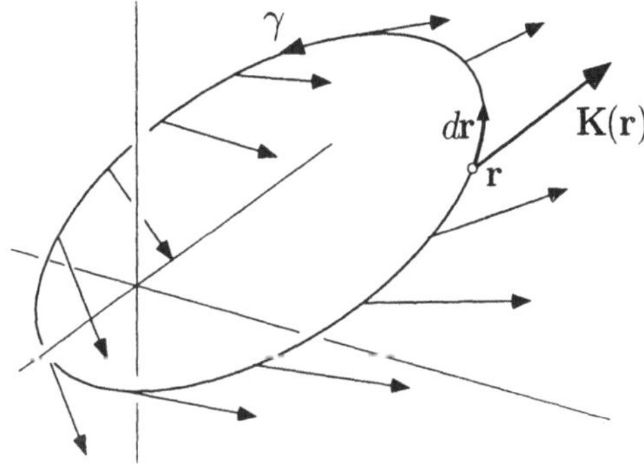

Fig. 6.4.1

Die Greensche Formel **(6.3)** bezieht sich auf ein Vektorfeld $\mathbf{K} = (P, Q)$ in einem Gebiet Ω der (x, y)-Ebene und einen Bereich $B \subset \Omega$ mit Randzyklus ∂B. Sie verwandelt die Zirkulation von **K** längs ∂B in das Integral einer gewissen "Ableitung" von **K** (genau: des Ausdrucks $Q_x - P_y$) über das Innere von B.

Der Satz von Stokes ist die räumliche Version der Greenschen Formel. Er bezieht sich auf ein Vektorfeld $\mathbf{K} = (P, Q, R)$ in einem Gebiet $\Omega \subset \mathbb{R}^3$ und eine orientierte Fläche (2-Kette) $S \subset \Omega$ mit Randzyklus ∂S (Fig. 6.4.2). Nach diesem Satz ist die Zirkulation von **K** längs ∂S gleich dem Integral einer "Ableitung" von **K**, der sogenannten Rotation, über die Fläche S, genau: gleich dem Fluß von $\mathbf{rot}\,\mathbf{K}$ durch S. Man beweist den Satz von Stokes, indem man eine Parameterdarstellung

$$S: \quad B \to \Omega\,, \qquad (u, v) \mapsto \mathbf{r}(u, v) \tag{2}$$

heranzieht und die Greensche Formel auf B, ∂B und den Pullback $\mathbf{K}^* = (P^*, Q^*)$ von $\mathbf{K}$ anwendet. Die Rechnung ist allerdings ziemlich mühsam, weshalb wir im folgenden nicht alle Details ausführen.

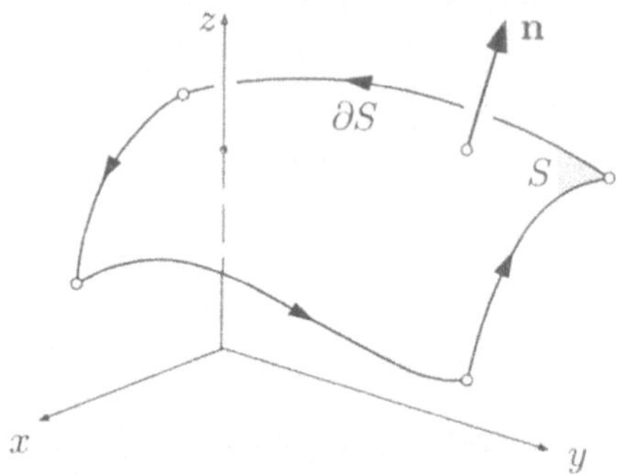

Fig. 6.4.2

Wir setzen also voraus, daß die Fläche (2-Kette) S eine C^2-Parameterdarstellung (2) besitzt, wobei der Parameterbereich B den Voraussetzungen der Greenschen Formel **(6.3)** genügt. Insbesondere gehört zu B ein Randzyklus ∂B, der das Innere von B zur Linken läßt. B braucht aber nicht zusammenhängend zu sein.

Die Parameterdarstellung (2) liefert zu jeder glatten Kurve

$$\gamma: \quad t \mapsto \bigl(u(t), v(t)\bigr) \qquad (a \le t \le b)$$

im Parameterbereich B eine Kurve

$$\mathbf{r}(\gamma): \quad t \mapsto \mathbf{r}\bigl(u(t), v(t)\bigr) \qquad (a \le t \le b)$$

im Raum. In der Folge besitzt der Randzyklus

$$\partial B = \gamma_1 + \ldots + \gamma_r$$

des Parameterbereichs B einen wohlbestimmten Bildzyklus

$$\partial S := \mathbf{r}(\partial B);$$

dies ist der **Randzyklus** der Fläche S. Dabei kann es durchaus vorkommen, daß die Parameterdarstellung (2) gewisse γ_i einzeln oder in Paaren annihiliert, so daß ∂S in Wirklichkeit aus weniger Kurven besteht, als formal in Erscheinung treten; siehe die Figuren 6.4.3–4. Ist $\partial S = 0$, so heißt die Fläche S **geschlossen**. 2-Sphären und Torusflächen, allgemein die Oberflächen von

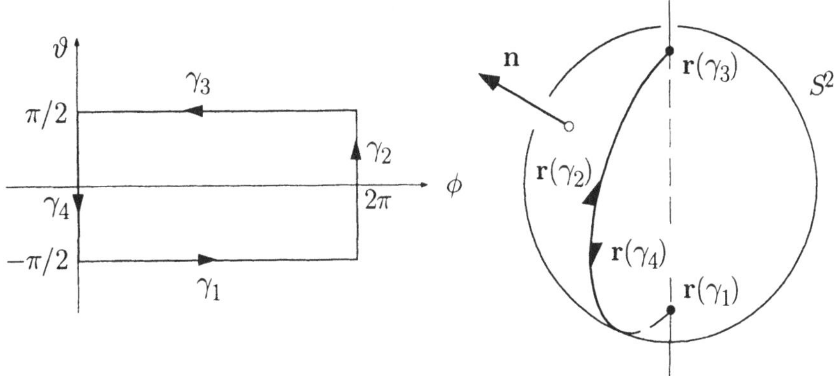

Fig. 6.4.3

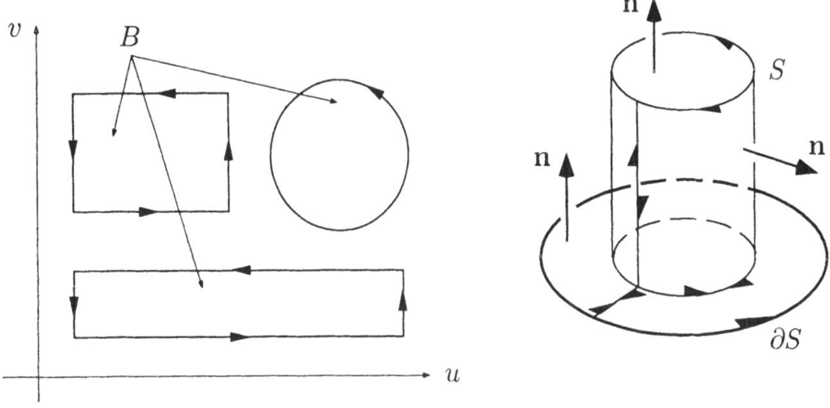

Fig. 6.4.4

dreidimensionalen Bereichen B im Sinn von Satz **(6.7)**, sind geschlossen. Das ergibt sich aus dem "Urprinzip" $\partial(\partial B) = 0$.

Was die Orientierung von S betrifft, so legt (2) vermöge

$$\mathbf{n} := \frac{\mathbf{r}_u \times \mathbf{r}_v}{|\mathbf{r}_u \times \mathbf{r}_v|}$$

eine Normalenrichtung fest. Diese Normalenrichtung ist auf folgende Weise mit dem Umlaufssinn von ∂S gekoppelt: Blickt man von der Spitze von $\mathbf{n}$ her auf S, so läuft ∂S einmal im Gegenuhrzeigersinn um S herum. Anders ausgedrückt: Der Umlauf um ∂S bildet mit $\mathbf{n}$ eine Rechtsschraube.

⌈ Wir verifizieren das nur in dem folgenden trivialen Spezialfall: Es sei S die Kreisscheibe mit Mittelpunkt O und Radius 1 in der (x, y)-Ebene, aufgefaßt als Fläche im Raum. S besitzt die Parameterdarstellung

$$B \to S, \qquad (u,v) \mapsto \mathbf{r}(u,v) := (u,v,0)$$

mit derselben Kreisscheibe $(=: B)$ in der (u,v)-Ebene als Parameterbereich, siehe die Fig. 6.4.5. Der Randzyklus von B,

$$\partial B: \quad t \mapsto \begin{cases} u(t) := \cos t \\ v(t) := \sin t \end{cases} \qquad (0 \le t \le 2\pi),$$

geht dabei über in den Randzyklus von S,

$$\partial S: \quad t \mapsto \mathbf{r}\bigl(u(t),v(t)\bigr) = (\cos t, \sin t, 0) \qquad (0 \le t \le 2\pi).$$

Andererseits ist

$$\mathbf{r}_u \times \mathbf{r}_v \equiv (1,0,0) \times (0,1,0) = (0,0,1)$$

und somit $\mathbf{n} = (0,0,1)$. Blickt man nun vom Punkt $(0,0,1)$ auf die (x,y)-Ebene hinunter, so geht ∂S in der Tat einmal im Gegenuhrzeigersinn um S herum. ⌟

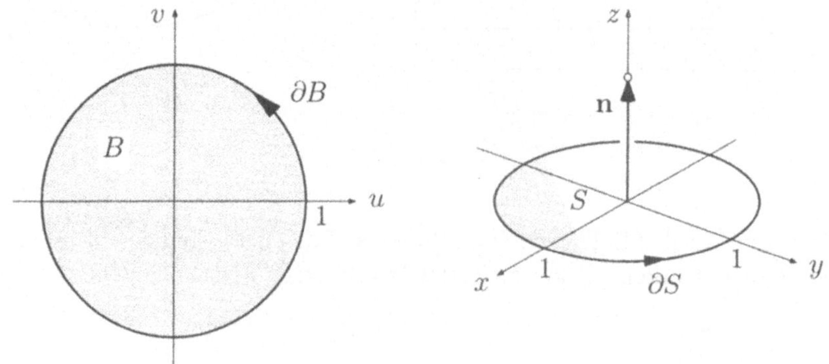

Fig. 6.4.5

Es sei jetzt $\mathbf{K} = (P,Q,R)$ ein C^1-Vektorfeld in dem Gebiet $\Omega \subset \mathbb{R}^3$ und S eine in Ω liegende Fläche (2-Kette) der beschriebenen Art, wobei wir der Einfachheit halber annehmen, der Randzyklus ∂B des Parameterbereichs B bestehe aus einer einzigen glatten Kurve

$$\partial B: \quad t \mapsto \bigl(u(t),v(t)\bigr) \qquad (a \le t \le b)$$

(Fig. 6.4.6). Der Randzyklus von S ist dann gegeben durch

$$\partial S: \quad t \mapsto \mathbf{r}\big(u(t), v(t)\big) \qquad (a \le t \le b) \;. \tag{3}$$

Wir gehen nun daran, die Zirkulation

$$Z := \int_{\partial S} \mathbf{K} \bullet d\mathbf{r}$$

von $\mathbf{K}$ längs ∂S zu berechnen. Aufgrund von (3) hat man zunächst

$$Z = \int_a^b \mathbf{K}\big(\mathbf{r}(u(t), v(t))\big) \bullet \big(\mathbf{r}_u(u(t), v(t))u'(t) + \mathbf{r}_v(u(t), v(t))v'(t)\big)\, dt \;.$$

Wir können dieses Integral als Linienintegral längs ∂B interpretieren, und zwar für das Feld $\mathbf{K}^* = (P^*, Q^*)$ mit

$$P^*(u,v) := \mathbf{K}\big(\mathbf{r}(u,v)\big) \bullet r_u(u,v) \;, \qquad Q^*(u,v) := \mathbf{K}\big(\mathbf{r}(u,v)\big) \bullet r_v(u,v) \;.$$

Wir haben also

$$Z = \int_{\partial B} (P^*\, du + Q^*\, dv)$$

und können hierauf die Greensche Formel **(6.3)** anwenden. Es ergibt sich

$$Z = \int_B H(u,v)\, d\mu(u,v) \tag{4}$$

mit

$$H(u,v) := Q_u^* - P_v^* = \frac{\partial}{\partial u}\Big(\mathbf{K}\big(\mathbf{r}(u,v)\big) \bullet r_v(u,v)\Big) - \frac{\partial}{\partial v}\Big(\mathbf{K}\big(\mathbf{r}(u,v)\big) \bullet r_u(u,v)\Big) \;.$$

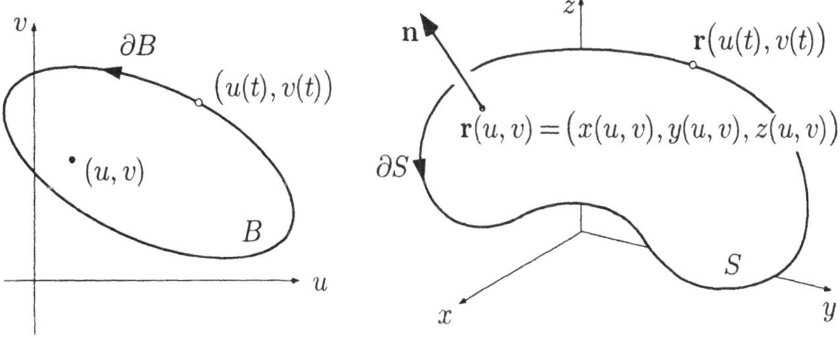

Fig. 6.4.6

Hier sind die Skalarprodukte nach der Produktregel zu differenzieren. Dabei heben sich die beiden $\mathbf{r}_{uv}$-Terme heraus, und es bleibt

$$H(u,v) = \frac{\partial}{\partial u}\mathbf{K}\big(\mathbf{r}(u,v)\big) \bullet \mathbf{r}_v - \frac{\partial}{\partial v}\mathbf{K}\big(\mathbf{r}(u,v)\big) \bullet \mathbf{r}_u \,.$$

Aufgrund der Kettenregel gilt

$$\frac{\partial}{\partial u}\mathbf{K}\big(\mathbf{r}(u,v)\big) = \big(\nabla P \bullet \mathbf{r}_u,\, \nabla Q \bullet \mathbf{r}_u,\, \nabla R \bullet \mathbf{r}_u\big)$$

und Entsprechendes für $\frac{\partial}{\partial v}\mathbf{K}\big(\mathbf{r}(u,v)\big)$. Damit ergibt sich

$$H(u,v) = \big(\nabla P \bullet \mathbf{r}_u, \nabla Q \bullet \mathbf{r}_u, \nabla R \bullet \mathbf{r}_u\big) \bullet \mathbf{r}_v - \big(\nabla P \bullet \mathbf{r}_v, \nabla Q \bullet \mathbf{r}_v, \nabla R \bullet \mathbf{r}_v\big) \bullet \mathbf{r}_u \,.$$

Hiernach ist H linear in „$\nabla\mathbf{K}$" (gemeint ist: in den ersten partiellen Ableitungen von P, Q, R nach x, y, z), und H ist bilinear und schiefsymmetrisch in den Vektorargumenten $\mathbf{r}_u$ und $\mathbf{r}_v$. Die genaue Rechnung zeigt, daß sich $H(u,v)$ folgendermaßen schreiben läßt:

$$H(u,v) = \mathbf{rot}\,\mathbf{K}\big(\mathbf{r}(u,v)\big) \bullet (\mathbf{r}_u \times \mathbf{r}_v) \,. \tag{5}$$

Dabei sind die auftretenden Ableitungen von P, Q, R auf bestimmte Weise zusammengefaßt in dem Vektor

$$\begin{aligned} \mathbf{rot}\,\mathbf{K} &:= (R_y - Q_z, P_z - R_x, Q_x - P_y) \\ &= \text{“}\, \Big(\frac{\partial}{\partial x}, \frac{\partial}{\partial y}, \frac{\partial}{\partial z}\Big) \times (P,Q,R) \,\text{”}\,, \end{aligned} \tag{6}$$

der **Rotation** von $\mathbf{K} = (P,Q,R)$. In numerierten Koordinaten ist

$$\mathbf{rot}\,\mathbf{K} = \Big(\frac{\partial K_3}{\partial x_2} - \frac{\partial K_2}{\partial x_3}, \frac{\partial K_1}{\partial x_3} - \frac{\partial K_3}{\partial x_1}, \frac{\partial K_2}{\partial x_1} - \frac{\partial K_1}{\partial x_2}\Big)$$

(zyklische Vertauschung!). Die Rotation ist ein weiteres, von $\mathbf{K}$ abgeleitetes, Vektorfeld.

Wir setzen nun (5) in (4) ein und erhalten

$$\begin{aligned} Z &= \int_B \mathbf{rot}\,\mathbf{K}\big(\mathbf{r}(u,v)\big) \bullet (\mathbf{r}_u \times \mathbf{r}_v)\, d\mu(u,v) \\ &= \int_S \mathbf{rot}\,\mathbf{K} \bullet d\vec{\omega} \,. \end{aligned}$$

In Worten: Die Zirkulation Z von $\mathbf{K}$ längs ∂S ist gleich dem Fluß von $\mathbf{rot}\,\mathbf{K}$ durch die (orientierte) Fläche S. Wir haben damit den **Satz von Stokes** bewiesen:

(6.8) *(S, ∂S und* **K** *haben die angegebene Bedeutung.)*

$$\int_{\partial S} \mathbf{K} \bullet d\mathbf{r} = \int_S \operatorname{rot} \mathbf{K} \bullet d\vec{\omega} .$$

Diese Formel hat natürlich erst dann einen Sinn, wenn wir auch die rechte Seite einigermaßen verstehen. Wir haben oben die Rotation rein formal, durch eine Rechenvorschrift, definiert. Der Rotationsvektor hat aber auch eine geometrische Bedeutung. Um sie zu finden, wenden wir den Satz von Stokes auf eine besonders einfache Situation an; ähnlich, wie wir seinerzeit den Satz von Gauß auf eine kleine Kugel angewandt haben, um die Divergenz zu erklären. Ganz so anschaulich wie dort wird es bei der Rotation allerdings nicht.

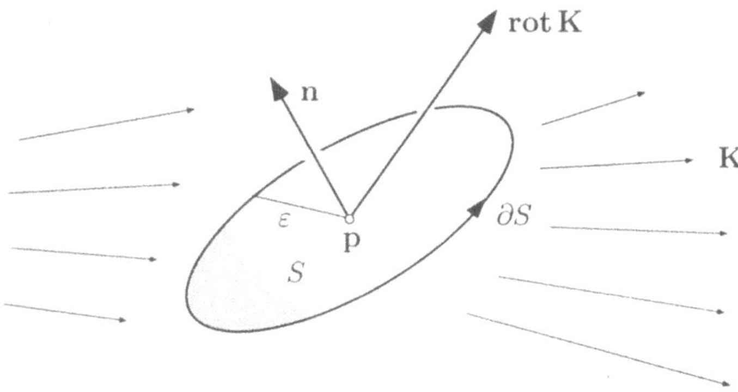

Fig. 6.4.7

Wir halten einen Punkt $\mathbf{p} \in \Omega$ fest und betrachten eine orientierte Kreisscheibe $S := S_{\mathbf{n},\varepsilon}$ mit Zentrum $\mathbf{p}$, Normalenvektor $\mathbf{n}$ und Radius ε (siehe die Fig. 6.4.7). Dabei stellen wir uns vor, daß S beweglich ist; das heißt: $\mathbf{n}$ und ε sind variabel. Die Zirkulation Z von **K** längs ∂S ist dann eine Funktion von $\mathbf{n}$ und ε:

$$Z(\mathbf{n}, \varepsilon) := \int_{\partial S} \mathbf{K} \bullet d\mathbf{r} .$$

Dieses Integral läßt sich mit Hilfe des Satzes von Stokes verwandeln in

$$Z(\mathbf{n}, \varepsilon) = \int_S \operatorname{rot} \mathbf{K} \bullet \mathbf{n} \; d\omega \doteq \operatorname{rot} \mathbf{K}(\mathbf{p}) \bullet \mathbf{n} \; \omega(S) ,$$

und es folgt

$$\lim_{\varepsilon \to 0} \frac{Z(\mathbf{n}, \varepsilon)}{\pi \varepsilon^2} = \operatorname{rot} \mathbf{K}(\mathbf{p}) \bullet \mathbf{n} . \tag{7}$$

In dieser Beziehung, die man auch als "geometrische Definition" von **rot K** betrachten kann, ist **n** die Variable; alles andere ist fest oder im Limes verduftet. Es zeigt sich, daß (für gegebenes $\varepsilon \ll 1$) die Zirkulation $Z(\mathbf{n}, \varepsilon)$ am größten ist, wenn die Normale **n** des Scheibchens in die Richtung von $\mathbf{rot\,K} := \mathbf{rot\,K}(\mathbf{p})$ weist. Damit man besser sieht, was das bedeutet, ziehen wir für einen Moment das homogene und weder zur Zirkulation noch zur Rotation beitragende Feld $\mathbf{K}(\mathbf{p})$ von **K** ab, betrachten also das Feld

$$\hat{\mathbf{K}}(\mathbf{r}) := \mathbf{K}(\mathbf{r}) - \mathbf{K}(\mathbf{p}) .$$

Wegen $\hat{\mathbf{K}}(\mathbf{p}) = \mathbf{0}$ sind nun die minimen Feldvariationen in der Umgebung des Punktes **p** viel besser sichtbar.

Weist **n** in die Richtung von **rot K**, so sieht das Feld $\hat{\mathbf{K}}$ längs ∂S bzw. in der Ebene von S im Extremfall aus, wie in Fig. 6.4.8 dargestellt (ohne Beweis). Das Feld $\hat{\mathbf{K}}$ "wirbelt" um die Achse **n** herum, und man erkennt, daß $Z(\mathbf{n}, \varepsilon)$ hier besonders groß ausfallen wird. Beispiel ① (s.u.) illustriert diese Situation noch auf andere Art.

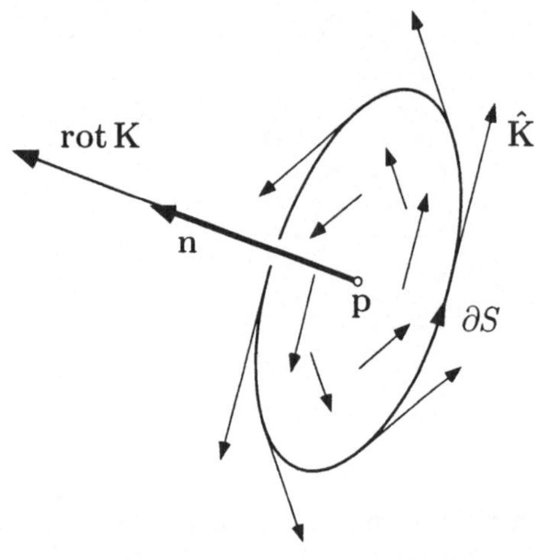

Fig. 6.4.8

Steht aber **n** senkrecht auf **rot K**, so bietet sich ein ganz anderes Bild (siehe die Fig. 6.4.9). Im Extremfall steht $\hat{\mathbf{K}}$ überall senkrecht auf ∂S, und es leuchtet ein, daß $Z(\mathbf{n}, \varepsilon)$ dann verschwindet.

Im Hinblick auf diese Erklärungen und Figuren nennt man die Rotation auch **Wirbeldichte** des Feldes **K**. Ist

$$\mathbf{rot\,K} \equiv \mathbf{0} ,$$

so heißt das Feld **K wirbelfrei**.

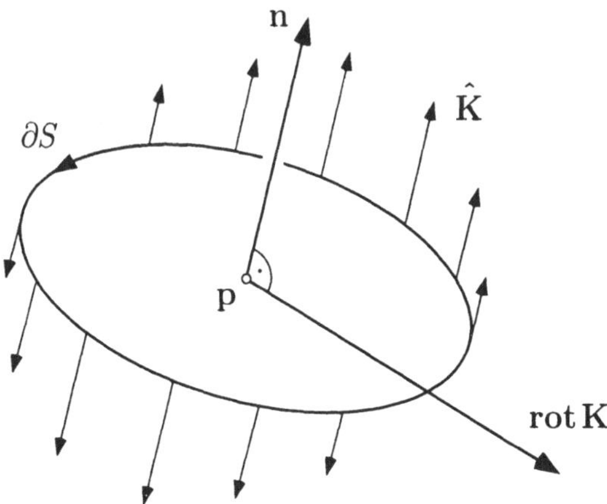

Fig. 6.4.9

① Das Geschwindigkeitsfeld $\mathbf{v}$ des mit Winkelgeschwindigkeit

$$\vec{\omega} = (\omega_1, \omega_2, \omega_3) = \omega\mathbf{e}$$

rotierenden "Weltäthers" ist gegeben durch

$$\mathbf{v}(\mathbf{x}) = \vec{\omega} \times \mathbf{x}$$

(siehe Beispiel 6.2.②) und besitzt somit die Rotation

$$\begin{aligned}\mathbf{rot}\,\mathbf{v}(\mathbf{x}) &= \left(\frac{\partial}{\partial x}, \frac{\partial}{\partial y}, \frac{\partial}{\partial z}\right) \times \mathbf{v}(\mathbf{x}) \\ &= \left(\frac{\partial}{\partial x}, \frac{\partial}{\partial y}, \frac{\partial}{\partial z}\right) \times (\omega_2 x_3 - \omega_3 x_2, \omega_3 x_1 - \omega_1 x_3, \omega_1 x_2 - \omega_2 x_1) \\ &= (2\omega_1, 2\omega_2, 2\omega_3) = 2\vec{\omega}\ .\end{aligned}$$

Die Rotation dieses Feldes $\mathbf{v}$ ist also im ganzen Raum konstant, kurz: **rot v** ist ein homogenes Vektorfeld (und ist nicht etwa auf der Achse konzentriert, siehe auch die Fig. 6.4.10). ○

② Wir betrachten weiter das Feld

$$\mathbf{A}(x, y, z) := \nabla \arg(x, y) = \left(-\frac{y}{x^2 + y^2}, \frac{x}{x^2 + y^2}, 0\right)$$

im Gebiet $\Omega := \mathbb{R}^3 \setminus \{z\text{–Achse}\}$ und bemerken zunächst allgemein: Die Rotation eines im Grunde genommen ebenen Feldes

$$\mathbf{K}(x, y, z) := (P(x, y), Q(x, y), 0)$$

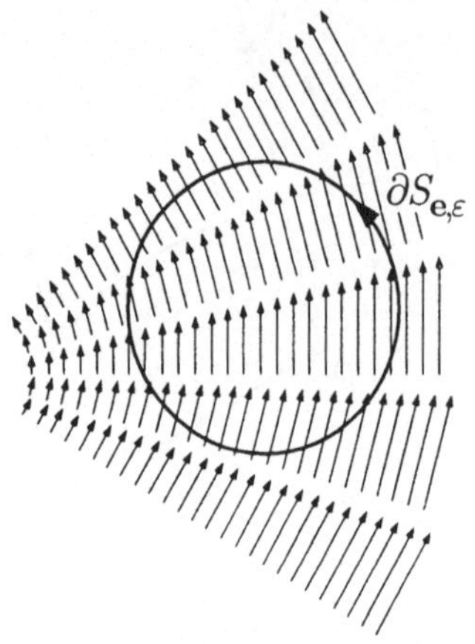

Fig. 6.4.10

ist aufgrund der definierenden Formel (6) gegeben durch

$$\mathbf{rot}\,\mathbf{K} = (0, 0, Q_x - P_y) .$$

Das Feld $\mathbf{A}$ ist von dieser Art. In Beispiel 6.2.④ wurde überdies gezeigt, daß ∇arg die Integrabilitätsbedingung $Q_x - P_y \equiv 0$ erfüllt. Somit ist $\mathbf{rot}\,\mathbf{A} \equiv \mathbf{0}$. Das Feld $\mathbf{A}$ ist also wirbelfrei, obwohl sich eindeutig "etwas" um die z-Achse herumbewegt, siehe die Figur 6.2.11. Die Rotation ist eben eine *lokale* Eigenschaft des Feldes, und im Kleinen sieht es etwas anders aus. Betrachten wir etwa einen kleinen Kreisring-Sektor B in der (x, y)-Ebene (Fig. 6.4.11), so wird die größere Länge des Außenbogens durch die Abnahme der Feldstärke $|\mathbf{A}|$ gerade kompensiert, und die Zirkulation längs ∂B ist 0. ○

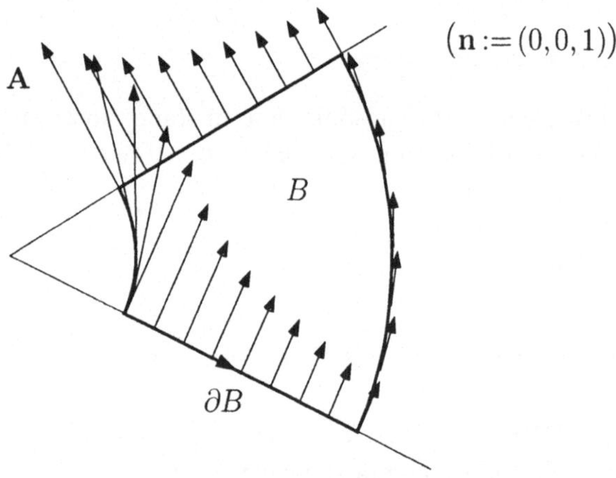

Fig. 6.4.11

③ Wir erproben den Satz von Stokes an dem folgenden "Zahlenbeispiel": **K** ist das Vektorfeld

$$\mathbf{K}(x,y,z) := \bigl(y(z^2-x^2), x(y^2-z^2), z(x^2+y^2)\bigr)$$

und S die nach oben orientierte Halbsphäre

$$S := \bigl\{(x,y,z) \bigm| x^2+y^2+z^2=1\,,\ z\geq 0\bigr\}$$

(Fig. 6.4.12). S besitzt den Randzyklus

$$\partial S: \quad t \mapsto \mathbf{r}(t) := (\cos t, \sin t, 0) \qquad (0 \leq t \leq 2\pi)\ .$$

Damit wird

$$\begin{aligned}\int_{\partial S} \mathbf{K} \bullet d\mathbf{r} &= \int_0^{2\pi} \mathbf{K}\bigl(\mathbf{r}(t)\bigr) \bullet \mathbf{r}'(t)\,dt \\ &= \int_0^{2\pi} \bigl(-\cos^2 t \sin t \cdot (-\sin t) + \cos t \sin^2 t \cdot \cos t + 0\bigr)\,dt \\ &= \int_0^{2\pi} 2\cos^2 t \sin^2 t\,dt = \frac{1}{2}\int_0^{2\pi} \bigl(\sin(2t)\bigr)^2\,dt = \frac{\pi}{2}\ .\end{aligned}$$

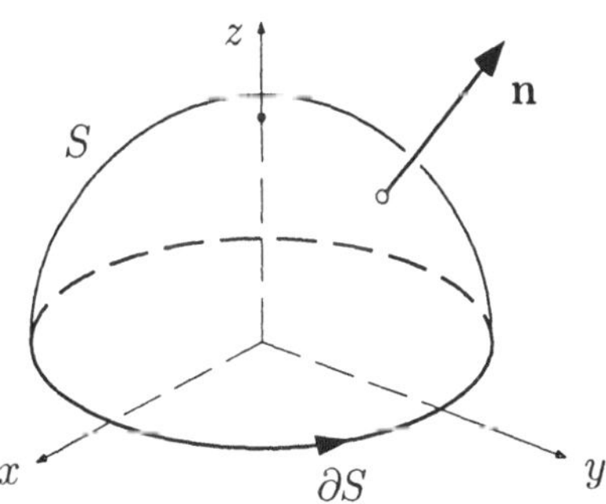

Fig. 6.4.12

Andererseits besitzt S die Parameterdarstellung

$$(\phi,\theta) \mapsto \mathbf{r}(\phi,\theta) = (\cos\theta\cos\phi, \cos\theta\sin\phi, \sin\theta)$$

mit dem Parameterbereich $B := [\,0, 2\pi\,] \times [\,0, \frac{\pi}{2}\,]$. Nach 6.2.(4) gilt

$$\mathbf{r}_\phi \times \mathbf{r}_\theta = \cos\theta(\cos\theta\cos\phi, \cos\theta\sin\phi, \sin\theta)\ ,$$

und zwar ist dieser Vektor schon richtig (nach oben) orientiert. Weiter ist

$$\begin{aligned}\mathbf{rot}\,\mathbf{K}(x,y,z) &= \Bigl(\frac{\partial}{\partial x},\frac{\partial}{\partial y},\frac{\partial}{\partial z}\Bigr)\times\bigl(y(z^2-x^2),x(y^2-z^2),z(x^2+y^2)\bigr)\\ &= \bigl(2z(x+y),2z(y-x),x^2+y^2-2z^2\bigr)\end{aligned}$$

und folglich

$$\begin{aligned}&\mathbf{rot}\,\mathbf{K}\bigl(\mathbf{r}(\phi,\theta)\bigr)\\ &= \bigl(2\sin\theta\cos\theta(\cos\phi+\sin\phi),2\sin\theta\cos\theta(\sin\phi-\cos\phi),\cos^2\theta-2\sin^2\theta\bigr)\,.\end{aligned}$$

Damit ergibt sich

$$\begin{aligned}H(\phi,\theta) &:= \mathbf{rot}\,\mathbf{K}\bigl(\mathbf{r}(\phi,\theta)\bigr)\bullet(\mathbf{r}_\phi\times\mathbf{r}_\theta)\\ &= 2\sin\theta\cos^3\theta(\cos^2\phi+\cos\phi\sin\phi)\\ &\qquad+2\sin\theta\cos^3\theta(\sin^2\phi-\cos\phi\sin\phi)+\cos^3\theta\sin\theta-2\sin^3\theta\cos\theta\\ &= 3\cos^3\theta\sin\theta-2\sin^3\theta\cos\theta\end{aligned}$$

und hieraus schließlich

$$\begin{aligned}\int_S \mathbf{rot}\,\mathbf{K}\bullet d\vec{\omega} &= \int_B H(\phi,\theta)\,d\mu(\phi,\theta)\\ &= \int_0^{2\pi}\int_0^{\pi/2}\bigl(3\cos^3\theta\sin\theta-2\sin^3\theta\cos\theta\bigr)\,d\theta\,d\phi\\ &= 2\pi\Bigl(-\frac{3}{4}\cos^4\theta-\frac{1}{2}\sin^4\theta\Bigr)\Big|_0^{\pi/2} = 2\pi\Bigl(-\frac{1}{2}-\Bigl(-\frac{3}{4}\Bigr)\Bigr)\\ &= \frac{\pi}{2}\,,\end{aligned}$$

wie oben. ○

Der Satz von Stokes besitzt zahlreiche Anwendungen in der Kontinuumsmechanik und in der Elektrodynamik, auf die wir hier nicht eingehen. Wir behandeln hingegen eine mathematische Anwendung dieses Satzes, nämlich die **Integrabilitätsbedingung** für Vektorfelder bzw. 1-Formen im dreidimensionalen Raum (vgl. Satz **(6.5)**):

(6.9) *Ein C^1-Vektorfeld $\mathbf{K}=(P,Q,R)$ (bzw. eine 1-Form $P\,dx+Q\,dy+R\,dz$) auf einem einfach zusammenhängenden Gebiet $\Omega\subset\mathbb{R}^3$ ist genau dann ein Potentialfeld ∇f (ein totales Differential df), wenn gilt:*

$$\mathbf{rot}\,\mathbf{K}\equiv\mathbf{0}\,. \tag{8}$$

⌜ Wir beweisen auf zwei Arten, daß die Bedingung (8) notwendig ist.

(a) Ist **K** ein Potentialfeld, so ist **K** nach Satz **(6.1)**(a) konservativ, und die Zirkulation längs irgendwelchen Zyklen ist 0. Hieraus folgt: Die linke Seite von (7) ist 0 für jede Wahl von **n**. Dann muß aber der Vektor **rot K**(**p**) der Nullvektor sein, und da das für jeden Punkt $\mathbf{p} \in \Omega$ gilt, folgt (8).

(b) Ist $\mathbf{K} = \nabla f$, so folgt

$$\mathbf{rot}\,\mathbf{K} = \left(\frac{\partial}{\partial x}, \frac{\partial}{\partial y}, \frac{\partial}{\partial z}\right) \times (f_x, f_y, f_z) = (f_{zy} - f_{yz}, f_{xz} - f_{zx}, f_{yx} - f_{xy}) \equiv \mathbf{0}$$

aufgrund der Vertauschbarkeit der Differentiationsreihenfolge.

(Wir haben zweifach gezeigt:

$$\mathbf{rot} \circ \nabla = 0 .$$

Wie man leicht verifiziert, gilt auch die hierzu "duale" Beziehung

$$\mathrm{div} \circ \mathbf{rot} = 0 .$$

Das alles hat einen geheimnisvollen Zusammenhang mit der geometrischen Identität $\partial(\partial B) = 0$.)

Die Bedingung (8) ist aber auch hinreichend: Es sei γ eine beliebige geschlossene Kurve in Ω. Dann gibt es nach Voraussetzung über Ω eine orientierte Fläche $S \subset \Omega$ mit $\gamma = \partial S$, und wir erhalten mit Satz **(6.8)**:

$$\int_\gamma \mathbf{K} \bullet d\mathbf{r} = \int_{\partial S} \mathbf{K} \bullet d\mathbf{r} = \int_S \mathbf{rot}\,\mathbf{K} \bullet d\vec{\omega} = 0 .$$

Hieraus folgt, da γ beliebig war: Das Feld **K** ist konservativ oder eben nach Satz **(6.2)**(a) ein Potentialfeld. ⌟

Die im Anschluß an **(6.5)** gemachte Bemerkung trifft auch hier zu: Ist die Bedingung (8) erfüllt, so ist das Feld jedenfalls (das heißt: ohne Rücksicht auf die Gestalt von Ω) lokal ein Potentialfeld, global aber unter Umständen nicht. Hierfür verweisen wir einmal mehr auf das Beispiel

$$\mathbf{A}(x, y, z) := \nabla \arg(x, y) .$$

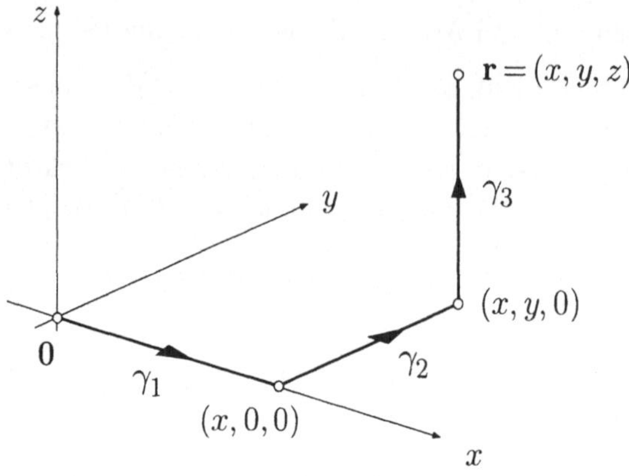

Fig. 6.4.13

④ Das Feld

$$\mathbf{K}(x,y,z) := (4x^3 + 6xy^2 + 5y^2z, 6x^2y + 10xyz + 7z^3, 5xy^2 + 21yz^2)$$

ist im ganzen Raum definiert und genügt dort der Integrabilitätsbedingung:

$$R_y - Q_z = (10xy + 21z^2) - (10xy + 21z^2) \equiv 0\,,$$

analog: $P_z - R_x \equiv 0$, $Q_x - P_y \equiv 0$. Folglich ist $\mathbf{K}$ ein Potentialfeld: Es gibt eine Funktion $f\colon \mathbb{R}^3 \to \mathbb{R}$ mit $\nabla f = \mathbf{K}$, das heißt:

$$\begin{aligned} f_x &= 4x^3 + 6xy^2 + 5y^2z\,, \\ f_y &= 6x^2y + 10xyz + 7z^3\,, \\ f_z &= 5xy^2 + 21yz^2\,. \end{aligned}$$

Ein derartiges f läßt sich nach der Methode von Beispiel 6.2.③ — ausgedehnt auf drei Variable x, y, z — konstruieren. Da man sich dabei gerne verheddert, greifen wir lieber auf Satz **(6.2)**(b) zurück: Wir wählen $\mathbf{0}$ als Nullpunkt des Potentials f und erhalten den Wert von f an einer beliebigen Stelle $\mathbf{r} = (x,y,z)$, indem wir $\mathbf{K}$ längs eines geeigneten Weges von $\mathbf{0}$ nach $\mathbf{r}$ aufintegrieren. Für den in Fig. 6.4.13 dargestellten Weg $\gamma := \gamma_1 + \gamma_2 + \gamma_3$ mit achsenparallelen Teilstücken γ_i ergibt sich

$$f(x,y,z) = \int_\gamma (P\,dx + Q\,dy + R\,dz) = \int_{\gamma_1} P\,dx + \int_{\gamma_2} Q\,dy + \int_{\gamma_3} R\,dz$$

(alle anderen Beiträge ans Integral entfallen). Mit Hilfe der Parametrisierung

$$\gamma_1: \quad x' \mapsto (x', 0, 0) \qquad (0 \le x' \le x)\,,$$

analog für γ_2 und γ_3, erhalten wir die allgemein verwendbare Formel

$$f(x,y,z) = \int_0^x P(x',0,0)\,dx' + \int_0^y Q(x,y',0)\,dy' + \int_0^z R(x,y,z')\,dz' ,$$

im vorliegenden Fall also

$$\begin{aligned} f(x,y,z) &= \int_0^x 4x'^3\,dx' + \int_0^y 6x^2y'\,dy' + \int_0^z (5xy^2 + 21yz'^2)\,dz' \\ &= x^4 + 3x^2y^2 + 5xy^2z + 7yz^3 . \end{aligned}$$

Das allgemeinste Potential von $\mathbf{K}$ unterscheidet sich hiervon um eine Konstante. ○

Aufgaben

1. Finde und beweise dabei koordinatenfreie Identitäten der Form
   (a) $\mathbf{rot}(f\,\nabla g) = \ldots$,
   (b) $\mathbf{rot}(f\,\mathbf{K}) = \ldots$,
   (c) $\mathbf{rot}(f\,\nabla f) = \ldots$
   für C^2-Skalarfunktionen f, g und C^1-Vektorfelder $\mathbf{K}$ im $\mathbb{R}^3$.
2. Betrachte im $\mathbb{R}^3 \setminus \{z\text{-Achse}\}$ das Vektorfeld

   $$\mathbf{K}(x,y,z) := \left(\frac{2(zx+y)}{x^2+y^2}, \frac{2(zy-x)}{x^2+y^2}, \log(x^2+y^2)\right)$$

   sowie die beiden Kreiswege γ', γ'' der Fig. 6.4.14. Berechne die Größe

   $$Z := \int_{\gamma'} \mathbf{K} \bullet d\mathbf{x} - \int_{\gamma''} \mathbf{K} \bullet d\mathbf{x}$$

   (a) als Linienintegral,
   (b) mit Hilfe des Satzes von Stokes (geschenkt: $\mathbf{rot}\,\mathbf{K} \equiv \mathbf{0}$; dafür ist eine Figur verlangt).

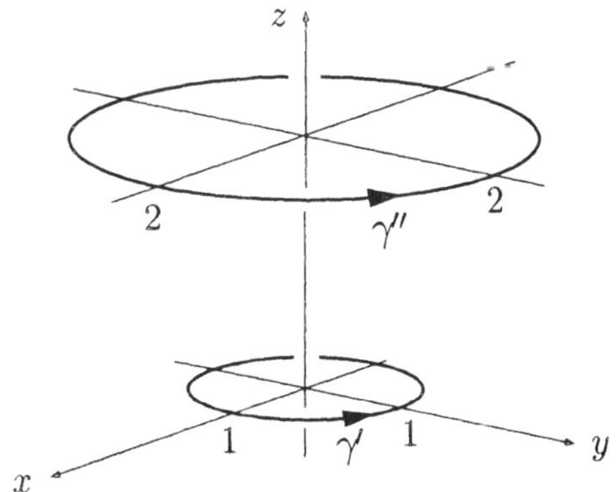

Fig. 6.4.14

3. Es sei $\vec{\omega} := (0, 0, \omega)$. Betrachte das Vektorfeld

$$\mathbf{K}(\mathbf{x}) := \mathbf{x} \times (\vec{\omega} \times \mathbf{x})$$

und berechne $\operatorname{\mathbf{rot}} \mathbf{K}$. Für die Rechnung Koordinaten benützen; das Resultat soll aber koordinatenfrei dargestellt werden.

4. Gegeben sind erstens das (weder quellenfreie noch wirbelfreie) Vektorfeld

$$\mathbf{K}(x, y, z) := (-y, x, z)$$

und zweitens die Drahtschleife

$$\gamma : \quad t \mapsto \left(\cos t, \sin t, \frac{1}{4}\sin(4t)\right) \qquad (0 \leq t \leq 2\pi)$$

(siehe die Fig. 6.4.15). Von den beiden folgenden "Flüssen" ist mindestens einer sinnlos. Dies ist zu begründen und der andere gegebenenfalls zu berechnen.

(a) Der "Fluß" von $\mathbf{K}$ von unten nach oben durch die Drahtschleife γ.

(b) Der "Fluß" des Feldes $\mathbf{v} := \operatorname{\mathbf{rot}} \mathbf{K}$ von unten nach oben durch die Drahtschleife γ.

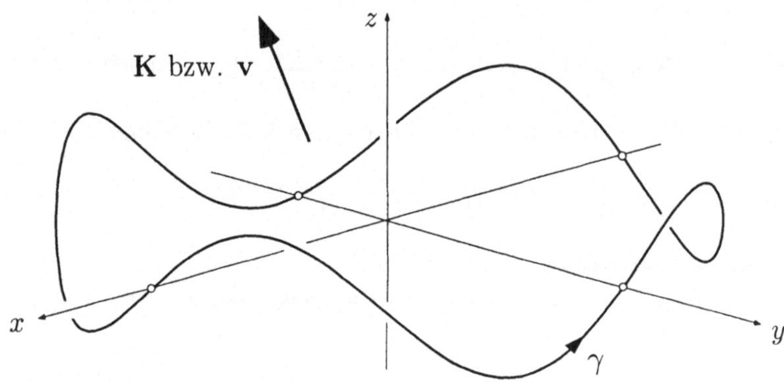

Fig. 6.4.15

5. Man berechne das Linienintegral $\int_\gamma \mathbf{K} \bullet d\mathbf{x}$ für das Vektorfeld

$$\mathbf{K}(x, y, z) := (x - y + z, y - z + x, z - x + y)$$

und den Zyklus γ der Fig. 6.4.16 auf drei Arten:

(a) direkt,

(b) mit Hilfe des Satzes von Stokes und einer geeigneten Parameterdarstellung der Dreiecksfläche,

(c) mit Hilfe des Satzes von Stokes und geometrischer Einsicht, die erlaubt, das Flächenintegral "im Kopf" auszuwerten.

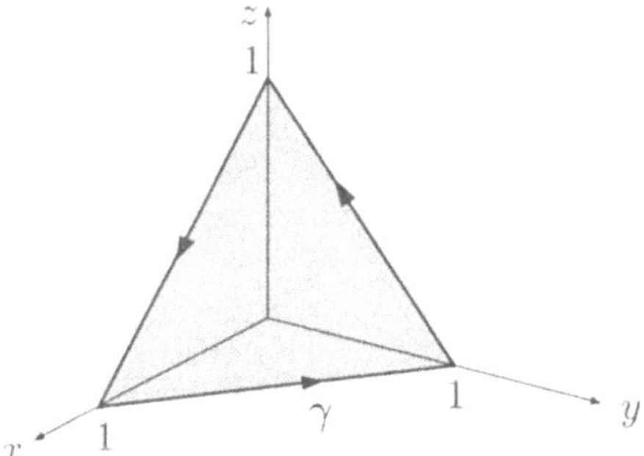

Fig. 6.4.16

(*Hinweis:* Die Gesamtsituation ist symmetrisch bezüglich zyklischer Vertauschung $x \rightsquigarrow y \rightsquigarrow z \rightsquigarrow x$.)

6. Es seien $\mathbf{e}$ ein in $\mathbf{0} \in \mathbb{R}^3$ angehefteter Einheitsvektor und $\mathbf{v}$ das Geschwindigkeitsfeld einer mit Winkelgeschwindigkeit ω um $\mathbf{e}$ rotierenden Flüssigkeit. Weiter seien zwei Vektoren $\mathbf{a}$ und $\mathbf{b}$ gegeben. Berechne die Zirkulation von $\mathbf{v}$ längs der Ellipse

$$\gamma: \quad t \mapsto \cos t\,\mathbf{a} + \sin t\,\mathbf{b} \qquad (0 \le t \le 2\pi)$$

einmal als Linienintegral und ein zweites Mal mit Hilfe des Satzes von Stokes. (*Hinweis:* Das Flächenintegral läßt sich mit Hilfe von geometrischen Überlegungen "im Kopf" ausrechnen.)

7. Lege die Parameter α, β, γ so fest, daß das Feld

$$\mathbf{K}(x, y, z) := (x + 2y + \alpha z, \beta x - 3y - z, 4x + \gamma y + 2z)$$

wirbelfrei wird. Das so erhaltene Feld besitzt ein Potential f. Bestimme f durch Integration von $\mathbf{0}$ aus.

8. Bestimme ein Potential für die wirbelfreien Felder der folgenden Liste:
   (a) $\mathbf{K}(x, y) := (e^x \cos y, e^x \sin y)$,
   (b) $\mathbf{K}(x, y, z) := (x^3 + y + 2xz, x + yz + z^3, x^2 + z^3)$,
   (c) $\mathbf{K}(x, y, z) := (4x^3 + 2xyz, x^2 z + 2yz^2, x^2 y + 2y^2 z)$.

Sachverzeichnis

Seitenzahlen des ersten Bandes sind mit einem hochgestellten Punkt bezeichnet